中国古代科技简史 ❶

起源与发展

王阳　柳霞　著

天津出版传媒集团

天津科学技术出版社

图书在版编目 (CIP) 数据

中国古代科技简史 : 全 3 册 / 王阳 , 柳霞著 .
天津 : 天津科学技术出版社 , 2025. 1. -- ISBN 978-7-
5742-2529-9

Ⅰ . N092

中国国家版本馆 CIP 数据核字第 2024GD1846 号

中国古代科技简史 : 全 3 册
ZHONGGUO GUDAI KEJI JIANSHI：QUAN 3 CE
责任编辑：马妍吉

出　　版：天津出版传媒集团
　　　　　天津科学技术出版社
地　　址：天津市西康路 35 号
邮　　编：300051
电　　话：(022) 23332695
网　　址：www.tjkjcbs.com.cn
发　　行：新华书店经销
印　　刷：运河（唐山）印务有限公司

开本 880×1230　1/32　印张 25　字数 450 000
2025 年 1 月第 1 版第 1 次印刷
定价：158.00 元

序

在人类文明的长河中，科技始终扮演着推动社会发展和变革的核心角色。从发现火的使用，到造车与航海，每一项技术的突破不仅改变了人类的生活方式，更是在无形中重塑了我们对世界的认知和理解。在人类这部伟大的科技史诗中，中国古代的科技始终居于重要地位，其深远的影响力跨越时空，延绵至今。

中国古代的科技成就，如同璀璨星河，闪耀在人类文明的整个发展进程中。四大发明——造纸术、印刷术、火药、指南针——无一不对世界产生了深远的影响。除此之外，中国古代的天文学、数学、医学、农业技术、建筑技术等，都曾占据领先地位。在农业方面，曲辕犁、筒车、水轮无一不是当时世界领先的生产工具；在医学方面，中国最早的医学典籍《黄帝内经》至今仍是中医学的重要经典；在建筑方面，无论是长城、故宫，还是园林、寺庙，这些中式建筑都是技术与艺术"完美结合"的代表；在数学方面，祖冲之对 π（圆周率）的计算无疑是一个重要的里程碑，这不仅关系到几何学的进步，也深刻影响着工程学、天文学，乃至物理学的方方面面。

中国古代的科技成就，不仅是技术进步的体现，更是哲学思想、社会组织和文化传承的结晶。在东方文化的背景下，古代科技的发展强调与自然的和谐相处，讲求天人合一，将人与自然看成一个有机的整体。科技发展的每一步，都不是孤立前进的，而是与当时的社会组织形式、文化传承和哲学思想紧密相关的。古代科学家和技术人员在实践中积累知识、发明创造的同时，也在不断地反思人与自然的关系，将科技发展融入整个文明的进程中。这种以和谐为导向的科技观，对中国乃至世界科技的发展都产生了深远的影响。

回顾历史，我们不难发现，中国古代的科技一直处于当时世界的领先地位，即便是在科技史上被视为相对"静默"的中世纪时期，中国的科技发明仍在世界各地发挥着重要作用，为人类社会的进步贡献着力量。写作本书的目的之一，就是为了探索这一连串星光璀璨的历史瞬间，让今人对那些改变世界的中国古代科技有更深刻的认识和理解，从而更加全面地理解中国古代科技对人类历史的深刻影响。

另一方面，回顾历史是为了更好地展望未来。中国科技虽然在近代饱经风霜，一度落后于西方。但我们坚信，只要我们中华民族继续保持对科学精神的追求，保持持续探索的热情，中国仍然会屹立在科技发展的潮头浪尖。"祝融号"登陆火星，"神舟"系列飞船连续升空，"中国天眼"落地……这一桩桩，一件件科技成果就是最好的证明。

司马迁说，记录历史一定要坚持"实录"原则，在求真的同时，做到不夸大，不贬损。作为一部探讨科技历史的作品，本书同样遵循这一原则，以确保内容的真实性和客观性。为求严谨，编者在编撰过程中广泛参考了古籍和现代研究资料。这些资料包括了上百本古籍，涵盖了从经典著作到地方志等各类文献，以尽力确保对古代科技发展做到全面理解。同时，笔者还参考了数百篇现代学术论文（这些论文出自历史学、科技史、考古学等多个领域的专家学者之手），从而确保了书中内容的学术权威性和时效性。除此之外，编者也注重对历史背景的深入解读，以图揭示这些科技成就背后的社会、文化和哲学因素。

本书旨在通过这样严谨的态度和全面的研究，为读者提供一个关于中国古代科技发展的全面视角，使之不仅能够"知其然"，更能"知其所以然"。

为避免枯燥，编者在严谨记录科技发展史的基础上，巧妙地融入了众多生动有趣的名人事迹、历史故事和神话传说，旨在为读者朋友，特别是那些对科技历史不太熟悉的读者呈现一个全面、立体、生动的中国古代科技全景图。这些内容不仅丰富了本书的阅读层次，还使得复杂的科技理论和发展历程变得更加生动和易于理解。通过这些故事，读者可以由浅入深地领略中国古代科技的独特魅力，更加深入地理解科技与文化、社会、哲学之间的密切关系。

目录

第一章

神话传说

第一节 上古时代

中华民族是世界上最伟大的民族之一。从远古时期开始，我们的祖先就在这片土地上繁衍生息，并创造出了灿烂辉煌的文明。

史前人类是怎样生活的呢？《韩非子·五蠹》中说："上古之世，人民少而禽兽众，人民不胜禽兽虫蛇。"在现代人看来，人类毫无疑问是"万物之灵长，宇宙之精华"，位于食物链的最顶端。然而，在远古时代，人类是最弱小的群体之一，没有虎豹的尖牙，没有豺狼的利爪，甚至虫蛇都能对人类的生存构成巨大威胁。

最早的古猿还是生活在树上的，只能靠吃树上的植物为生，对于他们来说，地面上的食物虽然丰富，但离开"舒适圈"无疑是一件十分危险的事。然而，随着族群的扩大，树上的食物再也无法满足生命需求，无奈之下，到约 440 万年前，他们开始到危机四伏的地面生活。

又经过 70 万年的发展，人类逐渐适应了这种生活，并且懂得利用群体优势来对抗未知的敌人。这种群体生活的方式不仅提高了大家生存的机会，还促进了信息交流和知识传递。木棒和石头在这时已经成为十分流行的武器，不过，在面对猛兽时，人们还是只能眼睁睁看着同伴被扑倒，毫无还手之力。

到距今约 250 万年，人类的生存技巧越来越熟练，不仅能够通过分工合作完成狩猎任务，甚至敢从其他猛兽嘴里抢夺食物。在一次狩猎中，先民们出色地完成了狩猎工作，在分割战利品时，一位先民的手无意间被一块锋利的石头划破，于是，这位先民受到启发，开始将石头加工成锋利的石器。人类自此进入石器时代。

考古学家将起于距今约 250 万年，止于距今 5000 至 2000 年左右的时期称为石器时代，根据使用石器的不同特点，这一时期又被具体划分为旧石器时代、中石器时代与新石器时代。

旧石器时代大约从距今约 250 万年延续到距今约 1 万年左右止。旧石器时代早期，人们制造的石器大多是就地取材，加工方式也十分简单，制造出来的石器比较粗糙。

图 1-1　旧石器时代的大三棱尖状器

　　人类与动物最根本的区别是，人类会制造并使用工具从事生产劳动。这些石器虽然粗糙，但是，正是从这里开始，人和动物有了根本性的分别。人类的石器工具制作过程是一种科技实践，其中涉及材料的选择、形状设计、工艺技巧等诸多方面，也正是这些早期的工具使人类意识到了科技的力量，在人类心中种下了文明的火种。

　　到旧石器时代中后期，随着生活环境的变迁和生产经验的积累，石器的制作方法变得丰富起来，样式也更加精致。

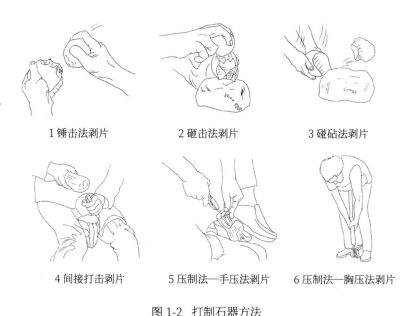

1 锤击法剥片　　　　2 砸击法剥片　　　　3 碰砧法剥片

4 间接打击剥片　　　5 压制法—手压法剥片　　6 压制法—胸压法剥片

图 1-2　打制石器方法

　　旧石器时代遗址广泛分布在中华大地，其中，距今 100 万年前的有西侯度文化、元谋猿人遗址、蓝田人文化等。距今不到 100 万年的遗址更多，其中最有代表性的有北方的周口店遗址，南方的观音洞文化。其中，周口店遗址出土人类化石 200 余件，石器 10 多万件，还有大量用火遗迹，在全世界的古人类遗址中独树一帜。该遗址保存了纵贯 70 万年的人类生存历史，是我国发现的资料最丰富的古人类遗址之一，也是世界上出土古人类遗骨和遗迹最丰富的遗址之一，有极高的科研和考古价值。1987 年 12 月，周口店遗址被世界遗产委员会评为世界文化遗产，并被联合国教科文组织列入《世界遗产名录》。

随着时间的推移，人类制作石器的经验越来越丰富，器具也越来越精美，于是，磨制石器应运而生，人类从此进入新石器时代。

顾名思义，磨制石器就是通过使用磨具来加工和雕刻石头或其他硬质材料，以制作各种工具和装饰品。

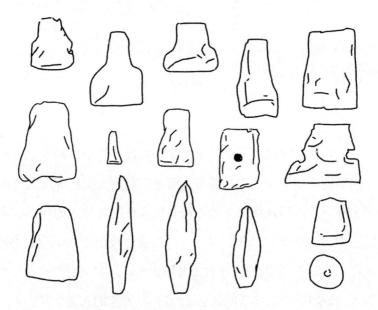

图 1-3 磨制石器的种类很多，常见的有斧、锛、凿、刀、镰、簇等

与打制石器相比，磨制石器更加精致，用途也更加专一。

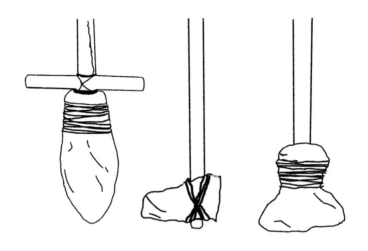

图 1-4 北福地祭祀场遗址出土的石耜（sì）（类似于现在的铁锹）

在狩猎和捕鱼工具方面，新石器时代出现了很多新式工具。比如，用麻绳编织成渔网来捕捞鱼虾；用骨头磨制出骨鱼鳔再系上绳索来叉鱼；用骨头制成鱼钩来钓鱼；用动物骨管制成哨子来模仿动物的叫声；在绳子两端绑上石球制作石索。此时，弓箭也已经出现。

值得一提的是，穿孔技术的发明给先民们打开了一扇新世界的大门。新石器时代的穿孔技术可以分为钻穿、管穿和琢穿三种。钻穿就是使用削尖的坚硬木料进行钻孔，为避免钻孔时温度过高，当时的人已经学会了用湿沙子降温；管穿是使用细竹管穿孔；琢穿是使用器具在石器上直接琢出一个大孔。

石器穿孔之后，就可以配合木棒等其他材料，制成复合型工具，如斧、镰刀、凿子、锄等。

图 1-5　穿孔石器

在新式工具的帮助下，生产力不断发展，手工业不断趋于专业化，精美的手工艺品也在新石器时代晚期不断涌现。在距今 5300 年至 4000 年左右的良渚文化遗迹中，考古工作者便发现了大量玉器。这些玉器造型精美，器形规则，雕工精湛，在同时期的中国乃至环太平洋拥有玉传统的部族中首屈一指。

图 1-6　良渚文化出土的玉器

　　中国在距今 10 000 年至 4000 年之间处于新石器时代，"这一时代的基本特征是农业、畜牧业的产生，磨制石器、陶器、纺织的出现。严格地讲，这时已从依赖天然赏赐，过渡到生产经济阶段"（《中国大百科全书·史前考古学》）。

　　由于我国幅员辽阔，地理条件复杂，各地以不同的地形和生产生活方式，形成了三大文化区。

　　在长江中下游，众多湖泊星罗棋布地分散在各地，与长江一起为人类提供了充足的水源。约 9000 年前，先民们便开始了水稻的种植，稻作农业经济文化区从而逐渐形成。考古工作者通过在距今约 7000 年的河姆渡遗址中出土的水稻遗存证明，长江下游及附近地区是已知中国乃至整个世界水稻栽培的发源地。

在中国东北地区，考古学家根据牛的骨骼化石建立起东亚黄牛谱系，这些化石显示，早在 10 000 多年前，黄牛就已经成为家养动物，该地区也由此形成了牧养文化体系。另外，中国的内蒙古、新疆、青藏高原等地区也形成了以畜牧业为主的生产体系，与东北地区一起被统称为狩猎采集经济文化区。

在距今七八千年前，渤海冲积平原成为人类种植粟的发源地，并逐渐扩展到黄河中下游、辽河和海河流域等地，形成旱地农业经济文化区。在距今 8000 年至 4800 年的大地湾遗址，考古工作者便发现了一堆经鉴定为黍的炭化粮食标本。

这 3 种不同的生产方式，也进一步确定了不同族属的分类，为后来的农业文明与游牧文明发展奠定了基础，而无论是哪一种生产方式——无论是对于牧人至关重要的篝火，还是原始农业的刀耕火种，人们的生活中都无法离开一个关键要素——火。

第二节 自从有了火

我国有很多关于火的记载，这些记载都将钻木取火归功于燧人氏。比如，《路史》中说：远古时期有个叫燧明国的国家，那里的居民不了解四季更替、昼夜交替的现象。在这个国家中，有一种名为燧木的树，形状弯曲，占地足足有一万顷。后来，一位"游日月之外"的圣人来到燧明国，在燧木下休息。这时，有只像乌鸦一样的鸟啄击燧木，火花四溅，圣人于是得到启发，利用小树枝摩擦燧木，成功地制造出了火。人们为了纪念他，便称其为"燧人"。

燧人氏为什么要发明钻木取火呢？《韩非子》中说：远古时代的百姓吃生的果蔬和蚌、蛤肉，因此伤害脾胃，经常生病。燧人氏发明钻木取火后，百姓们终于吃上了熟食，于是，人们就让他当天下的王, 叫他燧人氏。《古史考》中, 还有燧人氏"教人熟食, 铸金作刃"的记载。

在我国的三皇五帝体系中, 燧人氏正是三皇之首, 被尊称为"燧皇"。燧人氏的出现, 结束了先民茹毛饮血的历史, 人类的饮食习惯从此开始与野兽区分开来。正如恩格斯所说: "就世界性的解放作用而言, 摩擦生火还是超过了蒸汽机, 因为摩擦生火第一次使人支配了一种自然力……"

燧人氏生活的时代距今约 100 万年, 然而, 人类真正学会人工取火的历史并没有这样悠久。

如果说, 关于元谋人与蓝田人的用火记载还不够明确, 那么, 距今 70 万至 20 万年的北京人遗址的用火遗迹就是确定无疑的, 这也是世界上至今被证明的人类最早用火的遗迹。考古工作者在北京人遗迹中发现了几层燃烧后的灰烬, 其中最厚的地方高达 6 米, 如果不是有火焰长时间燃烧, 根本不可能产生这么厚的灰烬。在灰烬中, 考古工作者还发现了很多燃烧过的石块、木炭、动物骨头和朴树籽。这足以说明, 北京人已经有了保存和管理火的能力。

从考古发现来看, 当时的人们保存火种主要采取篝火的形式, 通过不断往火堆中添加燃料, 以保证火焰不会熄灭, 在不使用时就盖上灰土。

人类学会人工取火的具体时间确实很难考证。不过，人类最先学会的应该是击石取火。进入旧石器时代之后，人类就学会了打制石器，在制作石器的过程中，人们发现石块相击会迸发出火星，用火星可以引燃草木。后来，人们在加工木头时又发现，摩擦木头可以使接触面温度升高，甚至出现烟火。有了这些经验，再加上长期探索，人类终于逐渐掌握了人工取火的方法。

人工取火在人类历史上具有里程碑式的意义，这标志着人类正式告别"茹毛饮血"的时代，一方面，熟食取代了对人类健康存在巨大威胁的生食，另一方面，人类获取食物的范围也进一步扩大。除此之外，火还可以用来吓退野兽、烧荒、冶炼金属、烧制陶器等。

民以食为天，掌握了用火的技巧后，人类的餐桌开始丰富起来。一开始，人们只是把食物直接扔进火堆中，这样做出来的食物很容易被烤焦，影响食用。随着时间的推移，人们逐渐掌握了更多烹饪技巧。

把肉串在木棍上烧烤，可以避免食物烤煳；用泥土把食物包裹起来放进火坑中（类似现代"叫花鸡"的做法），这种方式叫作"炮"；在地上挖一个洞，把动物皮毛铺进洞里，加入水和食物，再把烧红的石子不断放进水中，直到把食物煮熟，这种方式叫作"烹"；在石板下生火，把食物放在石板上煎熟，这种方式和现代的"铁板烧"的制作方式很像。

除了烹饪食物等用途之外，火还被用来开采石料。在广东南海西樵山地区，考古工作者便发现了新石器时代采石场的遗址，从洞穴中大量灰烬、炭屑和洞壁上的火烧和剥离痕迹可以推断，当时的人们已经学会了利用热胀冷缩的原理采集石料——先用火烧石壁，再用冷水去泼，如此反复，直到石块崩裂。

总而言之，火的发现和掌握是人类文明的一个巨大飞跃，它不仅改变了人类的饮食方式，也为人类发展带来了无限可能，进而改变了整个人类的生存方式。比如，烧掉荒地之后，人类便可以在地上撒下种子，摆脱单凭"寻找"食物果腹的被动阶段，进入"创造"食物的全新时代。

第三节 神农氏与农业起源

　　中国是世界上发展农业最早的国家之一，也是农业的发源地之一。在古代的各类文献记载中提到，神农氏是农业的发明者和推动者。

　　东汉史学家班固在《白虎通》中说：远古时代的人们曾经以食用野兽的肉为主，直到出现了神农氏。因为当时人口众多，野兽的数量有限，于是神农氏根据时令和地理条件，发明了耒耜工具，并教导人们如何从事农业种植。他的智慧和超凡技艺，使人民能够顺应自然的规律，合理地分配土地资源，因此人们尊称其为神农。《补史记·三皇本纪》中也有"斫木为耜，揉木为耒，耒耨之用，以教万人"的说法。《逸周书》中则说："神农之时，天雨粟，神农耕而种之……然后五谷兴助，百果藏实。"

此后，各类文献中将神农氏进一步神化，出现了"丹雀衔穗""筑井为饮""煮海为盐"等各种传说，据不完全统计，神农氏的"发明"多达 20 余种，是名副其实的"大发明家"。

事实上，这些传说都是古人的一种美好愿望，将各种功绩附丽到"圣人"身上，这既是一种理想和信仰的表达，也是一种文明的传承方式。就实际情况来看，发明农业的更有可能是某位因在野外采摘而受到启发的劳动者。

人类的生产活动受到客观条件的限制，农业的出现也绝不是偶然现象，而是天时、地利、人和的条件全部满足之后的必然结果。

从距今约 2.4 亿年的古生代末期到距今约 1.1 万年的第四纪末期地球上都有不同程度的冰川期。直到两万多年前，地球最后一次冰川期终于越过最寒冷的峰值，气候也在一连串剧烈的波动中逐渐变暖。没有这个条件，农作物的种植很难大面积成功。这是天时。

农作物的生长需要大量水源和适宜的土壤，早期人类聚落大多集中在大江大河的下游地区，既保证了灌溉用水的充足，江河流经下游地区时常常携带来自上游的沉积物，这些沉积物富含养分，又使得河滨地区的土壤变得肥沃；而磨制石器的出现为农业提供了工具；人类掌握了火的使用使烧荒变得更加方便。这是地利。

农业产生之前，先民们主要依靠采集和狩猎为生，采集则主要是妇女的工作内容。在长达上百万年的采集生活中，人类积累了大量对于植物的认识，妇女们在广袤的自然中，穿行于森林、草原和湖泊之间，寻找着各种野生植物，包括它们的叶片、果实和根茎。她们了解了季节的变迁，知晓哪些植物何时成熟，哪些可以食用，哪些有药用价值，这些经验为农业的萌芽提供了经验基础。这是人和。

有了天时、地利、人和，农业便自然而然地应运而生。

在湖南省永州市道县寿雁镇白石寨村附近的玉蟾岩遗址中，出土了数枚炭化的稻谷，更为重要的是，这些稻谷兼有野、籼、粳的综合特征。

野生稻是自然生长的稻谷，通常生长在湿地和沼泽地区。它们的颗粒较小，不易被栽培，一般需要通过人工驯化才能进行农业栽培。籼稻是一种主要栽培于热带和亚热带地区的稻谷，它们的颗粒较长且不黏在一起，适合在多雨地区种植。粳稻则是一种适合在温带和亚温带地区种植的稻谷，其颗粒较短且黏在一起，适合在干燥地区种植。

玉蟾岩遗址出土的稻谷显示了这三种不同类型稻谷的特征，表明在早期的农业实践中，人们开始尝试栽培并改良这些不同类型的稻谷，以适应不同的环境和气候条件。换句话说，当时的人类已经开始驯化水稻并改良品种用于种植。

经碳十四断代法测定，玉蟾岩遗址中的古栽培稻的年代距今 1.8 万—1.4 万年，这是至今世界上发现的最早的人工栽培稻标本，这些稻谷也刷新了人类最早栽培水稻的历史纪录。玉蟾岩遗址于 2021 年入选全国"百年百大考古发现"。值得一提的是，玉蟾岩遗址还出土了中国已知最早的陶片。

考古工作者在距今约 7000 年的河姆渡文化时期遗址中发现了大量稻谷遗存，最厚的地方达 1 米。经鉴定，这些稻谷属于籼亚种晚稻型水稻。另外，该遗址中还出土了木耜、杵、臼等农业工具，这足以证明，在 7000 多年前，我国的水稻种植已经具有相当规模。

此外，湖北、江苏、云南、四川等地的众多距今四五千年的遗址中都出土了稻谷，这表明当时水稻种植已经在我国南方十分普遍。

南方气候湿热，适宜稻谷种植，而在干旱的北方，粟成了主要作物。在西安的半坡遗址中，考古工作者发现了粟粒和粟壳，同时还出土了石锛、石铲、石锄等农业生产工具，以及储存粮食的 200 多个窖穴，这足以说明，早在 6000 多年前，黄河流域的农业就已经颇具规模了。值得一提的是，在半坡遗址的一个陶罐中还保存着炭化了的菜籽。另外，在临潼姜寨、宝鸡北首岭等新石器时代遗址中，也有粟及农具出土。

先民们的耕作方式与现代有很大的差别。《国语·鲁语上》中说："昔烈山氏之有天下也，其子曰柱，能殖百谷百蔬。"晋朝杜预为其作注："烈山氏，炎帝也。"在《说文》中，"烈"的意思是"火猛"。而"柱"可以理解为挖地用的木耜。从这段记载中可以看出，古人耕作的方式，就是先用斧子把树砍断，再放火把地上的杂草树木等烧掉，使土壤变得松软，草木灰则可以为土地增加肥力。这种耕作方式就是所谓的"刀耕火种"，等到土地肥力耗尽之后，再去"烧"新的耕地，所以也叫迁移农业、"游耕"或"畲（shē）田"。

刀耕火种这种传统的耕作方式，在历史上延续了几千年，直到唐宋时期仍然在部分地区存在。薛梦符在《九家集注杜诗》中记载得更加详细：荆楚地区有很多畲田，当地人先放火烧掉草木，等下雨时播种，三年之后，土壤肥力枯竭，无法耕种，他们就会换一块地继续烧荒。这种耕地，"一岁曰菑，二岁曰新，三岁日畲"。这种粗放的耕作方式效率很低，亩产往往不到50千克。

到河姆渡文化时期，出现了更加先进的熟荒耕作制。所谓熟荒耕作制，就是在一块富含养分的土地上先进行几年主要作物的种植（熟地），然后让土地休息一段时间以恢复养分（荒地），再交替进行熟地与荒地的制度。

熟荒耕作制的出现，必须依靠成熟的挖土和翻土工具，耒耜就是最常用的农具，传说它们都是神农氏发明的。

耒是一根尖头木棍，耜是耒的下端的起土部分，通常由木、石或骨制成。使用时，将尖头插入土壤，然后用脚踩压横梁，使木棍深入土壤，然后将土壤翻转出来，以增强土壤的通气性。

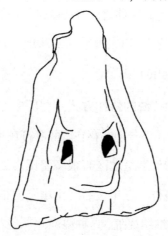

图 1-7　河姆渡文化遗址出土的骨耜

耒耜在中国农业发展史上具有十分重要的意义，它起源早，适用范围广，使用时间长，后世的主要农具，如铁锹、铁犁等都是在耒耜的基础上发展起来的。直到唐代，陆龟蒙所作的农书仍然叫《耒耜经》。

除了耕种用的耒耜之外，当时的人们已经发明出了用来除草的锄头，用来收割的骨镰、石镰等工具。

随着原始农业的逐渐成形，人们也逐渐安定下来，过上了定居的生活。在房间屋侧，我们还能看到家畜的身影，它们就是早期畜牧业的结晶。

第四节 从狩猎到养殖

与农业一样，畜牧业的起源也被附丽到了"圣人"身上，这位"圣人"就是伏羲。伏羲是燧人氏之子，传说他的母亲华胥在雷泽中踩了巨人的脚印，回去后便怀孕了，一直到12年后才生下伏羲（《山海经·海内东经》："华胥履大人迹，于雷泽而生伏羲。"）。伏羲长大之后，教人们捕鱼猎兽，驯养动物，从此才有了畜牧业。《史记·五帝本纪》中则说：黄帝才是"淳化鸟兽虫蛾"，发明畜牧业的人。

当然，我们都知道，畜牧业的产生是无数先民共同努力的结果。家畜饲养业是在旧石器时代晚期高级狩猎的基础上形成的。随着弓箭、长矛等武器的出现，人类的狩猎成功率大大提高，狩猎所得的动物除了满足人们的日常饮食之外，还剩余一部分。

于是，先民们便把这些动物圈养起来，久而久之，人们对这些动物的习性逐渐熟悉，动物们的后代也越来越熟悉圈养环境，便出现了家畜，这一驯养过程往往要近千年时间才能完成。随着农业经济的产生，豢养某些动物逐渐成了社会经济的组成部分。

中国传统家畜就是所谓的"六畜"：猪、牛、羊、马、鸡、狗。《三字经》有"此六畜，人所饲"的说法，先民们之所以饲养这些动物，首先考虑的是实用价值，"牛能耕田，马能负重致远，羊能供备祭器"，"鸡能司晨报晓，犬能守夜防患，猪能宴飨速宾"。后来，马的地位不断提升，逐渐被排除出了家畜行列，猪、牛、羊、鸡、狗便重新成立"组合"，称为"五畜"。

中国是世界上最早开始饲养猪的国家之一，家猪是野猪经过长期驯化而来的，二者存在明显差异。比如，家猪通常比野猪体型更大，而且外观上更加肥壮。这是因为家猪经过选育，可从中获取更多的肉。野猪的头部通常更长更尖，鼻子和嘴巴更加突出，有利于采食；相比之下，家猪的头部通常较短而宽，鼻子和嘴巴不太突出。家猪的牙齿通常更小，不太适合咀嚼坚硬的植物，因为它们的饮食主要依赖于人类提供的饲料；而野猪的牙齿更大、更锋利，更适应吃根、茎、坚果和其他野外食物。

这些差异也是考古工作者判断家猪的依据。

目前，世界上已知最早的家猪骨骼是在广西桂林甑皮岩遗址中发现的，距今约 1.2 万年。这些骨骼与陶片共存，存在明显的人工驯养痕迹（如门齿较细弱，罕见粗长大齿）。距今约 7000 年的河姆渡文化遗址中曾出土了一件陶猪模型，形态处于亚洲野猪和现代家猪之间，腹部下垂，体态肥胖，四肢粗短，憨态可掬。

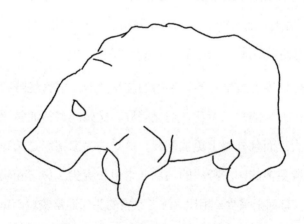

图 1-8 河姆渡文化遗址出土的陶猪

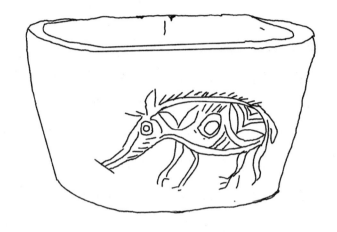

图 1-9 河姆渡遗址中出土的陶盆

另外，在河姆渡遗址出土的一个陶盆上也刻有家猪的形象。

距今 4500 年—3800 年的山东胶州三里河遗址里出土的陶猪就已经是典型的家猪形态了。

牛的驯养比猪要晚，现已知我国最早饲养牛的骨骼出土于距今约 9000 年的河南舞阳贾湖遗址。除此之外，还有很多遗址也出土过大量牛的骨骼，如半坡遗址出土过牛的牙齿，刘林遗址出土了 30 多件牛的牙床和牙齿。

由于南北差异，北方先民们驯养的牛一般都是黄牛，而南方为了适应水田，驯养的主要是水牛。河姆渡遗址就出土过 16 个水牛头骨，这可以证明，我国南方早在 7000 年前就已经开始驯养水牛了。

狗的驯养时间约在 8000 年前，河北武安磁山、河南新郑裴李岗等遗址中就出土过狗的相关骨骼；鸡的驯养时间与狗相近，如河北武安磁山、河南新郑裴李岗等遗址中都出土过家鸡的骨骼；而羊的驯养时间约在 7000 年前，到了齐家文化（距今4000 年左右）时期，羊已成为主要的家畜之一。

与其他五畜相比，马的驯养时间要晚上很多，虽然考古发现证明，在 1 万多年前，我国北方存在不少野马种群，龙山文化的早期遗址中也有马骨出土，不过，随着时间的推移，出土的马骨也越来越少，直到夏朝时，商人才正式驯服了野马。

《竹书纪年》记载："商侯相土作乘马，遂迁于商丘。""相土作乘马"，就是指驯养马作为运载工具。相土是商民族第 3任首领，商汤的十一世祖，生活在距今约 4000 年的夏朝。当时的商人被封在商邑（今河南商丘），相土就是在驯服马并发明马车之后，开始带着族人向东方进发。

结合其他历史记载可以知道，夏朝时期人们已经驯服了马。比如，《礼记·檀弓》中说："夏后氏尚黑，大事敛用昏，戎事乘骊，牲用玄。"另外，夏朝时已经出现了管理马匹的牧正，最早的兽医巫马也是夏朝时出现的。考古工作者在距今 3700 年左右的甘肃省永靖县的遗址里发现了随葬的马骨，这与历史记载也大致吻合。

总之，除了马之外，其他五畜的驯养时间远比伏羲和黄帝生活的时代要早得多。农业与畜牧业的出现使人类拥有了稳定的食物来源，获得了生存的主动权，从此不再完全依赖自然的恩赐。

"仓廪实而知礼节，衣食足而知荣辱"。农业和畜牧业的出现和发展改变了人类社会的生产方式，也促进了城市的兴起和人口的增长。这一转变不仅为人们提供了更多的食物，也推动了技术、文化和社会结构的发展。因此，可以说农业与畜牧业的兴起是人类历史上的一大进步。

第五节 烧制陶器

农业与畜牧业的出现和发展为人类社会提供了稳定的食物来源，同时也催生出更多的人口和劳动力。人口的增长和分工合作的需要，逐渐催生了手工业的兴起。手工业发展是人类历史上的又一个重要阶段，它标志着社会生产方式的多样化和技术的不断进步。

随着农业的发展，人们开始有更多的闲暇时间，可以从事除农田劳作之外的工作。一些人开始利用自然资源，如矿石、木材和纺织原料，开展手工制作，制作工具、陶器、纺织品等。而陶器正是原始手工业技术的典型代表，也是新石器时代最常见的文物。

中国是世界范围内最早创造和利用陶器的国家之一。2012

年，在江西仙人洞遗址中，考古工作者发现了迄今为止世界上最古老的陶罐，将最早出现陶器的时间确定为2万—1.9万年前。在《考古》杂志2013年第1期评选出的"2012年世界十大考古发现"中，该陶器被认定为"最古老的陶罐"。

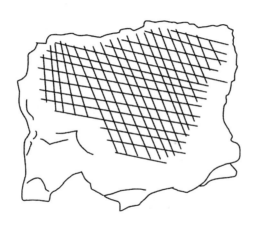

图1-10 仙人洞遗址出土的陶器碎片

对于陶器到底是谁发明的，古代文献中有很多记载。比如，《吕氏春秋》中说，发明陶器的是黄帝手下的大臣宁封子，还有的文献中说是神农、尧、舜、女娲，甚至还有说是仓颉发明的。

不过，按照技术发展规律，陶器一定是人们在日常生活和劳动中，通过经验的积累逐渐发明的。就像恩格斯则在《家庭、私有制和国家的起源》中说的那样："可以证明，在许多地方，也许是一切地方，陶器的制造都是由于在编制的或木制的容器上涂上黏土使之能够耐火而产生的。在这样做时，人们不久便发现，成形的黏土不要内部的容器，也可以用于这个目的。"

所以，陶器的发明过程很可能是这样的：一开始，为了解决吃饭没有锅的问题，人们发现只要在木制的容器外涂上一层泥土，就能有效防止器物被烧坏。久而久之，泥土越涂越厚，一次意外，人们发现外面的那层泥土居然能被烧制成形。于是，先民们意识到，即使没有里面的那层器具，单用泥土也可以制成器具，只要把泥捏成自己想要的形状放在火上一烤，想要什么容器就能做成什么。

不过，新的问题很快就出现了：普通泥土捏成的瓶子、罐子烧上两次就裂开了，无法长期使用。细心的先民很快发现，问题一定出在了材料上。经过不断试错，人们终于发现，泥土经过淘洗之后，制成的陶器更加坚固耐用，这种工艺方法叫作"泥质陶"或"细泥陶"。与之前的陶器相比，细泥陶通过淘洗泥土，去除了其中的杂质，如石块、有机物质和其他不适合陶器制作的成分。这些杂质可能导致陶器在制作和烧制过程中出现裂纹或变形。另外，淘洗后的泥土颗粒更加均匀，颗粒分布更细致。

这有助于在制作陶器时形成更加均匀的表面，能够有效减少内部和外部之间的应力差异，降低裂纹风险。

后来，人们又在长期制作陶器的过程中，发明了"双料混炼"技术，即在陶土中加入细砂、石料等材料，增加原料黏结力及抗烧炼能力，使陶器能够承受更高的温度。

解决了材料问题，接下来就是优化工艺流程了。最早的陶器都是用手捏成的，这种方法不仅效率低，而且很容易做出残次品。后来，人们在制陶的过程中逐渐发现，如果把陶土放在一个盘子上，利用旋转的盘子就可以制成陶器，这就是所谓的"快轮拉坯"。随着时间的推移，轮子越转越快，老师傅制陶的手艺也越来越好，制作陶器的水平和速度都大大提高了。

制作好陶坯之后，接下来就要装饰了，毕竟，艺术也是生活的一部分。早在7000年前的仰韶文化时期，人们就已经学会了制作彩陶。所谓彩陶，就是在打磨光滑的橙红色陶坯上，用含氧化铁和氧化锰的天然矿物研磨成的颜料画出黑、红、白、褐等色彩的纹饰，然后入窑经900度左右的高温焙烧制成的陶器。

在各大遗址出土的陶器上，我们能够看到各种各样的装饰物，常见的有各类动植物、人物、几何图形、日月星辰等，还有的陶器上画着暂未被破解的符号，看起来像是"外星人"一样，比如大名鼎鼎的仰韶文化遗址出土的人面鱼纹彩陶盆。

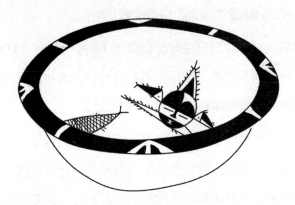

图 1-11　人面鱼纹彩陶盆

让我们再通过平面图仔细看一看它。

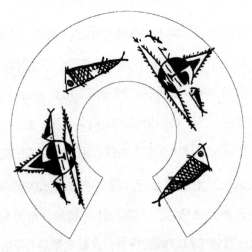

图 1-12　人面鱼纹彩陶盆内壁图案平面图

这些图案到底是什么意思呢？目前为止，各界专家已经给出了不下30种答案，有的专家主张"图腾说"，有的专家主张"祖先形象说"，有的则主张"巫师作法说"，还有的说是"棺材盖"，你心中一定也有自己的答案。不过，无论是哪种说法，从这个不一般的陶盆中，我们都能看到，早在6000多年前，我们的先祖就已经掌握了卓越的图案定位方法，能够创作出如此形象生动的艺术作品，让后人也能感受到当时的生活气息。

除了陶器上的彩色花纹之外，我们在大溪文化、龙山文化遗址中还能看到黑陶的身影。相比彩陶，中国的黑陶工艺更加纯熟，也更加精致和细腻，以细泥薄壁黑陶制作水平最高。这种陶器的胎壁厚仅0.5～1毫米，经过仔细打磨之后，烧制的成品黑如漆、亮如镜，器形工整，造型优美，有"蛋壳陶"的美称，享誉中外。

图1-13 龙山文化遗址出土的黑陶杯

黑陶制作过程中，最关键的一步就是渗碳。在烧制时，工匠会把大量草木灰加入窑中，接着封闭窑门与烟囱，产生大量碳素，这也是黑陶成形最关键的一步。黑陶器型多样，主要有薄胎黑陶带盖鼎、蛋壳黑陶，还有曲腹杯、罐、盆、高圈足杯等。

从遗址中出土的文物来看，中国新石器时代的陶器不仅工艺成熟，样式精美，器型多样，而且规模可观，产量也相当不俗。

在长江下游距今 6000—5000 年前的大溪文化遗址中，考古工作者们发现了面积 300 平方米以上的制陶和烧窑作坊区，窑体多达 10 座。更为重要的是，这些窑有明确的分工，一窑只烧一类器，还有专门烧制陶质砖的窑。在遗迹中，甚至有一条用陶质砖铺成的道路。这些发现都足以证明，制陶工业已经有了相当的规模，一批工匠逐渐从农业中分离出来，更重要的是，手工业内部也有了明确的分工，而这样的制陶业遗址，在当时的中华大地遍地开花。

陶器的发明对人类文明的发展具有里程碑意义，这是人类第一次利用天然物，尝试按照自己的意志创造出来的一种崭新的东西，是从"无"到"有"的过程，更是人类对自然界逐渐理解和掌控的具体体现。从此之后，人类的这种探索和实践精神开始深入到世界的方方面面，科技开始有了无限可能。

第六节 从树叶到丝绸

陶器与纺织是中国石器时代原始手工业的"双璧",尤其是丝绸纺丝技术。可以确定的是,中国是世界上最早利用蚕丝的国家,在相当长的一段历史时期内,也是唯一知道利用蚕丝进行纺织的国家。

在纺织技术出现之前,我们的先民穿什么呢?《韩非子》中说:"古者丈夫不耕,草木之实足食也;妇人不织,禽兽之皮足衣也。"这是站在"男耕女织"的立场上说的。《后汉书·舆服志》上说:"上古穴居而野处,衣毛而冒皮,未有制度。"这也是类似的意思。后来,"尧之王天下也","冬日麑(ní)裘,夏日葛衣"。"麑裘"是指幼鹿皮制成的白色衣服,"葛衣"是指用葛布制成的衣服。可见,到尧帝生活的时代,人们冬天穿皮衣，夏天穿布衣已经成了常态。

《说文解字》中说："衣者，人所倚以蔽体者也。"人为什么要穿衣服呢？是因为人有羞耻心，"礼义廉耻，国之四维，四维不张，国乃灭亡"。在封建社会，廉耻已经被上升到了"立人之大节"的高度。不过，对于原始社会的先民们来说，衣服的作用，首先是考虑其实用性。

远古时期，人们过着"穴居而野处"的生活，在相当长的一段时间中，人们都只能用树叶和草葛遮身来抵御风霜雨雪、烈日毒蛇，不过，这种"衣服"能起到的作用聊胜于无。

后来，随着工具的改进，人们逐渐能够狩猎一些野兽，这些猎物的皮毛也就有了用武之地。既然野兽能用皮毛御寒，人类当然也能。在北京周口店北京人遗址中，考古工作者发现了距今约3万年的刮削石器和尖状石器，这表明当时的原始人已使用这些石器来剥取兽皮。

如果你有过穿皮衣的经验，一定会认为当时这些野兽的毛皮也是十分柔软的。不过，事实上并非如此。虽然刚剥下来的湿皮很软，但晒干之后皮就会变得十分坚硬，不仅穿起来十分僵硬，缝制起来也很不方便，这种皮革叫作"生皮"。只有经过加工的皮革才可以服帖地穿在身上，我们称之为"熟皮"。

现代社会，我们可以通过植物鞣制、铬鞣制和合成鞣制等多种方式来加工皮革，不过，对于原始人来说，这可是一大难题。在长期实践过程中，人们逐渐发现，把动物的脑浆、油脂等涂抹在皮革表面后，在阳光下暴晒，再通过搓揉、捶打或拉扯等方法就可以软化兽皮，而烟熏兽皮不仅可以增加兽皮的耐用性，还能防虫。于是，兽皮终于从树叶手中接过"接力棒"，成了人类的"二代衣服"。

一开始，人们只是把兽皮随意披在身上，虽然有一种"野性美"，但行动起来十分不便，一不小心兽皮就会掉下来导致"走光"。而且，一到冬天，即使披上了兽皮，寒风还是会从兽皮的缝隙中钻进来，冻得人直打哆嗦。怎么解决这个问题呢？

好在部落里从不缺少解决问题的能人：只要把兽皮分割成一块一块的，再用针把这些兽皮按照人的体形"量体裁衣"，问题不就解决了吗？在山顶洞遗址中，考古工作者发现了来自3万多年前的一枚骨针，这枚骨针用兽骨磨制而成，针身保存完好，仅针孔残缺，刮磨得很光滑，它不仅是我国发现的最早的缝纫编织工具，也是全世界已知最早的缝纫工具。

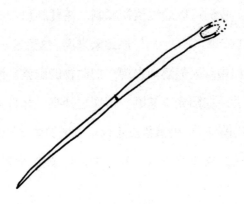

图 1-14　山顶洞遗址出土的骨针

爱美是人类的天性，山顶洞人当然也不例外。穿上缝制的兽皮衣之后，山顶洞人还用动物牙齿、贝壳、小石子等材料制成项链。他们也许是觉得项链的颜色有些单调，还把一种红色的矿物磨成粉末，用来给项链染色。

兽皮解决了御寒的问题，可是，天热的时候怎么办呢？这就是我们要说的第三代服装——布衣。

在古代典籍中，衣服是黄帝的大臣伯余发明的，"伯余之初作衣也，緂麻索缕，手经指挂，其成犹网罗"（《淮南子》）。这段话很形象地说明了原始纺织业的形态：伯余当初制作衣服的时候，用手把麻搓成细线，并在木头上拉出经线，然后用手指一根一根勾起经线，用细线在经线中往返穿梭，做出来的布就像现在的渔网一样。

黄帝被尊为中华民族的"人文初祖"，生活在约4700年前，事实上，中国制作麻衣的时间要比这早得多。在距今约6000年的半坡遗址，考古工作者就在彩陶上发现了麻布留下的印痕，而在江苏草鞋山遗址中，考古工作者还发现了3块葛布残片。此外，同时期还有大量骨制、石制、陶制纺轮与纺锤出土，这些都可以证明，我国古代人民至少在6000年前就已经开始制作麻衣和葛衣了。

如果你有拔草的经历，可能会产生这样的疑惑：为什么有的草非常难拔，甚至把草折断之后，外面的表皮还"骨断筋连"，很难完全弄断。其实，这是因为草的外皮有很多纤维，正是这些纤维在起作用。麻衣和葛衣的制作原理，就是把植物中的这些纤维提取出来制成衣服。

苎麻、火麻和葛草的外皮都含有十分坚韧的纤维。苎麻是一种多年生草本植物，原产于我国西南地区，茎部高度通常为1～1.5米，茎部含有丰富的亚麻纤维，这些纤维非常细长，具有优异的纺织特性。亚麻纤维的颜色通常是淡棕色或浅灰色。火麻也叫大麻，是一种多年生草本植物，其茎部高大粗壮，可以长至 2 米以上。火麻的纤维较粗，通常为深棕色或浅灰色，具有良好的强度和耐用性。它的茎部中含有纤维素，可用于纺织。葛草原产于我国南方，茎部柔软且富有弹性，通常呈绿色。葛草纤维细长，有良好的韧性，适用于编织。

制作麻衣需要多道工序。

首先，要把准备好的葛草、火麻等材料放在石灰水中煮制。植物纤维通常在自然状态下较为坚硬，不易处理。石灰水中的碱性成分可以软化这些纤维，使其更加柔软和易于操控。另外，石灰水中的碱性有助于去除植物纤维中的一些杂质、树脂和不需要的物质。这可以提高纤维的纯度和质量。

接着，等原料晒干之后，人们会利用纺轮把植物纤维拉细制成线。纺轮是一种用于将纤维拉细成线的工具，通常由一个轮子（纺轮）和一个纺锤（通常是锥形或椭圆形，底部较重）组成。轮子旋转，同时将纤维带过并拉细。人们通过旋转纺轮并逐渐向外拉扯纤维，将粗大的植物纤维变成细线。在纺织的过程中，人们可以将多根细线捻合在一起，以增加线的强度和稳定性。拉出来的细线会绕在纺锤上，以便后续使用。

中国是丝绸的故乡，也是世界上最早养蚕、缫丝和织造丝绸的国家。四大文明古国中，古巴比伦人多使用羊毛，古埃及人多用亚麻，古印度以产棉为主，只有中国形成了独特的丝绸文化，并一直影响至今。

丝绸的起源可以追溯到新石器时代，史料记载，黄帝的元妃嫘祖是发明丝绸的人，她"治丝茧以供衣服，而天下无皴瘃之患，后世祀为先蚕"。经考古发现，中国最早的丝织品出土于距今约5000年的良渚文化遗址中，之后，考古工作者又在黄河流域的青台遗址发现了丝绸的痕迹，这足以证明，早在5000年前，中国的长江与黄河流域都已经出现了蚕丝纺织技术。结合其他出土的文物来看，当时的先民们不仅掌握了丝织技术，还建立起了包括种桑、养蚕、缫丝等在内制作丝绸的完整流程。

从最初的树叶、草葛到野兽的皮毛，到植物纤维制造的麻衣、葛衣，再到精致的丝绸，先民们不仅通过动手满足了基本的生存需要，还表现出对美、文化、文明的不断追求。而丝绸的发明更是中国独有的，为人类文明的进步和交流做出了杰出的贡献。

第七节 住在树上的有巢氏

《路史》中说："昔载上世，人固多难，有圣人者，教之巢居，冬则营窟，夏则居巢。未有火化，搏兽而食，凿井而饮。桧秸以为蓐，以辟其难。而人说之，使王天下，号曰有巢氏。"这段话的大意是，上古时代，人们生存艰难，连住的地方都没有。一位圣人教导人们可以像鸟儿一样，在树上筑巢而居，从此人类终于有了居住的地方，于是，人们便把他尊为天下共主，号有巢氏。

有巢氏位列五氏（有巢氏、燧人氏、伏羲氏、神农氏、轩辕氏）之首，被尊奉为"华夏人文始祖"。据记载，他生活在旧石器时代，正是他开启了巢居文明。

所谓巢居，就是干栏式建筑，简单来说，就是先用竹、木等材料建成底架，再把房子建在底架上，使房子和地面隔离，达到防潮的效果，底层还可以用来饲养家畜，一举两得。在我国长江以南地区，干栏式建筑是新石器时代建筑的主要形式。这种建筑一般由以下几个部分组成。

◇ 支柱和横梁：巢居的基本结构是由数根支柱和横梁组成的，这些支柱通常由树木或竹子制成，而横梁则连接在支柱之间，形成建筑的基本框架。这种结构使得建筑能够承受自然界的各种挑战，如风雨、寒冷和酷热。

◇ 编织的墙壁：原始社会的人们会用树皮、竹篾或藤条等材料编织成墙壁，填补建筑的侧面。这种编织墙壁不仅能够起到一定程度的保温和防风作用，还能够让空气流通，保持内部通风。

◇ 茅草或树叶的屋顶：为了防止雨水渗透和阳光直射，人们通常会在横梁上覆盖茅草、树叶或其他可用的植物材料，形成屋顶。这种屋顶结构不仅实现了遮阳和避雨的功能，还能够降低室内温度。

◇ 地面处理：在建筑内部，人们通常会铺设一层松软的植物、草荐或动物皮毛，增加房屋的舒适度。

◇ 简单的分隔：原始社会的巢居通常是单一的大空间，但有时也会用编织的帘幕或隔板将空间分隔开来，以满足不同的功能需求，如睡眠区、储物区等。

在河姆渡文化、马家浜文化和良渚文化等众多遗址中，考古工作者们都发现了埋在地下的木桩和底架上的横梁，这表明，早在7000多年前，我们的先民就已经开始建造干栏式建筑了。更为重要的是，考古工作者还在河姆渡遗址中发现了大量榫（sǔn）卯（mǎo）结构的木质构件，而且组成类型包括了柱头和柱脚榫卯、平身柱与梁枋交接榫卯、转角柱榫卯、受拉杆件（联系梁）带梢钉孔的榫卯、栏杆榫卯、企口板等6种榫卯结构。

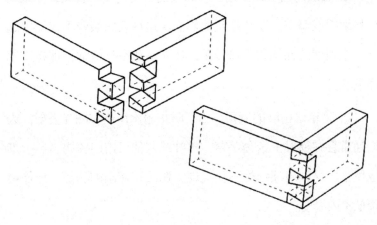

图 1-15　榫卯结构示意图

榫卯结构也被称为榫头榫尾结构，是一种建筑和木工结构方式，用于将木材连接在一起，增加结构的稳定性和承重能力。这种结构在中国古代建筑中被广泛采用，是十分精妙的发明。

榫头和榫尾是榫卯结构的两个关键部分。

榫头：榫头是一种突出的木制部件，通常呈方形或矩形，它位于一块木材的末端或边缘。榫头通常有凹槽，旨在与其他木材的榫尾相匹配。

榫尾：榫尾是与榫头相对应的部件，通常位于另一块木材的末端或边缘。榫尾具有凸起，可以插入榫头的凹槽中，形成稳固的连接。

榫卯结构有众多优点，它不需要钉子、螺丝等金属连接件，就可以十分稳定和坚固地连接各个部件，使得木材在建筑或家具中可以承受更大的重量和压力。而且，榫卯连接更容易被分解，使得维修和更换部件变得便捷。

现在，让我们把目光从潮湿闷热的南方移向北方。在黄土高原和其他地势高亢的地区，先民们利用"大自然的馈赠"，在黄土断崖和陡坡上挖出了用于居住的洞穴，这就是最早的窑洞。窑洞是穴居建筑的一种，因为是横着挖的，所以也叫"横穴居"。既然有"横穴居"，那就有竖着挖的"竖穴居"，简单来说，就是在地上挖个坑，坑顶再加盖房顶。这类建筑多呈方形或圆形，中间有一根或多根木柱作为支撑。

穴居虽然冬暖夏凉，就地取材，但防潮是个很大的问题。于是，先民们尝试了各种各样的方法。比如，先把室内墙壁和地面的泥土拍实，再用颗粒细小的泥土进行涂抹，这种方式在仰韶文化早、中期的半地穴式房址中经常能够看到，墙上涂抹的灰白色胶泥或黄胶泥使得穴壁及居住面平整光滑。

在仰韶文化晚期，出现了草拌泥，即在泥土中掺加草筋，而且大多经过火烤处理，这样的穴式房屋不仅防潮效果更好，还提高了防水能力。这是因为经过火烤之后，地面和墙壁已经形成了简单的陶面。

到龙山文化时期，先民们逐渐脱离了穴居，开始搬到地面居住，且出现了最早的夯土技术。夯土是一种十分古老的建筑技术和建筑结构，其主要特点是将土壤或黏土与少量水混合后，通过人力或机械装置不断夯实，以形成更加坚固的建筑结构。

古往今来，无数学者对文明给出了自己的定义。恩格斯把农村和城市的社会化分工作为文明的标准；学者克拉克洪为文明划定了 3 条标准：发掘的遗址中要有城市、文字和礼仪建筑；《礼记·礼运》中则把"城郭沟池以为固"作为文明的标准。无论以哪种标准来看，城市的出现都是必不可少的。

在山西省襄汾县陶寺村南，考古工作者发现了一座占地280万平方米的城市遗址，后确认为中国上古时期的唐尧帝都所在地，那里有两座用夯土建筑的城墙，城市内部经过精心规划，由王宫、贵族居住区、行政区、手工作坊区、居民生活区等区域构成，功能十分完备。这足以证明，早在4000多年前，中国就已经出现了有一定规模的城市聚落。

第八节 医学与数学的萌芽

"神农尝百草"是一个流传甚广，深入人心的神话故事。传说上古时期，百姓们茹毛饮血，经常生病，却没有医药可以治疗，只能在病痛的折磨下痛苦死去。后来，神农氏"以赭鞭鞭草木"（《史记》），开始尝百草，以了解各种植物的性状和作用，"尽知其平毒寒温之性，臭味所主"（《搜神记》）。在这一过程中，他曾经"一日之间而遇七十毒"（《通志》）。最终，功夫不负苦心人，神农氏终于大功告成，把分辨草药的能力传授给民众。

这虽然只是传说，却反映了医学萌芽的真实状态，上古时期的先民们，正是在采集植物的过程中，逐渐认识到了哪些植物对人体有益，哪些植物对人体有害，医药学自此萌发。

除了服用草药之外，石器时代的先民们在长期实践过程中，也掌握了一些其他的治疗方式。比如，用骨针刺激人体的某些部位，可以缓解病症，这是针术的起源。又比如，阴雨天关节疼痛，可以通过热敷来缓解，这就是最早的灸法。先民们的实践和经验总结，为后世中医的发展提供了基础。

不过，在原始社会，由于缺乏系统的医学知识，人们对很多疾病都束手无策，于是，便把希望寄托在超自然力量上。人们通过向神灵、图腾祈祷以求救治，而与神灵"沟通"的方法掌握在部落的巫师手中，因此当时出现了"巫医不分家"的情况。直到春秋战国时期，巫与医才逐渐分离，中医才逐渐形成系统的知识体系，出现了众多医疗典籍。

部落中的大巫除了"垄断"天神指示的最终解释权，还负责分配物资。在人们茹毛饮血的时代，劳动所得是平均分配的，只有这样才能保证部落能够在恶劣的环境中存活下来。不过，随着农业时代的到来，粮食在满足温饱的基础上，出现了很多富余。这个时候，如何分配富余的粮食变成了一个大问题。

经考古发掘，我们已知最早的计数方式应该是结绳记事。《易经·系辞传》中也说："上古结绳而治，后世圣人易之以书契……"所谓结绳记事，就是使用不同的结、绳的颜色、绳子的长度、结的位置等来记录不同的信息。

由于年代久远，绳子又容易腐烂，很难完整保存下来，加上当时还没有文字，我们只能通过推测来了解结绳记事的方法。"事大大其绳，事小小其绳。"简单来说，就是记大事用大结，记小事用小结，不过，绳结应该还有数字、日期等含义，这一点，我们可以从其他方面略窥一二。直到现在，还有一些边远地区的少数民族仍然在使用结绳记事的方法，比如，独龙族通过在绳子上打结来计算天数，哈尼族在买卖田地时，通过在绳子上打结来代表田价。

不过，结绳记事的方法不仅麻烦，而且能够记录的信息也十分有限，于是，新的记录方式便出现了。西汉学者孔安国在《尚书·序》说："古者伏牺氏之王天下也，始画八卦，造书契，以代结绳之政……""契"最初是刻的意思。刻在哪呢？地上可以，木板上可以，陶罐上当然也可以。几千年后，木板上的字符已经无从查找，好在陶罐上还有很多，这些符号被称为"陶文"。据初步统计，我国出土的陶器上共发现陶文 415 字，其中最早出土自大亚湾文化遗址，距今约 7000 年。

很多学者认为，这些陶文就是文字的起源，其中也有很多表示数字的符号。比如，"|""||""|||""||||"代表的可能就

是数字1、2、3、4。

数学不仅包含数字和计算方式，也包括对图形的认识。新石器时代的陶器上已经出现了很多对称的图案，这说明，当时的人们不仅已经有了对图形的概念，还掌握了刻画这种图形的方式。这可能是他们通过观察自然界中存在的对称物体和形状，如树叶、动物身体等，再将其运用到陶器、织物和其他工艺品的制作中，从而创造出美观且平衡的图案。

在历史的早期，我们的先祖们就用智慧和创造力展示了人类的伟大。面对疾病、信息记录等问题，先民们以惊人的智慧和创造力回应。通过实践和观察，他们逐渐积累了宝贵的知识，这些知识便是后代文明演进的起点。

第九节 神秘的"八卦"与自然观

1983 年，考古工作者在牛河梁遗址开展工作时，发现了一处十分奇怪的设施。这个设施由直径不同的 3 个同心圆组成，逐级升高形成 3 个台阶。如果仔细观察就会发现，组成三重圆所用的石头都是挑选过的六棱石柱，最内层的圈里还摆放着筒形器。更有趣的是，经过测算，这三重圆的大小比正好是 $\sqrt{2}$。

牛河梁遗址距今 5500 年—5000 年，这种既不是房屋，又不是耕地的设施到底是用来做什么的呢？考古工作者根据周围的遗迹判断，它很有可能是祭天用的祭坛，3 个大小不一的圈分别代表冬至、春秋分和夏至，正好跟在地上观测的太阳运行轨迹重合，也就是说，早在新石器时代晚期，人们就已经有了大规模的祭祀活动，而且已经有了一定的天文学知识。

对于生活在旧石器时代的先民来说，采集和渔猎是最重要的生存方式，寒来暑往，日升月落是影响人们活动的主要因素，当时的先民便对这些与自身息息相关的天文活动产生了浓厚的兴趣，进而积累了一定的经验。

进入新石器时代，随着农业的萌芽，季节和时令对先民们来说变得更加重要，毕竟，这可是关乎生死存亡的大事。什么时候播种，什么时候浇灌，什么时候收获，都需要一个参照标准，而且，这个标准最好是有规律的、运动的、（规律）长期不变的、便于观测的。

站在原始人的视角，标准不能选天上的星星，太多了，而且没有自己的特点；地上的河流也不行，没法观测，也没有参考价值。思来想去，太阳不就是个最好的参照物吗？它升起时天就会变亮，落下时天就会变黑，这就是一天。河南郑州大河村出土的彩陶上，也绘制着太阳的图像。

于是，人们把太阳升起的方向定为东方，把它落下的方向定为西方，再把其他两个方向定为南、北，天地四方就有了确定的标准。可以肯定的是，早在6000多年前，我们的祖先就已经有方向的概念了。比如，西安半坡遗址中，房屋的门、墓穴和人骨架的摆放都有一定的方向。

随着时间的推移，人们在观察太阳时发现，每天日出和日落的时间并不总是相同的。天气越热，日出的时间越早，日落的时间越晚；天气越凉，日出的时间越晚，日落的时间则越早。于是，人们便通过日落与日出的时间判断四季，确定农时。随着人们对天文观测经验的积累，天文学便在这个时期萌芽了。

一切科学和技术的发展都始于人们对自然界和周围环境的观察和理解，天文如此，自然观也是如此。简单来说，自然观就是人类对自然界的看法，大到宇宙的起源，世界运转的规律，小到树木发芽，小草开花。

《易经·系辞传》中说："古者包牺氏之王天下也，仰则观象于天，俯则观法于地，观鸟兽之文与地之宜，近取诸身，远取诸物，于是始作八卦……"这段话的大意是：伏羲通过仰观天文，俯察大地，观察周围所有的自然景物创作了八卦。

八卦是传说中伏羲创制的符号体系，包含乾、坤、震、巽、坎、离、艮、兑 8 个卦象，分别代表天、地、雷、风、水、火、山、泽八种自然界存在的事物。说起八卦时，很容易让人产生"玄之又玄"的感觉，事实上，若我们把自己代入原始社会，站在地上观察四周时，其实很容易理解这些卦的含义。

想象一下，现在你站在一个空旷的地方，头顶是天，这是乾卦，脚下是地，这是坤卦，远处有山，这是艮卦，空中有风，这是巽卦，身边有水，这是坎卦……也就是说，当我们把八卦当成古人眼中的世界时就很好理解了。

在八卦的基础上，古人对自然界的现象给出了自己的解释。比如，八卦中，震卦和巽卦相对，这就是"雷风相薄"，意思是风和雷会互相影响。

当然，八卦基于观察得出的结论是相对理性的，然而，对于原始社会的先民来说，更多的是无法理解自然界中的事物。未知带来恐惧，恐惧带来崇拜，崇拜带来祭祀，这也是一种自然观。

袁珂先生在《中国神话通论》中说："'万物有灵论'是原始人对自然界各种物事初步的拟人化。以为环绕在他们周遭的自然界物事有神灵主宰，能够为祸为福于人，由此而产生的对自然的崇拜，就成为原始的拜物教。水、火、太阳、月亮、石头、大树、牛、蛇等，都可能成为他们崇拜的对象。"这或许就是图腾的由来。我国史籍中能够看到很多关于图腾的记载，比如，黄帝所属的有熊氏，图腾是一头熊，而商人的图腾是玄鸟，这些都是原始崇拜的产物。

在当时的人看来，图腾或者说天神掌管着风雨雷电，暴雨山洪，而部族中能够与图腾沟通的人，自然就掌握了绝对话语权，成为掌控权力的"巫"。这种传统一直延续到商代。在商代，国家领袖既是人，也是群巫之长，祈雨等工作都归他负责。正如上文所说，在很多新石器时代遗址中，我们都能看到祭坛和神庙的踪迹。不过，当时的先民们身处传统农业社会，因此他们对图腾的崇拜很快就转化为对先祖的崇拜。

站在现代人的角度上来看，先民们对于超自然力量的崇拜似乎是愚昧的、迷信的。但是，以今人的标准评价古人，本身就是一种自以为是，就像 1000 年后的后人去评价我们一样。站在先民的立场上，对于图腾、神灵的崇拜，又何尝不是想要通过人类自身去干预自然灾害的一种积极态度呢？古往今来，正是这种人定胜天的精神支撑着先民们不断前进，中华民族才能延续至今，成为四大文明古国中唯一没有中断文化历史的民族。

第十节 从"公天下"到"家天下"

《韩非子》中有一段非常精彩的论述：当初尧统治天下的时候，住的是破烂的茅草屋，连屋子里的橡子都没有刨光，吃的是粗粮，喝的是野菜汤，冬天随便披一块兽皮，夏天只能穿麻布衣服，还没有现在（战国时代）大门的守卫生活得好。到禹统治天下的时候，还要亲自扛着锄头下地干活，累得大腿上没有赘肉，小腿上的毛都磨没了，就是奴隶也没这么辛苦。这样看来，古代天子把王位让给别人，不过是在逃避奴仆般的生活，摆脱繁重的劳动罢了，因此并不值得赞美。反观如今的县令，一旦死了，他的子孙世世代代都骑着高头大马，过着富裕的生活，所以人们都很看重官职。因此，对于让位这件事，人可以轻易地辞掉古代的天子之位，却不愿意放弃现在一个小小的县令之职，这不是品德高低，而是能够获得的实际利益不同。

《韩非子》中的这段论述虽然失之偏颇，但仍然深刻地探讨了统治者与现实生活之间的关系以及权力让渡的动机，韩非子以实际利益为切入点，强调了古代统治者可能会因为艰苦的生活而放弃王位，与现代县令的后代世世代代享受富裕生活形成鲜明对比，得出权力让渡与否，取决于实际获得利益大小的结论，旗帜鲜明地反对儒家崇尚"圣人""圣德""圣治"的治理方式。

从上古五氏到五帝时代，部族首领是通过选举或是通过禅让产生的，上一任首领通过考察德行，将王位传给下一任首领，也就是所谓的"传贤不传子"。禹死前，毅然决定将王位传给儿子启，建立夏朝，从此，"家天下"代替"公天下"，王位世袭制代替禅让制，中国历史进入新时期。

制度变化的背后，一定有更深层次的经济原因。上古时代，社群主要依靠采集和捕猎来获取食物，这种方式通常需要大范围地移动和合作，而且物资分配相对平等。此时，女性在生产中占据主导地位，因此，她们在社会中享有较高的地位。母系氏族制度在这个时期比较普遍，社会通常以母系家庭为单位组织，权力和财产的继承通常由母系进行。女性在家庭和社群的决策中扮演着重要的角色。这一点从当时的先民主要祭祀女性神灵中也能看出端倪。

随着新石器时代的到来，生产工具不断改进，农业逐渐兴起，人们开始种植、养殖，农田的开垦、耕种，牲畜的饲养等任务需要更多的人力和劳动力组织，这导致了男性在经济活动中的重要性增加。另一方面，土地和农产品的私有权逐渐变得更为重要，而以男性为主导的血亲制度更加适应这种财富的传承，因此，父系氏族公社更符合新的财产和继承模式，逐渐成为主导。

到新石器时代末期，农业生产水平不断提高，粮食出现了大量剩余。在河北磁山新石器时代遗址中，考古工作者发现了80座用于储存粮食的窖穴，窖穴中有粮食堆积，一般厚度为0.3~2米，其中有10座窖穴粮食堆积达2米以上。在河南南阳黄山遗址考古发掘中，工作人员发现了密集的粮仓群，其中面积为50平方米的粮仓，同一层面就有5座。这些都足以证明，当时的剩余产品数量已经十分富裕。而从各大遗址发现墓穴和陪葬品的数量来看，此时贫富差距和阶层已经出现，占有社会财富的多少，成为衡量地位的重要标准。

尧、舜、禹统治时期，华夏部落和三苗部落爆发了持续数十年的战争，直到禹统治时期，这场旷日持久的战争才以华夏部落的胜利告终。战争结束之后，三苗被"夷其宗庙，而火焚其彝器，子孙为隶，不夷于民"（《国语》）。这场战争与以往的原始战争完全不同。

◇ 战争性质的变化：这场战争的性质发生了变化。在早期的社会阶段，部落之间的冲突可能更多地与血亲关系、复仇等有关。然而，随着社会的发展和对资源的争夺，战争的性质逐渐从个人或氏族间的冲突演变为更为复杂的征服战争。这标志着社会结构和政治组织的变革。

◇ 战争的结果：战争结束后，胜利的华夏部落对三苗部落采取了严厉的措施。他们夷平了三苗的宗庙，销毁了其彝器（一种仪式用具），并将三苗的子孙视为奴隶，不再将之与自由的部落民众平等对待。这表明奴隶制度在这个时期开始出现，标志着社会结构和阶级关系的演变。

◇ 领土争夺：战争的原因之一可能涉及领土争夺。在古代社会，土地是资源的关键来源，而发起战争可能是为了获得更多的土地和资源。这也可能导致战争性质的演变，从而影响了社会制度和组织。

公元前 2070 年，禹建立夏王朝，中国正式开启了奴隶制时代。毫无疑问，奴隶制度是最野蛮、最残忍的制度。然而，一切制度的出现背后都有更加深层的经济原因，就当时的社会条件，奴隶制也从客观上推动了社会和经济发展。

◇ 大规模劳动力供应：奴隶主强制奴隶从事农业、矿业、建筑业、手工业等劳动，因为奴隶没有自由，奴隶主可以对他们进行极限压榨和剥削，这为大规模的生产提供了足够的劳动力。

◇ 专业化和分工：奴隶主将奴隶分配到不同的工作岗位，客观上促使了劳动的专业化，产品种类日益增多，分工也更加精细。

◇ 资源开发：奴隶可以被用来开发和利用资源，包括农田、矿产和土地。奴隶可以被迫从事耕种、采矿和土地改良等活动，以满足社会对资源的需求。

◇ 奴隶主的时间、空间解放：奴隶制度将奴隶主阶层从劳动中解放出来，使之有时间和精力从事政治、文化等活动，知识阶层开始分化出来，知识也就有了发展繁荣的可能，这也为后世的"百家争鸣"奠定了基础。

恩格斯在《家庭、私有制和国家的起源》中说："第一次社会大分工，在使劳动生产率提高，从而使财富增加并且使生产领域扩大的同时，在既定的总的历史条件下，必然地带来了奴隶制。"并指出："只有奴隶制才使农业和工业之间的更大规模的分工成为可能。"不仅在中国，在古希腊、古埃及、美洲等世界其他地区，奴隶制也是当时的主流制度，不同的是，中国的奴隶制只经历了夏、商、周时代便宣告结束。

在奴隶制的推动下，我国商周时期的青铜铸造业已经非常发达，无论是规模还是工艺，在当时的整个世界都处于领先地位。

第十一节 冶铸青铜

中国是世界上最早掌握青铜冶炼技术的国家之一，也是青铜文明的代表。

从数量上来看，我国现存的青铜器数量超过百万件，已出土的青铜器数量是全世界其他国家和地区出土青铜器的总和。

从造型角度来看，我国青铜器千姿百态，仅能叫上名字的就有觥、鉴、盨、觯、瓿、簠、卣、矛、瓢、甂、角、簋、刀、甗、敦、钺、镰、量、鬲、斗、斧、缶、盉、盂、罍、镜、匜、镈、钟、钲、尺、铙、权、豆、锜、壶、戟、曹、觥、爵、锥、瓿、鉴、盨、敦、卣、彝、觯、角、甂、簠、爵、瓢、斗、豆、簋、罍、尊、盂、匜、盘、缶、钟、镈、铙、钲、鼓、刀、矛、剑、方、斧、钺、戟、铲、壶、觥、斗、彝、盉、彝、罍、勺、鉴、匜、盘、缶、钟、镈、铙、钲、鼓、尺、量、权、觚、觯、觞、衔、轭、锤、舫、斗、尺、量、权等。

从文化角度来看，我国创造了灿烂辉煌的青铜文明，为青铜器赋予了礼仪、审美、宗教、历史等众多文化内涵。

从制造工艺角度来看，我国的青铜礼器雕刻精美，工艺高超，具有极高的研究和欣赏价值。

我们汉语中有个常用成语叫"一言九鼎"，说的就是大禹铸造九鼎，九分天下的事。《左传》中说："昔夏之方有德也，远方图物，贡金九枚，铸鼎象物，百物而为之备，使民知神奸。"文中的"金"不是黄金，而是铜。你也许会好奇，我们在博物馆参观时，看到的青铜都是青色的，为什么这里反而说青铜是金色的呢？其实，青铜器刚铸造出来的时候也是金色的，只是随着时间的推移，铜表面与氧气和水反应，形成一种叫作铜碱式碳酸盐的化合物，这一氧化过程会随着时间的推移而进行，逐渐改变了青铜器的外观。实际上，青铜是一种用铜融合锡、铅等元素一起冶炼成的合金。

之所以这样做，是由于纯铜的硬度低，无法用来制作工具。纯铜相对较软，莫氏硬度约 3.0（纯金的莫氏硬度约 2.5，可以轻易折弯）。青铜合金通常比纯铜更硬，其硬度取决于合金中添加的元素和组分间比例。例如，铜和锡的合金（锡青铜）通常硬度较高，适用于制作工具和武器。春秋战国时期的《考工记》中就对合金的比例有详细的记载："六分其金而锡居一，谓之钟鼎之齐；五分其金而锡居一，谓之斧斤之齐；四分其金而锡居一，谓之戈戟之齐；三分其金而锡居一，谓之大刃之齐；五分其金而锡居二，谓之削杀矢之齐；金锡半，谓之鉴燧之齐。"

这段话是说：合金中有六份铜和一份锡，可以用来制作钟鼎；合金中有五份铜和一份锡，可以用来制作戈、戟；等等。这表明，当时的青铜冶炼技术已经十分完善，工匠对青铜和锡的比例已经有了相对精确的掌控，这也是世界上最早合金比例的科学记录。

另一方面，在纯铜中加入其他元素，也能降低熔点。纯铜的熔点约为 1083℃，而加入 25% 的锡冶炼青铜后，熔点就会降低到 800℃，更加方便熔炼和铸造。

不过，技术的发展总要经历漫长的积累阶段。与石器一样，青铜的铸造技术也经历了几个阶段的变化。一开始，人们无意间在自然界发现了自然铜，不过，由于这种材料质地太软，数量又少，没法用来制造工具，实用性不大。后来，人们逐渐发现了铜矿石的存在，只要把矿石中的铜提炼出来，不就可以制造工具了吗？

　　这时，丰富的陶器生产经验就为铜的冶炼提供了条件。在龙山文化阶段，烧制陶器的温度已经高达 1050～1100 摄氏度，这就为冶炼铜矿石提供了技术条件。相应地，龙山文化遗址中也出土了更多的铜器。于是，先民们把烧制陶器的工具和技术用来熔炼铜矿，就得到了铜。不过，经过实验之后，人们发现，这种材料的硬度还是不够，在长期摸索和实践中，工匠们又分别把其他材料与铜矿石一起熔炼，最终确定了锡铜合金的熔炼方式。

　　熔炼铜金属，需要有耐高温的坩埚来加热并承载高温溶液，还要把炼好的铜水送到浇筑的地方，这时，陶器就起到了至关重要的作用。陶器时代的先民已经掌握了日常使用的陶器（陶炊具）与用作坩埚的陶器（陶坩埚）之间的配料差别。我们在上文中说过，在陶坯中加入一定比例的细砂，就能提高陶器的耐高温程度，提高反复冷热循环的抗疲劳性。然而，这种加入细砂的陶坯降低了陶器的可塑性，无法做出精美的造型，因此，日常使用的陶炊具大多是黏土质地，部分祭祀用的礼器则是用淘洗过的细泥烧制而成的，造型更加精美，手感也更加细腻。

　　成功熔炼青铜之后，下一步就是铸造了，这项技术也经历了几个阶段的发展。一开始，先民们采用的是模铸法。

　　先用泥土制成模，捏出青铜器的基本形状，在泥模上雕刻出青铜器的花纹，这一步叫塑模，塑好的模型会被烧制成外范。

　　模型准备好之后，工匠会把一层泥土均匀地覆盖在模型表面，等待凝固之后取下，这样一来，泥土就复刻了青铜器的样式和花纹，这一步叫翻范，取下的泥片会被烧制成内范。

　　最后一步，将内外范合在一起，往中间的空隙里倒入铜水，凝固之后打破泥范，成品青铜器就铸造成功了。不过，用这样的方法虽然也能铸造出精美的铜器，但每件铜器都需要专门的泥范，泥范是无法重复使用的。另一方面，用这种方法也无法铸造出造型更加精美、复杂的铜器。

　　后来，为了制作更加精美的礼器，工匠们又发明了分铸法，即先把所需要的各个部件分别铸造出来，最后铸接在一起。比如，商代晚期的四羊方尊就是采用分铸法制成的。

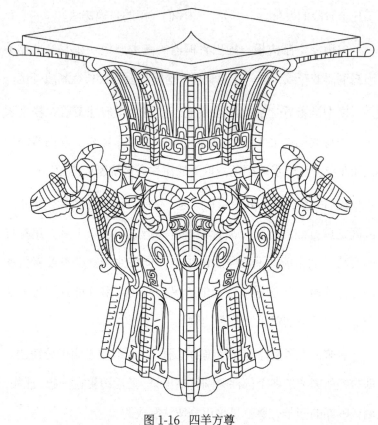

图 1-16　四羊方尊

四羊方尊造型简洁、优美雄奇，主体由 4 个卷角羊头、龙头和中间的方尊组成，上口最大径 44.4 厘米，高 58.6 厘米，重 34.6 千克，被誉为"臻于极致的青铜典范"。铸造时，工匠们就是先把羊角与龙头单个铸好，分别配置在外范中，再进行整体浇铸的。

之后，工匠们又创造了失蜡法，这种铸造方法更加精细，铸造出来的青铜器也更加精美。

第一步，模型制作：首先，使用易熔的蜂蜡制作出所需的铸件模型。这个模型通常精细而复杂，反映了最终器物的外形和纹饰。

第二步，蜡模覆盖：将制作好的蜂蜡模型涂覆上一层耐火材料，通常是细泥浆，以形成一个外范。这一步骤也包括填充泥芯，以在铸造时形成器物的内部空腔。

第三步，烘烤：外范和泥芯的组合被加热烘烤，导致蜂蜡模型完全熔化并流失。经历这一过程会在外范和泥芯中留下空腔，准备用于铸造。

第四步，铸造：在烘烤后的外范和泥芯组合中，铸造工匠将熔融的金属（如铜）倒入空腔中。金属填充了空腔，塑造成蜡模型的形状。

第五步，冷却和取模：金属冷却凝固后，外范和泥芯可以被打碎和取出，留下精美的青铜器。这些器物通常具有复杂的形状和镂空效果，因为蜡模型在失蜡的过程中已经完全消失。湖北随县出土的曾侯乙尊盘就是使用失蜡法铸造的精品，其铸造的精巧程度已经达到了先秦青铜器的极点。

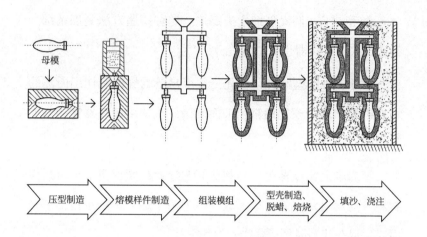

母模

| 压型制造 | 熔模样件制造 | 组装模组 | 型壳制造、脱蜡、焙烧 | 填沙、浇注 |

图 1-17 失蜡法流程图

早在夏朝，我国的青铜铸造规模就已经十分可观。在二里头遗址，考古工作者发现了面积为 1.5 万～2 万平方米的铸铜作坊遗址，它坐落于宫殿区以南的围垣作坊区，大约使用了 200 年，是迄今所知中国最早的大型铸铜作坊，也是最早铸造青铜礼器的作坊遗址。而在当时的整个时代，只有这里能够铸造青铜礼器，相当于夏朝的"国家高新技术产业园区"。从它临近都城的位置可以判断，当时青铜礼器的生产和分配牢牢掌握在统治者手中，青铜礼器成为权力的象征，也成为划分阶层、区分身份的重要载体。

第二章

三代时期

第一节 青铜艺术的巅峰

在青铜时代早期，由于铜矿开采量低、铸造方式复杂等各种各样的原因，稀少的青铜器还无法进入普通人的生活，鼎这样的大型青铜器也无法被铸造出来。

夏朝是我国历史上的第一个王朝，关于夏的考古发现，大多集中在河南龙山文化与河南偃师二里头文化。其中，二里头遗址被认为是夏王朝的都城。我们在这些遗址中发现的青铜器，既有刀、凿、锛等生产工具，也有戈、戚、镞等武器，爵、觚、盉等容器。

公元前 1600 年，商人在汤的带领下消灭了夏朝，建立了中国历史上第二个王朝，青铜的冶炼和铸造开始进入繁荣时期。

《左传》中说："国之大事，在祀与戎。"这句话放在商人身上再合适不过了。我们在上文说过，商代"尊神事鬼"，商王朝的领袖既是国家的元首，也是众巫之长。因此，上至国家大事，下至私人生活，商人都要先通过占卜问过鬼神，得到指引之后才肯行动。为了表达对神灵的尊崇，祈求神灵保佑，商人经常进行种类繁多的祭祀活动。青铜器也逐渐成为一种礼器，出现在祭祀活动中，起着举足轻重的作用——煮肉的大鼎，用来盛放美酒的尊、爵，青铜面具等都是祭祀活动中必不可少的。

图 2-1　商代祭祀使用的青铜面具

图 2-2　商后母戊鼎

商后母戊鼎，又称司母戊鼎，铸于商后期，高 133 厘米、口长 110 厘米、口宽 79 厘米，重 832.84 千克，是已知中国古代最重的青铜器，充分表明了商代后期青铜铸造规模宏大，组织严密，分工细致。

公元前 1046 年，周武王灭商，建立了中国历史上第三个王朝。在周公的主持下，周朝建立了完整的礼乐制度，用礼来区分身份的高低贵贱，而青铜器则继续延续使命，成了礼乐制度的载体，渗透到周人祭祀、宴会、婚丧嫁娶等生活的各个方面。不同身份和等级的贵族，所能使用的青铜器大小、数量都有严格规定，至于庶人，则只能使用陶制祭器。比如，在所有的礼器中，鼎是等级最高的器物，被视作王权的象征，在飨宴或祭祀时用来盛装食物。根据周代的规定，"天子九鼎，诸侯七，大夫五，元士三"。这就是成语"钟鸣鼎食"由来。

礼乐制度扩大了青铜器的应用范围，因此，周代的青铜器数量急剧增多，在艺术水平和铸造工艺上都达到了新的高度。

对于君王来说，祭祀和等级制度固然重要，战争也是维持国家机器运转的关键因素。从夏代开始，青铜兵器便已用于作战，主要形制以戈、戚、镞为主，造型简单古朴，突显实用性。到商周时期，随着冶炼技术的进步，奴隶主已经能够拥有一支以青铜武器装备的部队了，武器种类更加丰富，造型和硬度都有了巨大提升。

"方叔涖止，其车三千。师干之试，方叔率止。乘其四骐，四骐翼翼。路车有奭，簟茀鱼服，钩膺鞗革。"（《小雅·采芑》）大将方叔屯兵出行场面可谓气势恢宏，有雷霆万钧之势，诗中的"车"便是指青铜战车。战车是先秦时代战场上绝对的"杀器"，能够左右战争的胜负，周代"六艺"甚至将驾驶战车作为贵族弟子的必修课。

商周时期，战车大多为一车二马，也有一车四马的情况，但数量极少。殷墟中曾出土过 25 辆战车的大型墓葬，说明商汤时已有 25 辆战车组成的更大战车建制单位。商周战车是青铜铸造工艺和机械设计的集大成者。河南浚县辛村遗址出土的西周文物表明，当时的战车往往用成组的青铜器包裹车毂，避免在行车过程中要害部位受损。完整的铜毂包括輨、軝、軎等部分，进一步反映了当时青铜铸造工艺的复杂性。

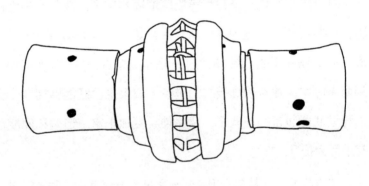

图 2-3　铜毂

到春秋战国时期，由于战事频发，武器的铸造工艺也不断提高，青铜剑也开始盛行起来。《越绝书》中说，越王勾践对宝剑特别钟爱，收集了鱼肠、巨阙、湛卢、胜邪、纯钩等 5 把宝剑，这些宝剑都是由著名剑师欧冶子锻造的。1965 年，在湖北省荆州望山楚墓群 1 号墓出土了一把宝剑，这把剑插在素漆木剑鞘中，剑身上布满规则的黑色菱形暗格花纹，内铸 11 道极细小的同心圆，距离仅为 0.2 毫米，精度与现代的机床技术相比也毫不逊色。更重要的是，这把剑虽然埋在地下 2400 多年，仍然剑光夺目，熠熠生辉。经过对剑身上铭文的辨认，考古工作者确认其为"越王鸠浅（勾践）自乍（作）用剑"。

图 2-4 越王勾践剑

历经 2000 多年，越王勾践剑居然保存得如此完好，这在整个世界都是极其罕见的。复旦大学静电加速实验室与其他科研机构对该剑的成分进行分析之后，发现除了铜、锡之外，剑身中还含有铁、硫，少量的铝和微量的镍。在铸造时，越王勾践剑采用了复合金属工艺，先浇铸含铜量高的剑身，保证足够的韧性，再浇铸含锡量较多的剑锋，保证武器的锋利程度。

中国青铜时代与奴隶制度的产生与发展高度重合，具有稀缺性的青铜便成为区别等级制度的重要标志。因此，与其他文明相比，我国的青铜器在品种、数量和工艺方面均达到了令人赞叹的高度。

不过，"民以食为先"，青铜除了用于礼器和武器之外，也被用于农耕。郑州商代中期铸铜遗址中曾出土过大量镢范，占这座遗址所出土青铜器的大多数，另有铸造青铜镢的作坊出土，这表明当时已具备批量生产该工具的能力。

到周代时，青铜农具无论在数量还是种类上都有所增加，专业化程度也有所提高，既有挖土所用的耒、耜，也有直插式整地农具铲、锸。然而，从青铜农具的器形和含铜量分析，一套青铜农具所含的材料，往往需要耗费西周奴隶数月以上的劳动所得或自由民家庭半年以上的净收入。因此青铜农具无法在自由民阶层普及，仅在奴隶主领地内使用，当时的农业生产工具仍以木、石为主。据《考工记》载，周代重视中耕，青铜农具生产由专门的官员"段氏"掌管，木制农具则由"车人"掌管。

接下来，就让我们离开繁华的宫殿和硝烟滚滚的战场，到田间地头，去看看三代时期普通百姓的生活。

第二节 井田制下的农业大发展

周人发源于今陕甘黄土高原、渭水流域一带，当地物产丰富，灌溉便利，土壤肥沃，因此农耕条件优渥，积累了大量财富。《诗经·大雅·生民》中说，上古时期，姜嫄踩中天神的脚印生下一子，这孩子从小就能自己寻找食物，种植五谷，还会辨明土质，选育良种，是个不折不扣的"种地小天才"。他就是周人的先祖后稷。

周因为农业而兴盛，因此，统治者对农业非常重视。周天子每年都要在春天率领文武百官，在自己的"王田"上亲自耕作，祈祷风调雨顺，称为"籍田礼"。当然，这种耕作基本上都是表演形式。《礼记》中说，举行"籍田礼"时，"天子三推，三公五推，卿、诸侯九推"。

　　《诗经·小雅·北山》中说："溥天之下，莫非王土；率土之滨，莫非王臣。"周朝是我国农业的大发展时期，在名义上，天下所有的土地都是周王的，周王留下一块地作为"王田"，剩下的全都分封给诸侯，后者每隔一段时间向周王缴纳赋税。在诸侯国内部，诸侯再留下一块田作为"公田"，其他的分封给卿大夫等贵族，卿大夫得到土地之后再继续分封，一层层分下去，土地上的庶人也被当作一种资源分封下去，这就是所谓的"封国授民"。

　　这样一来，以"王田"为中心，整个国家就被分成了像"井"字一样的形状，在诸侯国内也是如此，因此，这种土地所有制被称为"井田制"。同时，井田也是土地的计量单位。《谷梁传》中说："古者三百步为里，名曰井田。"《周礼·地官·小司徒》中说："九夫为井，四井为邑，四邑为丘，四丘为甸，四甸为县，四县为都。"

私田	私田	私田
私田	公田	私田
私田	私田	私田

图 2-5　井田制示意图

从春天到秋天，庶人都要在田间劳作。除了在自己的田地上耕作之外，他们还要义务帮助领主耕种公田。冬天农闲时，还要为贵族剥制兽皮、酿造春酒等，一刻也不得闲。不仅如此，庶人的妻子也要参加劳动，为贵族们采桑执织棉，缝制衣物。庶人虽然是劳动的主体，但他们收获的作物大部分都要交给贵族，再由贵族一级一级上交。

不过，并不是所有的地都可以作为井田被分配，只有那些开垦出来的，可以种植的土地才算是真正的耕地。与我们说过的"刀耕火种"式的抛荒耕作方式相比，周代垦耕技术有了很大的进步。第一年，先砍倒荒地上的草木；第二年，烧掉草木，让草木灰变成肥料滋养田地；第三年，修整田地，挖出沟渠（称遂、沟等），干旱时用来灌溉，降水较多时用来排水，再留下供人通行的路（称径、畛等），遂与径平行交错，把田地分成一块一块，就是成熟的井田了。

从土地的开垦方式可以看出，周人对土壤的肥力已经有十分深刻的理解了。另一方面，他们也已经认识到了土壤灌溉和排水的重要性。《诗经·小雅·白华》中说："滮池北流，浸彼稻田。"意思是滮池的水已经用来灌溉稻田了。站在现代科学的角度来说，土壤排水有助于避免土壤过度湿润，防止水浸。

如果土壤持续过于湿润，植物的根系可能会受到损害，从而影响它们的生长和发育。水浸还可能导致土壤中的氧气减少，从而影响土壤微生物的活动，降低土壤肥力。另外，土壤排水还可以起到控制盐分、防止侵蚀、提高温度等作用。先民们虽然无法了解这些科学知识，但却在日积月累地耕作中，通过观察土壤湿度、养分状况以及植物的生长情况总结经验，发展出一套行之有效的农业实践方法。

井田开垦出来之后，每个家庭能够分到多少土地呢？根据《周礼·地官》中的记载，当时的官员司徒必须掌握鉴定土质的方法，再根据土质来分配土地。根据品质的不同，周代的耕地被分为 3 类，不需要休耕的地是最好的，称为"畲田"，每家可以分到 100 亩（约两公顷）；种一年休耕一年的地叫作"新田"，一般是开垦第二年的，每家可以分到 200 亩；种一年需要休两年的地叫作"菑田"，这种田一般是新开垦出来的，土壤的肥力不足，每家可以分到 300 亩。从这里可以看出，周代的休耕制度已经十分完善了。

土地"到手"，接下来就是播种了。周代时，人们已经意识到了选种的重要性。《诗经·大雅·生民》中说："茀厥丰草，种之黄茂。实方实苞……"意思是除掉杂草，种下颗粒饱满的黄色种子。周代的作物种类十分丰富，已经有黍、稷、麦、牟（大麦）、麻、荏菽（大豆）、稻、秫（糯稻）、粱、糜、芑、秠、秬等。不过，在干旱的北方，粟（小米）仍然是人们的主要口粮，而雨量充沛的南方则以水稻为主。

无论是开垦还是播种，都离不开农具的帮助。周代的农具虽然仍以骨制、木制、石制为主，但青铜工具已经逐渐变得多了起来，如在江苏仪征西周墓葬中发现了两把锋利的青铜镰刀，只是离普及还差得很远。周代常见的农具除了我们了解过的耒耜之外，还有钱（jiǎn）、镈（bó）、铚（zhì）、艾等。钱可以看作带锋刃的耜；镈是一种类似锄头的农具，一般用来除草；铚是一种割草的短镰；艾是一种类似镰刀的收割工具。不过，与后世的金属农具不同，周代的农具大多是在木制农具前端包裹一层金属，以节省金属用量。

因此，当时的农具使用起来会显得有些笨拙。《淮南子·缪称训》中说："夫织者日以进，耕者日以却……"意思是织布的每天都在前进，耕地的每天却在后退，这是为什么呢？原来，周代的农夫耕地时多用耒耜。《考工记》中说："坚地欲直庇，柔地欲句庇，直庇则利推，句庇，则利发。"周代耕作包括两个主要步骤：推和发。推就是把句庇刺入土中向前推，发就是把直庇刺入土中后，把着柄把土发掘起来。有过在农村生活经验或见过用铁锹挖地的人应该很容易理解这种耕作方式，简单来说，就是先用铁锹把土翻起来，再把翻起的土块拍碎。

这样的耕作方式主要靠人力进行，农民需要用手将犁或其他耕作工具插入土壤，然后用力推动或挑拨，将土壤翻转或翻动。在土壤坚硬或湿润时，耕地还要耗费更大的力气，效率十分低下，挖一下就要退一步，费时费力。

后来，古人采取了两人共同耕作的方式，称为"耦耕"。关于耦耕，历来有很多不同的说法，有的学者认为，耦耕就是两个人拿两个耒耜"合力同奋，刺土得势"；有的学者认为，耦耕是两个人共同踏一个耜节省力气；还有学者认为，耦耕是一个人掘地挖土，另一个人立刻把土块打碎。《考工记》中则说："耜广五寸，二耜为耦，一耦之伐，广尺深尺……"

随着铁犁和牛耕的普及，这种生产方式逐渐被小农耕种代替，因此，耦耕的具体形式现在已经无法考证了。不过，西周的统治中心基本都是黄土地带，靠着耦耕的方式，农业生产的效率也得到了保证。

《诗经·周颂·载芟》中就记载了当时热火朝天的劳动场面："载芟载柞，其耕泽泽。千耦其耘，徂隰徂畛。"这段诗是说：

上千人一起到田地中耕作，割除杂草，砍掉树木，翻松土壤，上千人一起到田地里耕作，无论是高处的坡田还是低处的湿地，大家都一起向前。

接下来还要注意防治虫灾。《诗经·大雅·桑柔》中说："降此蟊贼，稼穑卒痒。"这里说的"蟊贼"就是指吃禾苗的两种害虫。"食心曰螟，食叶曰螣，食根曰蟊，食节曰贼。"《诗经·小雅·大田》中说："田祖有神，秉畀炎火。"意思是用火来对付蝗虫。可见，当时的人们已经有了区分不同害虫，并采取不同手段防治害虫的能力。

经过春、夏两个季节的辛苦耕耘，终于到了秋天收获的季节。《诗经·周颂·良耜》中描绘了当时的场景："获之挃挃，积之栗栗。其崇如墉，其比如栉。以开百室，百室盈止，妇子宁止。"这几句诗的大意是：秋日的暖阳照耀大地，秋风吹过，庄稼犹如金色的波浪此起彼伏。收割的声音在田间地头响起，粮仓里堆满了粮食，老人孩子喜气洋洋。

穿越千年，我们仿佛能够感受到先民们的喜悦。随着冬天的到来，新年也就不远了。《说文解字》中对于"年"的解释是："年，谷孰也。"粮食丰收，意味着繁忙的农事告一段落，此时，庆贺丰收，拜祭祖先，慰藉一年的辛劳，也为来年祈福。

收拾房屋，打扫院落，当时虽然还没有"春节"这个词语，但已经有了扫尘、饮春酒等习俗和"改岁"的传统。"九月肃霜，十月涤场。""八月剥枣，十月获稻。为此春酒，以介眉寿。""朋酒斯飨，曰杀羔羊。"人们觥筹交错，举杯同庆。强烈的仪式感中洋溢着人们对新年最热烈的祈望，杯中酒成为这种愿望最好的寄托方式。

第三节 为此春酒，以介眉寿

在周代，酒虽然好，却不能随时饮用。《尚书·周书》中有一则故事：周人推翻商朝统治之后，周公旦封弟弟康叔为卫君，让他管理那里的商朝遗老遗少。临行前，周公旦写成《酒诰》，明确表示只有祭祀时才可以饮酒，要用道德来约束自己，不要喝醉。他还告诫子民，酒是粮食酿成的，少喝酒也是爱惜粮食。这篇《酒诰》也被视为中国第一篇禁酒令。

其实，酒的发源要远远早于周代，中国是世界上最早酿酒的国家之一。关于酒的起源，历史上有各类不同的传说，流传比较广的是"仪狄作酒"（《吕氏春秋》），《战国策》进一步完善了这个说法："昔者，帝女令仪狄作酒而美，进之禹，禹饮而甘之，遂疏仪狄，绝旨酒。曰：'后世必有酒亡其国者。'"

这段话的大意是：仪狄奉帝女的命令酿出美酒，把它进献给禹，禹喝完之后感到香醇甜美，于是感叹道："后世必然有因为喝酒而亡国的君主。"于是开始疏远仪狄。仪狄真冤枉，费尽九牛二虎之力发明了"高新产品"，却吃力不讨好。

另一种流传比较广的说法是杜康作酒，他的出名，离不开曹操"何以解忧，唯有杜康"的咏唱。据说，杜康是黄帝手下管理粮食的官员，随着农业的发展，粮食越产越多，人们便把多余的粮食存在山洞中，很多粮食因此变质发霉。杜康苦思冥想，决定把粮食储存在干燥的树洞中，时间一长，这些粮食居然变成了香醇的美酒。（"有饭不尽，委之空桑，郁结成味，久蓄气芳，本出于此，不由奇焉。"晋代江统《酒诰》）

结合实际情况来推断，杜康酿酒似乎更加符合逻辑，最早的酒应该是自然条件下"生成"的，大致情况可能是这样的：上古时代，树上的野果掉在地上，受到周围野生酵母和细菌的影响，野果中的糖分发酵生成酒精，生发出了纯天然果酒。这时，先民中出现了"第一个敢喝果酒"的人，发现其口感甘甜，饮用之后神清气爽，于是，人们便模仿这个过程，开始自己酿酒，迈出了人类酿酒的第一步。

随着农业的发展，粮食出现了富余，人们发现，发芽的谷物也可以采用相同的方法酿成美酒，酒的种类和产量进一步增加，饮酒也成了人们生活的一部分。在龙山文化遗址出土的陶器中，就有不少专门盛酒的尊、盉、高脚杯等器具，这足以证明当时喝酒的风气已经十分盛行。

到夏、商、周时期，酿酒技术又实现了进一步发展，人们已经知道用酒曲酿酒了，我国是世界上第一个用曲酿酒的国家。《尚书·说命》中，商王武丁和大臣对话时就说："若作酒醴，尔惟曲糵。"这句话的意思是：如果要做甜酒，你就做曲糵。这是关于酿酒技术最早的文字记载。醴是甜酒，曲糵就是酒曲，一般用谷物制成。通过这段描述，我们可以大致推断出当时的酿酒过程。

◇ 准备曲糵。曲糵是由谷物（通常是小麦、大麦或稻谷）制成的。首先，将谷物浸泡在水中一段时间，然后沥干，再进行蒸煮或煮沸。这个过程会破坏谷物中的淀粉颗粒，并释放出淀粉酶。

◇ 淀粉转化为糖。在煮沸或蒸煮过程中，淀粉酶开始将淀粉分解成糖分子，主要是葡萄糖。这是酒精发酵的前提，因为酵母菌无法直接利用淀粉。

◇ 发酵过程。曲糵中的糖会成为酵母菌（通常是野生酵母或添加的酵母菌）的食物。酵母菌通过发酵过程将糖分解成酒精和二氧化碳。这就是酒精的生成过程。发酵还会产生其他有机化合物，这些化合物赋予酒不同的风味和香气。

不过，用这种方式酿成的酒的酒精度比数较低，想要得到更高度数的酒，必须采用蒸馏技术，而这已经是唐宋之后的事了。

商代饮酒之风盛行，二里头遗址中就出土了已知中国最早的青铜酒器"青铜爵"。不过，由于生产力的限制，底层人连填饱肚子都成问题，只有贵族阶层才能痛饮美酒，荒淫无道的纣王甚至造就了"酒池肉林"的奇观。

到周代，随着农业生产力的进一步提高，粮食产量不断增加，酒的品类和数量也相应地提高了。周代统治者十分重视酿酒，还设置了专门的机构，指定官员进行管理，制订了专门的操作规范。《礼记·月令》中说："仲冬之月，乃命大酋，秫稻必齐，曲蘖必时，湛炽必洁，水泉必香，陶器必良，火齐必得，兼用六物，大酋监之，毋有差贷。"这段文字生动地说明了酿酒所需要的六大要素，被称为"酿酒六艺"。

每逢重大活动，酒官不仅要保证酒的充足供应，还要检测酒的品质。周代最盛大的活动是祭社和腊祭。社就是土地之神，祭社时，一般在树林中垒起一个土坛，土坛上陈列石块或木块作为"社主"，男女老少齐聚一堂，饮酒作歌，十分快活。

腊祭原本在十月举行，后来改到了十二月，是酬谢鬼神，庆祝丰收的节日。腊祭时，男女老幼按年龄大小、身份高低安排座次，欢聚一堂，"以礼属民而饮酒于序"，由主管牺牲（古代祭祀用牲的通称）的人为大家分配煮好的牛羊肉，这是普通百姓难得一次的"开荤"的日子。

你可能会好奇，既然有牛，为什么不用牛来耕田呢？其实，原因很简单，一方面奴隶要比牛便宜得多，或者说，奴隶没有人身自由，是强制耕作的，统治者不用付出任何代价；另一方面，三代时期人口数量少，地广人稀，土地上的作物完全能够养活全国人口。三代时期的牛大多是作为祭祀时的牺牲来使用的。《礼记·曲礼下》中说："天子以牺牛，诸侯以肥牛。"意思是天子祭祀时要使用纯色的牛，诸侯祭祀则可用肥壮的牛。而且，祭祀用的牛还必须是完整的。《左传》中说："七年春，王正月，鼷（xī）鼠食郊牛角，改卜牛。鼷鼠又食其角，乃免牛。"意思是，这一年春天，鼷鼠先后吃了两头郊祭之牛的角，牛变得不再完整，因此无法进行祭祀了。

除了牛之外，羊、马、猪等也可以作为牺牲使用。《礼记·王制》中说："天子社稷皆大牢，诸侯社稷皆少牢。"大牢"

也叫太牢，是指牛、羊、猪3种祭牲全都具备；"少牢"，是指只用羊和猪这两种祭牲。商周时期，畜牧业有了较大的发展，卜辞祭祀用牲名目繁多，数量庞大，比如，商代最高用牲量一次达"五百牢"或"千牛"。

马是贵族身份的象征，也是战争和狩猎时用来驾车的主要工具。《周礼》中有很多关于饲养马的记载，比如，对于农业文明来说，马是地地道道的"奢侈品"，这是因为，论出肉率，马不如猪、羊；论耐力和实用性，马不如牛；论饲养成本，马更是被牛、羊落下十万八千里。马是单胃动物，需要摄取大量的粮食和草料才能维持身体的能量和健康。相比之下，反刍动物（如牛和羊）则可以通过反刍过程更有效地利用食物中的纤维素，相对来说需要较少的粮食就可以维持日常所需，而且，牛、羊的粪便还可以作为燃料回收利用。因此，在古代大多数时期，马都是价格昂贵的"奢侈品"，身份的象征。正因如此，商周时期的统治者对马非常重视，设立了专门的官员来管理马，总结了一套饲养马的技巧。

《夏小正》和《周礼》中就有很多关于养马的记载。《周礼》中说："校人掌王马之政，辨六马之属。"周代将马分为种马、戎马、齐马、道马、田马和驽马6种，分别采取不同的饲养方式。

　　《夏小正》中有五月"颁马"的记载，就是在五月时，把雌马和雄马分开，分群放牧。这样做是为了防止乱交、保护孕畜，控制孕畜和生育季节，保证马驹的存活率。《周礼·校人》中说："凡马，特居四之一。"这里指的是对马的性别比例的规定，要求在一定数量的马匹中，应该有三匹母马（牝马）和一匹公马（牡马），这样的比例可以确保母马有足够的机会怀孕，提高产驹率。对于那些有攻击性或者品种不优的公马，则要进行阉割（"攻驹"），经过阉割的马匹性格更加温顺，便于管理和饲养。阉割术的发明，是畜牧业极大的成就。

　　除了传统"六畜"之外，商周时期的人们还驯养了许多动物。比如，《吕氏春秋·古乐》中说："商人服象，为虐于东夷。"《诗经·大雅·灵台》中说："王在灵囿，麀鹿攸伏。"

　　让我们重新回到腊祭现场，看看酒桌上除了肉之外，还有哪些果蔬。商周时期，我国的园林业也取得了不小的进步，《夏小正》中说"囿有见韭""囿有见杏"，"囿"就是"园"的意思，可见，当时的人们已经开始种植韭菜和杏了。《诗经》中共有37篇提及蔬菜，如《苤苢》中的"苤苢"、《关雎》中的"荇菜"、《草虫》中的"蕨"、《中谷有蓷》中的"蓷"、《七月》中的"葵"、《泮水》中的"茆"（莼菜）、《召南·草虫》中的"蕨"等，总计数量有 20 多种。其中"葑、韭、瓜、瓠"是人工栽培的，其余都是野菜。比起蔬菜，当时水果的种类要少很多，包括枣、木瓜、桃、杏子等。《诗经》里的木瓜并不是我们现在吃的木瓜，而是一种酸酸的小瓜。

除了果蔬之外，桑树也是园中十分常见的树木。周代把养蚕作为国家的重要政务，安排专门的官员进行管理，可见当时养蚕的规模已经十分庞大。《诗经·召南·采蘩》描绘了当时养蚕人的辛酸：

于以采蘩，于沼于沚；于以用之？公侯之事。

于以采蘩，于涧之中；于以用之？公侯之宫。

被之僮僮，夙夜在公；被之祁祁，薄言还归。

这首诗的意思是：

何处采白蒿？沼泽沙洲上。采来白蒿何处用？为公侯家养蚕用。

何处采白蒿？山中水涧边。采来白蒿何处用？为公侯养蚕房用。

蚕妇高挽发，早出晚归养蚕忙。忙到晚上发髻乱，日薄西山才回家。

"遍身罗绮者，不是养蚕人"，养蚕妇女们早出晚归，披星戴月，养蚕缫丝，织成锦缎，全都要送到贵族家中，就像她们的丈夫辛劳一年，大部分收成也要送到贵族家中一样。就在村民们在腊祭上享受难得的欢畅时，奴隶主们也在宏伟的宫殿中喝得酩酊大醉。

第四节 三朝宫室

《竹书纪年》中说："夏桀作琼宫瑶台，殚百姓之财。"桀是夏朝的末代君王，也是历史上臭名昭著的昏君。史书上说他搜刮民脂民膏，为自己建成"琼宫瑶台"，按照当时的生产力水平来说，确实也没冤枉他。

作为中国历史上第一个王朝，夏朝已经有了都城的概念。1959年，考古工作者在豫西夏墟进行考察时，发现了一处大型遗迹，在之后长达40多年时间中，3代考古人对该遗迹进行了数十次发掘，确认其为夏朝都城斟鄩遗址，也是目前所知中国最早的宫殿建筑群，距今有3600年的历史，跨越了新石器时代晚期至青铜器时代早期，这里便是著名的二里头遗址。

现在，二里头遗址实证为夏朝中晚期都城遗存已成为普遍共识，给夏朝是否存在的争议打上了休止符，被誉为"华夏第一都"。

二里头遗址现存总面积约 300 万平方米。中心区域在遗址的东南部至中部一带，由宫殿区、贵族聚居区、作坊区和祭祀活动区组成，面积超过 10 万平方米。其中，宫殿区位于东部和西南两大区域，周围围绕有夯土城墙，东西宽近 300 米，南北长 360～370 米，城墙内有数座大型夯土宫室建筑基址，宫外有两条南北向、两条东西向道路纵横交错，呈"井"字形，构成中心区主干道路网络，将整个中心区域分成宏大的"九宫格"布局。其中，保存最好的东侧大路，宽度在 20 米左右，相当于现代的 4 车道公路。在南侧大路上，考古工作者发现了车辙痕迹，将我国双轮车的出现时间上推至二里头文化早期。

目前，核心区域共发掘了 12 座大中型夯土建筑基址，以 1 号基址和 2 号基址为核心，共同构成西部与东部两大建筑群。如此布局严整，足以证明这座都城在建造之前是经过严格规划的。

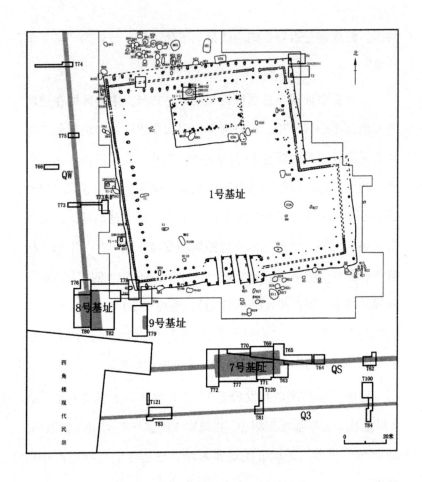

图 2-6　以 1 号基址为核心的西部建筑群

从结构来看，1 号基址是二里头遗址最核心的建筑，规模宏

大，布局严谨，结构复杂，总面积达到了惊人的 9585 平方米，

近两个足球场大。这个庞大的建筑分为多个单元，包括四围的廊庑、围墙、主体殿堂、宽阔的庭院以及正门门塾。整体呈现出东北部向西南凹进一角的特殊形状。主体殿堂位于台基的北部正中，凸出于台基之上，东西长 36 米，南北宽 25 米，总面积达 900 平方米。主体殿堂采用了双开间四坡出檐式的建筑风格，为后世中国宫殿建筑风格打下了基础，体现了高超的建筑技术和工艺水平。

根据《考工记》的记载，专家复原了 1 号宫殿的大体样貌如图 2-7 所示。

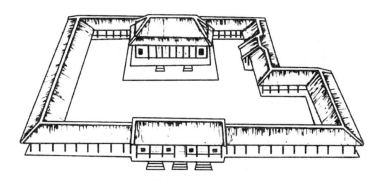

图 2-7　二里头遗址 1 号宫殿复原图

由于建筑材料等多方面的因素，1 号宫殿应该是以木材为骨架，草泥为皮，以茅草为屋顶，以夯土为墙壁，四坡出檐的大型木结构建筑。以今天的眼光看，这座建筑显得有些原始和落后，然而，在 4000 多年前，这座宫殿的宏伟壮丽，在整个东亚都是绝无仅有的。

2 号基址为长方形夯土台基，与 7 号基址有共同的中轴线，南北长 72.8 米，东西宽 57.5～58 米，包括以夯土建成围墙、东、南、西三面的回廊。在主体殿堂东侧偏北的地方，考古工作者发现了陶质的排水管道，还有用石板砌成的排水沟，共同组成排水设施，这是建筑技术的一大进步。

宫殿建筑不仅是政治和行政中心，还承载了礼仪和文化的象征意义。孔颖达在为《左传·定公十年》作疏时说："中国有礼仪之大，故称夏；有服章之美，谓之华。华夏一也。"从二里头遗址挖掘的圭、璋、琮等众多礼器和宫殿建筑群来看，我们的"礼仪"可以追溯到 4000 多年前。可以确定的是，早在当时，我们的先祖就建立起了第一个王朝，开创了礼仪之邦的先河。

斗转星移，时光飞逝，转眼 400 多年过去了，随着商朝的建立，中华文明的中心从二里头移向殷地。在河南安阳附近的小屯村，考古工作者发现了殷墟遗址，后确认为商代晚期都城。殷墟面积约 30 万平方米，分为宫殿区、王陵区、一般墓葬区、手工业作坊区、平民居住区和奴隶居住区等，是当时的政治、经济、军事和文化中心。

考古人员在殷墟中已经发现建筑 110 余座，从布局上来看，殷墟的建筑采用两两相对，中为广庭的四合院布局形式，以长方形的基址最多，已具备中国宫殿建筑"前朝后寝、左祖右社"的基本雏形。在遗址的建筑中，考古工作者还发现了一块涂着彩绘的墙皮，这证明当时的人已经开始用壁画来装饰墙壁了。

文字是文明的灵魂，是人类思维和文化的载体。它不仅记录着过去，也推动着未来的发展。文字的出现和使用是人类文明史上的一大里程碑，它极大地丰富了人类文化和思想的宝库。在殷墟出土的大量文物中，最关键的要数甲骨文了。甲骨文起源于商朝晚期（公元前 14 世纪至公元前 11 世纪），并延续到西周初期，主要载体是龟甲和兽骨，记录着各类卜辞、祭祀记录、祈福文、官职名单、财产记录等。这些文献反映了当时社会、政治、宗教、经济等多个方面的信息。其中最著名的是卜辞，即卜筮（占卜）的文字记录，用于预测未来吉凶。

甲骨文的文字形态多种多样，包括象形文字、指事文字和会意文字等。这些文字以刻画和划线的方式呈现，有时需要专门的解读和研究才能理解其含义。甲骨文的发现对研究中国古代历史和文化产生了深远的影响。它不仅为中国最早的文字记载之一，还提供了关于商朝和西周时期的珍贵历史信息，同时也为研究中国汉字的演化和发展提供了重要线索。

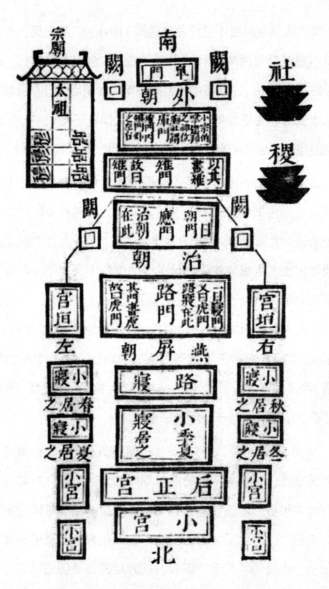

图 2-8　周代王宫制图

接下来，让我们穿越武王伐纣的滚滚硝烟，将目光移向陕西省宝鸡市扶风、岐山一带，那里是西周都城的遗址——周原遗址。

周原遗址东西长约 70 千米，南北宽约 20 千米，总面积达 33 平方千米。在遗址的西北部，有一处东西约 1480 米，南北约 1065 米的长方形建筑群，那里就是西周的宫殿遗址。从面积来看，周代的宫殿比商代更加宏伟壮观，建筑的功能性也更加专业化。

从图 2-8 中可以看出，周代王宫具有十分严格的布局，且功能各不相同。

宗庙：宗庙是祭祀祖先的重要场所，周天子宗庙供奉七代的祖先，包括太祖、高祖、曾祖、祖、父，以及因功德卓著而保留不迁的两位远祖。这些祖先的牌位排列有序，"七庙"是周天子的特权，其他人按级别递减。

社和稷坛：社坛用土堆成，栽树而成坛，是祭祀土神的地方；而稷坛则用于祭祀古神，稷坛主要与五谷（稻、麦、黍、稷、菽）有关，这五谷是古代农业的重要作物。

阙：阙是王宫门前两边的楼，用于装饰和瞭望。

五门：王宫内有五道门，分别是皋门、雉门、库门、应门和路门，每个门都有其特定的用途和含义。

三朝：王宫内分为外朝、治朝和燕朝。外朝用于发布政令，治朝是天子听政之处，而燕朝则是用于休息的地方。

宫垣：宫垣是王宫的围墙，用于保护和界定王宫的边界。

六寝：六寝包括路寝和 5 个小寝。路寝是接见四方诸侯的地方，而 5 个小寝则用于不同季节和时间的休息和起居。

六宫：六宫是皇后的寝宫，分为正寝和 5 个小寝，用于不同季节和场合。

从建筑技术来看，周代与商代大致相同，不过，在西周时期，瓦已经开始被用于建筑中了。不过，由于瓦的数量较少，一般只用在房屋的关键位置。

在周原遗址中，同样出土了大量甲骨，这些甲骨不仅记录了当时的社会、文化和政治活动，还包含了丰富的天文观测数据，尤其是关于月相的记载，是研究古代天文学的宝贵资料。

第五节 观象授时

　　《山海经》中有个非常有趣的故事：上古时期有一棵通天神树，伏羲、黄帝等众帝都通过它往返天庭和人间，接受上天的旨意。不仅帝王，普通人也可以通过神树往返天上与人间，除了这棵神树，天地之间还有一些其他通道，导致"民神杂糅"。颛顼"受命"之后，便"命南正重司天以属神，命火正黎司地以属民，使复旧常，无相侵渎，是谓绝地天通"。简单来说，就是颛顼派重、黎两个人把天地之间的通道断绝了，从此普通人就再也无法与神沟通了。

　　这个故事看似荒诞，却反映了真实的历史现象：所谓"绝地天通"，本质是建立一套标准的祭祀制度，垄断对"天"的绝对解释权。天文学也正是在这样的契机下诞生的。

天文学是人类历史上起源最早的一门学科之一，中国古人对天象的观测至少可以追溯到 6000 多年前，在河南省濮阳市西水坡文化遗址中，考古工作者在一座古墓中发现了用蚌壳摆放的北斗七星图。

最初，人们观测天象是为了了解自然，希望能用天象来指导生活，帮助生产。在经年累月的观察中，人们对天产生了敬畏之心，由敬畏而生崇拜，最终将天神话，这也是古代"天命"观念的由来。

在古人的观念中，人的贫穷富贵、吉凶祸福、穷通得失都是天命决定的，这就是所谓的"死生有命，富贵在天"（《论语·颜渊》）。国家的兴亡更替也是，统治者称王是"天命所归"，甲骨文和彝器铭文中，就不止一次出现过"受命于天"的刻辞；周武代商，是因为"天祚明德"，周朝衰弱，楚庄王问鼎于洛阳城下，王孙满对他说："周德虽衰，天命未改。"《史记》中说，白起连破韩、魏，北取赵蔺、离石，这是因为他"善用兵，又有天命"。

因此可以说，中国古代的天文学虽然也观察天体运行情况，但最终目的不是为了揭示它们的运行规律，而是为了以"天象"作为依据，来制订决策，预测吉凶祸福。

总之，世间的一切事物都能与天命联系在一起，而谁掌握了"天学"，就掌握了对天命的绝对话语权和最终解释权。因此，进入阶级社会之后，统治者将天文学视为禁脔，采取政府垄断的方式，安排专门的官员和机构研究天象。另一方面，民间是坚决禁止"私习天文"的，这一制度一直延续到后世。比如，《晋书·武帝纪》中就明确说过，"禁星气、谶纬之学"。《唐律疏议》中说："诸玄象器物、天文图书、谶书、兵书、七曜历、太乙、雷公式，私家不得有，违者徒二年。私习天文者亦同。"宋朝太平兴国年间，曾一次性抓到"知天文相术等人凡三百五十有一"，其中"六十有八人隶司天台，余悉黥面流海岛"。

古代天文学是贯穿整个历史的主干，也是王权"合法性"的由来，只有了解了这个最根本的逻辑，才能对古代天文学有更加深刻的认识。

从夏朝开始，中国已经有了系统的天文历法知识。《夏小正》是记录夏朝农事历法的历书，全文共 400 多字，记录了 1 年共 12 个月的物候、气象与星象等内容。不过，有学者研究认为，原本的《夏小正》中只有 10 个月，是太阳历，现在流传的 12 个月的《夏小正》是经后人补充的。不过，无论真相如何，《夏小正》中已经出现了很多关于星象的记录。比如，在关于正月的记载中，有"初昏参中"的说法，意思是该月初昏时刻参星位于天的中央；六月"初昏斗柄正在上"，意思是六月初昏时刻，北斗星斗柄指向正南方；七月"初昏织女正东乡"，意思是初昏时刻，织女星就高挂在东天。这些记载足以证明，早在夏代，古人就已经开始依据北斗星斗柄所指的方位来确定月份，安排生产活动，后世的月令也是承袭《夏小正》发展而来的，这是古代历法的一项重大进步。

有纪月的方法，当然也有纪日的方式。夏代时，人们已经开始用天干法来纪日，即用甲、乙、丙、丁、戊、己、庚、辛、壬、癸等十天干来记日，十天干周而复始，形成循环。夏代帝王胤甲、孔甲、履癸的名字就是最有力的证明。

到商代时，子、丑、寅、卯、辰、巳、午、未、申、酉、戌、亥等十二地支也加入计时，干支纪法最终成型。十天干和十二地支两两相配，共同组成 60 个基本单位，从甲子开始，到癸亥结束，周而复始，不断循环，既可以用来纪年，也可以用来纪月、纪日、纪时。比如，2023 年按照干支纪法就是癸卯年；再如，我们经常讲的"辛亥革命"，就是在中国农历辛亥年爆发的。

甲子	乙丑	丙寅	丁卯	戊辰	己巳	庚午	辛未	壬申	癸酉
甲戌	乙亥	丙子	丁丑	戊寅	己卯	庚辰	辛巳	壬午	癸未
甲申	乙酉	丙戌	丁亥	戊子	己丑	庚寅	辛卯	壬辰	癸巳
甲午	乙未	丙申	丁酉	戊戌	己亥	庚子	辛丑	壬寅	癸卯
甲辰	乙巳	丙午	丁未	戊申	己酉	庚戌	辛亥	壬子	癸丑
甲寅	乙卯	丙辰	丁巳	戊午	己未	庚申	辛酉	壬戌	癸亥

图 2-9　干支纪法表

干支纪法虽然方便, 但是, 对不识字的人来说仍然很不方便, 于是, 聪明的先民用生活中的 11 种动物, 加上传说中的龙来代表十二地支, 即子鼠、丑牛、寅虎、卯兔、辰龙、巳蛇、午马、未羊、申猴、酉鸡、戌狗、亥猪, 也就是我们现在所说的十二生肖。

商代时, 记时还是十分模糊的概念, 从早到晚, 商人把一天分成"明""旦""中日""昃日""昏""夕"等几个阶段。到周代时, 地支已经被用来记时, 一天被分为 12 个时辰, 使记时更加量化。《周礼·夏官》中有"挈壶氏掌挈壶……以水火守之，分以日夜"的记载，意思是官员挈壶氏负责掌管挈壶，这是一种利用静水压强原理创造的计时仪器，顶部有一个提梁，下部有一个孔不断向外匀速滴水，古人则通过壶中水位线的高低来记录时间。

商人敬神事鬼，十分重视对天象的观测，甲骨文中就有很多关于日食和月食的记载，如"日戠""日有戠"和"月有戠"等。

到周代，人们对天象的观测更进一步。《诗经》中出现了许多有关星象的记录。比如，《唐风·绸缪》中说："绸缪束薪，三星在天。今夕何夕，见此良人？""三星"即参（shēn）宿的3颗恒星。《小雅·大东》中有："东有启明，西有长庚。有捄天毕，载施之行。维南有箕，不可以簸扬；维北有斗，不可以挹酒浆。维南有箕，载翕其舌；维北有斗，西柄之揭。""织女、牵牛、启明、长庚、北斗"等都是对星象的记录，而"箕、斗、昴、毕、参"等则是星宿的名称。春秋时期，在这些星象知识的基础上，人们最终确立了二十八宿，即角、亢、氐、房、心、尾、箕、斗、牛、女、虚、危、室、壁、奎、娄、胃、昴、毕、觜、参、井、鬼、柳、星、张、翼、轸。

不仅如此，周人还发明了圭表测影法，用正午日影的长短确定冬至和夏至等节气，换句话说，早在西周时，春、夏、秋、冬四季就已经被确定下来。比如，《诗经·葛生》中就有"夏之日，冬之夜，百岁之后，归于其居"的诗句。《尚书·尧典》中则说："日中，星鸟，以殷仲春……日永，星火，以正仲夏……宵中，星虚，以殷仲秋；日短，星昴，以正仲冬。"这段话的大意是说：黄昏时分，看到鸟星升到中天，就是仲春，后面的分别是仲夏、仲秋、仲冬，也就是我们现在所说的春分、夏至、秋分和冬至。

到春秋时期，我国历法已经形成固定系统，基本确立了"十九年七闰"的原则，比西方早160多年。不仅如此，当时的天文观测也更进一步。《春秋》中记载：公元前613年，"秋七月，有星孛入于北斗"。这是世界上公认的首次关于哈雷彗星的明确记载，比西方早600多年。

回顾三代时期的天文历法，它们不仅仅是在探索星象和时间计量方面的科学成果，更是揭示了一个古老文明的信仰、文化和社会结构的重要方面。从夏朝最早的天文观测，到商周时期的干支纪法，再到周代的"四仲中星"，这一历程代表了人类对天象的不懈探索和对时间的认知演变。

古代中国的天文学和历法的出现不仅是科学的开端，更是权力的象征。诚然，在某些方面，它们成了王权合法性的来源，帝王和统治者通过掌握天文学和历法，来宣扬自身的神圣地位。

然而，古代天文学和历法的重要性不仅仅限于政治，它们渗透到了社会、文化和宗教的方方面面。天文学不仅指导了农业、生产和祭祀活动，还影响了古代人们对命运、吉凶和生活的理解。它们被视为连接人类和神明的纽带，塑造了中国古代社会的价值观和信仰体系。

第 三 章

春秋战国

第一节 领先世界的冶铁技术

西周末年，战乱连年，百姓苦不堪言。由周公旦建立的分封制、宗法制和井田制经历 200 多年的岁月，早已千疮百孔，各种社会矛盾不断爆发。随着犬戎攻破镐京，周幽王被杀，西周正式宣告灭亡。历史的脚步跟随平王一起，拉开了春秋战国的大幕。

平王东迁之后，王室衰微，由分封制建立起来的微妙平衡再也无法维持，各大诸侯之间不断攻伐，强大的诸侯便召集各方势力会盟，成为天下公认的霸主。春秋时期，历史上先后出现了齐桓公、晋文公、秦穆公等多位霸主。到战国时期，各诸侯国之间的竞争更加残酷，从原本的"名义"之争转变为大型"灭国"战争，各方势力也在生存压力下不断改进技术，发展生产，希望成为统一天下的最终胜利者。

回顾这段历史，拨开纷繁复杂的战争迷雾，我们能够发现一个规律：战争发起的根本原因是利益分配不均，而决定战争走向的原因，则是各诸侯国的经济实力，包括农业、畜牧业、手工业的技术革新，这其中，以铁器和牛耕的使用最为关键。

我们在前文说过，"井田制"本质上是周天子的土地私有制，在当时的农业技术条件下，全国的田地在一定时间内是固定不变的，也正因如此，周天子以控制土地作为统治手段，将天下土地牢牢掌握在自己手中，利用对生产资料的垄断，维持着与各诸侯国之间的权力平衡。然而，随着铁器和牛耕的出现，农业生产效率大大提高，大量私田被开垦出来，出现了"私门富于公室"的情况，奴隶主和贵族阶层不得不承认私田的合法性。随着新兴地主的出现，原来的制度再也无法适应社会发展，逐渐走向解体。在这个过程中，铁制生产工具起到了至关重要的作用。

与铜器不同，各大文明古国对铁的认识大多是从陨铁开始的，中国使用铁的历史可以追溯到商代。1977年，在北京市平谷县出土了一把铁刃铜钺，长8.7厘米。经过检测，这把铁刃铜钺刃部的铁不是人工冶铸而成，而是用陨铁锻造成薄刃之后，浇铸到青铜柄部制成的。

在商代，钺是一种权力与身份的象征，军队出征时，商王常常以赐钺的形式授予将领权力。以陨铁为刃，一方面是因为这种材料是"上天赐予"的，属于奇珍异宝，另一方面，在实用性上，铁要比铜更加坚硬和锋利，韧性也更好。

不过，少量的陨铁显然无法满足日常需要，想要推而广之，就必须依靠规模化的冶铁和铸造工艺。

从至今出土的文物来看，中国的铸铁冶炼技术比欧洲要早1900 多年，并且很早就得到了推广和应用。之所以取得这样的成就，主要是因为我国的先民们积累了丰富的青铜冶炼技术。我们在前文说过，商周时期的青铜器主要是作为礼器使用的，因此，在铸造工艺上，工匠们必须不断求新、求大。司母戊大方鼎就是大的代表。

纯铁的熔化温度约为 1538°C，比铜要高得多，因此，冶铁技术必须依靠更高的炉温，更好的炼炉。春秋时期，工匠们已经开始使用"橐"作为鼓风设备来增加炉温。《老子》中提到："天地之间，其犹橐籥乎？虚而不屈，动而愈出。"这句话的大意是说，天地之间就像一个巨大的橐，它空虚而不枯竭，越鼓动风就越多。

"橐"一般用牛皮制成，黄以周在《释囊橐》中说：橐是一种两端紧，中间鼓的设备，推动橐可以鼓风，使炼炉中的木炭充分燃烧，温度上升，这是最早的鼓风设备。橐除了用于冶铁之外，还可以用来防备敌人的地道战术。防守方发现地道时，往往会用橐把烟吹进地道中，使敌人窒息。

在春秋时期，橐的使用已经十分普遍，而且，越大的炼炉需要的橐也就越大、越多。《吴越春秋·阖闾内传》中提到，吴王阖闾在"干将""莫邪"铸造期间，曾命令300名童男童女鼓橐装炭。

图 3-1　橐鼓风示意图

我国春秋时代使用的铁矿石主要是赤铁矿，在自然状态下呈现出红色或银黑色外观。《管子·地数》中说："山上有赭者，其下有铁""此山之见荣也"。"赭"就是红褐色。赤铁矿虽然富含铁元素，但也含有很多氧化物，在冶炼过程中，要将铁氧化物中的氧气去除，以得到纯净的金属铁。

虽然有了橐的帮助，但一开始橐比较小，炼炉的结构也十分简单，炉内仍然无法形成高温火焰，只能在较低温度下使氧化铁部分还原成粗糙的、夹杂有渣滓的海绵状铁块。换句话说，炉内的温度不足以将所有的氧气从铁矿石中去除，导致制得的铁块质量较差，需要经过后续的处理才能得到更纯净的铁材，这种冶炼方式被称为"块炼法"。块炼铁经过锻打之后，可以制成各种工具。

后来，随着冶炼炉的进步，生铁冶铸法逐渐成为主流。而西方直到14世纪之后，才发明了铸铁冶炼技术。生铁冶铸法通常使用较大的竖直炉，这些炉子可以比块炼法中的小炉容纳更多的原料。为了提高温度，生铁冶铸法通常使用高品质的铁矿石和高碳含量的燃料，如木炭或焦炭等，这样一来又出现了另一个问题。

所谓生铁，是指含有较高碳量的铁合金，主要成分是铁和碳，通常还含有一些其他杂质。生铁是由铁矿石通过高温冶炼而成的，冶炼过程中铁矿石中的氧化铁被还原，使铁与碳结合形成液态铁合金。生铁制备之后，一般会用铸造青铜器的方法铸成器物。不过，这种含碳量较高的铁合金在室温下呈固态，并且相对脆弱，很容易折断，实用性并不高。

怎么解决这个问题呢？要想增加铸铁的韧性，最关键的问题是脱碳。战国时期，我国工匠针对这个问题发明了两种技术。一种技术是通过热加工，将铸铁件加热到一个特定的温度（通常在 $800 \sim 900°C$ 之间），在冷却的过程中，铸铁中的碳元素会以石墨的形式析出。这是由于铸铁中碳的溶解度随温度的降低而减小，当铸铁冷却到一定温度以下时，碳便不再能够完全溶解在铁中，因此以石墨的形式析出。

在铸铁冷却的过程中，如果冷却速度适中，石墨就会以一种相对均匀的方式分布在铁的基体中，形成典型的"石墨球"结构。这种结构在金属学中被称为"石墨球铸铁"或"球墨铸铁"，具有较高的韧性和弯曲强度。

另一种技术是通过加热氧化对铸铁进行脱碳，通过高温加热铸铁，使其与氧气发生化学反应，从而将铁中的碳含量降低。铸铁件被放入高温炉中，在高温下，铸铁与氧气发生氧化反应。

在这个反应中，氧气与铁中的碳结合，形成二氧化碳（CO_2），从而将碳含量减少。

中国发明的这两种技术和类似的技术，被称为"铸铁柔化技术"，比国外的要早 2000 多年。

不仅如此，早在春秋时期，我国工匠就已经掌握了通过渗碳法来炼钢的技术。李斯在《谏逐客书》中说，秦王有 6 件宝物，即昆山之玉、随和之宝、明月之珠、太阿之剑、纤骊之马、翠凤之旗。其中，太阿之剑就是大名鼎鼎的太阿剑，据说是越国欧冶子和吴国干将两大剑师联手所铸，位列"中国十大名剑"之一。《战国策》中说，太阿剑十分锋利，可以"陆断马牛，水击鹄雁，当敌即斩坚"。

事实上，春秋战国时期，楚国的铸剑技术确实十分了得，这一点有很多出土的文物可以佐证。例如，长沙杨家山春秋时期的贵族墓葬中就曾经出土过一把宝剑，经过分析，这把剑中的含碳量仅有 0.5% 左右，能够看到明显的反复锻打痕迹，这种方法就是所谓的渗碳制钢技术。

钢是一种合金，主要由铁和碳组成，它的碳含量通常在 0.2% ～ 2.1% 之间。除了碳之外，钢还可以包含其他合金元素，如铬、镍、锰等，以调整其性能特性。渗碳制钢技术，也被称为渗碳淬火技术，主要原理就是通过将碳引入铁的晶格结构中，以增加钢材的硬度和强度，同时保持其韧性。

在固态中，原子和离子会按照一定的规律排列，形成一种有序的三维结构，这就是晶格结构。铁的晶格结构可以根据温度和压力的不同发生变化，可以这样理解：在低温下，铁的晶格结构是紧密排列的，就像一扇紧闭的门，这时碳原子很难进入；而在高温下，晶格结构会变得相对松散，就像打开的门，碳原子可以相对容易地渗入铁晶格中，从而改变铁的性质，使其成为钢或其他具有不同特性的合金。

因此，渗碳制钢的思路就是把铁块放在木炭上加热，使碳元素能够渗入铁的表面，形成渗碳钢片。接着，工匠会把钢片取出锻打，目的是进一步改善钢的性质和均匀性。工匠会不断重复这个过程，直到出现合格的钢材。我们在古装影视作品中经常能够看到锻造钢的场景。

冶炼和铸造技术的发展，离不开采矿业的支持。在春秋战国时期，我国的探矿、采矿技术已经十分先进，矿山中出现了深达 50 多米的竖井，工匠们在矿山还安装了带有滑轮的设备，方便将矿石拉到地面。不仅如此，当时的人们已经建造出完善的通风和排水系统，这在整个世界范围内都是遥遥领先的。

随着采矿、冶炼、铸造技术的发展，出现了很多冶铁中心，各国统治者将铁当作战略资源，设置专门的官员进行管理。统治者之所以重视冶铁，一方面是因为制造武器的需要，在争霸战争中，谁的兵器更加锋利，谁就能在一定程度上决定战争的走向。比如，战国时期的韩国，就是因为坐拥宜阳铁山（战国时期最大的铁矿山），且炼铁技术领先其他六国，所以能在"四战之地"站稳脚跟，成为"战国七雄"之一。就连苏秦都说："天下强弓、劲弩、利剑，皆出于韩。"另一方面是因为战争需要投入大量人力、物力，这些都要依靠农业提供，而铁制农具正是制约农业发展的重要因素。

第二节 《山海经》与地学著作

"知己知彼百战不殆"，这是《孙子兵法》中流传最广的一句话。在战国时期，想要赢得战争的胜利，了解战场是必不可少的一环，不过，想要获得地图可没那么简单。当时，地图被视为一种十分重要的战略资源和权力象征，献出地图往往就意味着投降。比如，荆轲在刺杀秦王时，就把匕首藏在地图中，上演了一出"图穷匕见"的好戏。

《战国策》中，苏秦游说赵王联合抗秦时曾经说："臣窃以天下之地图案之，诸侯之地五倍于秦。"这证明当时已经有了比较完善的疆域图，而且已经有了比例尺，这一点从出土文物中也能看出。

我国现存最早的地图，是出土于甘肃天水放马滩的 7 幅绘于松木板上的地图。这几幅地图中，用不同的线条和图形标示出了山川、河流、道路、关塞、居民聚集区等信息，甚至包括经济作物的位置。除此之外，这些地图还使用了一些特殊符号，比例尺的准确度已经达到了很高的水平。

除了地图绘制之外，春秋战国时期，我国已经出现了地学著作，如《山海经》《禹贡》《管子·地数》等。

《山海经》成书于战国时期，共 18 卷，约 31 000 字，《山海经》主要分为山经和海经两部分，其中山经描述了古代中国境内的山脉、地理特征、各个部落和民族，而海经则涵盖了海洋、河流、湖泊、神话传说、神兽等内容。不过，由于书中包含大量神话，因此蒙上了一层神秘气息。

《山海经》在记载时一般以"首"座山和海作为参照物。比如《南山经》中说："《南山经》之首曰䧿山。"䧿山"临于西海之上"。在介绍第二座山时，就以䧿山作为参考物，"又东三百里，曰堂庭之山"，第三座山则是"又东三百八十里，曰猿翼之山"，仿佛一位长途跋涉的行者，正在记录所见所闻。

山经在对每一座山岳的位置进行记录时，还详略不一地记录了那里的水文、动植物和矿产等。据统计，《山海经》记录产铁的山有 37 座，如符禺之山"其阴多铁"，英山"其阴多铁"，鸟山"其阴多铁",少室之山"其下多铁",岐山"其下多铁",鲜山"其阴多铁",丙山"多黄金、铜、铁"等。

后世有很多研究《山海经》的学者,对书中所记录的地理内容进行了考证,认为这些都是确定无疑的,是可供参考的地理知识。如清朝时研究《山海经》成就最为突出的郝懿行就撰写了《山海经笺疏》一书,对原著中出现的地理名称进行了考证,认为书中大部分山都能在现实中找到,比如"太华之山"就是现在的西岳华山,密山在现在的河南新安,夸父之山在今天的河南灵宝东南,橐山在今天的河南陕县西,岐山就是今天的岐山等。

《山海经》这部古老文献在中华文化传承中具有独特的地位,为后人研究古代中国的地理观念和神话传承提供了重要的参考。

《禹贡》是《尚书》中的名篇,成书于战国时代,假托大禹所作,因此得名。《禹贡》记载了大禹治水后分治九州、设立州郡、划定疆界,以及各州的土地特征、赋税、进贡物品等内容,无论在内容的丰富程度还是在事实的罗列上,《禹贡》都比《山海经》更进一步。

依据自然存在的海洋、河流、山脉等要素,《禹贡》将整个中国分为冀、兖、青、徐、扬、荆、豫、梁、雍等九州。例如，济水与黄河之间是兖州，渤海和泰山之间是青州，淮河与黄海之间是扬州，华山南部到怒江之间是梁州等。这种划分方式，使整个中国成为一个有机的整体，也是自然区划思想的萌芽。

除了地理区划之外，《禹贡》还介绍了各地不同的风土人情，各地不同颜色的土壤，如兖州"桑土既蚕，是降丘宅土。厥土黑坟，厥草惟繇，厥木惟条"，青州"厥土白坟，海滨广斥"。

《地员》是《管子》中的一篇，全文 2000 多字，内容涵盖土壤结构、草木植被、粮食作物、水源、人体健康等要素，是我国最早的土壤生态理论与土地分类著作之一。

《管子》相传是管仲的作品。春秋时期，齐国内部出现了严重的财政危机，外部有其他诸侯国虎视眈眈，在这样内忧外患的情况下，齐桓公拜管仲为宰相，拉开了变法的大幕。

管仲变法中的一项重要举措就是"相地而衰征"，意思是按照土地的质量好坏和作物的产量高低，征收不等额的田租。那么，如何确定土地的品质呢？《地员》要解决的就是这个问题。

《地员》开篇就说，管子治理齐国时，确定了一个判断土地性质的新标准——施，即土地表面距离地泉的距离，一施等于七尺①。比如，地表距离地泉三十五尺，就叫五施。按照施的数量，可以把土地分成20个种类，从一施到二十施分别是：黑埴、斥埴、黄唐、赤垆、渎田、坟延者、陕之芳、祀陕、杜陵、延陵、环陵、蔓山、付山、付山白徒、中陵、青山、赤壤、磊山白壤、徙山、高陵土山。文中还分别介绍了不同类型土壤的特点、适合种植的作物、当地居民的健康情况。比如，渎田适合种植五谷，谷物颗粒饱满；当地多杬、苍、杜、松树等植被；这里的居民口音轻柔，身体强健。

在二十施之外，还存在5种特殊土壤，这些土壤都在山区，包括悬泉、复吕、泉英、山之材、山之侧，这些土地大多无法种植作物，人烟稀少，只长有一些山上常见的植被。

按照土壤的质地，《地员》中又把全国的土地分为90种。原文中说："九州之土，为九十物。每州有常，而物有次。"意思是九州的土地可以划分出90个类别，这些土地有很多不同的等级。

"九州之土"被划分为上、中、下3个等级，每个等级包含6大类土地，每个大类中又包含5个小类，基本做到了以土地的肥力、质地、水文和盐碱度作为准则，这些准则符合科学

_____

① 尺：1尺约为0.33米。

评价标准，即使放在今天也十分适用。而有了这些可执行的标准，"相地而衰征"才能实实在在地进行。

除此之外，《地员》中还提到了水位与土地盐碱度的相关性，不同土壤蓄水性的差异，水循环对土壤及作物的影响等。

《地员》中不管是按照哪一种标准进行分类，都没有把土壤的肥力孤立起来研究，而是考虑到了水文、植被、居民、土质等众多方面的因素，有很强的系统环境意识。这一意识在 2000 多年前是十分超前的，反映了春秋战国时期我国农业技术的巨大进步。

第三节 中医理论体系的初步形成

《史记》中有个很有意思的故事：一次，秦越人路过虢国，听说太子病死了，于是便来到王宫，问一位精通医术的中庶子说："太子到底得了什么病，为什么全国都在举行驱除瘟疫的祭祀？"中庶子说："太子血气不时，交错而不得泄，暴发于外，则为中害。精神不能止邪气，邪气畜积而不得泄，是以阳缓而阴急，故暴蹶而死。"意思是太子阴阳失调，体内正不压邪，因此暴死。

秦越人听后立刻请求觐见国王，称自己能让太子"起死回生"。中庶子闻言笑说："我听说上古时期的名医治病时，不需汤剂、药酒、针砭、导行、按摩、药熨，只需要解开衣服一看就知道生了什么病，然后割开皮肤，剖开肌肉，疏通筋腿，按摩脑髓，解膏肓，洗肠胃、五脏，修炼精气，病人就能康复，你还能比他们厉害？"

秦越人却说："你说的那些都是坐井观天，我的法子更厉害。我不需要见到病人，就知道病在什么地方，千里之外就能诊断病人。"

中庶子不信，便带着秦越人进宫面见国王。秦越人见到太子后立刻做出判断："夫以阳入阴中，动胃缠缘，中经维络，别下于三焦、膀胱，是以阳脉下遂，阴脉上争，会气闭而不通，阴上而阳内行，下内鼓而不起，上外绝而不为使，上有绝阳之络，下有破阴之纽，破阴绝阳，色废脉乱，故形静如死状。"因此，秦越人得出结论：太子是假死。后来，他果然治好了太子的病。

故事里的秦越人，其实就是大名鼎鼎的扁鹊。之所以讲这个故事，是因为从故事中，我们能够得出以下 3 个结论。

第一，中医在扁鹊时代已经形成了较为完整的理论体系，包括阴阳、五行、脏腑经络等理论。这些理论在扁鹊的诊疗过程中得到了充分体现，如他根据太子的症状判断出太子是"阴阳失调"，并采用了相应的治疗方法。

第二，扁鹊在诊疗过程中采用了多种手段，这些方法都是中医诊断中非常经典的手段，反映了中医在扁鹊时代就已经形成了比较完善的诊断体系。

第三，从故事中可以看出，扁鹊在中医治疗上已经具有很高的水平。他不仅具备了丰富的理论知识，还能够根据病人的具体情况采取相应的治疗方法。

除此之外，扁鹊还创立了望、闻、问、切四诊法，对诊疗器械做出了改进，在诊疗上对内、外、妇、儿、五官各科分科治疗，尤其擅长针灸。作为职业医师，他还提出了六不治原则：仗势欺人者不治、谋财害命者不治、饮食无常者不治、（身体过于虚弱）不能服药者不治、信鬼神不信医生者不治。

扁鹊不仅在医术上有着高深的造诣，在医德上也堪称楷模。他坚持以患者为中心，不贪图名利，不妄取钱财，是中国医学史上承前启后的人物，被尊为"医学祖师"。

前文中我们提到过，夏代到商代，"巫医"不分，巫师不仅是鬼神的代言人，也是族群中的医师。到周代时，我国最早的医事制度已经建立了起来。《周礼·天官》中说："医师掌医之政令，聚毒药以供医事。"医师是全国医生的长官，下设士、府、史、徒，这些人各有分工。在治疗疾病时，周代已经有了分科制度，分别是食医、疾医、兽医和疡医。这是我国已知最早关于医学分科的记录。

为了保证医师们的水准，周代还建立了严格的考核制度，每年考核 1 次医疗知识，"十全为上，十失一次之，十失二次之，十失三次之，十失四为下"。

到春秋战国时期，随着周朝制度的崩溃，社会上开始出现很多职业医生，人们对疾病的认知逐渐脱离了原来的"鬼神论"。比如，春秋时期郑国大夫子产就说，疾病是"饮食哀乐女色所生也"。秦国的名医医和也对晋候说过："天有六气，降生五味，发为五色，徵为五声，淫生六疾。六气曰阴、阳、风、雨、晦、明也。"这是把人的身体健康和自然环境联系到了一起，也就是所谓的"六气致病说"，这是我国历史上最早的关于病因病理的学说。

随着无数医学名家的经验积累和理论探索，到战国时期，我国出现了一部划时代的医学巨著——《黄帝内经》。它是一本托黄帝之名，由众多医者共同完成的鸿篇巨著，也是中国最早的医学典籍，中医学的源头和根本。

《黄帝内经》分为《灵枢》和《素问》两部分，奠定了中医理论体系的基础。它成书于黄老道家理论上，以阴阳五行学说、脉象学说、藏象学说、经络学说、病因学说、病机学说、病症、诊法、论治、养生学、运气学等学说为基本素材，从整体观上来论述医学，形成了涵盖自然、生物、心理、社会的"整体医学模式"。在临床实践方面，书中总结了大量临床经验和观察，以及简单的解剖学知识，形成了独特的中医理论和诊疗方法。因此，《黄帝内经》不仅是中国传统医学的瑰宝，也是中华文化的重要组成部分。

阴阳五行理论是《黄帝内经》中的一个核心概念。阴阳是对自然界的概括，代表着两个截然相反但又相互依存的力量或性质。在《黄帝内经》中，阴阳被用来描述人体内部的各种生理现象，如脏腑功能、经络运行等。

五行，即木、火、土、金、水这5种基本物质，也在《黄帝内经》中占据了重要的地位。五行不仅对应着人体的不同部位和功能，还代表着自然界中的季节、方位等。同时，五行之间还有着相生相克的动态关系，这种关系在人体健康和疾病的发生发展中起着重要的作用。

五行生克关系是指五行中的每一行都与其他四行存在两种关系，即相生和相克。相生关系表示一种增长和补充的关系，如木生火，意味着木是火产生的能量来源。相克关系表示一种制约和平衡的关系，如金克木，意味着金属可以砍伐树木，达到制约木生长的目的。

在《黄帝内经》中，五行对应着人体的不同部位和功能。

肝属木，与酸味、绿色、春季等相应。肝的主要功能是疏泄气机，促进血液和津液的运行，如果肝的功能失调，则可能导致气血瘀滞或情绪抑郁等问题。

心属火，与苦味、红色、夏季等相应。心的主要功能是主血脉，将血液输送到全身，并维持身体的温度。如果心的功能失调，则可能导致心血管疾病或虚火上炎等问题。

脾属土，与甘味、黄色、长夏等相应。脾的主要功能是运化水谷，将食物消化吸收并输送至全身。如果脾的功能失调，则可能导致消化系统疾病或身体水肿等问题。

肺属金，与辛味、白色、秋季等相应。肺的主要功能是主宣发肃降，管理呼吸并产生痰液。如果肺的功能失调，则可能导致呼吸系统疾病或痰液壅滞等问题。

肾属水，与咸味、黑色、冬季等相应。肾的主要功能是主藏精，管理生殖和骨骼系统。如果肾的功能失调，则可能导致生殖系统疾病或骨质疏松等问题。

通过调整阴阳平衡和五行生克关系，可以治疗疾病并预防疾病的发生。《黄帝内经》中提出了很多关于五行养生法的指导原则，如"调和阴阳平衡""顺应四时养生"等。针对不同的脏腑及相应的季节、方位等，可以采取适当的饮食、起居、情志等方面的调养措施，以保持身体健康。例如春季养肝、夏季养心、长夏养脾、秋季养肺、冬季养肾，"阳病治阴，阴病治阳"，"寒者热之，热者寒之"等，都是根据五行养生法来调整身体的阴阳平衡。

经络穴位是《黄帝内经》中的另一个重要概念。经络是人体内运行气血的通道，包括十二经脉、奇经八脉等。穴位则是经络上的某些特殊点位。通过刺激经络穴位，可以调和气血、平衡阴阳，达到治疗疾病和养生保健的目的。

《黄帝内经》对疾病的分类和诊治有独特的见解。

对于疾病分类，《黄帝内经》认为人体疾病主要可以分为外因和内因两大类。外因包括六淫邪气，如风、寒、暑、湿、燥、火等6种邪气；内因则包括七情内伤、饮食失宜、痰饮、瘀血等病理产物。

在疾病诊治方面，《黄帝内经》强调"扶正祛邪""调理气血""治未病"等原则。扶正祛邪是通过增强机体抵抗力来对抗病邪；调理气血是通过调节气血运行，改善机体内部环境；治未病则是预防疾病发生，防止病邪侵入。

《黄帝内经》还提倡健康的生活方式，建议人们应该根据自身的体质和健康状况，在饮食、起居、情志等方面采取适当的调养措施，即通过养生来减少疾病的发生。

饮食调养方面，人们应该注意膳食搭配，合理安排饮食。《黄帝内经》强调"饮食有节"，既不过饱也不过饥，不暴饮暴食，不偏食挑食；同时，还提倡人们根据季节和自身情况，选择适合的食物进补。

起居调养方面，人们应该保持规律的作息时间，保证充足的睡眠。《黄帝内经》强调"起居有常"，即要根据一天中太阳的运行规律安排起床、睡觉、活动等。此外，适当的运动也有助于保持身体健康。

情志调养方面，人们应该保持心情舒畅、心态平和。《黄帝内经》认为"怒伤肝、喜伤心、忧伤肺、思伤脾、恐伤肾"，强调情志对身体健康的影响。因此，人们应该尽可能避免过度情绪波动，保持心态平和稳定。

此外，《黄帝内经》还强调注意防寒保暖、避免过度劳累等生活细节，有助于预防疾病的发生。

总之，《黄帝内经》作为中国传统医学的瑰宝，其丰富的医学理论和临床实践经验对后世医学发展产生了深远的影响。即使到今天，我们仍然可以从《黄帝内经》中汲取新的启示和灵感，为现代医学研究和发展提供新的思路和方法。

第四节 超越时代的《墨经》

墨子，名翟，生活在春秋末期至战国初期，在诸子百家中，他是唯一一个没有明晰家族世系的人，后世对他的身世有很多考证，甚至连他的名字都存在争议。不过可以确定的是，墨子出身平民，当过牧童，做过木工，但也接受过贵族教育，懂得音乐与礼法，"上无君上之事，下无耕农之难"。生于乱世，在游历天下的过程中，他对普通百姓的遭遇深感同情，提出了"兼爱、非攻"的思想主张，一心想要建立"有力者疾以助人，有财者勉以分人，有道者劝以教人。若此则饥者得食，寒者得衣，乱者得治"的世界。

《淮南子》中说，墨子曾经师从孔子学习儒学。然而，深入了解过儒家的主张之后，他最终决定放弃，转而创立自己的学说，在各地收徒讲学，抨击儒家与各诸侯国暴政，吸引了大批手工业者追随，创立了先秦时期最大的学派之一——墨家，其学说成为当时的显学，《韩非子》中甚至有"非儒即墨"的说法。

墨子靠着一双草鞋游历天下，阻止鲁国攻打郑国，止楚攻宋，拒绝楚王封地，辞掉越王的高官厚禄，只为创立自己心中的"理想乡"，在经济、政治、哲学等方面都为后世留下了宝贵的财富。由于墨家追随者大多是手工业者，墨子在物理、数学、机械制造等方面也颇有建树。梁启超在《墨经校释·自序》中说："在吾国古籍中，欲求与今世所谓科学精神相悬契者，《墨经》而已矣。"

1. 光学

在光学领域，《墨子》中记载了很多光学实验，发现了光沿直线传播的规律，比古希腊的欧几里得至少早100年以上。

《墨子》中对影子的形成和变化做了研究探讨，再借助影子的变化得出结论。文中说，"景（影）：日之光反烛人，则景在日与人之间"。这是说当太阳的光照射在物体上并反射到人的身上时，人的影子就会落在太阳和人之间的位置。

之后，文章中又说："景，木杝，景短大；木正，景长小。光小于木，则景大于木。非独小也，远近。"这句话探讨的是物体的影像大小与物体斜正、光源远近之间的关系。当木杆（即"木杝"）斜放时，木杆的影子较短而粗；当木杆正放（即"木正"）时，木杆的影子较长而细。如果光源形体小于木杆，则木杆的影子会比木杆本身大；如果光源形体大于木杆时，木杆的影子并不一定比木杆本身小。

此外，墨子在观察研究过程中，还注意到了物影的大小随着物体和光源间距离的变化而变化的现象。当物体和光源的距离变大时，物影也会变大；当物体和光源的距离变小时，物影则会变小。

同时，墨子在观察中还发现，物影的大小和方向不仅与物体和光源的相对位置有关，还与光源的强度有关。当光源的强度变大时，物影会变小；当光源的强度变小时，物影会变大。

更令人感到赞叹的是，早在 2000 多年前，墨子就对"小孔成像"的原理做出过探索："景。光之人，煦若射，下者之人也高；高者之人也下。足蔽下光，故成景于上；首蔽上光，故成景于下。在远近有端，与于光，故景障内也。"这段文字通过说明光线在小孔中的传播方式和物体与光源的距离对阴影形成的影响，从而解释了小孔成像的原理，在历史上有着重要的意义。这不仅是中国古代对光学研究的重要贡献之一，也是现代物理学和摄影技术的基础。通过研究小孔成像的原理和规律，人们可以更好地理解光的传播和成像的原理，从而应用于各种实际场合中。西方直到公元 5 世纪才出现类似的实验，比中国晚了 1000 多年。

除了我们上面提到的研究之外，《墨子》中还对光反射特性、从物体与光源的相对位置来确定影子的大小、平面镜反射成像、凹面镜反射成像、凸面镜反射成像等方面的内容做出了解释，后被总结为"光学八条"。

2. 力学

在力学方面，墨子对力的概念做出了阐释："力，刑之所以奋也。"力是使物体由静而动、动而愈速或由下而上的原因。这与 1000 多年后牛顿经典力学的观点基本一致，牛顿认为物体运动是因为受到了力的作用，力的大小和方向会影响物体的运动轨迹和速度。

另外，墨子对重力也进行了初步探讨："力，重之谓，下与重奋也。"他定义重力为"重之谓"，即重力是物体向下运动的原因。同时，他指出重力会使物体向下的运动速度逐渐增加，这是重力作用的结果。这一观点与牛顿第一定律类似，牛顿第一定律指出，在没有外力作用的情况下，物体将保持其原有的运动状态，如果施加一个力，则物体将沿着力的方向产生加速度，从而改变其运动状态。因此，墨子对重力的理解已经具备了一定的科学性。

除此之外，《墨子》中还提出了机械三原理，即"重（重量）"，"长（长度）"，"高（高度）"3个量是决定机械平衡的3个要素，并对斜面、滑车等简单机械的工作原理进行了总结和阐述。

墨子对杠杆原理也有深刻的认识，他指出杠杆两端的重量和距离的比例会影响杠杆的平衡，这实际上也是现代力学中杠杆原理的精髓。

3. 数学

在数学上，《墨子》首先对一些基本概念做出了解释。如对于点，《墨子》中将其描述为"端，体之无序而最前者也"，即点是没有长度和宽度的，是几何图形中最基本的元素，也是最初始的一种形态。又如，《墨子》中对线的定义是"尺，前于区穴，而后于端，不夹于端与区内"，即前于空腔，后于端口，既不包含端口又不涵盖空腔的条形就叫线。此外，《墨子》中还将圆形定义为"圜，一中同长也"，即圆形的形状是由一个中心点向四周扩展，所有到中心点距离相等的点的集合，这与欧几里得"同圆半径皆相等"的描述相同，也与现代几何学中的基本概念基本一致。由此可见《墨子》对我国古代数学的发展也有着重要的贡献。

此外，《墨子》中还对倍、平、同长、中的概念给出了解释。

◇ 倍：原数加一次或原数乘以二称为"倍"。例如，二尺为一尺的"倍"。

◇ 平：同样的高度称为"平"。这与欧几里得几何学定理"平行线间的公垂线段都相等"的意思相同。

◇ 同长：两个物体的长度相互比较，正好首尾对应，完全相等，称为"同长"。这同样也是现代数学中映射概念的体现。

◇ 中：指物体的对称中心，即与物体各表面距离都相等的点。

4. 物理学

时空是物理学中的一个基本概念，它是由三维空间和一维时间构成的连续整体。在春秋时期，老子最早提出了"宇宙"的概念："往古来今谓之宙，四方上下谓之宇。"其中"宙"代表空间，"宇"代表时间。

《墨子》中说："久，弥异时也。宇，弥异所也。"这一段话很好地阐述了时间和空间的概念。

墨子认为，"久"就是时间，它是从过去到现在再到未来的一个过程，是连续不断、前后相继的。而"弥"则表示空间的无限和无边无际，它可以分为不同的区域、不同的方位。因此，"久弥"可以理解为时间和空间的无限扩展和延伸。

在墨子的理论中，时间和空间是相互联系的，它们共同构成了一个连续的宇宙。在这个宇宙中，物体的运动表现为在时间中的先后差异和在空间中的位置迁移。他认为没有时间先后和位置远近的变化，也就无所谓运动，离开时空的单纯运动是不存在的。

为了更好地理解时间和空间的概念，墨子还提出了"始"和"端"这两个概念来描述时间元和空间元。他指出："始前有端，端后有始。"意思是说，每一个时间点都有一个起始点，每一个空间点也都有一个端点。因此，我们可以将时间元看作是无穷小的线段，而将空间元看作是无穷小的面积，这些线段和面积在时间和空间中连续不断地延伸和发展。这样的认识与现代科学理论惊人地重合了。

5. 科学方法论

如果说科学是整理事实，从中发现规律，得出结论的过程，那么，科学方法论就是这一过程中最有力的工具。通过科学方法论的应用，我们可以更有效地收集、分析和处理各种复杂现象和问题的相关信息和数据，从而更好地理解事物的本质和规律。作为先秦时期科学技术的集大成者，墨子也有一套自己的方法论。

首先，为什么要发展技术？墨子认为，所有的技术活动都必须遵循一个原则："利天下。"凡是对所有人有利的技术，就必须去研究和传承，最终让"饥者得食，寒者得衣，劳者得息"。"利天下"的另一面就是"兼爱、非攻"。因此，在传道授业方面，墨子始终坚持培养"兼士"，让每个人都能"兼相爱，交相利"。

逻辑思维是发展科学技术必不可少的，在逻辑学方面，墨子提出了"察类明故""以见知隐"。"察类"是指通过观察事物的类别和特性来进行推理和判断，"明故"是指弄清楚事物的原因和原理。"以见知隐"则是指通过已知的现象和知识来推断未知的隐秘和深层次的事物。

这些主张不仅是墨子理性分析和推导的基本方法，同时也是后期墨家建构逻辑系统的必要前提。在《大取》篇中，墨子明确提出了"类、故、理"三说的概念，将"察类明故"的逻辑方法进一步发展和完善。

"类"指的是事物本质的外在表现，是事物之间的归属关系，也是现象与本质之间的关系。墨子认为，类是事物之间的共同特征和规律性表现，通过察类可以明辨是非、区分善恶，从而进行正确的推理和判断。

"故"指的是事物的原因和条件，即任何事物的存在和发生都有其因果关系和产生的原因。在墨子的逻辑学中，故是进行推理和判断的重要依据，只有弄清楚事物的原因和原理，才能更好地理解事物的本质和发展规律。

"理"指的是事物发展的规律和内在的逻辑关系，即事物发展的过程中所遵循的必然规律和逻辑原则。在墨子的逻辑学中，理是进行推理和判断的重要标准，只有遵循正确的规律和逻辑原则，才能得出正确的结论和判断。

得出结论之后，怎样才能验证结论是否正确呢？墨子提出了"三表法"。

"本之于古者圣王之事"。这是第一个"表"，意味着言论必须吸取前人的经验教训，因为前人的经验教训主要记载在书籍之中，所以这个表主要是借助古代典籍来辨别事实。

"原察百姓耳目之实"。这是第二个"表"，墨子强调要从普通百姓的感觉经验中寻找立论的根据。他相信，真正的智慧来自于人民，只有真正了解百姓的需求和想法，才能找到问题的正确解决方法。

"废以为刑政，观其中国家百姓人民之利"。这是第三个"表"，即将言论应用于实际政治，看其是否符合国家、百姓的利益。如果言论符合国家、百姓的利益，那么这个言论就是正确的。这个标准是检验言论真假、决定言论取舍的重要依据。

墨子的"三表法"可以总结为"有本""有原""有用"。"三表法"虽然是从社会实际的角度出发的，然而，这其中也包含着用实践检验理论的方法论。

冯友兰先生在《中国哲学简史》中说："中国无论哪一派哲学，都直接或间接关注政治和伦理道德。因此，它主要关心的是社会，而不关心宇宙；关心的是人际关系的日常功能，而不关心地狱或天堂；关心人的今生，而不关心他的来生……中国哲学既是理想主义的，又是现实主义的；既讲求实际，又不肤浅。"这段话用来描述墨子的方法论再恰当不过了。

某种意义上，哲学可以称作科学的"母亲"。在墨子身上，我们既看到了他对无穷的探索、对宇宙的认知这些"形而上"的思考；也看到了他为阻止战争、"为生民立命"而做出的种种努力。可以说，《墨子》中所总结的力学、光学等科学知识已经超越了时代，而他所坚持的"兼爱、非攻"，即使放在今天也仍然具有重要的现实意义和价值。

第五节 《考工记》的划时代意义

管仲变法使齐国走上了富强之路，齐桓公则会盟诸侯，九合天下，成为春秋时期公认的第一位霸主。孔子在《论语》中盛赞管仲说：如果没有管仲，我们华夏民族也会像蛮夷一样披散头发，穿左衽的衣服，成为野蛮人了。因此，管仲也被尊为"华夏第一相"。

更为重要的是，齐桓公称霸依靠的不是战争手段，而是管仲所推行的经济政策，这也是一种"仁"："桓公九合诸侯，不以兵车，管仲之力也。如其仁！如其仁！"（《论语》）管仲将商业作为经济发展的重要推动力，由此技术文明所带来的高附加值使齐国迅速完成财富积累，经济文明上升到制度文明的高度。

《考工记》是一部涵盖了古代手工业技术的综合性文献，它详细记录了中国春秋战国时期齐国官营手工业的制造工艺和规范。《考工记》的诞生标志着齐国工匠文化与技术体系的正式建立，这在2000多年前放眼整个世界都是一个了不起的成就。这部著作以其丰富的内容和精深的见解，成为中国古代科技史和工艺美术史的一座里程碑。

《考工记》以齐国官营手工业制造工艺为背景，对各种手工业工种的制造方法和工艺要求进行了详细的阐述。全书分为六个部分，分别是"总叙""轮舆""冶铸""皮革""刮磨""陶瓷"。每个部分都对材料选择、工具制备、工艺流程、质量标准等方面进行了规定。

在"总叙"中，作者开篇就强调了工艺规范的重要性，指出工艺技术的准确性和规范化是制作高质量产品的关键。接下来在各个工种的具体阐述中，作者不仅提供了详尽的工艺步骤，还对各个工种的难点和技术要求进行了深入的探讨。

"轮人"（制造车轮的工人）是《考工记》中论述最为详细的部分。作者认为，轮人的难点在于如何将轮芯和车辐固定在一起，以及如何保证车轮的稳定性、耐磨性和美观性。为了解决这些问题，轮人需要熟练掌握木材加工技术，选用质地坚硬、纹理细密的青稞木制作轮芯，并使用细麻绳等材料将轮芯和车辐固定在一起。同时，轮人还需要注意对木材和绳索等材料的防腐和防火措施，以确保车轮能够长时间使用。

不仅如此，《考工记》还对车辆行驶和制造过程中的科学道理进行了探讨。比如，轮圈的转动要与地面保持均匀接触，并与地面保持最小的接触面积，这就要求轮圈必须是正圆。原文中说："凡察车之道……不微至，无以为戚速也。""微至"就是减少车轮与地面的接触面积。站在现代物理学的角度来看，轮圈与地面保持最小接触面积，可以有效减少摩擦力。

面对不同的行驶环境，车轮的薄厚也要有所区别。行驶于泽地的，轮缘要削薄，这样就不会沾上泥；行驶于山地的，牙厚上下要相等，这样一来，轮子就算破旧了，也不会影响前行。

制作完成之后，还要"规之，以眡其圜也；萭之，以眡其匡也；县之，以眡其辐之直也；水之，以眡其平沈之均也；量其薮以黍，以眡其同也；权之，以眡其轻重之侔也"。"规之"，就是用圆规检查车轮是否是正圆。古代圆规与现代圆规的原理相同，但形式有所区别。山东济宁武梁祠汉朝画像石上有一幅《女娲氏手执规，伏羲氏手执矩》的画作，女娲手上拿的就是圆规，伏羲手上拿的则是"矩"（用来画直角或方形的工具），这两种工具也是汉语中"规矩"的来源。

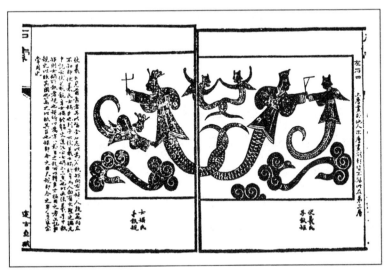

图 3-2 画作《女娲氏手执规，伏羲氏手执矩》

"萬之"，就是以矩的一条直角边为垂直轴旋转，找出轮圈侧面的最平点。因为如果轮圈侧面存在凸起或凹陷，这些点将会在旋转过程中与矩的直角边接触，从而形成一个水平面。通过观察这个水平面，我们可以大致了解轮圈侧面的形状。如果水平面是平的，那就说明轮圈侧面是平整的；如果有倾斜或者弯曲的情况，那就说明轮圈侧面存在凸起或凹陷。

"县之"就是用悬绳来检验车轮的上下两辐是否对直。

"水之"就是把车轮浮在水上，检验车轮的质量分布是否均匀，这是浮力原理在制造车轮中的应用。

"黍之"，就是用黍来测量两毂中空地方的容积是否相同。

"权之"，就是把两个车轮放在天平上进行称重，看重量是否一致。

只有同时达到这些标准，才称得上一流的车轮。这段记载足以说明，早在 2000 多年前，齐国的工匠们就已经形成了一套严谨、精准的手工业标准流程，他们不仅拥有卓越的技艺和经验，更注重对质量和技术标准的把控。《考工记》将这样的"工匠精神"记录和保存了下来，即使在千年之后的今天，其仍然是"中国制造"的一张名片。

春秋时期，乐器是一种十分重要的物品，它不仅是宴会上的"刚需"，也是身份和地位的代表。《考工记》中就有一篇"磬氏"，专门对钟、鼓、磬等乐器的形状、尺寸、材料等方面做出了详细的规定。不仅如此，此篇还指出了乐器的发声原理：钟、鼓、磬之所以能够发声，是由于震动所致，而乐器体壁的厚度、尺寸的大小等因素则直接影响了音调的高低。所以，文中说"（鼓）大而短，则其声疾而短闻""（鼓）小而长，则其声舒而远闻"，磬的音调偏高时，要把磬体磨薄一些，如果音调偏低，就要把两边磨薄一点。站在现代科学的角度来说，当物体受到外力振动时，就会产生共振，形成驻波，从而发出声音，改变物体的形状和尺寸可以形成特定的频率和波长。《考工记》中虽然没有形成抽象的理论知识，但已经在生产和生活的基础上，对声学原理以及有关物理因素关系进行了初步总结，这在 2000 多年前是相当了不起的成就。

"矢人"是专门制作箭矢的工匠，《考工记》中把常用的箭矢分为 5 种：箭头较重，杀伤力比较强，用来近射的鍭（hóu）矢，箭头稍轻的茀（bó）矢，在战争中使用的兵矢、田失，与兵矢、田矢类似的杀矢。不同的箭矢，所用到的材料和重量不同。书中也对箭杆的重量与箭矢的飞行轨道进行了分析："前弱则俛，后弱则翔，中弱则纡，中强则扬。羽丰则迟，羽杀则趮。"

"前弱则俛"表示如果弓的前端（通常是指弓弦的部位）过于弱，箭矢就会低头飞行，也就是会发生向地面方向偏移的情况。

"后弱则翔"表示如果弓的后端（通常是指弓身的部位）过于弱，箭矢就会高飞，也就是会发生向上偏移的情况。

"中弱则纡"表示如果弓的中间部分（通常是指弦和弓身的连接部位）过于弱，箭矢就会偏向右侧飞行。

"中强则扬"表示如果弓的中间部分过于刚强，箭矢就会向左侧飞出。

"羽丰则迟，羽杀则趮"表示如果箭矢上的羽毛过于丰满或不够整齐，箭矢就会飞得更慢。这是因为羽毛会与空气产生摩擦，从而减缓了箭矢的飞行速度。

这是我国古代文献中对流体力学知识的初步探讨。

另外，《考工记》中还对惯性有了初步的解读。"辀人篇"中说："劝登马力，马力既竭，辀犹能一取焉。"意思是马已经停止拉车了，车还能往前再前进一段。这是我国古代文献中对惯性最早的描述。

在"栗氏"中，作者还提到了如何在冶炼中观察火候："凡铸金之状，金（铜）与锡；黑浊之气竭，黄白次之；黄白之气竭，青白次之；青白之气竭，青气次之。然后可铸也。"这一段描写中不同颜色的"气"，是在冶炼过程中不同化学反应所生成的。刚开始加热时，木炭等燃料在燃烧中会释放出黑色气体。接着，铜矿中的杂质锡由于沸点较低，会在燃烧中释放出白色烟雾。随着温度的升高，铜矿中的杂质不断挥发，最终只剩下铜的青色，这就是所谓的"炉火纯青"。

《考工记》全面地反映了我国春秋战国时代的生产发展情况，匠人们在生产中不断总结经验，归纳、鉴别和优选工艺，不断探索其中的原理，形成了或抽象或具体的科学知识，这些科学知识又反作用于生产，为工艺和技术的不断提高奠定了广泛而深刻的基础。这种良性互动为后人提供了一种重视感觉经验、重视实践验证的"工匠思维"，对中华文明的发展产生了十分深远的影响，墨子就是在这样的影响下出现的巨匠。

第六节 铁犁和牛耕引起的革命

　　《管子》中记载了一段对话，桓公说对管子说："衡对我讲：'一个农夫的生产，必须有一耜、一铫、一镰、一耨、一锥、一铚，然后才能成为农民；一个造车的工匠，必须要有一斤、一锯、一釭、一钻、一凿、一鉥、一轲，然后才能成为工匠；一个女工，必须要有刀、椎、针、长针等工具，然后才能成为女工。'所以，他让我下令砍伐树木，鼓炉铸铁，这样就可以不征税而保证财用充足。"管子说："这样万万不可，如果派罪犯去开山铸铁，那罪犯就全都跑了，如果征发百姓，百姓就会怨恨国君。与其开山冶铁，不如把它交给民间去经营，所得的利润由百姓得七成，君主分三成。"

　　这段对话中提到了如何开山冶铁，制造工具，发展经济。

从中我们可以看出，战国时代，铁器的使用不仅十分普遍，而且各行各业已经形成了专用工具。在这些工具中，对经济、历史影响最为深远的要数铁犁了。

早在公元前 6 世纪，中国人就发明了铁犁，而欧洲人直到 17 世纪才开始使用铁犁，比中国晚了 2300 年左右。铁犁的出现，标志着人类社会进入新的发展时期，也标志着人类对自然的开发进入全新阶段。

前文我们说过，用耒耜等传统农具耕地效率十分低下，具体有多低呢？《淮南子》说："一人跖耒而耕，不过十亩。"这句话是说，一个人用跖耒的方式进行耕作，只能管理 10 亩^①耕地，这也是井田制需要集体劳作的原因。铁犁出现之后，战国时期的李悝说："今一夫挟五口，治田百亩，岁收亩一石半，为粟百五十石。"可以看出，铁犁使用之后，农业生产效率至少翻了数倍。

铁犁之所以能起到这样大作用，不外乎以下几个原因。

其一，耕作效率显著提高。铁犁相对于传统的木质或石质犁具来说更加坚固耐用，而且犁头更锋利。这使得人们耕地时更容易推进，可以更深入地翻耕土地。相比之下，传统农具如

---

① 亩：1 亩约为 666.67 平方米。

跖耒等的操作不仅耗时，还耗力，效率远远低于铁犁。因此，铁犁大大提高了农田的开垦和管理效率。

其二，更适合各种土壤类型。铁犁的锋利犁头能够轻松应对各种类型的土壤，包括松软的砂壤土和坚硬的黏土等。这意味着农民可以在不同的土壤条件下更加容易地进行耕作，而不必担心土壤质地的限制。

其三，土地利用的优化：铁犁可以更深入地耕种土地，从而有助于改善土壤通气性和水分渗透性。这有助于减少土壤板结和提高土壤的肥力，从而增加农田的产量。

其四，耐用性和经济性高。铁犁相对较为耐用，不易损坏，农民无须频繁更换或修理，降低了农具的维护成本。

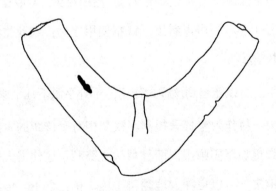

图 3-3　战国时期的铁犁

从出土的文物来看，春秋晚期和战国初期，铁制农具只在部分地区出现，到战国中期才广泛普及。而铁犁也并非全铁，而是由"V"字形铁口包裹其他材质制成。

随着铁犁的广泛使用，农业生产效率显著提升，使得开垦新的土地变得更为可行，农民可以更容易地翻开荒地或草地，将其改造成可耕种的农田。更重要的是，铁犁可以和牛耕搭配，一人一牛就能管理上百亩的土地。春秋时期开始，牛已经穿有鼻环，这足以证明，当时的牛已经被作为生产工具使用。而到战国时期，人们已经开始使用两头牛牵引的犁了。

在这样的背景下，小农经济逐渐形成。小农经济是指农民以小规模农业经营为主，自耕自种、自给自足的经济模式，也就是我们所说的"男耕女织"，在这样的形势下，周代延续了几百年的井田制自然而然地走向瓦解。而失去对土地的控制权，也就意味着失去了所有权力，这也是周朝衰亡的根本原因。

旧制度瓦解，必然要有新制度来填补空缺，这就是春秋战国时期各国统治者相继变法的根本原因。在各国的变法中，最核心的部分都是引入人口，奖励耕织。比如，商鞅变法的举措之一，就是废除奴隶制土地国有制，实行土地私有制，同时奖励垦荒，规定生产粮食和布帛多的，可免除本人劳役和赋税，又强制推行个体小家庭制度，再通过编户制度管理人口。换句话说，只要你来秦国，开垦出来的土地就都是你的。这样一来，秦国的人口不断增加，经济不断发展，国力不断增强，为之后统一天下打下了基础。

农业生产离不开水源，不过，大多数时候，大河都是一把双刃剑，在浇灌两岸农田的同时，也带来了严重的水患灾害。战国时期，齐国和魏国以黄河为界，齐国地势比较低，因此，每次黄河泛滥时，受灾十分严重。于是，齐国建造了长达 25 里①的堤坝。之后，黄河再泛滥时，河水"东抵齐堤则西泛赵、魏。赵、魏亦为堤，去河二十五里"（《资治通鉴》）。这是关于战国时期大规模修建堤坝的记载。

除了修筑堤坝之外，春秋战国时期还出现了很多著名的水利工程，比如郑国主持修建的大型水利工程郑国渠，西引泾水东注洛水，长达 300 余里，灌溉了两岸的万亩良田；魏国县令西门豹曾开凿 12 条渠，引漳水溉邺，利用灌溉冲洗的方式将原来的盐碱地改造为能够种植作物的良田。除此之外，还有引水工程漳水十二渠、蓄水工程芍陂等。在这些水利工程中，以秦国太守李冰主持修建的都江堰最为著名。

_____

① 里：里为 500 米。

先秦时代，后来被称为"天府之国"的成都平原还是个水旱灾害频发，生存环境十分恶劣的地方。岷江是长江上游一条较大的支流，发源于四川省北部高山地区。每当夏秋季节降雨充沛时，岷江水就会自上而下倒灌进来，泛滥成灾。洪水退去之后又留下沙石千里，无法耕种。与此同时，岷江东岸的玉垒山又将江水挡住，导致出现"东旱西涝"的情况。因受如此恶劣的自然条件影响，当地迟迟无法形成规模化的农业生产。

李冰父子到达四川后，利用天然地形因势利导，在岷江中开凿了与虎头山相连的离堆，又在离堆上修建了分水堤和湃水坝，把岷江水源分为内江和外江，并建造了水门来调节两条江的水量，使之不仅可以灌溉农田，还一劳永逸地解决了水患问题，为航运提供了便利。从此之后，成都平原逐渐有了"天府之国"的美誉。直到今天，都江堰仍然发挥着重要作用，为成都平原的农业和供水提供支持，灌溉面积超过 1000 万亩。都江堰是当今世界唯一留存，以无坝引水为特征的宏大水利工程，被列入《世界遗产名录》。

总之，我国战国时期的水利技术已经十分发达，人们不仅有堤坝、堰、渠，还懂得利用水流的冲压来降低耕地的盐碱量，改善土质。

有了引水工程，农田灌溉才具备了最基础的条件，不过，想要把水引进田里，还需要灌溉设施。我们上文说过，周代时农田已经挖出了灌溉农田的沟渠，当时的农夫想要把水引到田里，需要抱着容器打水。到战国时期，桔槔（jié gāo）已经在中原地区普及。这种灌溉装置也叫"称杆"，是一种利用杠杆原理的取水机械，通过在一根竖起的架子上加一根细长的杠杆，把架子作为支点，一端悬挂重物，另一端悬挂水桶，利用重物的重量把水从河里或井里汲取出来，省时省力。据《庄子》记载，一天，子贡经过汉阴时，发现一个农夫抱着罐子汲水，往来非常辛苦，却灌溉不了多少田地。于是，子贡就对他说："有械于此，一日浸百畦，用力甚寡而见功多，夫子不欲乎？"这里说的就是桔槔这种装置。

灌溉之后，农田还需要施肥。当时的农民已经意识到施肥的重要性，而欧洲到 10 世纪才开始讲究施肥。另外，战国时期，一年两熟制已经得到推广。《吕氏春秋·任地篇》中说："今兹美禾，来兹美麦。"意思是大麦收割之后，又可以种植粟，一年能收获两次庄稼。

总的来说，春秋战国时期，由于铁器和农耕的推广，农业取得了巨大的发展成就。周代的制度再也无法适应社会需要，诸侯之间的利益再分配则以战争形式表现出来，形成了战乱不断的局面。各诸侯国为了在残酷的战争中取得胜利，又不遗余力地推动冶铁与农业的发展，进一步倒逼科学技术进步，使这一时期的社会既动荡而又充满活力。

第七节 百家争鸣

西周时期，士人是处于卿大夫与平民之间的社会阶层。他们依附于贵族，接受过正规的"六艺"教育，有一定的文化基础，享有"食田"，因此不用参加劳作，可以专心致志地研究学问。

然而，到"礼崩乐坏"的春秋末期，西周建立起来的各种制度开始瓦解，士人群体也逐渐失去了原有的生活依靠。但是，春秋战国时期也是一个社会剧烈变动的时期，各诸侯国之间经常发生战争与冲突，这种动荡的社会环境导致各诸侯国表现出对谋士的强烈需求，士人们也因此获得了崭露头角的机会，更多优秀的人才得以脱颖而出。

与此同时，各个学派开始质疑古老的"天命"学说，对自然和宇宙有了全新的认识和看法，人们迫切地希望有一种学说能够让无序的世界重新恢复，建立一套新的秩序。新兴地主阶级也迫切地需要一套理论，来为自己的"夺权"确立合法性。因此，鬼神和天命是首先要被推翻的。

想要建立新秩序，首先要把"人"从"天"中解救出来。荀况（荀子）是战国时期赵国人，也是儒家学派的代表人物。他在《天论》中说："天行有常，不为尧存，不为桀亡。"意思是历史运转是有规律的，不会因为尧的圣明或者桀的暴虐而改变。他认为人们可以通过探究客观事物的规律，从而理解和把握社会和自然的本质。

那么，天到底是什么呢？荀况认为，天就是"列星随旋，日月递炤，四时代御，阴阳大化，风雨博施，万物各得其和以生，各得其养以成，不见其事而见其功，夫是之谓神。皆知其所以成，莫知其无形"。也就是说，"天"是客观存在的，有它自己的运行规律，不是神造的。

天上既然没有神，地上自然也就没有鬼。所以，荀况对鬼神的说法嗤之以鼻，认为这是迷信思想。他在《解蔽》中讲了个有趣的故事：夏首的南边有个叫涓蜀梁的蠢人，在晚上走路时低头看到了自己的影子，以为地上有鬼，又抬头看到自己的头发，以为是站着的鬼，当时就吓死了。由此，荀况得出结论说：

认为有鬼，一定是精神恍惚导致。

对于祭祀和占卜，荀况也给出了自己的解释："日月食而救济之，天旱而雩，卜筮然后决大事，非以为得求也，以文之也。故君子以为文，而百姓以为神。以为文则吉，以为神则凶也。"（《荀子·天论》）意思是人们之所以进行祭祀，都是出于礼仪的考虑，世界上根本就没有鬼神。

因此，对于"天"，人不应该去迷信它，崇拜它，而应该"制天命而用之"，去认识自然规律，运用自然规律，"骋能而化之"。

荀子的观点和道家观点相似。道家认为，宇宙万物都有其自身的规律和法则，这些规律和法则都是自然形成的，而不是人为规定的，这就是"道"。"道"看不见，摸不着，"视之不见，名曰夷，听之不闻，名曰希，搏之不得，名曰微"，所以，"道"既是"有"，也是"无"。

一方面来看，道是"有"的存在。道是宇宙万物的本源和本质，是构成一切物质和现象的基础。道具有实在性，是物质世界中真实存在的一种力量或法则。道是宇宙万物存在的依据，是生命的本质和意义。

另一方面，道也是"无"的存在。道没有具体的形状、颜色、声音等属性，它是无形无象、无边无际的存在。道超越了人类的认知和感知能力，无法被具体定义或描述。道不是一种具体的物质或现象，而是一种超越性的存在。

道这种"有"和"无"的属性并不是相互排斥的，而是相互依存的。就像空气，我们虽然看不见它，却实实在在地每时每刻都在呼吸。庄子给出的解释是："至大无外，谓之大一；至小无内，谓之小一。"也就是说，"道"既是无穷大，也是无穷小。

道的"有"是内在的本质和力量，而"无"则是外在的表现和状态。道的双重性和矛盾性是其最深刻的哲学内涵之一，也是中国哲学中关于存在与本质、现象与本体等问题的核心思想之一。

就在诸子百家纷纷发表自己对天的看法时，一个抬杠的人出现了：说得这么热闹，天要是掉下来怎么办？《列子》中记载了一个故事："杞国有人忧天地崩坠，身亡所寄，废寝食者。"杞国有个人担心天会掉下来，所以废寝忘食，这就是"杞人忧天"的出处。

在上古传说中，天是由神龟撑起来的，不过，到春秋战国时期，这种说法显然已经"过时了"。对于这个问题，管子认为："天地不可留，故动，化故从新，是故得天者高而不崩。"

意思是天地都在不停地运动，所以天不会塌下来。他又说："天地之东西二万八千里，南北二万六千里，出水之山者八千里，受水者八千里。"意思是地漂浮在水上，一半露出来，一半沉下去，像一艘巨型船只一样。

因为"天"是客观存在的，所以，我们更应该把注意力集中到"人"的身上，而不是去讨好所谓的"天"，这就是人本主义思想。正因如此，诸子百家纷纷把关注的焦点投射到了人的身上，提出了"民贵君轻""民为邦本，本固邦宁"等思潮。不过，在诸侯们看来，这种思想并不受欢迎，他们要的是国富民强，好在兼并战争中成为最后的胜利者。因此，以"富国强兵"为目标的法家思想脱颖而出，该学派的人在各国开始实施变法，并成为最终的胜利者。

韩非子是法家的代表人物，他进一步引进了"理"作为事物的特殊规律，并将"道"和"理"的关系解释为客观事物的普遍规律和特殊规律的关系。他的自然观主张彻底的无神论，认为天和人各有自己的规律，自然界的天地没有意志。

在《五蠹》中，韩非子说：现在如果有人在当世推行尧、舜、鲧、禹、商汤、周文王和周武王之道，必定会被新时代的圣人耻笑。因此，圣人们不期望照搬古人的做法，也不效法那些陈规老套，而是探讨当前社会的实际情况，根据这些情况来制定相应的措施。

法家的主张为诸侯"量身定制"了一套新的世界观和行为逻辑，也为改革和变法提供了从天上到地下的"合法性"。

公元前356年，商鞅在秦国实施变法，历史的车轮缓缓转动，一个大一统王朝即将降临。

第八节 金戈铁马

公元前 221 年，经过长达数百年的征战，秦国终于在众多诸侯国中获得最后的胜利，秦王嬴政一统天下，建立了中国历史上第一个大一统的王朝。

秦国之所以能够统一天下，成为最终的胜利者，离不开其军队强大的战斗力与武器装备。秦国兵器种类繁多、制作精良，居七国之首。然而，就出土文物来看，秦国的兵器主要以青铜器为主，铁器数量十分稀少。要知道，在战国末期，南方的楚国和北方的韩国等诸侯国，已经开始用铁质武器装备军队了，强大的秦国为什么反而使用青铜武器呢？其中包含两个方面的原因：第一，秦国的铁矿产量少。《史记》中，范雎就对秦昭王说过："吾闻楚之铁剑利而倡优拙。夫铁剑利则士勇，倡优拙则思虑远。夫以远思虑而御勇士，吾恐楚之图秦也。"

第二，战国时期的铁器冶铸技术有限，对阵青铜武器还不具备压倒性的优势。与之相对的是，青铜冶炼与铸造技术经过数百年的发展，到战国晚期已经到达巅峰。秦国的兵器制造是由中央安排官员管理，按照统一标准铸造，误差小到可以忽略不计的程度，这在当时是十分惊人的。

秦国负责武器质量的官员是大工尹，每件武器都要"物勒工名，以考其诚，工有不当，必行其罪，以究其情"（《吕氏春秋》）。意思是生产的每件装备都要刻上工匠的名字，一旦出问题对应的工匠就要被问罪。例如，1982年，考古工作者从宝鸡铜件厂"抢救"回来的一把秦国的戈上，就刻着"八年相邦吕不韦造诏事图丞戢（jí）工献（shì）"几个铭文，可以看出，这把戈是秦王政八年，丞相吕不韦下令，由管理兵器制造的衙署图丞的负责人戢监督制造的，工匠的名字叫献（shì）。正是有了这样严格的标准化生产流程，秦国的武器才能在众多诸侯国中独具一格，形成强大的战斗力。

春秋时期，诸侯之间的战争主要以车战为主，各诸侯王分别驾驶战车，带领部队往来冲锋，一方失败后便宣告战斗结束。不仅如此，战争中还要遵守各种各样的规则，比如，开战前要先下战书，约定好战斗地点，双方必须布好阵型才能开战，胜利者不得追击失败者等。在春秋时期，各诸侯对这些礼仪大多严格遵守，如公元前 638 年的宋楚泓水之战中，宋襄公谨守"不鼓不成列"的军礼，不肯趁楚军渡河时发动进攻，最终寡不敌众，惨死在战场上。

进入战国后，诸侯之间的战争转变为残酷的、你死我活的土地争夺战，农业的发展养活了更多人口，冶炼技术的进步也使得兵器制造的规模越来越大，军队数量得以不断增加，包围战、歼灭战成为主要形式，加上战车受到地形等因素的限制，再也无法适应战场节奏，逐渐被各诸侯国抛弃，步战成了最主要的战争形式。

在步战中，戈、矛、戟等长兵器是最常见的长兵器。《考工记》中，对兵器的长度有详细记载："庐人为庐器，戈柲六尺有六寸，殳长寻有四尺，车戟常，酋矛常有四尺，夷矛三寻。"秦国的武器中，戈也是最受重视的长兵器。

春秋战国时期的抛射兵器分成弓和弩两类。到战国时期，弓的工艺十分复杂，已经发展为复合弓。《考工记》中说："弓人为弓，取六材必以其时，六材既聚，巧者和之。"这"六材"包括干、角、筋、胶、丝、漆。弓的材质也被分为 7 种，各有优劣。

当时的弓箭最远射程在 200～300 米之间，有效杀伤距离在 50
米左右。

　　弩是在弓的基础上发展而成的一种机械装置，据说是战国
时期楚国的琴氏发明的，其原理为"横弓着臂，施机设枢"，
依靠上弦之后的弹力激发。弩上最重要的青铜组件，包括外框
部分的"郭"，钩住和放开弓弦的"牙"，作为扳机的"悬刀"。

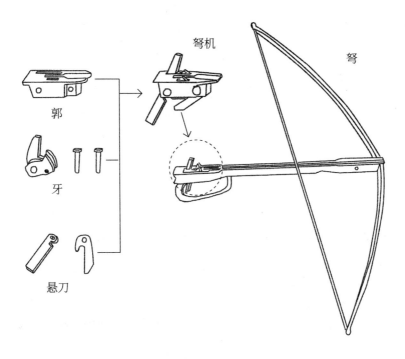

图 3-4　弩和弩机的结构图

秦人的弩分为蹶张和臂张两种。前者是用脚踏弓身，以全身之力上弦的，发射时威力巨大，不过发射的速度较慢。后者则是用手臂的力量上弦的，威力虽然不如前者，但发射速度要快得多。《战国策》中说，韩国有一种强弓劲弩，可以射到"六百步之外"。战国末年还出现了"连弩"，可以连续发射箭矢。

武器进步，防御装备自然也要跟着共同进步。我国夏代并没有出土盔甲，当时的护具应该是以布、藤木或皮革为主。商代虽然青铜铸造业十分发达，但盔甲的主要形式仍然以布、皮为主，只有贵族才能拥有少量的青铜面甲（一说面甲是祭祀时使用的）。到周代至春秋战国时期，甲的主要材料仍然是皮革，头盔以青铜铸成。不过，在皮甲的制作标准和防护能力上，都有了很大的进步。

《考工记》中记载了制作皮甲的详细步骤："函人为甲。犀甲七属，兕甲六属，合甲五属。""函人"是指当时制作盔甲的手工业者，"犀甲"是指用犀牛皮制作的盔甲，"属"是指制作皮甲的方法。函人在制作皮甲时，要先把皮革切成一块一块的长方形甲片，之后再把这些甲片连缀起来，所谓的"属"就是甲片的排数，也就是说犀甲要连缀 7 排，兕甲 6 排，由两层皮革制成的甲则需要 5 排，这是因为甲片的大小不同。湖北江陵曾出土过一张战国时期的楚国木胎皮甲，就是由木块与皮革制成的两层护甲，正好有 5 列，这就是"五属"结构。

到战国时期，随着冶铁技术的进步，已经出现了铁制铠甲。燕下都 44 号墓曾出土过一顶铁胄（头盔），由 89 块铁片编成，从顶到底共有 7 层铁札叶，这些铁札上层压着下层，前面压着后面，最后形成一个球状，在前面留出露脸的地方。这是目前仅见的先秦时期的铁胄，可见当时还没有大规模生产的能力。

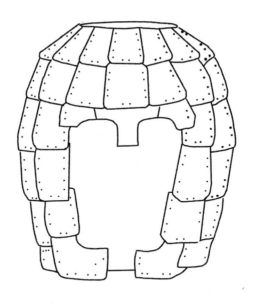

图 3-5 燕下都 44 号墓出土铁胄结构图

战国时期，战争的形式大多是以消灭敌国政权，占领土地和人口作为战略目标的，动辄就是 10 万人以上的大规模战斗。因此，各国的防御工事、城墙建造都有了很大的进步。

首先是选址。当时，都城和军事要塞大多都建在邻近河流的地方，一方面是为了方便饮水，另一方面是为了把水引到护城河中，成为一道天然屏障。当时，大多城墙外都有人工开挖的护城河，防守方在河流上设置吊桥、闸坝、水门等防御设施。平时放下吊桥可供人畜通行，一旦敌人来犯，可以升起吊桥阻挡敌人入侵。

其次是增加城墙的高度和坚固程度。战国时期，城墙一般是用夯土筑起，最高的地方可以达到 10 米以上，有的甚至能达到 15 米（相当于现代约 5 层楼的高度），宽度则在 20 ～ 30 米不等。修筑这样宽的城墙，是为了方便运输战略物资，建造箭楼等防御设施。另外，在城池中一般还设有角楼和望楼，方便观察敌情。

在山川险要的兵家必争之地，各国还建造了许多关塞，比如，著名的函谷关就是秦国抵挡东方六国入侵的主要关塞。关塞的整体结构与城池大致相同，常年都有军队驻扎，到固定时间就会关闭大门，通行时还需要提供凭证。《三国演义》中关羽"过五关斩六将"，就是因为没有过关凭证，只好斩了六员大将。同时，关塞中还有烽火系统，一旦发现敌人来袭，士兵们就会点燃烽火传递信号。

防御工事的增强，使进攻方不得不加强攻城拔寨的方式。《墨子》中记载了 12 种攻城方式："临、钩、冲、梯、堙、水、穴、突、空洞、蚁傅、轒辒、轩车。"分别是居高临下发起进攻，使用钩锁攀上城墙，使用冲车撞击，使用云梯登城，阻塞护城河，水攻，挖掘地道，突袭，在城墙上打洞、挖地道，组织军队轮番攀爬城墙，使用工程器具"轒辒"和楼车。这些攻城方式中，轒辒和楼车都是战国时期出现的器具。轒辒是一种四轮车，用粗壮的木材制成，上面盖着生牛皮，士兵躲藏在下面，可以抵挡防守方的箭矢、石块等。楼车是一种建有望楼的车，可以瞭望敌情或把士兵运送到城墙上。

第九节 奇兵制胜

除了攻城机械之外，频发的战争还进一步推动了畜牧业的发展，尤其是养马。我们在前文中说过，对于农耕文明来说，马是一种性价比非常低的家畜，只能长期作为"奢侈品"存在。不过，到战国时期，随着骑兵在战场上的作用逐渐显现，各国纷纷开始培育战马。

我国最早养育战马的历史起源于赵国。当时，赵国的东北边境与东胡相接，北边与匈奴相接，西北方也是少数民族，经常发生小规模掠夺战斗。由于胡人都骑着马，来去如风，赵国军队在战斗中吃尽了苦头。于是，赵武灵王决定实行"胡服骑射"，下令将原本的服装改为短衣、长裤的胡服，组建骑兵，训练骑射。之后，赵国便在诸侯国中异军突起，成为"战国七雄"之一。

有了赵国"打样"，其他诸侯国也迅速跟进，开始组建骑兵队伍。

战国时期的军事家孙膑曾经指出："用骑有十利：一曰迎敌始至；二曰乘敌虚背；三曰追散乱击；四曰迎敌前、击敌后，使敌奔走；五曰遮其粮食，绝其军道；六曰败其津关，发其桥梁；七曰掩其不备，卒击其未振；八曰攻其懈怠，出其不意；九曰烧其积聚，虚其市里；十曰掠其田野，系累其子弟。此十者，骑战利也。夫骑者，能离能散能集，百里为期，千里而赴，出入无间，故名离合之兵也。"从这段描述可以看出，骑兵凭借着强大的机动性与灵活性，可以起到迂回、包抄、追歼、冲击、打乱地方后勤补给等重要作用，类似于我们现在所说的"闪电战"。比如秦国大将白起就是使用骑兵的战术高手，经常在战争中将骑兵作为奇兵使用。长平之战中，秦军与赵军对峙，白起就是派出5000骑兵插入赵军营垒，成功完成了分割赵军主力的战术计划。

不过，当时还没有发明马鞍，骑兵无法作为战斗的主力使用，只能使用弓箭作战，无法用其他武器做出刺击等动作，否则会摔落马下。战国时期，大多数国家的骑兵保有数量仅仅几千名，"胡服骑射"的赵国和最强大的秦国也只有"骑万匹"，与动辄数十万的步兵比起来相去甚远。

由于马匹需求量增加，各种与马相关的科学技术也不断完善和发展，出现了很多相马专家，其中最有名的就是伯乐。伯乐本名孙阳，春秋时期郜国人，《吕氏春秋·精通》中说："（他）学相马，所见无非马者，诚乎马也。"当时秦国为了对付剽悍的游牧民族，大力发展骑兵，伯乐便背井离乡，辗转投入秦穆公门下，帮助秦国组建骑兵，并将自己的相马技术写成《相马经》（已失传），这是我国最早的相马术著作。

战国时期，七大强国都有自己的产马区，也都十分重视战马的培育。拿秦国来说，《史记·秦本纪》中记载：秦非子（秦国人的先祖）居住在犬丘，擅长养马，当地人把这件事报告给周孝王，孝王就给了他一块封地，让他做专门养马的官。从此之后，这一支后裔的命运也被彻底改变了。秦国早期的封地在今天的甘肃东部一带，那里水草丰美，山源广阔，在养马上具有天然优势。

除了自己养之外，秦国还通过贸易获得了很多战马。《史记·货殖列传》中说："龙门、碣石北多马、牛、羊……皆中国人民所喜好……"可见，当时马匹已经成为重要的贸易物品。在战马贸易过程中，有个叫乌氏倮的民族把内地的丝织品带到关外，换回了很多战马等其他牲畜。在与少数民族的战争中，秦国也缴获了一定数量的战马。

在选择战马时，秦国也有十分明确的标准。云梦睡虎地秦简中就有这样的记载："募马五尺八寸以上，不胜任，奔挚（絷）不如令，县司马赀二甲，令、丞各一甲。先赋募马，马备，乃粼从军者，到军课之，马殿，令、丞二甲；司马赀二甲，法（废）。"这段话的意思是：招募战马的身高必须在五尺八寸以上，如果战马达不到标准或者不听指挥，县一级的司马要罚二甲，县令、丞各罚一甲。先募集战马，再招募骑士，如果马被评定为下等，还要再次处罚主管人员。

从这段文字可以看出，战国时期，我国对战马已经有了严格的选用标准，并且配套了从中央到地方的一套完整程序。不过，一直到汉代，中原地区的战马质量还是无法和少数民族培养的战马相提并论。

骑兵在战场上能够出奇制胜，这正是《孙子兵法》中所说的："凡战者，以正合，以奇胜。"频繁的战事除了催生出各种新式装备和战法之外，还催生出了一大批优秀的军事理论家，其中以孙武最为著名。

孙武是春秋时期齐国人，因躲避齐国内乱出奔吴国，受到吴王阖闾重用，被封为将军，立下赫赫战功。后来隐居山林，将自己对军事的理解写成《孙子兵法》一书，因此被誉为"东方兵学鼻祖"。《孙子兵法》全文 6000 多字，包含了战争规律、战术转变、战略原则、后勤保障等各个方面的内容，是中国军事文化遗产中的瑰宝，也是世界上现存最早的一部军事著作，比普鲁士军事理论家卡尔·冯·克劳塞维茨所著的《战争论》（欧洲战争理论奠基之作）早 2000 多年。

第 四 章

秦汉帝国

第一节 从秦皇汉武到衣冠南渡

公元前 221 年，秦王嬴政统一天下，建立了中国历史上第一个大一统王朝——秦朝。嬴政自号始皇帝，从中央到地方建立起了一整套新的制度，也为后世 2000 多年的封建王朝建立起了基本格局，"百代都行秦政法"。

秦始皇认为，分封制是周朝灭亡的根本原因，把土地和百姓分封给诸侯，诸侯的势力不断壮大，王室衰弱，导致国灭身死。因此，秦始皇建立了一套集权制度，把地方权力最大限度地收归中央，认为这样就可以千秋万代，他自己是始皇帝，之后就是二世、三世，一直到百世、千世、万世。

要达成这个目的，就必须把地方的权力和财富全都集中到中央，再进一步集中到皇帝手中。于是，秦始皇在中央设立三公九卿制度，把地方的封国制度改成郡县制，派官员进行管理，对皇帝负责，完成集权。思想方面，秦始皇以法家为指导，通过严刑峻法来管理官民，"焚诗书，坑术士"（《史记·儒林列传》），进一步统一思想。

另一方面，战国时代，各诸侯国都有自己的文字、度量衡与货币，要建立大一统的王朝，这些也都是要被统一的。于是，秦始皇在全国范围内进行改革，统一货币、文字、度量衡，修建四通八达的道路，北击匈奴，修建长城，"收天下之兵，铸十二铜人"，建立了一整套中央集权的框架。这样一来，皇帝就可以坐在都城，拿勺子"舀"起天下财富。

经历了春秋战国长达数百年的动乱，百姓生活十分困苦，秦王朝建立之后，秦始皇又大兴土木，滥用民力，频繁发动战争，因此，这个中国历史上第一个大一统王朝只维持了短短 15 年，便在农民起义的号角声中走向灭亡。

公元前 202 年，汉高祖刘邦在定陶正式称帝建立汉朝，仍然延续秦朝制度，史称"汉承秦制"。汉初的几代皇帝吸取了秦王朝灭亡的教训，实行与民休息的黄老政策，对内轻徭薄赋，鼓励生产，对外与匈奴和亲，全力避免战争。

到汉景帝时期，汉朝出现了"京师之钱累巨万，贯朽不可校。太仓之粟，陈陈相因，充溢露积于外，至腐败不可食"（《史记·平准书》）的盛世景象，史称"文景之治"。除了发展经济之外，汉初统治者还打破了秦朝唯法家独尊的思想，诸子百家的学说得以流传，客观上推动了科学技术的进步。

"文景之治"为国家积累了大量财富，也为汉朝的崛起打下了物质基础。汉武帝登基之后，一改汉初制定的以防御为主的战略方针，开始征伐四方，开疆拓土。为了打败匈奴，他派张骞出使西域，从长安一路西行抵达大月氏，走出了一条"丝绸之路"。从此之后，中原与西域、欧洲的经济文化联系空前加强，科学、文化和商品得以沿着丝绸之路传播，这是世界上最早、最重要的东西方文明交流通道。

战争需要大量财富作为后盾，在汉武帝的穷兵黩武之下，汉朝前期 70 年积累的财富逐渐不敷使用，为了支撑庞大的军事开支，汉武帝十分重视农业发展。他在位期间，掀起了继战国之后的又一次兴修水利高潮，治黄河，开漕运，派搜粟都尉推广农业技术，大大提高了农业生产力。同时，为了进一步与民间争利，汉武帝将盐铁经营权收归国有，改革币制，将铸币权收归中央，进一步推动了铜矿开采、冶炼和铸造业的发展。

　　古代政治体制下，官员能力对国家发展起着决定性的作用，因此，汉武帝十分重视人才的培养和选拔。在董仲舒的建议下，他"罢黜百家，独尊儒术"，同时设立了五经博士，开办太学，在全国范围内征集图书，建造了中国最早的国家图书馆，从民间选拔大量科技人才，征用能工巧匠，使科学技术的发展出现了又一次高潮。

　　汉武帝晚年，对自己在位期间的穷兵黩武深感悔恨："朕即位以来，所为狂悖，使天下愁苦，不可追悔。"（《资治通鉴》）决定"自今事有伤害百姓，靡费天下者，悉罢之"。于是，他发布《轮台诏》，让百姓重新休养生息，汉朝又逐渐稳定了下来，出现了"昭宣中兴"的盛况。

　　不过，到西汉末年，土地兼并严重，外戚与宦官架空皇权，外戚王莽篡汉建立新朝。之后，光武帝刘秀重新统一天下，建立东汉。光武帝重视农业与科技发展，这一时期涌现了大批科学家与新兴技术，医学也取得了很多重大成就。

　　东汉之后，我国再次陷入绵延360多年的内乱，30多个大小王朝交替兴灭，大体上可以分为三国（魏、蜀、吴）、两晋（西晋、东晋）、南北朝3个时期，史称魏晋南北朝。这一时期，北方战乱频发，经济遭到严重破坏，中原士族大规模逃往南方，将先进的生产经验和科学技术也带了过去。秦汉时期，中国的经济中心在黄河流域，从魏晋南北朝开始，南方地区的农业、手工业、商品经济得以迅速发展，"地广野丰，民勤本业，一岁或稔，则数郡忘饥。会土带海傍湖，良畴亦数十万顷，膏腴上地，亩值一金"。从此，中国的南北经济开始趋于平衡。

魏晋南北朝时期虽然战乱频发，但各朝统治者都十分重视科技发展带来的经济效益，因此，科学技术的发展并没有停滞，反而十分活跃。农学方面，出现了《齐民要术》等巨著；数学方面，这一时期出现了很多重要的数学家和数学著作，如刘徽的"割圆术"和祖冲之的《缀术》等；在天文学方面也有很多进步，出现了一批天文学家和新的历法，如祖冲之完成的《大明历》，东魏时李业兴新编的《兴和历》等；除此之外，在地学、科技与医学方面，我国也取得了很多重要成就。

科技发展是从萌芽、积累到质变的过程，总的来说，从秦汉到魏晋南北朝，我国的科技发展虽然处于积累阶段，但相比同时期的古希腊、古罗马，甚至之后的中世纪，我国古代的科技都处于领先地位。

第二节 农业技术大发展

秦朝之所以能够在群雄并起的乱战中成为最后的赢家，商鞅建立的"二十级军功爵位制度"起到了至关重要的作用。在此之前，爵位只能通过世袭获得，寒士永远没有出头的机会。不过，商鞅变法之后，一切都变了。

按照二十级军功爵位制度，无论士兵的出身和地位如何，只要他们斩获的敌人首级数量达到标准，就可以获得相应的军功爵位。这种以斩首数量来评定军功爵位的方式，激发了秦国士兵的战斗热情，使得秦国军队的战斗力得到了显著提升。

同时，商鞅的军功制改革还打破了阶层固化，给予了寒门子弟通过战功获取地位和利益的机会，进一步激发了秦国军队的士气和斗志。爵位不同，所能获得的奖励也不同，这些奖励包括仆人、房屋和土地。比如，士兵只要斩获敌人"甲士"一名，就可以获得一级爵位，得到田一顷。

爵位制度的设立只是变法的第一步，接下来还要把杀敌获得的财产固定下来，这样将士们才能没有后顾之忧，把战争作为阶级跃迁的手段。为此，商鞅在秦国"决裂阡陌，教民耕战"。"阡陌"指的是田间小路和灌溉渠道以及与之相应的纵横道路，纵者称"阡"，横者称"陌"。通过这种方式，秦国正式确立了土地私有制，并通过立法保护私有财产。秦律的基础被称为"六律"，分别是盗、贼、囚、捕、杂、具，可以看出，"盗""贼"就排在第一、二位，相应的处罚措施也十分严厉。

秦朝建立之后，秦始皇进一步实行"黔首自实田"，向百姓授地后设定阡陌，严禁私自更动。百姓根据分到的土地数量向政府缴纳赋税，努力耕种还能免除徭役（劳役和兵役）。换句话说，老百姓的收成越好，国家能得到的赋税也就越多。为此，秦朝建立之后仍然实行奖励耕织的政策，秦始皇下令修建大量水利工程，同时奖励耕牛的养殖，定期进行评比，睡虎地秦简《厩苑律》中记载了很多秦朝耕牛评比的情况，比如"有里课之，最者，赐田典日旬"。这句话的意思是由里的官员主持耕牛评比，获胜的人可以获得奖励。

我们在前文中说过，战国时代，大多铁制农具都是在木农具上包一层铁。到汉代，铁制农具已经完全铁器化，并且推广到了边远地区。《盐铁论·禁耕》中说："铁器者，农夫之死士也。死士用则仇雠灭，仇雠灭则田野辟，田野辟则五谷熟。"可见当时铁制农具已经十分普及。不仅如此，农具的种类也出现很多创新，达到 30 多种，有犁、楼车、锾、铲、镭、锄、镰、耙等，且每一种农具又因大小和形制分为不同的式样，如犁就有重型犁和小型犁，犁铧的角度也有很大不同，适合不同地形和土质使用。

值得一提的是，根据出土的文物来看，我国在西汉已经有了犁壁。犁壁，又称翻土板、推犁板，在耕作过程中可以起到破碎、翻转土垡，增加推土和翻垡性能，降低土壤黏附能力等多种作用，是犁的"灵魂"。欧洲直到 11 世纪才出现犁壁，比我国晚了 1000 多年。

西汉初期，铁制农具虽然取得了很大的进步，然而，在耕作方式上仍然采用过去的方法，作物的产量很低。汉武帝晚年，由于连年征战，民生凋敝，国库空虚，提出"方今之务，在于力农"，同时下令各级官员建言献策。此时，一个名叫赵过的县令向皇帝上书，提出了自己发明的代田法。汉武帝大喜，任命他为搜粟都尉。

《汉书·食货志》中说："过能为代田，一亩三甽。岁代处，故曰代田，古法也。后稷始甽田，以二耜为耦，广尺、深尺曰甽，长终亩。"具体来说，代田法就是在 1 亩地上挖出 3 条沟，挖出来的土堆在旁边做垄，接着把种子种在沟里，再根据作物的生长速度，把垄上的土逐次锄下。第二年再把垄作沟，把沟做垄，循环往复。

与原始的农业生产方式相比，代田法具有很多优点。

◇ 沟垄相间：代田法的一个重要特点是沟垄相间。在耕作时，作物是在沟中种植的，随着作物的生长，在中耕除草的过程中，将垄上的土逐步推到沟里，可以增加土壤的肥力，防止杂草的生长。

◇ 沟垄互换：代田法的另一个特点是沟垄互换。每年都会重新调整垄和沟的位置，使土地得到充分的利用和休息。这种轮换的方式可以避免土地的过度疲劳，保持土地的肥力。

◇ 防风抗倒伏：由于代田法采用的是垄耕作业，作物种植在沟中，因此可以更好地防风抗倒伏。同时，由于沟和垄的交替排列，可以更好地保持土壤的水分和养分，有利于作物的生长。

◇ 提高土地利用率：代田法可以充分利用土地资源，特别是在有限的土地面积内，通过合理的布局和沟垄的交错排列，可以增加土地的利用率。

◎ 增加产量：由于代田法可以增加土地的肥力、保持水分和养分，因此有利于作物的生长和发育。同时，通过合理地布局和利用土地资源，可以提高单位面积的产量，增长可以达25%~50%。

代田法需要新式农具才能发挥效力，因此，赵过又召集能工巧匠，对农具进行升级改造，发明和制造了大量耦犁，开始在全国范围内推广。

耦犁在历史上的记载比较少，介绍的文字也比较简约，但可以确定的是，这是一种适用于"二牛三人"耕作方式的农具（《汉书·食货志》："（赵过）用耦犁，二牛三人。"）。首先，二牛合犋牵引，这需要一种特殊的牵引装置将两头牛连在一起，同时又能够调节两头牛的步伐，使其能够协同工作。其次，三人操作，其中一人牵牛，一人掌犁辕，一人扶犁。牵牛的人需要具备一定的驯牛技巧，能够使两头牛步调一致；掌犁辕的人则需要掌握犁地的深浅和方向，以使耕地更加整齐、深度合适；扶犁的人则负责调整犁地的路线和速度。

另外，耦犁的犁铧应该比较大，这样可以增加犁壁面积，有利于深耕和翻土，同时还可以提高耕地速度。使用耦犁之后，二牛三人一个耕作季节就能管理 5 顷的土地，约等于 500 亩，相比于之前五口之家"耕田百亩"的效率，可以说是大大提高了。

图 4-1　耦犁耕作

赵过的另一项重要发明是耧车，这是一种播种工具。耧车的前身是二脚耧。他在总结、吸收前人经验的基础上，创造了这种能同时播种 3 行的三脚耧。

三脚耧的主要部件包括 3 把铁铧（也被称为耧脚）和装种

子的耧斗、控制耧脚入土深浅的耧柄、用于系牛的辕木等。在播种时，让一头牛拉着耧车前行，一个人在后面扶着耧柄，耧脚在土地上开沟，人通过摇动耧柄，使得耧斗内的种子经过子粒槽，分成3股，经过耧腿（耧腿为中空的木棒，在耧脚后部各嵌有1根，上端与子粒槽相通），顺着耧脚落入开出的沟中。耧车后还悬挂着一块方形的木棒，随着耧车前进，在种子落入沟中后，能够紧接着把垄上的泥土推入沟中，覆盖住种子，一个人就能完成过去两三个人的工作。

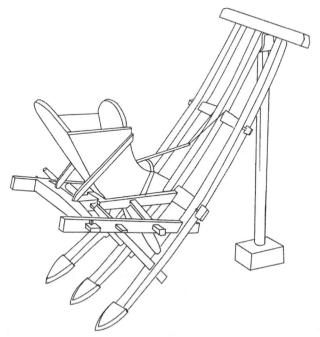

图 4-2　三脚耧还原图

在耕牛充足的地区，代田法发挥了巨大的作用，而在缺少耕牛的地区，赵过只好"教民相与庸挽犁"，用人力代替畜力，这样虽然耕作效率相对较低，但也比战国时代要高得多。

除了代田法之后，汉代还出现了另一种耕作技术——区田法，这种耕作方法在《氾胜之书》中有十分详细的介绍。

《氾胜之书》是汉成帝时人氾胜之所著的农业科普著作，介绍了当时黄河流域的农业生产经验和操作技术，包括土地的选择、土地改良、耕作技巧、播种与收获、水利工程、农田管理、作物种植等。书中重点提到了溲种法，也就是播种前处理种子的方法。比如"以原蚕矢杂禾种种之，则禾不虫"，"又取马骨挫一石，以水三石，煮之三沸……则禾稼不蝗"等。

区田法也是《氾胜之书》介绍的重点内容，这种耕作方法可以看作代田法的升级版。具体操作方法是：将土地分成小块，每块称为一个"区"，然后在每个区中挖一条沟，沟深 1 尺，宽度则是根据作物而定。在沟两边各留 2.5 寸的空地，中央相距 5 寸，旁行相距也是 5 寸。沟里种的作物主要是禾黍，一沟容 44 株，一亩合 15 750 株。在种禾黍时，要求上有 1 寸土，不可过多也不可过少。

不同作物的种植也有不同的规定。例如，种麦时要求相去 2

寸，一行容52株，一亩凡93 550株；种大豆时要求相去1尺2寸，一行容9株，一亩凡6480株。此外，区田法还强调了作物生长期间的除草、施肥、灌溉等工作。

区田法的出现是我国农业生产技术的一大进步，代表着我国在土地利用、土壤改良、精耕细作、种子处理等方面都有了十分丰富的经验。

第三节 封狼居胥

农业的发展使人们的餐桌也丰富起来，汉代的园林种植业已经颇具规模，而且呈现出明显的地域分化。司马迁在《史记·货殖传》中描绘道："安邑千树枣；燕、秦千树栗；蜀、汉、江陵千树橘；淮北、常山已南，河济之间千树荻；陈、夏千亩漆；齐、鲁千亩桑麻……"蔬菜方面，除了我们介绍过的葵、藿、薤、葱、韭之外，还有张骞从西域带回来的蒲陶和苜蓿等。《史记·大宛列传》中就有"离宫别观旁尽种蒲陶，苜蓿极望"的记载。

汉代种植蔬菜，富贵人家有专门的菜园子，普通人家可以种在房前屋后，或者套种在庄稼里。《氾胜之书》中就记载了"区种瓜……又种薤十根""又可种小豆于瓜中"等套种方法，提高了土地利用率，可以看作是立体农业的雏形。

在种植技术方面，汉代已经出现了最早的嫁接技术。《氾胜之书》中讲了一种"种瓠法"：首先在土地上挖一个方形的坑，边长、深均为3尺。把蚕沙与土混合均匀，填入坑中，填一半即可。接着用水浇灌，等水全部渗透后，在坑中放入10颗瓠子，再用粪便覆盖在上方。一旦它生长出来，长度达到2尺多时，就把10根藤蔓聚拢在一起并用布缠住5寸左右的地方，再用泥巴涂上。不过几天的时间，缠住的地方就会长在一起合成一条藤蔓了。用10根藤蔓共同给养一株果实，结出来的果实要大得多，这是我国最早关于嫁接技术的记载。

在没有温室大棚的古代，囤菜、腌菜是对冬季的基本尊重。从远古时代开始，先民们便发现通过腌制能让蔬菜长久保存，从容地度过冬季，周代甚至有专门掌管腌菜的官员——醢人。当时的腌菜被称为"菹"，《释名·释饮食》中说："菹，阻也，生酿之，遂使阻于寒温之间，不得烂也。"古人常吃的"菹"有韭、菁、茆、葵、芹、菭、笋等7种，合称为"七菹"。

除了腌菜之外，还可以用窖藏的方式保存蔬果。《氾胜之书》中就记载了一种保存瓠的方法：在地下挖一个1丈深的坑，垫上稿秸，坑的四周各留1尺厚的边界。把果实放在坑中，底部朝下。1行放1个果实，上面覆盖3尺厚的土壤。不过，用这样的方法只能保存一段时间。

腌制的蔬菜到底比不上新鲜的好，于是，秦始皇为了能在冬季吃上鲜美的蔬果，便让人"密种瓜于骊山陵谷中温处"，据说最后是成功了。汉代的皇帝对反季节蔬菜比秦始皇更加执着，官员们也更有创意。《汉书》中明确记载："太官园种冬生葱、韭菜茹，覆以屋庑，昼夜燃蕴火，待温气乃生。""太官园"是汉代专供皇室的菜园子，这种"反季节蔬菜"种植方式也十分简单粗暴：在菜园子上建造房屋，屋里昼夜烧火，人为制造"四季如春"的生长环境。不过，这种方法耗费巨大，很快引起了官员们的反对："信臣以为皆不时之物，有伤于人，不宜以奉供养，遂奏罢，省费岁数千万。"虽然如此，这件事足以证明，早在汉代，我国就出现了温室大棚技术。

除了发明温室大棚技术之外，汉武帝还曾经尝试把南方的"特产"移植到北方。汉武帝征服南越之后，岭南一带就开始把荔枝、龙眼等特产进贡到长安，由于路途遥远，耗费巨大，甚至有不少人都死在了路上。《后汉书·和帝纪》中就说："旧南海献龙眼、荔支，十里一置，五里一候，奔腾阻险，死者继路。"即便如此，经过长途跋涉之后，荔枝也难以保持新鲜。

于是，汉武帝便命人把南方亚热带作物移植到长安。司马相如在《上林赋》中写道："卢橘夏熟，黄甘橙楱，枇杷橪柿，亭奈厚朴，梬枣杨梅，樱桃蒲陶，隐夫薁棣，答遝离支，罗乎后宫，列乎北园。"这里的"离支"就是荔枝。不过，按照南北朝时期《三辅黄图》的说法，汉武帝南征百越之后，确实专门建了一座扶荔宫，从南方移植了上百株荔枝，只是没有一株能够成活。即使如此，汉武帝仍然"连年移植不息"，几年中，偶尔有一株能够成活，却也无法开花结果。这段记载能够反映出，早在西汉时期，我国的运苗、护苗和栽培技术已经十分发达。

除了热衷于移植南方作物之外，汉武帝对养马事业也十分热衷，这与北击匈奴有很大的关系。匈奴是生长在马背上的民族，弓马娴熟，在与匈奴作战时，中原地区的步兵完全处于劣势。

西汉初年，汉高祖刘邦曾经亲率30万大军与匈奴作战，被匈奴骑兵围困在白登山七天七夜，最后依靠重金贿赂才逃出生天。从此之后，汉政府只能依靠和亲、互市等政策来缓和匈奴南下的侵扰。

汉朝在与匈奴的战争中之所以如此被动，很大一部分原因都是因为缺马。刘邦登基之初，就连四匹毛色相同，用来拉车的马都找不到，大臣和将军也只能乘坐牛车出行。（《史记·平准书》："自天子不能具钧驷，而将相或乘牛车，齐民无藏盖。"）

皇帝和王公贵族尚且如此，普通百姓就更不用说了。

为此，汉高祖在全国范围内征收"算赋"，规定所有年龄在15～56岁的成年男女，每人每年需要交纳120钱作为人头税，用来养殖军马。汉文帝时颁布了"复马令"，以免除兵役为条件，鼓励民间养马——"令民有车骑马一匹者，复卒三人"。到汉景帝时代，养马的规模已经十分庞大："太仆牧师诸苑三十六所，分布北边、西边，以郎为苑监。官奴婢三万人，分养马三十万头。"

汉武帝时，战争成为马匹来源的一大途径，一场胜仗的收获往往十分丰厚。比如，据《史记·卫将军骠骑列传》，卫青与霍去病一次战后获得"畜数十万"，一次战后"驱马牛羊百有馀万"。

西域也是汉代战马的一个重要来源地。张骞出使西域后，为汉武帝带回了大宛有宝马的消息，武帝十分高兴，便让人铸造了一匹"金马"，派使者带着"万钱"去交换。没想到，大宛人不仅不卖马，还杀死使者，抢走财物。武帝大怒，派出10余万军队征服大宛，带回汗血宝马数十匹，其他良马3000多匹。大宛马体型优美、体格强健，耐力与持久力十分出色，能够适应复杂的地形与环境。

除了西域、匈奴之外，产自青藏高原的浩门马，西南山区产的马也不断传入内地。通过杂交繁育技术，汉朝的养马人将不同马种的优点结合在一起，改良了中原战马的品质。

战马品种的改良，离不开"相畜"和饲养技术，西汉时已经有了《相六畜》38 卷，收录在《汉书·艺文志》中。长沙马王堆 3 号汉墓曾出土帛书《相马经》，表明当时已经有了系统性的相畜知识。

汉代在养马技术方面也有了很大的提升，俗话说"马无夜草不肥"，马匹的胃肠道结构使其需要连续不断地进食。马的胃部分为两部分，其中一部分用于食物的发酵，另一部分则用于食物的分解和吸收。这种生理特点决定了人们需要持续为马匹供应食物以维持其消化系统的正常运作。加上马是高度活跃的动物，如果没有足够的食物供应，其能量摄入将不足以维持其体重和体力。因此，如果不在夜间进食，马很容易营养不良。汉代开始采用分槽单养和夜间加喂的方式，以保证马匹有足够的饲料。（《居延汉简甲乙编》："食用菱四百九十二束，夜用三百五十束。"）在饲料选取方面，当时的人已经懂得采取精、粗饲料混拌调制的方法进行喂养。

马的数量增加，兽医的水平和数量自然也要跟上。汉代的兽医技术相当发达，《史记·货殖列传》中记载了一个叫"张里"

的人，就因为会给马治病而发家致富。另外，在边塞郡中也出土了很多汉简，上面就记载着给马治病的医方。

从南方的闽越、南越到卫氏朝鲜，从西域的万里黄沙到匈奴封狼居胥，大汉的铁骑驰骋四方，开疆拓土，而这一切，都离不开刀锋剑利。除了畜牧业提供的战马和农业提供的充足粮草之外，汉代发达的冶铁技术也是后勤中至关重要的一环。

第四节 百炼成钢

从三代时期一直到战国和秦朝，青铜短剑都是主要的单兵格斗武器，这是由于青铜铸造技术和青铜本身的特性导致的。与铁相比，青铜的韧性差，一旦兵刃过长，极容易折断。

进入汉代，为了对抗匈奴人，汉武帝组建了骑兵部队。骑兵在冲锋时具有较高的冲击力，青铜剑的直刺已经无法再适应战场的要求。一方面，直刺需要瞄准要害部位，而在高速移动中，这显然十分困难；另一方面，汉代还没有马镫，即使刺中敌人，士兵也会因为强大的反冲力失去平衡。相比直刺，自上而下发力的劈砍更加适合马上作战。于是，环首刀便应运而生了。

顾名思义，环首刀因刀柄首端有圆环而得名，环上缠绳，再把绳子套在手上，可以防止刀在作战中脱手。这种刀单面开锋，厚脊薄刃，比两面开刃的青铜剑铸造难度低，容易量产；刀身部分带有内弧，在劈砍时拥有优越的入侵能力和致伤效果；长度长达 1 米，可以在作战中发挥"一寸长，一寸强"的优势。可以说，环首刀是当时世界上最为先进、杀伤力最强的冷兵器之一。

正是基于以上种种优点，环首刀迅速在军队中普及。1993年，江苏省连云港市汉墓中出土了一批简牍，其中包含一件《武库永始四年兵车器集簿》，里面详细记录了汉成帝永始四年武库中收藏的各种军备数量，剑的数量为 99 905 柄，而刀则多达 156 135 把，另外还包括铁甲 63 324 套，用来制作铁甲和头盔的铁片 587 299 片，这还只是一个武库中的兵器数量。这些记录足以证明，早在西汉时期，铁制武器就已经在军中全面普及。

要制作如此精良、如此数量的武器，我们在前文中提过的铸铁术显然做不到，一是成品率不高，二是产量过低。于是，一种革命性的技术——炒钢法——诞生了。

我们说过，生铁中的碳含量相对较高，而钢的特征是其含碳量适中，因此制作钢的核心在于调控铁中的碳含量。炒钢法的思路是：首先要将含碳量适中的生铁放入炼铁炉中进行加热，炼出生铁。这一步需要在炼炉中完成，汉代的工匠已经开始使用高炉，这种炼炉十分庞大，能够容纳更多的铁矿和燃料。《汉书》中就记载过这种高炉的相关"生产事故"："河平二年（公元前 27 年）正月，沛郡铁官铸铁，铁不下……地陷数尺，隆隆如雷声，又如鼓音，工十三人惊走。音止，还视地，地陷数尺，炉分为十，一炉中销铁散如流星。"一个高炉需要 13 名工人同时操作，可见这种设备的庞大与复杂。在郑州古荥冶铁遗址，考古工作者就发现了两座椭圆形炼炉，炉底面积达 8.4 平方米，容积足足有 40 立方米以上，光是炉底的积铁就有 20 吨上下。

炼炉增大，鼓风设备也要跟着一起进步，不然就会出现风力不足、温度不够的情况。汉代的工匠会在高炉上安装风管，在每个风管末端安装皮囊，多名工匠同时向炉内鼓风。不仅如此，当时还出现了利用马和牛鼓风的设备。东汉时期，南阳太守杜诗创造了利用水力鼓风铸铁的水排，《后汉书》中说："造作水排，铸为农器，用力少，见功多，百姓便之。"水排的工作效率要比马高得多。《三国志》中说："旧时冶作马排，每一熟石，用马百匹；更作人排，又费功力；暨乃因长流为水排，计其利益，三倍于前。"水排是我国机械史上的重大发明，比西方要早 1000 多年。

除了充足的风力，燃料也是很重要的一环。从出土文物来看，西汉已经开始采用煤来冶炼矿石，比木炭所能达到的温度高得多。

当生铁中的碳含量降低到接近钢的标准时，工匠们会将其转移到另一个炉子中，也就是专门的炒钢炉。在炒钢炉的高温环境中，生铁会被持续加热，并且在搅拌下进行烧炼，以进一步促进碳与氧的反应，从而将碳进一步去除。经验丰富的工匠还会根据铁的颜色、流动性等特点判断铁中的碳含量是否接近目标，以决定烧炼的时长。

这种方法的核心在于工匠们利用生铁中的碳与氧的反应来控制钢的碳含量，从而得到碳含量适中、质地坚硬而又不脆的钢材。整个过程虽然看似简单，但实际上非常依赖于工匠的经验和判断。他们需要根据生铁的颜色、炉火的温度，以及其他一些细微的变化来判断生铁中的碳含量是否达到了理想的状态。这种基于经验和直觉的操作方式使得炒钢法成为了古代中国冶炼技术中的一颗璀璨明珠。直到 18 世纪中叶，欧洲才出现炒钢法，比我国晚了 1900 多年。

炒钢法的发明，是我国冶铁技术取得重大发展的又一标志性事件。通过炒钢法，大量廉价、优质的钢材被生产出来，推动了军事与生产的发展，也进一步推动了百炼钢技术的进步。

百炼钢，就是将钢材反复折叠、多次锻打的技术。这个名词中的"百炼"并不代表真的炼制了 100 次，而是为了强调钢材经过多次炼制。百炼钢打制的武器具有多方面的优点：经过多次炼制和锻打，钢中的杂质被大幅减少，使得武器具有更高的硬度；除了硬度，百炼钢还具有良好的韧性，这意味着武器在受到强力冲击时不容易断裂或损坏；重复的炼制和锻打过程确保了钢的微观结构更为均匀，这使得武器在使用过程中具有更为稳定的性能；百炼钢的高硬度和均匀的微观结构使得武器具有很高的耐磨损性，即使在长时间、高强度的使用下，它们也能保持锋利度。江苏徐州铜山区驼龙山南坡的一座汉墓中曾出土过一把钢剑，剑柄正面有错金铭文"建初二年蜀郡西工官王愔造五十湅□□□孙剑□"，其中"五十湅"就是反复折叠了 50 次的意思。

不仅如此，除了百炼钢技术之外，汉代的工匠们还掌握了先进的贴钢工艺，这是一种将硬质的高碳钢与柔韧的低碳钢或纯铁结合的方法。工匠们会精挑细选适当的高碳钢与低碳钢或纯铁作为原料，将两种金属叠加在一起，并加热至适当的焊接温度，在高温状态下，通过锻打，使两种金属材料紧密结合，形成一个均匀、连续的合金层。这样制得的工具或武器，既具有硬质钢的锋利和耐磨性，又有低碳钢或纯铁的韧性和弹性，达到"刚柔并济"的效果。

在环首刀与铁甲的装备下，汉朝打造了一支纵横驰骋，近乎无敌的劲旅，以至于西汉将领陈汤在给汉元帝的奏疏中，出现了"明犯强汉者，虽远必诛"这句流传千古的名言。

第五节 盐铁专卖

除了锻造技术之外，秦汉时期的铸造工艺也取得了很大的发展。在铸范方面，汉代已经开始使用铁范，而且与战国时期的白口铁范不同，当时的铁范大多用灰口铁铸成。灰口铁和白口铁是两种常见的冶铁和冶炼产物，它们之间的主要区别在于碳的形态和含量。灰口铁的碳以自由状态的石墨球形存在，使其具有较好的韧性。这种铁的断口呈灰色，常因其抗震性和韧性好而被用于制作机器床、汽车零件和管道等。与之相反，白口铁的碳则以碳化铁的形式存在，导致其更硬也更脆。因此，白口铁的断口会呈现出一种白色或亮白色。这种铁的高硬度和脆性使其适用于需要高耐磨性的场合。

汉代铸造业的另一项成就，是叠铸法的提高与推广。所谓叠铸法，就是把多枚范片组装成套，把金属液从共用的浇口灌注进去，从而一次性铸造多个金属物件。这种方法的主要优势在于其批量生产的能力，一次铸造过程可以得到多个金属物件，从而大大减少了单个物品的生产时间和成本。此外，由于所有物件都来自同一批金属液，它们的成分和性质都非常相似，确保了产品的一致性。因此，叠铸法通常用来铸造钱币。

另一种铸造钱币的方法是对开式钱范铸造法，具体方法是：将钱币的正面和背面分别刻在两个对称的模具上，在铸造过程中，这两块模具被紧密地对准并结合在一起用铁卡固定，形成一个封闭的腔室。钱范会被预热到适当的温度，以确保金属液能够流动并填充整个腔室。接着，熔融的金属液从一个专门的浇口倒入这个腔室中。当金属液冷却并凝固后，两块模具就会被分开，露出已经成形的钱币。

对开式铸造法的优点在于它可以确保钱币的正面和背面都有清晰的图案和文字，而不需要额外的加工。此外，由于模具的精确度和重复性，这种方法可以生产出具有高度一致性的钱币。例如，陕西澄城出土的"五铢"范，单次可以铸造42枚钱币。

五铢钱是汉武帝于元鼎四年（公元前113年）下令铸造的钱币，在此之前，汉朝的各郡国都有独立发行铸币的权力，各郡国、地方政府与民争利，拼命铸钱，民间私铸钱币也屡禁不止，导致钱币质量不断下降，通货膨胀严重，货币已经失去了流通性。为此，汉武帝下令建立专门的铸币机构，由钟官、辨铜、技巧三官负责铸钱，将铸币权完全收归中央，因此，五铢钱也被称为"三官五铢钱"。

《汉书·食货志》中说："自孝武元狩五年三官初铸五铢钱，至平帝元始中，成钱二百八十亿万余云。"120多年的时间就铸造了280亿枚五铢钱，算下来平均每年要铸造2亿多枚，光是铜材的消耗量就在千吨左右，没有规模庞大的采矿业作为支撑是不可能完成的。

与前代相比，汉代的采矿业无论在规模还是技术上都取得了巨大的进步。汉代政府对采矿业实行有力的管理和控制，设置了专门的机构和官员来管理采矿和冶炼，如"铁官""采石官"等。此外，政府会还定期进行矿产资源的普查，制定相关的法律和政策来规范采矿业的开发和管理。根据《汉书·地理志》中的记载，西汉设置铁官的郡或县总数达49处，而实际上的数量远远超过这个数字。铜矿则主要分布在东南至西南一带，数量比铁矿要少得多，汉代只在丹阳郡（治今安徽宣城）设置了铜官。其他大的矿场有浙江故鄣县（今安吉县）、四川汉嘉郡严道（今荥经县）等。

从矿山遗迹来看，当时的采矿技术非常先进。在河南的巩义铁生沟冶铁遗址中，矿工们展现出了卓越的挖掘技巧。工人们沿着矿床的方向挖设矿井，确保每次都能精确地进入矿床。这些矿井或方形或圆形，设计得十分巧妙。在竖井的底部，有一些类似于斜坡的通道，让矿工们可以轻松地深入矿床中，以挑选出质量上乘的矿石。值得一提的是，有些斜井的设计完美地融入了山脉的自然形态，称得上"四两拨千斤"。

我们可以换一种更加简单易懂的方式来理解：想象一下你在沙滩上堆沙堡。在这里，沙就像矿石。

◇ 沿矿床平行挖的矿井：假设沙堡里的沙有不同的颜色层。你想要只挖红色的沙，那么你会沿着这个红色沙层平行地挖。

◇ 方形和圆形的竖井：这就是你挖下去的深洞，可以是圆的也可以是方的。

◇ 斜坡的通道：想象你从你的沙堡顶部挖一个斜坡到底部。这样，你就可以轻松地从顶部走到底部。

◇ 到达矿床并挖掘：就像你找到了你想要的红色沙并开始挖。

◇ 选择质量好的矿石：就像你只选择细腻、湿润的沙，不选择干燥、颗粒大的沙。

◇ 斜井会根据山的形状向里挖：如果沙滩旁边有个小山，你可能会想沿着山的形状向里挖，这样更容易。

简而言之，这些考古学家在巩义铁生沟发现的矿石挖掘方式非常先进和专业。当时的人们知道如何根据矿石的位置和质量，以及地形来选择最合适的挖掘方法。

除了矿之外，盐也是官方垄断的生意。早在春秋时期，齐国就实行了"官山海"政策。所谓的"山"，就是山上出产的矿石，"海"则指的是从海水中晒出的盐。盐虽然看起来不起眼，却是真正的"聚宝盆"。

汉初民生凋敝，统治者放开了盐铁经营，很多富商都靠这两门生意发家致富。到汉武帝时期，为了缓解财政压力，充实国库，武帝采取"笼盐铁"的方法，垄断了盐、铁、酒的经营权。

汉代盐业生产规模十分庞大，而且种类繁多，我们现在常见的海盐、井盐、池盐、矿盐等在当时都已经出现。《史记·货殖列传》中说："山东食海盐，山西食盐卤，领南、沙北固往往出盐，大体如此矣。"

在当时食盐的生产方式，除了晒和煮之外，井盐技术也取得了很大的进步。当时，人们已经能够凿出深达百米的盐井，在井口安装定滑轮来汲取卤水。卤水是含有溶解的盐分的水。这些盐分主要是各种矿物质和盐类，如氯化钠（我们通常所说的食盐）、氯化钾、氯化镁、碘、锌、锂等。卤水的浓度和含盐量因来源而异。

某些湖泊因为其盐分含量非常高而被称为盐湖。这些湖泊的水是卤水；在某些地区，地下的水源也含有高盐分，这种水可以通过打井的方式抽取出来，这就是井盐；某些地方会引导海水或盐湖的水流入盐田，让太阳暴晒蒸发水分，留下卤水，然后再进一步加工以提取食盐。盐田也是汉代发明的。

通过盐铁专卖等措施，汉武帝迅速聚集了大量财富，为军事扩张提供了充足的后勤保障，从而顺利将匈奴人赶出西域，打通了丝绸之路，解除了长达数百年的边患。匈奴人作歌曰："失我焉支山，令我妇女无颜色。失我祁连山，使我六畜不蕃息。"而当我们把历史的指针拨回到秦朝才发现，汉代之所以能够取得这样的战果，离不开秦始皇修建的四通八达的交通网络与崇山峻岭间蜿蜒如巨龙的长城。

第六节 条条大路通咸阳

民国时期，山西的大军阀阎锡山做了一件非常"刁钻"的事，他在 1933 年 5 月动工修建了一条同蒲铁路，这条铁路用的是窄轨，也就是比全国通用的铁路轨道都要窄。这样一来，其他地方的火车就无法进入山西，而山西的火车则可以通过调节轮子进入其他地区。其实，在战国时代，类似的问题也曾经出现过。

从三代到秦汉，车都是主要的交通出行工具，无论马车还是牛车，车轮都会在路上留下两道深深的凹槽。这些凹槽会随着车辆不断经过而变得更加明显，尤以泥土、砂砾等松软的地面为甚。战国时代，每个国家的车宽度不同，地上的车辙宽度也就不同，这样一来，其他国家的马车若要进入本国，车轮就很容易陷入车辙中，导致车辆损坏而"翻车"。

秦朝建立之后，秦始皇下令规定，所有马车两个轮子之间的距离必须是 6 尺，否则严禁上路，这就是所谓的"车同轨"。为了加强对地方的控制，秦始皇又下令以咸阳为中心修建驰道，加强地区之间的联系，方便调兵与运输。

《汉书》中曾这样描述秦朝驰道："为驰道于天下，东穷齐、燕，南极吴、楚，江湖之上，濒海之观毕至。道广五十步，三丈而树，厚筑其外，隐以金椎，树以青松，为驰道之丽至于此……"

从这段记载可以看出，秦朝的道路系统广泛地覆盖了整个帝国，从东部的齐国和燕国，到南部的吴国和楚国，再到江湖上方和海边。这表明秦朝的交通网络不仅连接了中心与边疆，还贯穿了各大水系和沿海地区。道路宽达 50 步，每隔 3 丈种一棵树，这可能不仅是为了提供阴凉和美观，还起到了标识道路和防止冲刷的作用。而且，树木是被有计划地种植的，如青松等，反映了秦朝对道路的精心规划和考虑。秦朝的 50 步在 57.5 ～ 60 米之间，相当于现代标准公路的 16 ～ 17 个车道，这应该有夸张的成分。

"厚筑其外，隐以金椎"说的是驰道的修建方式：在修筑过程中，路基必须用黄土、砂石、石灰夯筑，使驰道高于路面，两边形成斜坡，便于将水排到路边的两道壕沟中。

驰道被分为 3 条车道，中间是皇帝出行时专用的御道，未经允许禁止通行，两边是旁行道，吏民可以使用。汉代保留了这种制度，《三辅黄图》中记载："汉令：诸侯有制得行驰道中者，行旁道，无得行中央三丈也。不如令，没入其车马。盖沿秦制。"

除了驰道之外，秦始皇还专门修建了一条直道。这条直道起于今天的陕西，经过甘肃，一直延伸到内蒙古的九原（今天的包头市），全长 1500 余里，相当于当时的"高速公路"。这条路一半修筑在山上，一半修筑在平原，工程难度非常大，却只用了短短两年半时间，在 2000 多年前堪称奇迹。

驰道的修筑有巨大的战略意义，匈奴南下入侵时，中原王朝能够迅速集结军队予以反击。汉代军队之所以能够迅速集结北击匈奴，很大程度上得益于这条直道的存在。它不仅缩短了行军时间，还确保了军队在前进过程中的补给和通信。作为古代的战略通道，直道展现了秦朝的远见卓识和卓越的工程能力。这条道路不仅对秦汉两朝的军事战略起到了至关重要的作用，更在历史长河中留下了宏伟的工程遗迹，见证了中华文明的辉煌。

与秦朝建立的四通八达的道路网络相比，罗马帝国修筑的罗马大道无论在宽度、修筑技术还是道路的长度上，都无法相提并论。

　　秦汉时期，我国的疆域不断扩展，地形地势也变得更加复杂多样，在崇山峻岭环绕的西南地区，驰道显然无法满足出行需要，这时就需要修筑栈道了。秦汉时期修筑了大量栈道，其中最有名的当属褒斜道。

　　褒斜道始建于战国时期，是秦国为伐蜀而开辟的，南起褒谷口，北至斜谷口，全长约 250 千米，是连接关中与蜀地的主要通道。楚汉相争时，刘邦被封在蜀地，为了显示自己无意出关中，曾经"烧绝所过栈道，示天下无还心"。汉武帝时天下大定，于是发动数万民夫重修褒斜道，这才使蜀地重新畅通无阻。

　　为纪念这项功绩，东汉灵帝特意刻了一方摩崖石刻——《汉武都太守李翕析里桥郙阁颂》。文中说："斯溪既然，郙阁尤甚，缘崖凿石，处隐定柱，临深长渊，三百余丈，接木相连，号为万柱。"从这段文字中，我们能够看出当时的工匠是怎样在崇山峻岭间修筑悬空栈道的。"缘崖凿石"，说明工匠们会沿着山崖，选择合适的部位，凿出石头来修筑道路或为支撑结构提供基础。这需要精准的计算和技巧，确保凿出的石头既能承受上面的重量，又不会因为破坏山体的完整性而引发崩塌。如果遇到大的石头，工匠们往往会使用"火焚水激"的方式，即先用火烤大石，再用水浇，利用热胀冷缩的原理使巨石裂开。

"处隐定柱"，工匠们要在山崖上打出 30 厘米见方，深 50 厘米左右的三排洞，再把木桩分别插入洞中固定，上层用来安装挡雨的雨棚，中间用来铺设木板作为道路，最下面的一排用来安装支架，支撑整个路面。

"接木相连"，说明栈道的部分结构是由木头制成的，工匠们会使用木材将各部分连接起来，形成一个完整的通道。遇到特别窄的地方，工匠们还会在道路的旁边打入桩子并立起栅栏，然后用石块砌成栏杆，防止人畜坠落山崖。遇到深沟或险涧时，他们会架设长桥，桥面由厚木板构成，以保证人们和货物可以安全通过。

"接木相连，号为万柱"，揭示了其巨大的规模，大量的木材和柱子被用于稳固整条道路，使其成为一个宏伟的建筑奇迹。这些技术和方法充分展现了中国古代工匠的智慧和技艺，他们利用有限的资源和工具，克服重重困难，成功修建出了一系列崎岖山区中的栈道，为后人留下了宝贵的文化遗产。

无论是四通八达的驰道还是崇山峻岭之间的栈道，都揭示了一个国家、一个民族对创新和科技的不懈追求。对于我们而言，这些历史遗迹不仅仅是沉默的木石，更是一个时代的记忆，是无数先人智慧和汗水的结晶，更是我们向前看、铭记历史的重要标志。

第七节 万里长城万里长

从战略角度来讲，如果说秦直道是插向匈奴腹地的一支矛，那长城就是守卫中原最坚固的盾。

长城，这条穿越历史的巨龙，静静地蜿蜒在中国北部的山脊上，像是一幅永恒的地理诗篇，跨越了万水千山。自秦始皇统一六国之后，它就开始以土木砖石的形式，肩负着保卫疆域的重任，历经无数风霜雨雪，依旧屹立不倒。

然而，自古以来，对长城的争论一直没有停止过，很多人认为，发动数十万民夫修建长城，滥用民力，是导致秦朝灭亡的原因之一。比如，唐朝贯休的观点就很有代表性："秦之无道兮四海枯，筑长城兮遮北胡。筑人筑土一万里，杞梁贞妇啼呜呜。"

那么，秦始皇为什么要修建长城呢？表面看起来，抵御胡人南下是军事和政治问题，背后的本质却是经济问题。对于古代农耕文明，稳定的农业生产通常能够支持较高密度的人口。例如，在中国历史上的汉代，1 公顷土地（大约是 10 000 平方米）大概能种植 1000 千克左右的粮食（这个数值随着历史时期和地域的不同有较大波动），这足够支撑几个到十几个人 1 年的食粮需求。农耕文明通过耕种、灌溉和其他农业技术，如轮作、深翻等手段来增加土地的产出。

游牧民族的生产方式则完全不同，他们依赖牲畜，如马、牛、羊等的养殖，并以以牧草为基础的自然植被为食料来源。游牧民族往往需要大片草原来支持其饲养牲畜，这意味着在单位面积土地上能够养活的人口较少。例如，传统的蒙古草原上，一个标准的牧民家庭可能需要几十到上百公顷的草场才能确保养活足够多的牲畜来支持家庭生活的正常运转。这就导致了游牧地区的人口密度普遍较低。

所以，游牧文明与中原文明的矛盾是一对解不开的"死结"，不仅是秦汉时期，在往后的各个朝代，这对矛盾都一直存在。因此，长城的修建本质上是保证稳定的农业产出。如果在地图上把长城连成一条线，我们就会发现，这条线几乎与 400 毫米等降水线基本一致，而这也正是农耕文明与游牧文明的分界线。

其实，长城并不是秦朝才开始修建的，早在春秋战国时期，各诸侯国为了防御外敌以及相互之间的侵扰，各自建立了边境防御工事，这些工事就是长城最早的形态。

其中最著名的部分是赵国、燕国和秦国所修建的。赵国是春秋战国时期最早修建长城的国家之一，这些城墙主要位于今天的河北北部以及内蒙古的一部分地区。燕国修筑的长城位于今天的河北北部，而秦国的长城则主要分布在今天甘肃的西部和内蒙古的东部地区。除了强国之外，就连中山这样的小国也修筑过长城，且长度达到了 500 多里。

那时候的长城和我们今天所见的长城大不相同。早期的长城多为土墙，用夯土或石头堆砌而成，因为技术和资源的限制，并没有形成一个完整连续的防线。这些墙体的高度和宽度较小，结构简单，但也能起到一定的防御作用。

长城虽然修建的历史比较早，但诸侯国各自为政，大国修建的长城也不过三四千里，小国也就只有几百里，秦始皇统一天下后，才派蒙恬发动 30 万大军，"北逐戎狄，收河南，筑长城。因地形，用制险塞，起临洮，至辽东，延袤万余里"。（《史记·蒙恬传》）这才有了万里长城的说法。

秦代修建长城包括拆和修两个部分，首先，秦始皇下令拆除了那些在新的统一政权内部，不再具有防御作用的墙体。这些墙体曾经属于各个诸侯国的防线，在统一六国之后，它们的存在不仅没有必要，反而成为阻碍交通和经济发展的障碍。秦始皇的这个决定在战略上促进了国内的联通和整合。

随后，秦朝集中了大量的人力和物力，开始了真正意义上的"筑长城"工程。秦朝的长城工程并非全线新筑，而是以赵、燕等国早期所筑长城为基础，进行加固和延伸。秦始皇派遣蒙恬将军北上抵御匈奴，并以此为契机，大举修筑和加固长城。蒙恬带领的30万大军中，不仅有作战的士兵，还有大量的工匠和劳工。

在建造技术上，秦长城采用了当时可行的最佳方案。长城的修筑是一项前所未有的巨大工程，涵盖了当时几乎所有的土木工程技术。工程的主要特点是因地制宜，利用当地的材料进行建设，既体现了古代工匠的智慧，也是对自然环境的充分尊重和利用。

黄土高原区域土壤松软、易于开挖，且黄土层厚，具有良好的可塑性和稳定性。这里的长城修建，大量采用了夯土法，通过夯实黄土来提高其密度和强度，使之成为坚固的防御工事。

夯土法的施工过程相对简单但极其费力，首先要挖掘和筛选出合适的土壤，然后将其倒入模具中，用力进行夯实。这一过程需要反复进行多次，每次都要确保土壤夯实到极限，直到堆砌到所需的高度。

夯土长城的制作极其艰苦，要求数以千计的工人同步作业，他们要在模具周围徒手或使用简陋的工具进行夯击，力求每一寸土壤都达到预期的紧实度。由于实施夯土法对人力的需求极大，因此秦始皇征召了大量的民夫和奴隶进行劳作。长城一旦建成，其稳定性和耐久性都非常惊人，夯土层层叠叠，宛如自然地层，即使经过几千年的风雨侵蚀，许多部分依然屹立不倒。

而在崇山峻岭之地，修筑长城就面临着完全不同的挑战。这里的土壤并不适宜夯土，因此工匠们转而利用更为坚固耐用的材料——石头。山区的石材丰富，尤其是河北、辽宁一带，石灰岩资源尤为丰富。

石头的加工需要更为精细的技术。工匠们首先要在山中选取质地坚硬、纹理均匀的石块，然后进行裁剪和打磨，使其形状规整、大小一致。在运输过程中，由于当时还没有轮式载具能够应对崎岖的山路，工匠们往往需要利用滚木和人力，将重达数百公斤的石块一点一点地挪移至工地。

在垒砌过程中，石块之间的缝隙被灌以熔化的铁水或插入铁楔，以增加墙体的凝聚力和耐久性。部分地段的长城，还巧妙地将山峦作为天然的屏障，仅在必要的部分搭建人工的墙体，这样既节约了材料，也使得长城更加牢固。

无论是夯土法还是石材建筑，长城的设计都十分注重军事实用性。长城上每隔一段距离就设有烽火台，供士兵瞭望和传递军情。烽火台之间的视线要能够相互对应，确保消息能够迅速传递。长城的关口设有兵站，可以容纳大量守军，对敌军进行有效阻截。此外，墙体还设有箭楼、敌台和马面等军事设施，使得长城不仅是一道防线，也是一个复杂的军事防御系统。

烽火台，又称烽燧，通常建在长城的高点或者视野开阔的地方，其主要作用是传递军事警报。烽火台之间的距离通常会根据地形和可见度来设定，保证信息能够迅速无误地传递。一旦发现敌情，守军会在烽火台上点燃烽火，或者利用日间的烟信号，以引起相邻烽火台的注意，进而形成信号链，将警报迅速传至边境内部的指挥中心。

烽火台通常是多层结构，底层供士兵驻扎和休息，上层则是信号发送的平台。白天，士兵会用旗语进行信号传递，不同颜色和形状的旗帜代表不同的信息。夜间或视线不佳时，则点燃烽火。烽火台间的信号传递速度极快，据史料记载，即使是从最边远的烽火台传递到中心（数百里），也能在数小时内完成。

烽火信号的点燃有着严格的规定，不同的信号代表着不同的警情级别。传统上，单独的烟柱或火光代表警报的不同级别。例如，一柱烟可能表示小规模的活动，而多柱烟则是大规模入侵的预警。夜间，使用不同数量的火光进行类似的警报。

虽然烽火通信系统在当时是非常先进的通信手段，但它也存在局限。例如，恶劣的天气条件可能会干扰信号的传递，雾和雨会限制视距，影响烽火和旗语的识别。为此，烽火台间还会配备信使，通过快马递送紧急信息，以克服烽火系统的局限。

汉朝建立之后，由于早期的统治者施行休养生息政策，与匈奴开展和亲与贸易，边防政策相对松弛，长城也没有受到重视。到汉武帝时期，随着对匈奴进攻的不断获胜，长城的修建成了一项重要措施，其规模比秦朝的工程更加浩大。

在收复失地之后，汉武帝"复缮故秦时蒙恬所为塞，因河为固"（《史记》），在秦长城的基础上加固墙体，拓宽道路，并且修建了更多的堡垒和烽火台。同时，为了保护"丝绸之路"，汉代的长城不断向西延伸，在不到 10 年的时间里，从"酒泉亭障至玉门"，"列亭障至盐泽"（今新疆罗布泊），修筑了长达

2000 多里的西长城。

与秦朝相比，汉代长城的防御工事布局更加科学与合理。除了烽燧之外，汉代在修筑长城时，还选择在险要地形，修筑了很多列城与亭障，形成了一个完整的防御体系。

列城是沿边境线修筑的一系列城堡或小型要塞，这些要塞间距适中，能够在防御时彼此支援。列城通常建在地势较高的位置，便于监视和控制周围区域。它们不仅作为军事防御点，还有助于加强对边境地区的行政管理。列城中通常驻扎有士兵，存储粮食和武器，以备不时之需。在战时，列城能够成为士兵的避难所和物资补给点。

亭障是指列城之间的小型瞭望塔或者防御点，它们的主要功能是警戒和信息传递。亭障之间距离较短，可以通过烽火或者烟信来传递警报，形成了一个覆盖边疆的快速反应通信网。在受到敌军侵扰时，士兵可以迅速点燃烽火，通过亭障之间的联系将军情传递到邻近的列城或边境后方的主要军事基地。这种布局能够提高响应速度、增强防御深度，同时控制交通要道。

可以说，秦代修建长城的思路是"闭"，即把国家关起来，将匈奴的威胁挡在长城之外，而汉代修筑长城的主要思路是"开"，一是开发，二是开放。

开发方面，汉代在边疆采取屯田制度，将兵士安置在边境地区进行农业耕种，同时这些兵士还需要承担起防御边疆的责任。屯田兵通常由退役的士兵、战俘或是流民组成，他们被授予一定数量的土地，以农业生产为主，战时参与防御。

通过屯田制度，汉朝有效地利用了边疆的土地资源，增加了边疆的人口，提高了边疆地区的农业生产能力，同时还强化了长城的防御力量。屯田制度使得长城的后方有了一个稳定的粮食供应基地，减少了后勤补给线的压力，使长城防线更加坚固。

除了屯田制，汉朝在长城沿线还推行了移民政策，鼓励中原地区的百姓迁往边疆。这些政策的实施，使得汉代的长城不再只是一个简单的军事防线，而是一个活跃的经济发展带和民族融合的地带，进一步增强了长城的战略价值和历史意义。

而且，汉代的长城不仅是防御设施，也是促进交流的平台。西汉时期，随着丝绸之路的开通，长城沿线成了东西方文化和商贸的交汇点。汉朝与西域的诸多国家建立了外交关系，并在长城沿线设立驿站，既用于传递军情，也便于商旅往来。这样的策略使得长城区域的边防和经济发展得到了有机的结合，也促进了汉朝与外部世界的互动，并扩大了其影响力。

汉武帝之后，汉宣帝等几位西汉皇帝又对长城进行了扩建，形成了一条西起大宛贰师城，东至黑龙江北岸的立体防线。

中国长城并非静止不变的古迹，而是承载着中华民族坚韧不拔、自强不息精神的活历史。在每一块石头、每一段城墙、每一座烽火台上，都镌刻着中华儿女的智慧和汗水，它们是见证先民为守护家园、保障和平而不懈努力的千年史诗。

今天，长城不仅仅是中国的，它已经成为全人类的宝贵遗产。同时，长城也不再是阻挡外侮的屏障，而是连接世界的桥梁，向世界展示了中国深厚的历史文化和开放包容的心态。

第八节 海上有仙山

　　顺着畅通无阻的道路系统，秦始皇先后 5 次巡视天下，将自己的功德刻在石碑上，在泰山"封禅"，祭告天地，表示自己受命于天。第三次巡游时，御驾车队浩浩荡荡来到琅琊海边，秦始皇望着水雾迷蒙的东海，又想起了蓬莱山中的仙药。他虽然统一六国，创建了一个前所未有的帝国，但仍然是一个凡人，面对生命的有限，这位皇帝的心中涌现出一股强烈的不甘与无奈，他决心超越生死，成为真正的"仙人"。

　　自古以来，生与死就是人类不得不面对的两件大事，这是大自然赋予人类最大的公平，即使贵为帝王也不能例外。因此，在长达数千年的时间中，人类一直在寻找能够超脱死亡的方式。

　　早在战国时期，一些贵族就开始不辞辛劳地寻幽探微，翻山过海，想要找到传说中的仙药，获得长生不老的法门。《山海经》中就记载了不少这类"神物"，如阿姓的不死之国，大荒山上的不死之人，西王母掌管不死之药，昆仑山上有不死神树等等。寻仙问药的人越来越多，由此诞生了一个全新的职业——方术士，《史记》中将之称为"方仙道"。

历史的车轮滚滚向前，随着秦始皇横扫六合，一统天下，方术士们也迎来了自己的春天。秦始皇达成前无古人的伟业之后，转而把目光投向了寻求长生不老。《史记》中记载了当时3场规模浩大的寻仙活动，第一次"遣徐市发童男女数千人入海求仙人"，第二次"使燕人卢生求羡门、高誓"，第3次"使韩终（众）、侯公、石生求仙人不死之药"。不过，这3次寻仙都没有什么结果，侯公、卢生因为没有找到仙药而逃亡。

到汉代，汉武帝与秦始皇一样，也是一位坚定不移的"寻仙派"，武帝宠信方术士，迷好神仙，曾经"令言海中神山者数千人求蓬莱神人"，光是姓名见于史书的方术士就有栾大、宽舒、公孙卿、李少君等人，其中以李少君最为有名。

李少君曾对汉武帝说："祠灶则致物，致物而丹沙可化为黄金，黄金成以为饮食器则益寿，益寿而海中蓬莱仙者乃可见，见之以封禅则不死，黄帝是也。"这里所谓的"祠灶"是一种特定的仪式，李少君认为通过这种仪式可以获得"黄金"，用"黄金"作为饮食器具可以延年益寿，武帝深信不疑，"亲祠灶，遣方士入海求蓬莱安期生之属，而事化丹沙诸药齐为黄金矣"。

朱晟在《我国人民的用水银历史》中认为，李少君使用的方法实际上是鎏金术，就是将丹砂化为水银，再把水银和金制成金汞，均匀地涂抹在饮食器具的表面。不过，从事实来看，这件事似乎没有这么简单，因为汉武帝制作"黄金"的进展一直不怎么顺利，而按照汉代当时的工艺，鎏金术已经相当成熟了。

在集权时代，皇帝的爱好就是国家的风向标，上有所好，下必甚焉。"楚王好细腰"，结果"宫中多饿死"。武帝好炼药，下面的人自然就强烈要求进步，一时之间，炼丹之风盛行，很多贵族纷纷加入，大有"全民运动"的趋势，与武帝同时代的淮南王就是其中的佼佼者，史载他养了数千门客，专门研究炼丹法和炼丹术。与炼丹盛况相对应，当时的贵族也喜欢服食各类丹药。

1973年长沙马王堆汉墓出土之后，考古人员在对1号汉墓的古尸进行了化验，发现尸体组织内的铅、汞的含量为正常人的数十倍乃至数百倍之多。这表明，当时的丹药主要成分为铅、汞等重金属。除此之外，根据汉代《三十六水法》的记载，丹药中包括 34 种矿物和 2 种非矿物，同时，该书中还记载了 54 种炼丹的方法。

站在现代人的角度看，方术士们与其说是炼丹，不如说是在反复做化学实验，他们虽然没有现代科学的概念，却在实践过程中发现了很多化学现象。比如，东汉的《周易参同契》一书记载了"大还丹"的制作方法。

第一步，把 15 份金属铅放在反应器四周，加入 6 份水银后用炭火加热，生成铅汞齐；

第二步，火力增大之后，水银逐渐被蒸发掉，最终生成四氧化三铅，也就是黄芽（铅丹）；

第三步，把黄芽和水银混合，捣细、研匀之后放入丹鼎中密封加热，先文火后武火，炼制出来的红色物品就是"还丹"，其成分就是氧化汞。

《周易参同契》中还专门写了一首隐喻意味很强的诗来讲述这一过程："河上姹女，灵而最神，得火则飞，不见埃尘……将欲制之，黄芽为根。"用现代原理解释，汞（河上姹女）易挥发，铅丹能与汞在高温下发生化学反应，生成不易挥发的氧化汞。

《黄帝九鼎神丹经》中也记载了炼制铅丹的方法："取水银十斤，铅二十斤，纳铁器中，猛其下火，铅与水银吐其精华，华紫色或如黄金色，以铁匙接取。"后来，这种利用铅丹与汞炼制丹药的方法被后世沿袭，称为"铅汞术"。宋代的典籍中甚至有"古今学道之士，皆以铅汞为大丹药"的说法。

东汉末年，随着道教的兴起，方术士们逐渐转变为道士，炼丹的技术也花样翻新，比如，炼丹家狐丘在《五金粉图诀》中记载了"九转铅丹法"：先用铅炼制成铅丹，再用炭火还原出铅，反复 9 次。在反复炼丹过程中，狐丘发现温度一旦过高，丹药就会炼化失败，因此特别指出，不能用猛火，这背后的原理其实是一旦超过 500 度，铅丹就会分解。

除了以上提到的各类炼丹法，汉代的"五毒方"还成功升炼出三氧化二砷、β 型硫化汞、硫化汞、硫酸亚汞等多种产物，制出了砷白铜，掌握了用干馏法制取硫酸的方法，比西方早五六百年。

总的来说，从战国后期到秦汉时期，中国古代化学已经初见雏形，在皇帝和贵族的推波助澜之下，炼丹术到东汉已经成为一门独立的学问，对后世冶炼技术和医药学发展产生了深远影响，中国医药化学就此拉开帷幕。

第九节 兵马俑与汉陶俑

历史告诉我们，无论秦皇还是汉武，最终都没能实现"长生"的目标。从远古时代开始，中国就有"事死如事生"的传统，帝王陵寝的修建甚至比皇宫的修建更加重要。

《史记》中说："始皇初即位，穿治骊山，及并天下，天下徒送诣七十余万人，穿三泉，下铜而致椁，宫观百官司奇器珍怪徒藏满之。令匠作机弩矢，有所穿近者辄射之。以水银为百川江河大海，机相灌输。上具天文，下具地理。以人鱼膏为烛，度不灭者久之。"这段记载中的"以人鱼膏为烛，度不灭者久之"虽然有夸张的成分，但也反映出了秦始皇陵的规模之大，建造时间之长，实际上，从秦始皇 13 岁成为秦王开始，就着手为自己修建陵园了。

秦始皇陵作为中国历史上规模宏大、结构复杂的帝王陵园，在中国乃至世界考古史上都占有举足轻重的地位，是探究古代中国历史文化的宝库。

整个陵园以一座巨大的封土墓冢为核心，这座方形墓冢原高约 76 米，底边长约 350 米，覆盖面积超过 12 万平方米，堪比一座小山。墓冢四周是一个宽广的墓园区域，总面积超过 56 平方千米，按照中国传统的宇宙观和地理观设计，既有严格的对称性，又融合了天文、地理和风水等多种要素。

围绕墓冢的是密集的陪葬坑，其中最著名的莫过于兵马俑坑，已经出土的 3 个坑中包含了成千上万的士兵俑、马俑、战车等，构成了一个庞大的地下军队。这些俑都栩栩如生、各具特色，反映了秦代精湛的工艺技术和雄厚的国力。

兵马俑的制作流程和工艺，是秦代工艺技术和组织管理水平的集中体现。整个制作过程涉及多个步骤和复杂的分工，每一个步骤都凸显了当时高度发达的陶制技术和科技水平。

◇ 设计与制模：首先，工匠们需要设计俑的模样，并制作出泥塑模型。这些模型不仅要求造型规范，还要体现出不同军衔和职能的特征，如将军、步兵、骑兵等。

◇ 陶土的选择与制备：选择优质的陶土是制作兵马俑的基

础。秦代的工匠们对陶土的筛选有着严格的标准，确保了成品的质量与耐久性。

◇ 分段塑形：因为兵马俑的尺寸较大，通常要分段塑形。工匠们会先制作头部、四肢和身体等部分，再进行烧制。

◇ 装配与修整：各个部分塑形完成后，需要在烧制前进行装配和修整，确保各个部分能够精确拼接，细节更为准确和生动。

◇ 烧制：拼装好的俑体要在高温窑炉中烧制。秦代的烧制技术已经能够达到较高温度，确保陶俑坚硬耐用。

◇ 彩绘：烧制完成的兵马俑表面，会被工匠们精心彩绘。这些彩绘不仅还原了当时士兵的服装颜色，也使得兵马俑看上去栩栩如生。秦代的兵马俑彩绘技术是当时科技发展和工艺美术水平的综合体现。通过对兵马俑的彩绘进行科学分析，研究人员发现了白色的铅白，红色和紫色的朱砂（汞硫化合物），蓝色和绿色的矿物质颜料如铜绿和石青（碱式碳酸铜），以及有机颜料如植物炭黑等。在调配这些颜料时，工匠们会加入动物胶或天然树脂等黏合剂，使颜料能够牢固地附着在陶俑表面，且不随时间轻易剥落。彩绘后的兵马俑还会进行抛光处理。

现在我们看到的兵马俑之所以是灰色的，主要是由于长时间的埋藏，以及出土后与空气接触导致的颜料褪色和脱落。当兵马俑被首次发掘时，许多俑上其实仍然残留有彩绘，但是这些彩绘在暴露于空气中后短时间内就迅速氧化和剥落，导致原本鲜艳的色彩转变为我们现在所见的灰色调。

彩绘之所以难以保存，是因为它们大多是由有机材料制成的，有机物质在埋藏千年之后遇到空气、光线、水等环境因素时都极易分解。另外，古代所使用的颜料虽然在当时是最好的选择，但这些颜料在长期的地下埋藏和经历复杂的化学反应后也会变质。

◇ 兵器的制作与安装：兵马俑的兵器，如长矛、弓箭、刀剑等，通常使用铁或铜制作，并根据各俑的军衔和职能不同而有所差异。

兵马俑被誉为"世界第八大奇迹"，不仅因为其雄伟的规模和精湛的工艺，更因为它为我们提供了关于秦朝军事、文化和社会结构的无价信息。作为秦始皇帝陵的一部分，兵马俑以其深厚的历史价值、独特的艺术风格和显著的科学技术，于1987年被联合国教科文组织列入《世界遗产名录》。

"龙盘虎踞树层层，势入浮云亦是崩。一种青山秋草里，路人唯拜汉文陵。"这是唐朝诗人许浑写的《途经秦始皇墓》，前两句说的是秦始皇陵宏伟瑰丽，气象不凡，而秦朝却免不了二世而亡的命运，后两句写的却是汉文帝墓。

汉文帝一生都很节俭，无论生前还是死后。临终前他留下遗言，不要大操大办，"治霸陵，皆瓦器，不得以金、银、铜、锡为饰，因其山，不起坟"（《汉书》）。这座"不起眼"的江村大墓的来历，直到 2021 年才被确认。

江村大墓中最引人关注的发现，就是墓葬中的上千件陶俑。这些陶俑虽然在规模和壮观程度上不能与秦始皇陵的兵马俑相提并论，但对研究汉代的葬俗、雕塑艺术及社会生活都有着极为重要的意义。这批陶俑的风格和形制与兵马俑截然不同，它们更加生活化、形态多样，不仅有士兵俑，还有文官俑、乐伎俑、动物俑等，反映了汉代社会的多面性以及对来世的想象。

除了陶俑之外，画像砖与画像石也是汉代墓葬中的常见元素。画像砖是汉代墓室装饰中的标准配备，工匠们会先把图案刻在模具上，然后用黏土压制成型，经过高温烧制后用于建造墓室的内壁。这种批量生产的方式不仅提高了效率，还确保了图案的一致性。画像砖上刻画的内容涵盖了宗教神话、历史故事、社会生活等多个层面，反映了当时汉人的生活状态和精神追求。通过这些生动的画面，我们能够窥见汉代人民对永生和神秘力量的崇拜，以及其对通过这些图像使墓室得到神灵保护的希望。

与画像砖相伴的是画像石，这是一种更为精致的墓室装饰。画像石的制作要求更高的技艺水平，因为石材的硬度较大，雕刻时需要更加细致和精确的手法。画像石上的场景同样丰富多彩，从神话传说到日常生活，从仪式庆典到军事行动，细腻地展现了汉代社会的方方面面。

墓葬中的陪葬品无所不包，日用品占据了很大的比重，这正是因为古人有"事死如事生"的传统，相信"地下"存在另一个世界，先祖们还要在那里过日常生活。汉代之前，青铜器是贵族墓中最常见的陪葬品，而到了汉代，漆器几乎完全代替了青铜器的地位，就连棺材也用漆器。

第十节 漆器的黄金时代

我国的漆器制造历史可以追溯到远古时期。《诗经》中说："漆沮之从，天子之所。""漆沮"是指位于今陕西省境内的水系，因为两岸盛产漆树而得名"漆水"。

漆树属于漆树科，是一种落叶乔木。漆树通常生长在亚洲，以能够提供天然漆液而闻名。漆液，即从漆树的树皮中提取出的树脂，用于制作各种漆器。

漆液是一种具有强烈保护性和装饰性的物质，自古以来就被用来涂饰木器、竹器、纸品、皮革等。制作漆器的过程通常包括采集漆液、涂漆、打磨、雕饰等多个步骤。涂有漆的器物不仅表面光滑美观，而且具有防水、防腐、耐热、耐酸碱等特性。

早在石器时代，我国的先民就已经掌握了制作漆器的工艺，浙江省杭州市萧山区跨湖桥新石器文化遗址曾出土过一把漆弓，距今有约 8000 年的历史，河姆渡新石器时代文化遗址中也出土过一个漆碗，距今也有 6200 多年历史。

三代时期，漆器的制作工艺得到不断发展，周代官府还成立了专门的漆器生产部门。到春秋时期，各地已经开始广泛种植漆树，庄子就曾经做过管理漆园的官吏。（《史记》记："庄子者，蒙人也，名周。周尝为蒙漆园吏。"）

进入汉代之后，社会稳定，经济繁荣，加上过去上千年的技术积累，漆器的发展终于迎来巅峰时期。汉代漆器生产规模很大，出土地点不胜枚举，湖北、甘肃、江苏、广东、河南、湖南、广西、浙江等地都有发现。《汉书·地理志》中记载，汉代有河南郡、南阳郡、颍川郡、泰山郡、河内郡、济南郡、蜀郡、广汉郡等 8 个漆器生产中心。《史记·货殖列传》中说："通邑大都……木器髤（xiū）者千枚。""髤"本来的意思是"赤多黑少之色"，后来就成了用漆涂器物的意思。

汉代漆器种类繁多，既有日常生活中使用的食器杯、钫、盘、樽、盂、壶、卮，也有用于祭祀活动的鼎、漆面罩，还有屏风、几、案等大型家具，笔筒、砚台、文箱等文房用具。

告别青铜器后，精美的漆器就成了贵族富豪们显示身份的工具。《盐铁论》中说："一杯棬用百人之力，一屏风就万人之功。"可以看出当时漆器的生产工艺已经十分先进，并且有了明确的分工。

汉代制漆业有官营和私营两种，官营的作坊有专门的官员负责管理，漆器上也要标注各类信息。比如，安徽双古堆汝阴侯墓出土的漆器上，就刻有"女阴侯盂容一升五斗，库襄工延造"的铭文。贵州清镇出土的漆耳杯上有更加详细的工艺流程记载："元始三年，广汉郡工官造乘舆髹汅画木黄耳桮，容一升十六龠，素工昌、髹工立、上工阶、铜耳黄涂工常、画工方、汅工平、清工匠、造工忠造。护工卒史恽、守长音、丞冯、掾林、守令史谭主。"

从这段记载可以看出，一件漆器的成形需要经历十分复杂的工艺流程。

首先，素工要把胎制作好。汉代的胎已经有金属胎、牙骨胎、竹胎、木胎、皮胎、夹纻胎、陶胎等不同类型，木胎和夹纻胎是比较常见的类型。所谓夹纻胎，就是首先用木材或泥土塑造出漆器的内胎形状，这个内胎充当了漆器的初步模型。然后，将涂有漆灰的麻布紧贴在这个内胎上，对麻布进行裱糊，层层叠加，形成厚实的外壳。每贴一层，都需等待之前贴好的所有层都干透后才能继续，这个过程可能需要多次重复，以确保外壳的坚固和平滑。

在所有层次的麻布都干透并硬化之后，就可以将内部的木或泥胎去除，留下的就是按照内胎形状制成的麻布壳。接着，工匠们会在这个以麻布为基础的壳上继续髹上多层漆，通过磨光、雕刻和绘画等手法完成精细的装饰工作，制成最终的漆器成品。夹纻胎技术的优势在于可以制作出轻便且结实的漆器，同时这种工艺也便于制作出更加复杂和精细的形状。

制作好胎之后，髹工要进行上漆，即在基底上涂上第一层漆，称为底漆，主要是为了保护木材并为后续上色打基础。在底漆干燥之后，髹工会根据设计需求在器物上涂抹不同颜色的漆接下来，铜钿黄涂工负责在漆器上镶嵌铜钿或进行黄涂。铜钿是指嵌入器物中的小铜片，黄涂指的是涂上一种特殊的黄色漆。

对于贵族来说，漆器上的花纹和装饰是必不可少的，这就是画工的工作。汉代漆器装饰工艺已经十分完善，除了用不同颜色的漆液在器物上直接绘画之外，还发展出了针刻、金银箔贴和堆漆装饰法。

针刻就是使用细小的工具，如针或锥，在涂有多层漆的器物表面刻画细微的花纹。通过这种方式，可以在漆器表面形成精细的图案。如果在刻出的线条内部填入金色等彩料，可以形成金色的线缝效果，增加装饰的丰富性和视觉上的奢华感。

金银箔贴，即用切割好的金箔或银箔精心布置于漆器的表面。

堆漆装饰技法是利用漆的黏性和可塑性，在漆器表面制造出立体的花纹和图案，类似于我们现代的浮雕艺术，运用此法能够在漆器的表面创造出一种立体的效果，使图案和花纹看起来仿佛是雕刻上去的，具有一定的高度和纹理。这种技术可以使漆器更加精致、丰富和立体。例如，长沙马王堆 1 号汉墓出土的棺材上，云纹线条明显凸起，就是用堆漆工艺制成的。很难想象，早在 2000 多年前，中国的古人就已经具备了如此精妙的制作工艺。

这些步骤完成之后，漆器的雏形就已经完成了。接下来，洎工会把漆器放进阴室等待漆膜干燥，清工负责最后的清理工作，造工监督生产全流程，负责最后的质量检验。

随着时间的推移，到汉代后期，就连小地主和下层官吏的墓中也出现了陪葬漆器。比如，邗江胡场 5 号墓墓主王奉世生前只是个小吏，墓中却出土了 60 多件漆器。不仅如此，普通百姓生活中也开始出现精美的漆器的身影，《盐铁论》中就有"常民文杯画案"的说法。

更令人惊叹的是，汉代的漆器工坊已经有了"品牌意识"，以巴蜀地区的工坊最为著名，如"成市草""成市饱""中氏""卢氏"这些四川本地"品牌"都十分有名，甚至远销海内外。比如，长沙马王堆中出土的上百件漆器，都刻有"成市草""成市饱"等铭文；荆州一带的多处墓地也有类似漆器出土；连云港海州侍其繇夫妇墓中出土了有"中氏"铭文的漆器；甚至连平壤乐浪王盱墓也出土了两件"卢氏"的漆器。为了增加产品销量，各大工坊还在漆器上刻上各类祝福语，如"宜子孙""巨田万岁""日利千万"等。

随着丝绸之路的开发，汉代对外贸易开始兴盛起来，各地漆器工坊也开始扩大海外市场。阿富汗兴都库什山南麓曾出土多件汉代漆器，克里米亚半岛也出土过汉代漆器残片。不过，在长途贸易中，漆器由于容易损坏，占据空间大等，没能成为贸易中的"主角"，取而代之的是另一种商品——丝绸。

第十一节 五星出东方利中国

　　两汉时期是中国历史上的一个繁荣高峰。同样，在西方，古罗马帝国也正在经历它的黄金时代，尤其是在奥古斯都（公元前27年—公元14年）建立帝制之后，帝国的疆域大幅扩张，边疆稳固，经济、城市建设、公共工程、艺术和文化的发展都达到了顶峰。古罗马帝国由此进入长达200多年的"黄金时代"。

　　与罗马的强大同样出名的，是贵族阶层奢侈的生活。他们住在豪华的私人庄园和别墅中，墙上挂着精美的壁画；他们定期举办奢侈的宴会，餐桌上都是来自世界各地的珍馐佳酿；他们在剧院欣赏歌剧，在角斗场观看残忍的人兽搏斗。为了能让人一眼分辨出自己高贵的身份，他们在衣服上做足了功课，而在众多服装中，最受欢迎、价格最昂贵的便是来自"神秘东方"

的丝绸，凯撒大帝就是丝绸的"死忠粉"。

在古罗马，丝绸的价格十分昂贵，甚至超过了黄金，最高时售价达到了每磅 12 两黄金。但即便如此，丝绸仍然在帝国掀起了抢购热潮，有些官员为了得到一件丝绸衣服，甚至愿意付出一整年的工资，以至于普林尼抱怨道，罗马的经济都要被丝绸搞崩溃了。帝国也曾下令，将丝绸的价格强制降低，但收效甚微。

毫无疑问，在当时的整个世界，中国生产的丝绸都是堪比黄金的"硬通货"。汉代的丝织品产量巨大，汉文帝时期，虽然朝廷的日子过得比较紧，但出手仍然十分阔绰，如赐给匈奴"绣十匹，锦三十匹，赤绨、绿缯各四十匹"（《史记》）。到汉武帝时期，仅在元丰元年的一次巡狩中，就御赐绢帛 100 万匹，而当年的丝织品产量更是多达 500 万匹，这还仅仅是官方统计的数据。

为了表示对纺织业的重视，汉代皇家园林上林苑中还设置了"茧馆"，作为皇后亲自养蚕的地方。此外，朝廷还设立了专门的官员管理纺织业，并在长安设立东西两个大型织室，在临淄和陈留等地也设立了大型官营作坊，每个作坊的织工都多达数千人。除此之外，很多富商大贾也纷纷投入该行业。

汉代纺织品不仅数量十分庞大，质量也超越了同时代的其他文明。当时的丝织品一般称为"缯帛"，又可以细分为纨（素缯，一种质地非常细腻的白色丝织品）、绮（文缯，带有花纹或者图案的缯，文指的是织物上的花纹）、缣（并丝缯，由多根丝线并在一起制成的细缯）、绨（厚缯，比较厚重的丝织物）、䌷（大丝缯，由较粗的丝线织成的缯）、缦（无文缯，没有任何花纹的单色丝织品）、縩（致缯，质地精致、纹理紧密的丝织品）、素（白致缯，白色而且质地精致的丝织品）、练（湅染缯，经过特殊漂白或染色工艺处理的丝织品）、绫（布帛细者，细腻且通常有光泽的丝织物，可能与现代的绸相近）、绢（如麦秆色缯，类似现代绢的一种薄而光滑的丝织品）、鄃（细缚，一种有着细密结构的丝织品）、缟（鲜色，一种颜色鲜艳的丝织品）、縠（白约缟，质地细腻、颜色较为单一的白色丝织品）等。

由此可见，汉代丝织品的种类繁多，不同种类都有各自的特点和用途，显示出当时纺织技术高度发展，丝织品已经出现精细分类，缫丝和纺织技术都有了巨大进步，马王堆汉墓中出土的丝织品就是最为典型的代表。这座大墓中出土的丝织品数量惊人，质量上乘，薄如蝉翼，品类繁多，包含织锦、织纹、纱、罗、绫、缎等，其中起毛锦更是罕见的珍品，代表了汉代丝织技术的最高成就。

起毛锦，也被称为绒圈锦，在织物的表面有一层细小的绒圈，层次分明，外观华丽，制作需要极其精细且复杂的技术。在织造起毛锦时，需要使用的经线总数多达上万根，这些经线被分为 4 组，按照"一上三下"进行排列，还需要特殊的装置来管理这些经线的运动，如同一台精密的现代仪器，即使在现代，这种技术也是令人惊叹的。不仅如此，根据专家的研究，马王堆出土的素纱"纬丝拈度"已经达到每米 2500 ～ 3000 回，接近现代电机的每米 3500 回。

"纬丝拈度"指的是纬丝在一定长度内的捻合次数，也就是多少次旋转形成一定长度的丝线。这项指标越高，意味着纤维越细腻，布料越密集。

如此规模庞大、质量精美的丝织品，离不开机械的进步。在汉代画像砖和画像石上，已经大量出现了手摇纺车的画面。

手摇纺车是汉代纺织技术的重要组成部分，由一个大的驱动轮和一根用来固定纱锭的链子组成。这两部分安装在一个木制架子的两端，通过一根绳带相连。当工匠用手转动这个大绳轮时，绳带会带动链子上的纱锭旋转。这个过程使得纤维被拉伸并加上捻度，转化为纱线。这种设计的纺车不仅能够给纤维加捻，还能合绞，即把多股纤维合并成更粗的线。与仅仅依靠重力的纺坠相比，汉代的纺车大大提高了制纱的速度和质量，使得生产效率和产品质量都有了质的飞跃。

图 4-3　汉代画像石上的手摇纺车

纺线之后是织布。先秦时代，人们普遍使用腰机织布，到秦汉时代，画像石上已经能够看到织布机了。这种织布机由经轴、怀滚、马头、综片、蹑（脚踏木）等主要部件组成，都安装在一个为织造操作设计的机台上。

具体来说，经轴是用来卷绕经线的轴；怀滚是放在织工怀中用来引导经线并维持其张力的滚筒；马头是织布机上的一个把手，通过操作马头可以调节综片的位置，从而控制经线；综片是装在机台上的一系列小框架，每个框架上都绑着一组经线，综片的上下移动决定了纬线的穿过方式；蹑或脚踏木是织工用脚操作的踏板，通过踩动蹑，织工可以控制综片的升降，交替形成纬线的梭口。

这种织布机的机台结构方便操作者可以坐在机台前进行织造工作。脚踏板的设计让织工双手可以自由操作其他部分，比如引导纬线或调节张力，从而提高了织造效率。这样的机构设计表明，汉代的织布技术已经相当成熟。

汉代织布效率到底有多快呢？《九章算术》中有一道题："今有女子善织，日自倍（加倍增长），五日织五尺。问日织几何？"答案是："初日织一寸三十一分寸之十九；次日织三寸三十一分寸之七；次日织六寸三十一分寸之十四；次日织一尺二寸三十一分寸之二十八；次日织二尺五寸三十一分寸之二十五。"这虽然只是一道算术题，却能够看出汉代织布效率的倍增。

在织布机的基础上，汉代工匠还创造出了提花机。汉代王逸在《机妇赋》中记载了这种机器的结构和使用方法："兔耳跧伏，若安若危。猛犬相守，窜身匿蹄。高楼双峙，下临清池。

游鱼衔饵，瀺灂其陂。""兔耳"是一种细小的部件，用于精细调整线束，确保每根线都能准确地移动到位。"猛犬"指的是机器中用来协助织布操作的操纵杆。"高楼"是提花机的主要结构，有许多层级和部件，每一层都承担着特定的任务，以控制纱线的运动。"游鱼衔饵"则是形容纱线在织造中如鱼般灵动跳跃。整体来说，汉代的提花机是一种高度发展的织造工具，它通过精密的机械结构实现了织物图案的多样化。它不仅是织造工艺史上的一大进步，也展现了中国古代工匠的智慧和创造力。直到中世纪晚期，中国的提花机才通过丝绸之路传到欧洲，促进了西方提花技术的发展。

汉代纺织品不仅品质上乘，图案精美，在印染技术方面也有了很大的进步，这种进步不仅仅体现在色彩的多样性和鲜艳度上，还反映在整个染色工艺的精细化和创新上。

在汉代，丝织品染色工艺取得了巨大进步，这些进步不仅仅体现在色彩的多样性和鲜艳度上，还反映在整个染色工艺的精细化和创新上。

首先，染料的选择更为多样化。汉代人们开始广泛使用多种染料，包括用从矿物中提取的硫化汞来制作朱砂红色，用茜草和靛蓝等植物染料来获取深红和青蓝色，再通过这些基础颜色调配出更多更复杂的颜色。从马王堆出土的文物来看，当时丝织品的颜色多达 20 多种。

不仅如此，汉代的染色技术也变得更加精细。通过多次浸染，色泽能够深入纤维，即使在千年之后，这些颜色仍然十分鲜艳。而且，当时的工匠已经掌握了底色打底的技巧，即先用一种颜色染制基底，然后再上色，这样的层层叠加，为复杂的色彩和图案的制作提供了无限可能。

通过多次浸染和底色打底的技术，不仅可以使得色泽鲜艳，而且能使染料深入纤维，这样做提高了织物的颜色稳定性和耐久性。在这样复杂的染色过程中，温度、染料配比、浸染时间等多个技术细节都需要极其严格和精密地控制，以确保每一件丝织品都能达到最高的品质标准。

1995 年，考古工作者在新疆和田地区民丰县尼雅遗址中发现了一处两人合葬墓，在其中一具尸体的右肩上有块色彩亮丽、纹饰精美的织锦十分醒目，上面还用篆体绣着 8 个字——"五星出东方利中国"。这块织锦正是汉代丝织品技术的集大成者。所谓"五星"即岁星、荧惑星、镇星、太白星和辰星，《史记·天官书》上说："五星分天之中，积于东方，中国利。"这句话的意思是如果五星聚集在天空的东方，那则有利于"中国"。

当时的"中国"特指中央政府所在地。

事实上，丝绸在某种意义上不仅起到了"利中国"的作用，还起到了"利世界"的作用。沿着戈壁苍茫的丝绸之路，中国的商品与发明辗转万里，一路西行，将文明的火种洒向世界，构成了中国对世界文明贡献的黄金拼图，这其中便有被称为"四大发明"之一的造纸术。

第十二节 造纸术

文字，作为记录和传播文明的基础工具，是人类智慧的结晶，文明的载体。它超越了时间和空间的限制，使得知识、文化、思想和历史得以保存和继承。从古代的甲骨文、金文到现代的各种文字体系，文字不断演进，体现了不同民族和文化的独特性。

在文字的流转和演变中，文明得以沟通，知识得以积累，社会得以进步。它是教育的基础，法律的表达，历史的见证，也是文学、艺术和科学创造的媒介。文字的发明，标志着人类从原始社会步入文明社会的质的飞跃，而书写媒介作为文字的载体，也同样经历了上万年的演变。

在人类文明的曙光中，我们的先民们发展了结绳记事的方法来记录重要事件。他们将绳索打结，用不同的结位和绳长来代表不同的信息，这是人类对掌握和传递复杂信息的初步尝试。但这种方式对记录精确的历史细节和复杂的文化故事来说过于简略，只能记录一些零散的信息。

商代时，人们把文字刻在龟甲和骨头上，形成了著名的甲骨文。这些甲骨文大多以占卜为目的，它们不仅为我们揭示了古代社会的日常生活、宗教信仰、社会结构和政治事件，还标志着中华文明书写系统的形成。

到周代，随着青铜技术的成熟，"金文"开始出现在各类青铜器，尤其是礼器上。金文的内容多与宗教祭祀、战争纪念以及家族世系有关，是商代甲骨文的延续和发展。在青铜器上刻写文字，不仅展现了当时技术工艺的水平，也反映了文字在当时社会中的重要地位。到金文时代，人们已经能够书写成篇的文章，记录复杂的历史事件了。例如，西周晚期的毛公鼎上就刻着近 500 字，这些文字详细记载了毛公的功绩，以及鼎的铸造背景。这一时期，由于青铜器被上层贵族所垄断，因此，文字也理所当然地成为统治者的"禁脔"，普通人很难有接触的机会。

春秋战国时期，随着周代礼制的崩坏和诸侯国之间的战争愈演愈烈，各国为了宣传自己的政绩、法令和文化，纷纷开设"学校"，推广文化教育，帛书简牍逐渐成为文字的主要载体。

帛书是以丝绸为材料的书写媒介，具有轻便、易于携带的特性，但由于丝绸价格昂贵，只用来记录一些重要文献。湖南长沙子弹库楚墓中就出土过一块帛书，虽然只有 900 字，内容却十分丰富，记录着天象、四时和月令等内容。

简牍指的是以竹、木为材料制成的简和牍，它们是当时最常见的书写媒介。这种书写材料的普及，大大降低了文献的保存和传播成本，促进了知识的积累和文化的传播。竹简的制作要经过裁、切、烘、写、钻孔、编等一系列十分复杂的工序。其中最重要的一步就是"杀青"，即先用火烤去湿气，在这个过程中，竹子表面会冒出水珠，就像出汗一样，所以也叫"汗青"。接着，还要用刀刮去竹子表面的青色部分，便于书写，同时还能起到防蛀的作用。这就是"杀青"和"汗青"的来历。最后，这些加工完成的竹片还要用绳子串起来，制成简册。

简册用毛笔书写，与其他书写媒介相比，这种书写材料无论是在耐久性、携带方便性，还是在成本上都有明显的优势。尤其是在战乱频发的时期，简牍的便携和耐用使得重要文件能够快速、安全地传递，这在当时是十分重要的。它们通常被用于记录历史、法律、文学、战略等各类知识，对促进当时文化的传播和保存具有不可替代的作用。比如，汉景帝时期，鲁恭王刘馀在拆除孔子故居时，就在墙壁中发现了很多书简，包括《尚书》《论语》等儒家经典。

然而，与纸比起来，竹简仍然显得十分笨重。现在一提到造纸术，我们第一个想到的就是蔡伦。实际上，早在西汉初期，我国就已经出现了麻纸。目前为止，考古发现的最早纸张是甘肃天水放马滩文景时期墓群出土的麻纸，这说明，至少在西汉前期，我国就已经掌握了造纸的技术，这也是世界上最早的纸张。此外，在同时期的新疆罗布淖尔、居延查科尔帖、甘肃敦煌马圈湾烽燧等遗址中也发现了纸张，并且部分纸上还画有图形。在内蒙古额济纳河附近的遗址中，考古工作者曾发掘出两张公元 2 世纪的纸张，上面还写着六七行字，这足以说明，当时的纸已经用于书写了。

这一时期，世界其他文明仍然在用羊皮纸、蜡板、叶书等材料进行书写。相较之下，直到 12 世纪，纸张才通过阿拉伯人传入欧洲，并直到 14 世纪末 15 世纪初的文艺复兴时期才在欧洲广泛使用。这意味着，中国使用纸张的历史比西方早了至少 1000 年。

西汉虽然已经出现纸张并少量用于书写，但由于生产技术的限制，其用途相对有限，直到蔡伦改良造纸术之后，纸张这才开始广泛用于书写，并逐步替代了以往的书写材料。

蔡伦，字敬仲，东汉桂阳郡人，早年饱读诗书，后来入宫做了宦官，一路飞黄腾达，升为高等宦官中常侍，兼任尚方令，负责制造兵器及宫室中的器物。蔡伦从小就对冶炼、铸造、种麻等表现出浓厚的兴趣，又擅长学习和总结经验，博采众长，监造的器械和工具"莫不精工坚密，为后世法"。

中常侍是十分重要的职位，负责传达诏令，整理文书。在担任中常侍期间，蔡伦时常感觉"帛贵而简重"，十分不便，于是下定决心改进造纸术，在前人经验的基础上，蔡伦不断进行实验和创新，终于做出了"蔡侯纸"。

与传统造纸术相比，"蔡侯纸"进行了多个方面的优化和改进。

◇ 原料改进：蔡伦采用了树皮、破布、麻头和渔网等多种纤维质料，而不仅限于传统的麻纤维。这些原料更容易获取，成本也较低，且增加了纸张的强度和柔韧性。

◇ 纤维处理的改善：他改进了纤维的处理方式，采用石灰溶液处理原料，从而使得纤维更加易于分离和制纸。站在现代科学的角度，石灰水即氢氧化钙的水溶液，具有较强的碱性。

植物纤维中含有木质素和果胶等物质，它们与纤维素紧密结合在一起，使得单独的纤维难以分离，只有通过碱性环境分解这些黏合物质，才能释放出更纯净的纤维。经过石灰水处理的纤维，在清洗和中和后，能够在制纸过程中形成更加紧密的网络结构，从而提高纸张的抗张强度和耐久性。

◇ 制浆技术：蔡伦还改进了制浆的工艺，使得纤维能够更好地分解和混合，提高了纸浆的均匀性，从而使得纸张质量更加稳定。

公元 105 年，蔡伦将自己造出的新纸进献给汉和帝，"帝善其能，自是莫不从用焉，故天下咸称蔡侯纸"（《后汉书·蔡伦传》）。

蔡伦虽然是宦官，却很有才学，为人"尽心敦慎"，甚至多次触犯皇帝，讲明利害得失，甚至因功被封为龙亭侯。然而，他却在汉安帝亲政后遭受构陷，不堪受辱而服毒自尽。

汉安帝之后，东汉朝政不断腐败，国势倾颓，短短几十年后便爆发了黄巾起义，东汉王朝也不可避免地走向衰亡。

第十三节 "天人感应"与"元气自然论"

建元六年，随着窦太后的驾崩，汉武帝刘彻正式亲政，开始独揽朝纲，他要做的第一件事，就是建立一套新的统治体系，加强皇权，巩固统治，为自己接下来的"大动作"做铺垫。秦朝以法家治国，但由于暴政二世而亡。汉初转而采用道家的"无为"思想治国，要求政府少干预经济运转，但这与汉武帝的目标背道而驰，因此，他迫切需要有一套新的秩序。

为此，汉武帝下令举孝廉，策贤良，要求各郡国举荐人才，到长安城参加策问。策问是中国古代一种特殊的考试形式，由皇帝出题，士人作答。在这场策问中，一个叫董仲舒的人获得了汉武帝的青睐，连续 3 次对策，史称"天人三策"。

董仲舒的思想核心是"天人感应"，即用自然现象来解释各类社会问题。他认为，宇宙由5种基本元素（木、火、土、金、水）构成，这些元素之间存在着相生相克的关系，而这种关系是保持宇宙平衡与和谐的关键，人类作为宇宙的一部分，自然也会影响五行生克。在此基础上，他进一步提出了"天人感应"学说，即自然界（天）与人类社会（人）之间存在着一种深刻的相互作用和相互影响的关系，这种关系可以通过"化气"学说来进行解释。这种学说认为，宇宙万物和各种自然现象都是由"气"构成和变化而成的，正是这种气将人与天连接了起来，人类的道德行为能够引起天的变化，"凡灾异之本，尽生于国家之失"。也就是说，君王有道，就会风调雨顺；君王无道，上天就会降下灾祸。"世治而民和，志平而气正，则天地之化精，而万物之美起；世乱而民乖，志僻而气逆，则天地之化伤，气生灾害起。"因此，君王必须遵循道德，只有这样才能风调雨顺，国泰民安。

董仲舒的思想其实有两方面含义，一方面是通过道德来限制和约束君主权力，另一方面是通过"天人感应"给君王的权力来源背书，即君主的权力来自于"天"，本质上是君权神授。除此之外，董仲舒还提出了"大一统"思想，不仅国家要大一统，思想也要大一统。

这样的主张自然很受汉武帝青睐。不久之后，汉武帝便下令"罢黜百家，独尊儒术"，从此之后的近 2000 年中，儒家学说成为唯一的正统学说。

董仲舒的思想中包含了一部分自然哲学的内容，涉及宇宙的本源问题，并用阴阳五行和气的概念来解释各种自然现象，如季节的变化、气候的变化等。古希腊哲学家恩培多克勒斯也有类似的观点，他提出了四元素（土、水、火、气）构成万物的理论。柏拉图认为，物质世界是不完美的、变化的反映，真实和完美仅存在于理型的世界中。这与董仲舒的天人感应理论中强调的理想和现实世界之间的联系也有相似之处。这些西方哲学和科学的观点，尽管与董仲舒的理论在具体内容和文化背景上有所不同，但都反映了人类试图理解自然界和人类在其中位置的普遍追求。

另一方面，董仲舒将"天"与一切自然现象关联，严重阻碍了人们对自然现象和自然规律探索的脚步，僵化了人们思想，不利于科学技术的发展。随着时间的推移，董仲舒的思想又经过多次变化，最终演变成了一种禁锢。司马迁在《太史公自序》中写道，董仲舒曾经对他说，孔子作《春秋》的目的是"贬天子，退诸侯，讨大夫"。到东汉班固写《汉书·董仲舒传》时，这一目的就只剩下了"退诸侯，讨大夫"。

董仲舒的"天然感应"虽然在汉武帝时就成了"官方学说"，但仍然出现了很多反对者，王充就是其中最为典型的代表。王充，字仲任，会稽上虞人，东汉时期著名文学家、唯物主义哲学家，在《论衡》中，他提出了"无神论"，构建了一套新的思想体系，对"天人感应"等思想提出了尖锐的批评。

《论衡》共 85 篇，20 多万字，被视为中国古代批判主义哲学的代表作之一，内容涵盖哲学、伦理学、政治学、宗教、自然科学等多个领域。

"元气自然论"是王充思想的核心。"元气"是王充用来思考万事万物生成和变化的基础。他认为，天地间存在"气"，万事万物都是由"气"构成的，而"气"的运动导致了万物的生成与变化。在王充看来，"气"的本质是特定的、不变的，但它的状态又是不断运动变化的。在这种观念下，人和其他万物都是由"元气"构成的。自然指的是自然和社会现象的客观性和必然性。他认为事物的发生和发展是自然过程的结果，是由"元气"的自然作用导致的，而不是外部因素所决定的。这就批判了当时盛行的神秘主义和阴阳灾异思想，强调了事物变化的自然规律。

另一方面，王充是坚定的"无神论者"，强调世界的物质性，他认为人和万事万物都是由"气"构成的，并在死亡后消散，不存在不灭的精神或鬼魂，"形体朽，朽而成灰，何用为鬼"。

王充的唯物主义思想决定了他强调实证和经验，认为所有的理论都应该基于观察和实际经验的实证精神，在自然现象的解释上，更加倾向于寻找自然法则和原因，而不是归因于神灵和超自然力量。比如，他对雷电的解释是"太阳之激气""雷者，火也"；对潮汐的解释是"潮之兴也，与月盛衰，大小，满损不齐同"。

在神学盛行的背景下，王充坚持独立性与批判性，对当时盛行的神学目的论、谶纬思想，以及阴阳灾异观念进行了深刻的批判，这种符合自然科学的唯物主义观点，在当时十分难得。

到魏晋南北朝时期，玄学成为新的社会思潮。玄学的兴起和发展与当时的社会背景、文化环境及特定的哲学追求密切相关。这一时期，中国社会经历了动荡和分裂，人们对传统价值观念和社会秩序产生了深刻的怀疑和反思。在这种背景下，人们开始追求更深层次的精神寄托和哲学思考，转而从道家和佛学中汲取养料，形成了一种新的学说，代表人物有王弼、何晏、嵇康等。

玄学的核心观念是探究"玄理"，即宇宙和生命的最根本原理。它重视对《老子》和《庄子》中道家思想的诠释，强调"道"的超越性和无为的自然法则。玄学强调个人精神的独立和超然，提倡一种超越世俗、追求精神自由和内心安宁的生活态度。这一点体现在当时文人的行为和作品中，如遁世隐居、清谈等。

在哲学上，玄学倾向于形而上的思辨，探讨诸如存在与非存在、虚无与有形、永恒与变化等哲学问题。玄学强调真实世界与虚无、无形的世界之间的辩证关系。它借鉴了道家的"有无相生"思想，认为现实世界（有）与虚无（无）相互依赖、相互转化。在这种观点下，真实世界并非绝对的实体，而是处于不断变化和流动中的状态。正是出于这种原因，人们对真实世界的感知和理解是有限的，受到个体认知能力和主观经验的限制。因此，真实世界对不同的人可能呈现出不同的面貌，具有相对性和多元性，与其重视外在物质世界，不如强调内在精神世界的价值。它提倡通过内心的修养和对"道"的理解来达到对现实世界更深层次的认识。

总的来说，玄学是一种唯心主义思想流派，试图从一个更高的、更深层次的哲学角度来解释和理解真实世界，从而达到一种对宇宙和生命本质更深刻的理解。

除了试图与宇宙本源建立联系的玄学之外，这一时期，对

"天"的讨论也达到了高峰，比较有代表性的是"盖天说"。"盖天说"是对天的形状和结构的一种解释，它认为天是像盖子一样的平面覆盖在地球上方，"天形穹隆如鸡子，幕其际，周接四海之表，浮于元气之上"。"盖天说"认为，日月星辰是有自身规律的，既不受"天神"的影响，也不以人的意志为转移，是客观存在的，体现了朴素的唯物主义思想。

总体来看，这一时期自然哲学的发展反映了社会变迁和思想演化的深刻过程。从董仲舒的"天人感应"到王充的"无神论"，再到魏晋南北朝时期的玄学和"盖天说"，我们看到了中国自然哲学思想的多样性和复杂性。这些哲学理论不仅在当时起到了指导思想的作用，而且对后世的文化和思想产生了深远影响。它们是中国古代智慧的结晶，展现了古代学者对宇宙、人生及社会的深刻洞察和理解。通过回顾和分析这些思想，我们不仅能更好地理解中国古代哲学的精髓，也能从中汲取灵感，对现代社会和文化进行更深层次的思考。

中国古代科技简史②

创新与繁荣

王阳 柳霞 著

天津出版传媒集团

天津科学技术出版社

目录

第一章

魏晋激荡

第一节 南方地区的开发

公元 190 年，董卓挟汉献帝迁都长安，拉开了近 400 年战乱的大幕。6 年后，曹操挟汉献帝迁都许昌，改元建安，"奉天子以令不臣"。之后，刘备建立蜀汉政权，孙权则盘踞江东，建立东吴政权，形成了三国鼎立的雏形。后来，曹丕、刘备、孙权相继称帝，我国正式进入三国时代。

266 年，司马炎建立西晋，实现统一。晋惠帝继位后，诸王纷纷叛乱，史称"八王之乱"，晋朝元气大伤，内迁入中原的各民族趁机举兵，造成了"五胡乱华"的局面。北方的长期战乱迫使大量士族与百姓开始向南方迁移。317 年，晋朝宗室司马睿在南方建立东晋，与北方政权划江而治。420 年，刘裕代晋，改国号为宋，天下从此进入南北朝对峙时期。

从曹魏政权建立到隋朝重新统一天下，这段时期被称为魏晋南北朝。魏晋南北朝是中国历史上一个动荡但也极富变革性的时期。在这一时期，我国的社会经济、科学技术和文化艺术都有了显著的发展和变化。一方面，北方由于战乱不断，经济受到了较大的破坏，人口减少，土地荒废。另一方面，南方由于接纳了大量北方的移民，加之相对稳定的政治环境，得以逐渐兴起，成为经济文化的新中心。例如，《三国志·吴书》立传的大臣共有 60 位，其中一半都是从中原迁徙到南方的。东汉实行察举制，大臣基本都出身士族门阀，这些人南下时，身边往往还带着宗族、部曲、宾客等随行人员，一行人浩浩荡荡，队伍十分庞大，他们都是建设和开发南方的生力军。

这里说的南方指的是长江流域及其以南的地区，大体包括东汉益、荆、扬、交四州。两汉时期，南方地区的发展相对落后，《盐铁论》中是这样形容的："荆、扬南有桂林之饶，内有江、湖之利，左陵阳之金，右蜀、汉之材，伐木而树谷，燔菜而播粟，火耕而水耨，地广而饶财；然后民鮆窳偷生，好衣甘食，虽白屋草庐，歌讴鼓琴，日给月单，朝歌暮戚。"从这段描述中我们可以看出，当时的南方虽然有丰富的自然资源，但农业仍然处于刀耕火种的阶段，地广人稀，百姓可以自给自足，居住的房屋大部分也是"白屋草庐"。司马迁在《史记》中也有类似的说法："江淮以南，无冻饿之人，亦无千金之家。"在中原人看来，当时的南方确实是"蛮夷之地"。

在农业社会，人口数量可以直观地反映某地区的发展程度，根据《汉书·地理志》中的统计，西汉末年，北方人口数量是南方的4倍左右，即使到战乱频发的东汉，北方人口也占全国总人口约7成。而从东汉末期开始，南方人口急速增长，部分地方增幅甚至翻了一倍，这就为南方提供了大量劳动力，也就是我们现在所说的"人口红利"。

另一方面，南方各大政权也十分重视农业生产，发布了一系列劝课农桑、奖励耕织的政策。例如，宋文帝即位后，就数次下令，让各州郡必须做到"咸使肆力，地无遗利，耕蚕树艺，各尽其力"，如果出现游手好闲的社会闲散人员，还要追究当地官员的责任，"考核勤惰，行其诛赏"。最终，刘宋达到了"凡百户之乡，有市之邑，歌谣舞蹈，触处成群"的极盛之世。从这时开始，南方的粮食产量逐渐超过北方，江西鄱阳湖流域、湖南洞庭湖流域等地区成为主要的粮食产地。

农业发展离不开先进种植技术的推广。两汉时，南方普遍采用火耕水耨的方式来种植水稻，效率和产量都很低。

火耕是一种以火助耕的方法，农民们首先清除待耕种区域的植被，包括草木、枯枝败叶等，然后将这些植被堆积起来焚烧，也就是所谓的"燔茂草以为田"，类似于刀耕火种。

水耨则是指在水田中利用耨来耕作的方法。耨是一种古代农具，形状和犁头类似，但通常装有木柄，由人工操作。南方多水，适宜水稻生长，农民们通过引水灌溉，使田地保持一定的水分，然后在水下使用耨这种特制的农具进行松土和除草，以维持土壤的适宜疏松度。

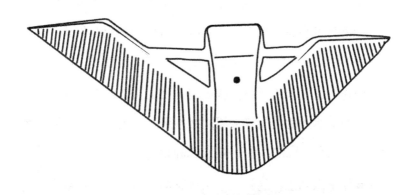

图 1-1 青铜耨

南北朝时期，水稻的栽培技术有了很大的进步。其中最突出的表现，就是秧苗移栽法的推广，即将稻苗先在苗床上培育一段时间，等到禾苗生长到一定阶段后，再将它们转移至田中进行栽种。与传统方法相比，移栽的稻苗生长更加健康、稳定。此外，由于苗床上的稻种可以获得充足的养分，因此相对于稻苗直播，移栽可以节约大量的稻种。另外，当时的人们已经懂得施肥的重要性，因此出现了专门以贩卖粪肥为生的商人。

除此之外，浸种催芽、"曝根"等技术也开始被广泛使用。浸种催芽是指在播种前对种子进行处理，以加速发芽过程的技术。这种技术能够提前激发种子的活力，使之在土壤中更快地发芽生长。"曝根"则是在第二次除草之后，放干田里的水，使水稻的根部接受阳光照射，这样做可以刺激根系生长，使其变得更加坚韧，有助于稻株更好地吸收土壤中的营养和水分。

稻谷的生长离不开水，我国南方地区虽然水系纵横，但并不是所有的水源都能用来灌溉，必须通过一定的技术和管理手段，将天然水源转化为适于农业的灌溉水。

首先是水利工程的建设。东晋时期，地方官员和豪族大地主都开展了一系列水利工程建设。例如，《晋书》中记载的曲阿（今江苏丹阳）新丰堰，能够灌溉八百余顷田地，在吴兴乌程县建造的荻塘，以及会稽句章县修复的汉时旧堰，都能灌溉数百至数千顷的田地。此外还有大量的堰闸建设，用以调节水位、防洪排涝和灌溉，如芍陂可以灌溉万顷良田，雍州穰县的六门堰能够灌溉三万顷田地。

这一时期江南地区的水利工程还利用了众多湖泊资源。人们通过在湖泊周围建立堤堰，引导山泉水进入河渠，这样一来，湖泊面积减少，可以开垦出更多良田。

与此同时，耕牛也开始取代人力，在南方逐渐普及。东汉时，南方大部分地区还没有耕牛。《后汉书·王景传》中提到，王景在做庐江太守时，"先是，百姓不知牛耕，致地力有余而食常不足。郡界有楚相孙叔敖所起芍陂稻田，景乃驱率吏民，修起芜废，教用犁耕，由是垦辟倍多，境内丰给"。到南北朝时，牛耕已经在南方普遍使用，各政权都制定了严格的法令来保护耕牛。例如，汉赵就明确规定："非宗庙社稷之祭不得杀牛，犯者皆死。"

好牛要配好犁，干起农活来才能事半功倍。魏晋南北朝时期，犁头和辕都得到了改进，出现了牛舌形的犁头，相比汉代的等腰三角形犁头，这种犁头前窄后宽，在耕作时阻力更小。

除了大规模使用畜力之外，魏晋南北朝时期，农业机械也取得了很大的成就。

西晋时，杜预发明了连机碓。杜预，字元凯，出身世家大族，在军事、文学、天文、机械等方面都有建树。连机碓是一种加工谷物的工具，元代王祯在《农书》中对其有详细的介绍："今人造作水轮，轮轴长可数尺，列贯横木相交，如滚枪之制。水激轮转，则轴间横木间打所排碓梢，一起一落春之，即连机碓也。"简单来说，连机碓的工作原理就是利用水流来带动碓头，不间断地春米。水碓的前身是杵臼，在加工稻谷时，只能依靠人力一起一落进行春米，工作效率十分低下。

图 1-2 连机碓

另外一位西晋的"发明家"刘景宣发明了牛转连磨，这种连磨结构精巧，可以"策一牛之力，转八磨之重"。王祯在《农书》中也记载了这种装置的原理："连磨，连转磨也。其制：中置巨轮，轮轴上贯架木，下承镦臼。复于轮之周围，列绕8磨，轮辐适与各磨木齿相间。一牛拽转，则八磨随轮辐俱转，用力少而见功多。"简单来说，牛转连磨的工作原理就是在一个巨轮的周围安装8个磨盘，中间用齿轮连接，只要牲畜拉动中间的巨轮，8个磨就能同时转动。后来，南朝祖冲之又对这种设备进行了改进，改用水力驱动，更加省时省力。

三国时代，魏国的马钧发明了龙骨水车（翻车）。马钧，字德衡，"天下之名巧也"。他居住在京城，城里有个园子，却没有水可以灌溉。马钧便制作了一种翻车，把水源源不断地引入园中，即使是小孩也能运转自如。这种水车以木板作为水槽，尾部放在河水里，另一端固定在水边的架子上。使用时，用脚或手转动轮轴，带动水槽运动，从而将水从河湖中带出，用以灌溉。龙骨水车是当时世界上最先进的生产工具之一，直到现在，南方地区还能看到这种灌溉装置。

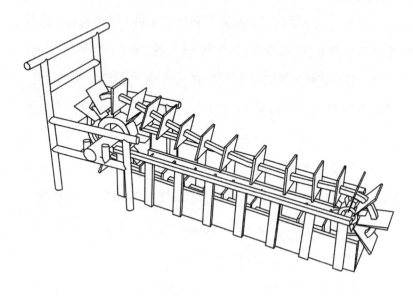

图 1-3 龙骨水车

后赵时，解飞发明了舂车与磨车。舂车是一种粮食加工机械，有木人"及作行碓于车上，车动则木人踏碓舂，行十里成米一斛"。简单来说，舂车的工作原理就是在车上装木人，用连动装置把车轴与木人的脚连接起来，车辆在行进时，木人就可以连续不断地舂米。磨车的原理类似，即用车轮带动石磨工作，边行进边加工粮食。这两种装置乍看起来似乎有些"鸡肋"，谁会没事拉着车舂米磨面呢？但是如果把它们放在行军途中，一切看起来就合理了。实际上，这两种机械正是行军时使用的。

在充足的劳动力、先进的农业种植技术和农业机械的加持下，南方经济迅速发展起来，为经济重心南移打下了基础。而随着南北方农业的发展，农学也取得了巨大成就，其中最有代表性的便是贾思勰的《齐民要术》。

第二节 《齐民要术》与农学发展

贾思勰，青州益都（今山东省寿光市）人，出身书香门第，后来历任多地太守等地方官。当时，北魏朝局动荡，战乱频发，作为一方官员，贾思勰对百姓的疾苦感同身受，深知"食为政首"，只有丰衣足食才能救万民于水火的道理。"授人以鱼不如授人以渔"，于是，他下定决心"采捃经传，爰及歌谣，询之老成，验之行事"，将农业生产知识汇集成册，传于天下与后世。回乡之后，他又亲自经营园林，从事农耕，收集农学资料，查阅文献 160 多种，以土为纸，以犁为笔，书写了一部真正属于中国农业的壮丽史诗——《齐民要术》。

《齐民要术》全书共 10 卷 92 篇，是我国现存最早、最全面的农学著作。书中系统总结了公元 6 世纪之前的农业生产经验与技术，内容涵盖了农业、园艺、林业、畜牧业、养蜂、渔猎、采制盐铁和食品加工等多个领域。它不仅仅是一部农业技术书籍，还涉及了经济、科学、医药、管理、纺织、酿酒、制糖、食品加工等方面的知识，是当时世界上最全面、最丰富、最科学、最详尽的农学著作，其中的许多内容比当时的其他国家领先数百年甚至上千年，展示了当时中国农业生产领先世界的地位，被誉为中国古代的"农业百科全书"。

《齐民要术》的价值不仅在于其内容的实用性和先进性，还在于它体现了中国古代农学家的智慧和对农业生产的深入观察与理解，具有极高的历史价值与科学价值，对后世农业发展产生了极为深远的影响，在元代的《农书》、明代的《农政全书》等农学著作中都能看到它的影子。

老子说："有道无术，术尚可求也，有术无道，止于术。"对于科学技术来说，"道"是总纲和原则，"术"是具体的实施方法。对于农业，贾思勰的"道"包含天时、地利、人和3个部分，即顺应天时，衡量地利，合理使用人力。这种指导思想贯穿了《齐民要术》始终，只有"顺天时，量地利"，才能"用力少而成功多"，否则就会"劳而无获"。这一观点反映出他对农业生产过程中自然规律和人类活动关系的深刻理解，对后世产生了深远影响。另一方面，贾思勰也在书中强调了人对自然环境的影响，主张通过选择良种、改良耕作方法、灌溉、施肥、病虫害防治等细致的计划和科学的管理来创造地利，这种农学思想在很大程度上代表了中国古代农业科技的成就，即使放到现在也同样适用。

接下来，就让我们以一个古代农民的视角，翻开这本鸿篇巨制，按照书中的科学管理经验，开始耕作之路。

耕作的第一步是开荒，无论是山地还是水泽，都要先在 7 月间把草割去，等到草干之后放火烧掉。如果荒地上有粗壮的大树，千万不要用蛮力砍断，而是要先把树皮割掉，这样一来，枝叶过不了多久就会枯萎，也就无法再遮蔽作物的阳光了。

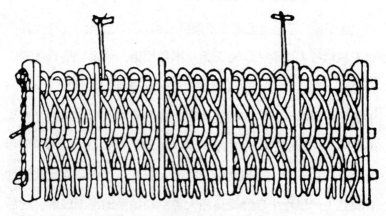

图 1-4 耢

开荒完毕之后，要用铁齿榛把地耙两遍，撒播一些黍子和稷子，用耢摩两遍。榛是一种类似钉耙的农具，可以松土；耢是一种用藤条或荆条编织而成的农具，可以碎土，进一步平整地块。

第二年，我们就可以在开好荒的地块上播种了。在耕作时，最重要的是土地的湿度。无论是高地还是洼地，都应选择在土地干燥时耕作，因为干燥的土地耕作后即便出现土块，一遇雨，这些土块也会变得松散。而在潮湿的土地上耕作则会使土壤变得坚硬，影响作物生长，可能会导致连续几年收成不佳，这就是"湿耕泽锄，不如归去"的道理。站在现代科学的角度来看，土块在遇到雨水之后能迅速吸水并松散开来，有助于提高土壤的通气性和保水性，同时也便于作物的根系穿透土壤，吸取养分。相反，如果在潮湿的土地上进行耕作，土壤颗粒由于水分的作用会紧密结合在一起，干燥后容易形成硬块，这会阻碍土壤中空气和水分的交换，不利于根系生长，从而影响作物的整体健康和产量。

从这段记载可以看出，南北朝时期，我国农业已经进入精耕细作阶段，农民和农学家们通过实践经验积累了大量关于耕作时机、土壤管理和作物需求的知识，他们已经意识到土壤湿度对作物生长的影响，并根据土壤的干湿状态决定耕作的时机。

整理好地块之后，还要培育良种。南北朝时期，我国播种的谷物总数多达60种，"粱者，黍稷之总名；稻者，溉种之总名；菽者，众豆之总名。三谷各二十种，为六十。蔬、果之实助谷，各二十。凡为百种"。培育种子的方法有很多，以谷物为例，谷物种子必须挑选那些饱满的穗子割下来，高高挂起，第二年春天打下来作为种子备用。还要将种子先用器具装起来，秸秆封口进行窖藏。等到播种前20天再将种子拿出来，先用水淘洗，淘去空壳，然后晾干。接下来，这些种子还要用动物粪便或骨汤来"粪种"，这样庄稼才能有良好的长势。

站在现代科学的角度来看，选用饱满的谷物穗子作为种子，是基于优生优育的原则。一般来说，饱满的穗子含有更多的养分，能够给种子提供更好的营养条件，有利于培育出健壮的新植株。将谷物高挂晾干的做法可以防止种子受潮发霉，同时避免受地面害虫的侵扰，保持种子的存活率和发芽率。使用秸秆密封存放种子，可以在一定程度上调节种子存放环境的湿度，减少外界变化对种子的影响，同时秸秆的透气性也能保持种子的新鲜度。使用动物粪便或骨汤处理种子，其实是一种原始的种子包衣技术。动物粪便中富含有机物质和营养成分，可以在种子萌发时提供养分，增强其抗病能力和提高生长速度。骨汤中则含有较多的磷和钙，对种子的健康生长同样有益。这些传统的种子处理方法，反映出古人对农业生产的精细观察和丰富经验，是古人对自然规律的深刻理解和利用。

播种之后，还要施肥。想要增加土壤肥力，最好的办法是在五六月间先种上绿豆、小豆等作物，种子种得一定要密，等到七八月间把这些作物全都翻下去闷死，这样一来，一亩的收成能达到十石①。不过，我们的谷物已经种下去了，现在只能将蚕粪和熟粪作为肥料使用了。熟粪通常是指经过一定时间发酵处理的家畜粪便。与新鲜粪便相比，熟粪在施用到土壤中后，更容易被作物吸收，并且对土壤的理化性质和微生物活性有积极作用，这是因为发酵过程中高温可以杀死大部分病原菌和寄生虫卵，减少疾病的传播；另外，复杂的有机物会被分解成更易于作物吸收的简单形式，如将氮素转化为植物可直接吸收的铵态氮。此外，新鲜粪便中含有较多未分解的氨和其他可能对植物造成毒害的物质，熟粪中这些物质含量则较低。

另外还有一种踏粪的方法：在秋季收割之后，农民会把田地里剩余的秸秆、糠壳等有机物收集起来堆积在一起，然后将这些有机物按一定的厚度（约3寸②）铺在牛栏中。通过牛的踩踏，这些有机物会更加紧密地堆积在一起，加速分解。

---

① 石：一石等于 50 千克。
② 寸：一寸约等于 0.03 米。

到了冬天，经过一个季度的踩踏，每头牛可以产生大约 30 车的粪肥。在 12 月到次年正月间，农民就会将这些经过踩踏处理过的肥料运到田地里进行施肥，以保证农作物的生长需要。

除了施肥，还要重视保墒。所谓保墒，即减少土壤水分蒸发。例如，冬天雪停以后，要在小麦上面铺上些像兰草这样的植物，覆盖住雪，不要让它被风吹散。如果后面又下雪了，再重复上述操作，这样小麦就能更好地抵抗寒冷，产量也会更高。

冬天除了保墒之外，还要预防霜冻，那么怎么才能看出要发生霜冻呢？"天雨新晴，北风寒切，是夜必霜。"这时，要在作物附近点上暗火，生出大量烟雾。这实际上就是熏烟防冻法，制造出的烟雾可以在作物周围形成一个保护层，既能够提高空气的湿度，也能在一定程度上保留热量，这样能够减轻或避免霜冻对作物的损害。直到现在，我国很多地区仍然在采用这种方法，很难想象，早在 1400 多年前，古人就已经总结出了这样的科学方法。

谷物成熟之后，接下来就是收割了。"熟速刈，干速积。刈早，则镰伤；刈晚，则穗折；遇风，则收减；湿积，则藁烂；积晚，则损耗；连雨，则生耳。"这段话的意思是：在古代农业生产中，对作物的收割和储存过程有着精细的规划和管理。

首先，一旦作物成熟，农民就需要迅速行动，立即收割（熟速刈），这样可以避免成熟后果实因自重过大或其他原因造成的损坏。随后，收割下来的作物应当在干燥的条件下尽快堆积起来（干速积），以免湿气影响作物品质，甚至导致腐烂。在收割时机的选择上，也需精心把控。如果过早收割，尚未成熟的作物会被镰刀损伤（刈早，则镰伤），降低产量；若收割过晚，作物可能会因过度成熟而自行折断（刈晚，则穗折）。此外，收割时还要考虑到天气因素，如强风可能会吹散谷物（遇风，则收减），影响收成。作物收割后，储存方式同样关键。如果在潮湿状态下堆积，谷物和稻草易受潮引起腐烂（湿积，则藁烂），降低储存质量。同时，储存的及时性也不容忽视，延迟储存会引起损耗（积晚，则损耗）。最后，天气状况也需注意，如连续降雨会导致未收割的作物发芽(连雨,则生耳)，进而影响下一季的播种和产量。

除了谷物的耕作方法之外，《齐民要术》中还记载了很多园林方面的知识，贾思勰对果树的嫁接和扦插技术有着详细的记载和深入的理解。根据不同果树的生长特性，他提出了多种不同的繁殖方法以促进果树早日结果。

对于李树，贾思勰提出了扦插法，即将枝条埋入土中促其生根，这种方法不仅能促进李树提前结果，而且还能加快果实成熟速度。他指出，李树本身生长较为缓慢，结果较晚，通常 5 年才开始结果，而通过扦插法种植的李树，3 年就能结果。杨树、柳树也可以采用类似的方法种植。

扦插法基于植物的一种自然特性，即萌发根系的能力。大多数植物的枝条如果被埋入土中，特别是在某些条件适宜时，都可以自发地在接触土壤的部分生成新的根系。这个过程被称为生根或萌生新根。一旦这些新根形成并且稳定生长，埋入土中的枝条就会发展成为一株新的植物。

除此之外，嫁接法是《齐民要术》中的一项重大突破。嫁接法是植物繁殖和培育的一种技术，通过将两种植物的一部分结合在一起，使它们共同生长为一株新植物。嫁接主要由砧木和接穗两部分组成，前者是根部或主干部分，为接穗提供营养和支持；后者是要繁殖的植物的枝条或芽部，携带着所需的果实或花卉的特性。嫁接成功后，接穗会开始生长，逐渐与砧木融为一体，发展成为一株具有砧木优点和接穗特质的新植物。嫁接不仅可以使果树等植物提前结果，还可以结合不同植物的优点，增强植物的适应性和生产力，因此在农业生产中具有重要意义。

在书中，贾思勰重点提到了梨树的嫁接，指出将梨树嫁接到棠树或杜树上（同属植物），可以使其更快地结果。此外，尽管枣、石榴、桑树不是与梨同属，但也可用于作砧木。

在嫁接的具体操作中，贾思勰提出了多种嫁接方法，他还特别指出，在嫁接梨树时应注意选择枝条的位置，园中的梨树宜使用旁枝，庭前的则宜使用中心枝。此外，使用近根的小枝可以培养出美观的树形，但5年后才能结果。而使用老枝虽然3年即可结果，但树形会较为丑陋。

这些描述不仅体现了贾思勰对果树繁殖的深刻见解，也反映了他对植物生长规律的精确观察。可以确定的是，在相关的文献记载和系统化方面，我国的嫁接技术至少领先西方几个世纪。

鉴于篇幅有限，《齐民要术》中关于酿酒、畜牧、兽医等方面的内容无法在此展开。中国自古重视农业生产，《齐民要术》作为"农业百科全书"，在中国乃至世界的农业历史上占据着举足轻重的地位。《齐民要术》的编纂标志着中国古代农业知识从口头传授和零散记录向系统化、文献化转变。

更重要的是，《齐民要术》的传播和应用对农业生产技术的创新、人才的培养，以及农业科学研究的深化都产生了深远影响，它不仅是中国古代农业技术的一个缩影，也是人类农业文明发展史上的一个重要里程碑。

第三节 历法与天文学的发展

《齐民要术》中说，发展农业生产，最重要的是不违农时，历法自然也就成了国家的重中之重。

秦始皇统一天下后，将《颛顼历》作为历法标准颁行天下。颛顼是传说中黄帝的孙子，号高阳氏。少昊死后，他打败共工，成为部落联盟的首领，制定了历法。实际上，《颛顼历》应该是在战国时期由秦国制定的，此外还有黄帝历、夏历、殷历、周历、鲁历，合称"古六历"。

我国古人很早就注意到了月亮的圆缺变化，而且，这种变化会遵循一定的规律，即大约每30天会进行1次循环，这就是1个月的时间。不过，随着时间的推移，问题慢慢出现了。先民们发现，月亮的周期并不是严格的30天，而是29天半，按30

天的周期制定历法就会每月多出半天，这显然是行不通的。我们现在知道，这是由于月球绕地球运动的轨道是椭圆形的，因此月球绕地球 1 周所需的时间并不是 1 个整数。同时，月球的运动也不是完全均匀的，因此每个月的时间都会有微小的变化。

为了解决这个问题，古人制定了大月和小月，大月 30 天，小月 29 天，又把满月当天称为"望"，把新月当天称为"朔"。这种安排可以补偿月亮运动的不均匀性，确保每个月的长度接近整数。不过，这样还是存在问题，由于地球绕太阳 1 周为 365.242 2 天（回归年），而 1 年 12 个月为 354.367 2 天（朔望月），这样每年就会相差 10.875 天。为了补齐与回归年相差的天数，不致造成月份和季节的严重脱节，调节的方法就是"置闰"。《颛顼历》采用"十九年七闰"的原则，即每 19 年中有 7 年设置闰月。

《颛顼历》以朔望月为基准，以月亮圆缺周期为 1 个月，把冬至作为岁首（一年的开端），每年分为四季，每季 3 个月，分别以孟、仲、季命名。比如"孟春"指的就是春季的第一个月，"仲夏"就是夏季的第二个月。此外，《颛顼历》还规定了四时八节（立春、立夏、立秋、立冬、春分、秋分、夏至、冬至）以及各种祭祀日等，方便人们安排农事活动。

在 2000 多年前，我们的先民就对天文现象进行了精细的观测和计算，不仅考虑了太阳、月亮的运动规律，还考虑了地球的自转和公转等因素，使得对时间的计算更加精确，制定出了十分系统、完善的历法，这在整个世界都处于领先地位。

汉承秦制，汉初仍然使用《颛顼历》。汉武帝登基后，下令司马迁、落下闳、邓平等人修改历法，又从民间召集了20多人参与其中，他们经过长期计算与观测之后，提出了18个方案。最终，邓平的方案被采用，命名为《太初历》。

《太初历》通过对太阳位置、气候变化，以及农业生产的规律等方面的观察和总结，引入了二十四节气，用来指导农业生产。二十四节气包括立春、雨水、惊蛰、春分、清明、谷雨、立夏、小满、芒种、夏至、小暑、大暑、立秋、处暑、白露、秋分、寒露、霜降、立冬、小雪、大雪、冬至、小寒和大寒。这些节气按照一定的顺序和规律排列，每个节气都有其特定的含义和特点。例如，立春标志着春季的开始，万物复苏，植物开始生长；雨水标志着雨季的到来，雨水滋润大地，为植物提供生长所需的水分；芒种标志着夏季作物的成熟和秋季作物的种植等。二十四节气对农业生产有很强的指导作用，我国很多农谚都与节气有关，例如"春分有雨家家忙，先种瓜豆后插秧""清明谷雨两相连，浸种耕田莫迟延"等。

另一方面，在引入二十四节气后，《太初历》对置闰法也进行了改进。在颛顼历中，闰月设置在年终，即每年的最后一个月。这种设置虽然方便计算，但却存在一些问题：容易导致农历和太阳年的偏差，使得季节和农业活动不能准确对应。例如，在某些年份，冬季或夏季可能会多出 1 个月，导致气温和季节的对应关系出现混乱。

因此《太初历》采用无中置闰法，即将闰月设置在无中气之月，也就是《汉书·律历志》说的"朔不得中，是为闰月"。二十四节气又可以分为单数节气与双数节气，双数节气又叫作中气。具体来说，双数节气包括雨水、春分、谷雨、小满、夏至、大暑、处暑、秋分、霜降、小雪、冬至、大寒等。

二十四节气是根据太阳运动设立的，两个中气之间大约相差 30 又 14/32 天，而一个朔望月是 29 又 499/940 天，中间差了大约 1 天。也就是说，在经过 32 个月之后，这个差距就会达到 32 天，这样一来，就会出现某个月份没有中气的情况，四季就会混乱，历法也会失去对农业的指导作用。因此，只要在没有中气的月份设置闰月，这个问题就迎刃而解了。这种置闰法一直沿用到现在。

到东晋时，天文学家虞喜发现了岁差现象。简单来说，岁差就是由于地球自转轴的运动，春分点（也就是春天的开始）在黄道上逐渐向西移动。这种移动导致我们感受到的 1 年（从春天到下一个春天）比真正的恒星年要短一点点。虞喜在观察星空时发现，星星的位置与之前的观测相比有些微小的变化，于是提出"天为天，岁为岁"，大意是天体的运行和岁月的流逝各自有其独特的规律，不应该混为一谈，这是我国天文学的重大突破。经过长期观测与演算，虞喜得出了每 50 年春分点向西移动 1 度的岁差值。而按照现代理论的推算，虞喜所在的时代，赤道岁差积累值应为 77 年差 1 度。因此，虞喜的计算值与实际情况存在一定的差异。

南朝时，天文学家何承天又对岁差进行了长期研究，得出每 100 年差 1 度的结论。后来，祖冲之在制定《大明历》时，首次把岁差现象引入了历法计算，对闰年和闰月的安排进行了调整，采用"391 年 144 闰"的原则。

首先，如果不考虑岁差，回归年的长度为 365.242 2 天，而恒星年（即地球真正的公转周期）的长度为 365.256 4 天。因此，每过 1 个回归年，春分点会在黄道上每秒西移约 50.26 弧度。这就是岁差现象导致的。通过计算，我们就会发现《大明历》的精确度已经十分惊人。

祖冲之采用的 391 年 144 闰的原则，实际上是基于 19 年 7 闰的基础上进行的调整。与之前的历法相比，这种设置显著提高了历法的精确度。在这种设置下，平均每年的长度为 365.242 373 天，与回归年的实际长度相差非常小。

通过计算，这两者之间的差距是每天 0.000 026 秒，或者说每世纪相差仅 7.6 秒。在当时的观测条件和技术水平下，这是非常不起的成就了。

祖冲之制成《大明历》后，将其进献给宋孝武帝刘骏，却遭到戴法兴等人的强烈反对，由此引起了一场大辩论。戴法兴是刘骏的心腹，在朝中一手遮天，官至南台侍御史，兼任中书通事舍人，加封建武将军、南鲁郡太守，后来又加封爵位，权势可谓滔天。

戴法兴认为，国家的历法事关重大，不能随意更改。为此，他在奏疏中大骂祖冲之"诬天背经"，是要破坏国家的根基。面对权臣的阻挠，祖冲之不畏强权，迎难而上，写了《历议》一文予以驳斥，他在文中列出了自己观测的具体数据，摆事实，讲道理，提出"愿闻显据，以核理实"，指出应该以事实为依据，而不是顽固不化，守着错误的旧制度不知变通。最终，祖冲之虽然在这场辩论中获胜，宋孝武帝也决定改行新历，但由于种种原因，直到祖冲之去世 10 年后，《大明历》才颁行天下。

实证精神是科学最重要的原则，祖冲之与戴法兴的辩论，实际上是科学与非科学的矛盾。在创新与进步的过程中，科学难免会遭到守旧势力的反对与阻挠，无论是在东方还是西方历史上，这种情况都屡见不鲜。也正因如此，"祖冲之"们不仅要有求真、求新的科学态度，还要有与整个旧势力对抗的莫大勇气，这也许才是更值得敬佩和推崇的。

历法的精确，离不开天文观测水平的进步。从秦汉到魏晋南北朝，我国天文观测仪器和技术水平都取得了巨大进步。

在观测仪器方面，秦汉时期，我国的主要天文工具是浑仪与浑象。浑仪，由多层同心圆环构成，是通过旋转各环并瞄准目标天体来读取天文参数，从而精确地测量天体的位置和运动的装置。而浑象则是一个机械模型，是通过球体表面的星辰与内部机械装置共同模拟天体的运动，以帮助人们更好地理解天体的运行规律的仪器，类似于现代的天球仪，其中最有代表性的是张衡发明的水运浑象——漏水转浑天仪（属水运浑象）。

水运浑象用一个直径约 5 尺的铜球来表示天球，上面刻有星辰、黄道、赤道等天文元素，其中黄赤交角为 24 度，与现代天文学相同。在球体的内部，张衡设计了精密的齿轮和传动装置，用于模拟天体运动。值得一提的是，在驱动方式上，张衡巧妙地将漏壶与浑象连接在一起，通过水为机械装置提供动力，使水运浑象在一天中能够自动演示日月星辰的升降、月亮的盈亏等天象，是秦汉时期天文仪器的巅峰之作。

到魏晋南北朝时期，天文仪器再次取得了巨大进步，其中最显著的就是星图的绘制。随着观测技术的进步和天文学家对星空认识的加深，星图的绘制也日趋精确与详细。例如，陈卓统一了全天星官的名字，编成了 283 个星官、1464 颗恒星的星表，历史上称其为"陈卓定纪"。北魏时期，官方还组织过一次大型星图整理活动，"集甘、石二家《星经》及汉魏以来二十三家经占，集为五十五卷。后集诸家撮要，前后所上杂占，以类相从，日月五星、二十八宿、中外官图，合为七十五卷"（《魏书·术艺》）。

除了天文仪器之外，秦汉至魏晋南北朝时期，天文观测也取得了很多新成就，其中包括对新星、超新星、日食、月食、黑子、陨石雨等天象的精确记录。例如，《汉书·五行志》中记载："河平元年……三月己未，日出黄，有黑气大如钱，居日中央。"这是对太阳黑子的准确记录，包含了出现时间、现象、形状、位置等要素。又如，《后汉书·天文志》中记载："中平二年十月癸亥，客星出南门中，大如半筵，五色喜怒稍小，至后年六月消。"这是世界上已知首次对超新星的记载。

超新星是爆发规模最大的变星，也是星系引力波潜在的强大来源。超新星爆发时释放的能量极大，可以将大部分甚至几乎所有物质以高至十分之一光速的速度向外抛散，同时释放的电磁辐射经常能够照亮其所在的整个星系，并持续几周至几个月才会逐渐衰减。在此期间，一颗超新星所释放的辐射能量可以与太阳一生所辐射能量的总和相当。

东晋时，姜岌通过长期观测发现，"（太阳）初出，地有游气，以厌日光，不眩人目，即日赤而大也"，到中天之后，"无游气则色白，大不甚矣"（《隋书·天文志》）。这实际上就是大气消光现象。在姜岌的观察中，他注意到当太阳初升时，地面的"游气"（可能是指大气中的尘埃、水汽等）会使太阳看起来赤红且大；而当太阳升到中天时，由于没有这些"游气"，太阳的颜色看起来就白皙且不那么大了。

出现这种现象的原因是大气中的颗粒物质对阳光的散射和吸收作用。当阳光穿越大气层时，大气中的颗粒物质（如尘埃、水汽等）会使阳光散射，尤其是阳光中波长较短的蓝光，因此阳光看起来更红；而当太阳升到中天时，阳光穿越的大气层较薄，散射作用减少，所以太阳看起来就更白了。

从天文仪器的创新到历法的改进，这其中每一次优化，都需要数十年乃至数百年持之以恒的观测作为支撑。每一个微小的进步，都代表着古代科学家们对真理的不懈追求。他们在日复一日、年复一年地观测中，不断修正和完善自己的理论和模型，以期更准确地描述自然的运行规律，这一切的背后，都离不开数学的支持。

第四节 从《九章算术》到祖冲之

天文学与数学是一对"孪生兄弟"。秦汉时期，我国出现了第一批数学专著，如《汉书·艺文志》中记载的《杜仲算术》《许商算术》。不过，这两本专著都已经消失在岁月的长河中了，好在还有另一本划时代的作品——《九章算术》——得以流传至今。

《九章算术》是由张苍、耿寿昌所撰写的一部数学专著，成书于公元 1 世纪左右，是《算经十书》中最重要的一部。该书包括近百条一般性的抽象公式、解法，246 个应用问题，分属方田、粟米、衰分、少广、商功、均输、盈不足、方程、勾股 9 章，每道题有问（题目）、答（答案）、术（解题的步骤，但没有证明），有的是一题一术，有的是多题一术或一题多术。它涉及农业、商业、工程、测量、方程的解法及直角三角形的性质等多个领域。在代数方面，"方程"一章中所引入的负数概念及正负数加减法法则与现在学校课程中讲授的方法基本相同。该书以计算为中心，在应用问题中把理论与实际相结合，这一特点一直影响着中国数学的发展。

书中9章内容，每一章都专注于一个特定的数学领域，从而形成了体系化的数学知识结构。

方田：这一章主要讨论平面几何图形面积的计算方法。比如矩形、梯形、圆形等面积的计算。

粟米：这一章主要讨论比例算法，即如何使用比例关系来解决实际问题。

衰分：这一章讨论的是比例分配问题，即如何按照一定的比例来分配物品或者资金。如"今有牛、马、羊食人苗。苗主责之粟五斗。羊主曰：'我羊食半马。'马主曰：'我马食半牛。'今欲衰偿之，问各出几何？"意思是马、牛、羊吃了别人的禾苗，禾苗主人要求赔偿5斗[①]粟。羊主人说："我的羊吃的禾苗是马的一半。"马主人说："我的马吃的禾苗是牛的一半。"问如何按照比例赔偿。书中给出的方法是：将牛、马、羊的比例关

① 斗：汉朝时1斗约为10升。

系"4:2:1"作为分配比例，分别乘以所需偿还的总粟量 5 斗，计算每个比例项应分配的粟量，最后得出结果："牛主出二斗八升七分升之四；马主出一斗四升七分升之二；羊主出七升七分升之一。"

少广：这一章主要介绍已知面积、体积，反求其一边长和径长等问题，实际上是解决除法问题，这是全书中比较重要的一个章节。原书提供的少广术的具体算法是：设置全步及分母子（这里指整数和分数部分），用最下面的分母遍乘所有的分子及全步，各以其母除其子，置于左侧。命令通分的人（这里指进行通分计算的人），再用分母遍乘所有的分子及已经通分的部分，使之相通并且相同，相加之后作为除数（法）。设置所求的步数，以全步积分乘它作为被除数（实）。被除数除以除数，得到的结果是从步。以下面的问题为例："今有田广一步半。求田一亩，问从几何？"即现在有田宽一步半。求田一亩，问它的长是多少？答："一百六十步。"

具体计算方法是：找到所有分数分母的最小公倍数，把它当作统一的分母。接着，用这个最小公倍数去乘每个分数的分子，从而得到通分后的新分子。这样，所有分数的分母都变成了相同的数，可以统一计算。

然后，把通分后的各分数的分子相加，形成一个整体的公式。接下来，用需要分配的总量乘上这个公式，得到各部分应分得的具体数值。最终，通过这种方法就能算出按比例分配后的结果。

这实际上是现代数学的代数方法和方程求解方法。通过设立代数表达式和方程，并进行计算和求解，可以得出问题的答案。

▪ 商功：此章主要讲述如何计算不同形状（如方堃、阳马等）物体的体积，以及如何根据体积来推算搬运土石的工程量。

▪ 均输：这一章涉及的是有关平均数的计算和应用。

▪ 盈不足：该章节主要探讨有关盈亏问题的算法。

▪ 方程：主要涉及线性方程组的建立和求解方法。值得一提的是，本章中引入了负数的概念及运算法则，这在古代数学发展中是一个巨大的突破，比西方国家早了上千年。

▪ 勾股：这一章主要探讨直角三角形的性质，及如何通过勾股定理解决"高、深、广、远"的问题。这体现了当时测量数学已经十分发达。

总而言之，《九章算术》中对数学方法的描述简洁明快，直接给出公式和解法，然后通过实例应用进行分析，体现了古代中国数学注重实用的特点。此外，书中对问题的分类和归纳也极具价值，展现了古代数学家们的逻辑思维和抽象能力。

《九章算术》是举世公认的数学专著，其中分数、比例问题、一次方程组的解法等在当时的整个世界都处于遥遥领先的地位，在成书几百年后才传入阿拉伯，再经过阿拉伯传入欧洲，对整个世界的数学发展都起到了极为深远的影响。

到魏晋南北朝时期，中国的数学迎来了一个崭新的高峰。这一时期，数学研究硕果累累，各类数学著作层出不穷，如《安边论》《缀术》《孙子算经》《夏侯阳算经》《张邱建算经》等，这些作品为后世提供了丰富的数学知识和理论依据。

与此同时，代数和几何两大领域都获得了显著的进展。在代数方面，基于《九章算术》，方程组的解法更为系统化，而高次方程的解法也有了新的突破，进一步丰富了数学的理论体系。此外，这一时期的数学家们还深入挖掘了负数的概念和应用，使其在数学运算中发挥了更为重要的作用。

在几何学方面，数学家们的研究更加深入，对圆的性质、相似形等概念有了更为精确地掌握，刘徽的"割圆术"就是其中最典型的代表。

在使用"割圆术"之前的时代，人们通常使用"周三径一"的方法来估算圆周率（π），这种方法简单地将π的值定为3。然而，刘徽通过深入研究发现，这种估算方法实际上是基于正十二边形的边长与外接圆直径的比值来近似圆周率的。

具体来说，如果使用正十二边形来近似圆，并计算正十二边形的周长与外接圆的直径的比值，这个比值近似等于3。这也是为什么"周三径一"方法能够将 π 的值估算为 3 的原因。

然而，刘徽意识到这种基于正十二边形的估算方法是相对粗糙的，并不能准确地表示圆的周长与直径之间的比值。因此，他引入了更精确的方法来计算圆周率，"割之弥细，所失弥小。割之又割，以至于不可割，则与圆周合体而无所失矣"，即当我们将圆分割得越细时，所损失的精度就越小。当我们继续不断地分割，直到无法再分割时，我们分割出的多边形几乎与圆完全重合，此时便几乎没有任何精度损失了。这就是"割圆术"的基本原理。通过这种方法，刘徽从正六边形开始算起，一直算到正一百九十二边形，将 π 计算到了 3.14，这在当时整个世界上都是最准确的数值。不仅如此，更为重要的是，这种将无限理论运用到数学中的方法，在整个世界都是首创。

刘徽之后，祖冲之利用割圆术，将圆周率计算到了小数点后第七位，得出了圆周率在 3.141 592 6 到 3.141 592 7 之间的结论。直到 1000 多年后，西方数学家才通过计算得到这个值。

除了刘徽和祖冲之取得的辉煌成就之外，祖冲之之子祖暅在这一时期提出了祖暅原理："幂势既同，则积不容异"，即如果两个立体图形的界面（即截面或者叫作"幂"）的形状和大小完全相同（即"幂势既同"），那么这两个立体图形的体积（即"积"）也应该相同（即"不容异"），用函数表示为：$\int f(x)\mathrm{d}x = \int g(x)\mathrm{d}x$，即在界面函数相同的条件下，两个立体图形 A 和 B 的体积（表示为积分）相等。进而可以得出球体体积 $=\pi/6 \times d^3$。直到 1000 多年后，西方数学家才提出类似公理。

除此之外，《张邱建算经》中提出的百鸡问题也是数学史上的一个经典问题。具体内容是：鸡翁一值钱五，鸡母一值钱三，鸡雏三值钱一。百钱买百鸡，问鸡翁、鸡母、鸡雏各几何？这是一个涉及整数解的问题，通过设立方程组并求解，可以得到多种可能的答案。

假设鸡翁的数量为 x，鸡母的数量为 y，鸡雏的数量为 z。根据题目条件，我们可以得到以下两个方程：

$5x + 3y + z/3 = 100$ （总钱数为 100 钱）

$x + y + z = 100$ （总鸡数为 100 只）

通过求解该方程组，我们可以得到多种可能的答案。比如，一组可能的解是：$x=0$，$y=25$，$z=75$。也就是说，没有鸡翁，有 25 只鸡母，有 75 只鸡雏。这只是其中一组解，实际上还有多组不同的整数解满足题目条件。

　　如果说先秦是我国数学的萌芽时期，秦汉是我国数学的体系形成阶段，那么，魏晋南北朝就是我国数学的繁荣阶段。在这一时期，刘徽、祖冲之等数学家在前人的基础上，对众多数学问题进行了进一步的研究，提出了许多复杂问题的解法，取得了一系列领先其他文明上千年的辉煌成就。

　　在众多学科中，数学被誉为"科学之母"，它的形成与发展不仅要求人们有严谨的逻辑推理能力，而且要求有高度的抽象思维能力。中国古代的数学家早在距今 1000 多年就能取得众多举世瞩目的数学成就，足以说明中华民族在科学领域有着非凡的智慧和天赋。

第五节 制图六体与地学专著的涌现

数学的发展除了为天文学提供了更准确的工具之外，还为地学的发展奠定了基础，尤其是在地图绘制方面，其中最具代表性的是马王堆出土的3幅地图。这些地图绘制于西汉文帝年间，分别为《驻军图》《长沙国南部地形图》和《城邑图》。

《驻军图》是一幅军事地图，也是世界上最早的军事地图。这幅地图详细描绘了西汉时期长沙国南部的军事布防情况，揭示了当时的驻军规模和部署。

《长沙国南部地形图》是迄今为止发现的最早的地形图，详细展示了山脉、河流、湖泊等地形地貌特征，通过地形的高低起伏、山势走向，可以推断出当时的地貌特点和自然环境。

《城邑图》是一幅展示城市与乡村布局的地图，它详细描绘了长沙国南部城市和乡村的位置、规模及相互关系，包含城墙、街道、建筑物等。通过这幅地图，我们可以了解到当时的城市规划、建设情况，以及农村聚落的分布特点。

这 3 幅地图的比例尺精确度很高，确保了对地形、地貌特征的准确描绘。例如，《长沙国南部地形图》的比例为 1:190 000 ～ 1:170 000，图中出现的山川、河流与现实情况基本一致。

另外，这 3 幅地图都采用了统一的图例。县治所在地在地形图上用方框符号表示，这一设计突出了县治在地方行政体系中的重要地位，也使得观察者能够迅速找到各个县城的位置。水道用曲线来表示，上游的水道曲线较细，而下游的水道曲线逐渐变粗。这种绘制方式十分直观地展示了水流的变化过程，也符合实际地形中水流由源头到下游逐渐汇聚的壮大自然景象。地形图上的道路则用细直线来表示，简洁明了，一方面展示了道路的基本走向，另一方面也凸显了道路与周围地形、地貌的相互关系。

从这 3 幅地图中可以看出，秦汉时期，我国的地图绘制已经达到了相当高的水平，且处在世界领先的地位。这一方面是由于技术的进步，另一方面也离不开统治者的需要。秦汉都是大一统王朝，由于国家疆域辽阔，统治者需要详细、准确的地理信息来管理国家，规划军事战略，以及进行资源调配。因此对地图的精度和详细程度提出了更高要求，从而推动了绘图技术的改进和创新。

到魏晋南北朝时期，我国的地图绘制技术进一步发展，其中以裴秀提出的"制图六体"最为突出。

裴秀（224—271 年），字季彦，河东郡闻喜县（今山西省闻喜县）人，是魏晋时期名臣、地图学家。裴秀出身于河东裴氏，后被大将军曹爽辟为掾属，袭爵清阳亭侯，又迁黄门侍郎，后来又历任卫将军司马等职，因功封侯。

裴秀在地图学上的主要贡献是他主编的《禹贡地域图》18篇，这是中国目前有文献可考的最早的历史地图集。这部图集"上考《禹贡》山海川流，原隰陂泽，古之九州，及今之十六州，郡国县邑，疆界乡陬，及古国盟会旧名，水陆径路"，以《禹贡》中的"九州"为基础，对当时全国的地理环境进行了全面而详细的描绘。它不仅延续了《禹贡》的地理区划理念，更进一步细化了每个区域的地理特征。通过精确描绘山脉走势、河流分布、城市位置、交通路线等方面，《禹贡地域图》展现了当时中国的自然与人文地理风貌。可惜的是，这些地图已经失传。

在仅存的《禹贡地域图》的序言中，裴秀提出了著名的"制图六体"，第一次明确建立了我国的地图绘制系统化、科学化理论，对后世产生了十分深远的影响，在世界地图史上也有着十分重要的地位。

所谓制图六体，"一曰分率，所以辨广轮之度也。二曰准望，所以正彼此之体也。三曰道里，所以定所由之数也。四曰高下，五曰方邪，六曰迁直，此三者各因地而制宜，所以校夷险之异也"。简单来说，分率可以理解为现代地图中的比例尺，它决定了地图上的距离与实际距离之间的比例关系；准望则可以理解为方位，涉及地图上物体和地形之间的相对位置和方向；道里可以理解为道路的里程，它不仅仅是实际的里程，还包括了行走或行车路径选择、所需的时间等信息，是交通、行军等方面的重要参考；高下、方邪、迁直指的是由于地形起伏，道路迁折而带来的距离的误差，要根据地形特点而灵活应用，高下指的是地形的起伏，方邪指的是地形的倾斜，而迁直则指地形的曲折。这些因素对准确绘制地图和判断地形的艰险程度至关重要。

裴秀特别指出，制图六体在绘制地图时是一个互相关联的整体，"有图象而无分率，则无以审远近之差；有分率而无准望，虽得之于一隅，必失之于他方；有准望而无道里，则施于山海绝隔之地，不能以相通；有道里而无高下、方邪、迂直之校，则径路之数必与远近之实相违，失准望之正矣"。只有图像而没有比例尺，我们就无法准确判断地形中远近的差异，因此分率是地图中精确测量和定位的基础。准望的作用在于校准地图的方向和位置。只有分率而没有准望，虽然可以在某一方面得到正确的测量，但在其他方面必然会失去准确性。道里是确定道路长度和行进路线的关键。只有准望而没有道里，在面对山川阻隔等复杂地形时，就无法确定实际的通行路径和距离。仅有道里而缺乏高下、方邪、迂直的校正，就无法准确表示地形的起伏、倾斜和曲折，导致路径的测量与实际情况出现偏差，从而失去了准望的准确性。

制图六体为古代地图制作提供了一套系统、科学的准则，确保了地图的准确性和可靠性，一直沿用到近代。

除了地图绘制技术的进步之外，秦汉至魏晋南北朝时期，我国还涌现出大量地学著作。秦汉之前，"地理"这一概念并没有作为一门独立学科存在，地理信息主要用于国家的行政区划和治理，如描述封建分地的情况、边疆地区的地形地貌等，被视为历史、政治、军事等领域的一个重要组成部分。如《尚书》《春秋》等古代典籍中，有关各地方的地理描述往往与历史事件紧密结合，作为记载历史的背景而存在。

秦汉时期，地理的含义出现了变化。《淮南子·泰族训》中说："俯视地理，以制度量，察陵陆水泽肥墩高下之宜，立事生财，以除饥寒之患"。这段话表明，地理开始与实际生活联系起来，根据地理环境来规划和实施各项活动，利用地理知识进行有效的经济活动，如合理布局农田和选择作物种植，以促进经济增长和社会繁荣。

东汉时期，史学家班固创作出了《汉书·地理志》，正式将地理从其他学科中独立出来，创立了疆域地理志，为后世设立了一种体制。

疆域地理志是中国古代史书中的一个重要组成部分，专门记载各地的地理、政治、经济、文化等方面的信息，方便中央政府对地方实施管理和控制。

一般来说，疆域地理志的内容包括 6 个方面：地域划分与描述（国家的地理疆域，包括各地州、郡、县的范围、地理位置、边界等信息）、自然地理（记录山脉、河流、湖泊、气候条件等自然地理特征）、人文社会（描述人口分布、民族构成、风俗习惯、语言文字等）、政治管理（记载各地的政治机构设置、行政管理等情况）、经济状况（包括农业、手工业、商贸、税收、物产等经济信息）、文化教育（涉及当地的教育、文化、宗教、艺术等方面）。

《汉书·地理志》详细记载了汉平帝时期全国 13 个刺史部、103 个郡和 18 个王国及 1587 个县的基本情况，并记录了各地的山川河流、自然资源及人文景观。值得一提的是，书中还第一次出现了关于石油（"高奴县有洧水，可燃"）和天然气（"有天封苑火井祠，火从地出也"）的记载。

《汉书·地理志》标志着中国古代地理学的重要发展，它不仅是研究中国古代地理的宝贵资料，也为后世的地理志书编纂奠定了基础。

魏晋南北朝时期，我国地理学取得了进一步发展，除了官方组织编纂的地理志之外，民间还出现了很多私撰的地理著作，包含山记、水记、都邑记、冢墓记、异域记等，如谯周编著的《三巴记》、顾启期的《娄地记》、葛洪的《幕阜山记》等。部分私人编著的规模甚至超过了官方，如西晋挚虞编写的《畿服经》就达到了 170 卷的体量，记录了全国各地的地理情况与风土人情，即使放到现在也是一项难度不小的挑战。可惜的是，这些地学著作大多已经失传。

在众多地学著作中，最著名的当属郦道元编写的《水经注》。

《水经》是三国时期桑钦撰写的关于中国河流系统的著作，原文仅有1万多字，简要记述了137条河流的情况，写得十分简略。北魏时期，郦道元深感《水经》的不足，于是亲自前往各地实地考察，为《水经》作注，写成《水经注》，郦道元也因此被誉为"中世纪时代世界上最伟大的地理学家"。

《水经注》全书共40卷，约30万字，记载了1252条河流，500多处湖泊沼泽，60多处瀑布，200多处泉水、井水和地下水，90多处津渡，31处温泉，70多处洞穴，260多座陵墓，对中国古代河流的源头、流向、支流、河道特征、周边地形地貌、水文特性，以及河流流域内的历史、文化、经济、水利等方面进行了详尽的记述和注解。在内容上，《水经注》不仅仅局限于描述水道本身，还涵盖了地形地貌、气候、土壤、植被、矿藏、特产、农业、水利工程、城镇建设、历史变迁、民俗风情等多方面的内容。

比作品本身更为重要的，是郦道元求真求实的科学精神。

在《水经注》的自序中，郦道元讲述了自己作《水经注》的过程。他说，水是天下最多的东西，"浮天载地，高下无所不至，万物无所不润"，起着至关重要的作用，就算是神灵也不能相比。然而，无论是《大禹记》《汉书·地理志》，还是《尚书》《本纪》，记载的都太过简单。于是，他决定自己写一本专著来解决这个问题。

郦道元说自己"少无寻山之趣，长违问津之性"，实际上并非如此，从《水经注》的内容来看，郦道元亲自到过很多地方。比如，在《水经注·易水》中，他说"余按遗传旧迹，多在武阳，似不饯此也"。在写华池时，他说"池方三百六十步"。在描述黄河冰层时，他说"寒则冰厚数丈，冰始合，车马不敢过"。这些都是他亲眼所见或亲自测量的数据。

郦道元深度钻研古籍，"识绝深经，道沦要博，进无访一知二之机，退无观隅三反之慧"，据统计，《水经注》中引用的古籍数量多达400多本。遇到实际情况与古籍记载有出入时，他还会多方求证，向当地人求教，力求准确。

除此之外，《水经注》并不是一部单纯的地理学著作，除了对水系的详细记录之外，郦道元还在书中记载了很多民间传说、古战场情况、诗歌民谣，辑录了350多种碑刻，给原本枯燥的地理学著作增添了很多人文艺术的内涵。例如，在记述巫峡时，他提到当地流传着一首歌谣："巴东三峡巫峡长，猿鸣三声泪沾裳。"在写石门滩时，他提到当初刘备被陆逊打败，逃跑时走的就是这里的山门。他见追兵来势凶猛，便焚烧铠甲阻拦，陆逊的先锋孙桓"斩上夔道，截其要径"，刘备最后仅以身免，不久便"发愤而薨矣"。

《水经注》对中国古代地理学的发展产生了深远的影响，它不仅为后世提供了宝贵的历史地理资料，也成为地理学、水文学、经济学、考古学等多个学科研究的重要参考文献。同时，书中充满生动的叙述和翔实的资料，为我们呈现了一幅生动、丰富的古代中国地理和文化景观，是中国古代文学的珍品。

郦道元在《水经注》中所展现的不仅仅是河流的物理特征，更重要的是他通过河流揭示了人类活动与自然环境之间的紧密联系。他的这种跨学科的研究视角，为后来的地理学和环境科学的发展奠定了重要基础。

除了地学成就之外，魏晋南北朝时期，我国在地质和矿物学方面也取得了很多成就。

梁代的陶弘景在矿物鉴别方面提出了很多科学方法，比如，他在《本草经集注》中记载了多达 43 种矿物，并提出了区分硝石和朴消的方法："以火烧之，紫青烟起，乃真硝石也。"硝石，即硝酸钾（KNO_3），在加热时能够释放出紫色或青色的烟雾，这是因为硝酸钾在高温下分解产生氧气和氮氧化物。后者与空气中的氧气反应生成氮气和含氧化合物，这个过程会产生带有特定颜色的烟雾。朴消，即硫酸钠（Na_2SO_4），加热时不会产生紫青色的烟雾。硫酸钠在加热时通常不会分解，因此不会产生显著的视觉效果。

梁代的《地镜图》是我国最早的探矿学专著，提出通过观察植物的生长状况、特征等来推断地下可能存在的矿藏类型，例如"二月中，草木先生下垂者，下有美玉。五月中，草木叶有青厚而无汁，枝下垂者，其地有玉……山有葱，下有银，光隐隐正白。草茎赤秀，下有铅；草茎黄秀，下有铜器。"

晋代葛洪在《神仙传》中讲了一个故事，神仙麻姑与王远闲谈，麻姑说，自己已经见过3次沧海变成桑田了，如今蓬莱的水又变浅，可能马上就要变成陆地了。这就是成语"沧海桑田"的出处。实际上，在地质学中，"沧海桑田"的现象确实存在，它指的是长时间尺度上的地质变化，导致原本是海洋的地区变成陆地，或者反之，陆地变成海洋。这种现象通常由多种地质过程引起，如板块构造运动、海平面升降、河流冲积作用等。例如，随着地壳的升降，某些地区可能从海底逐渐上升变成了陆地；或者海平面升高，导致海水淹没了原本的陆地。河流冲积作用也可以导致海岸线的变迁，河流携带的泥沙在入海口堆积，长期累积后可能形成新的陆地。有关沧海桑田的记述表明，1000 多年前的古人已经对这种地质现象有了初步的了解。

第六节 领先世界的船舶制造水平

《水经注》中记载的内容，除了包含我国的水系之外，还有很多域外地理知识，如印度的新头河（即印度河）、安息（伊朗）、西海（咸海）等。这些内容表明，早在 1000 多年前，中国人就开始了对外探索，中原文明向域外的传播也在这一时期达到了空前的程度。

秦汉时期可以称为中国的第一个大航海时代。秦朝时，秦始皇就曾派徐市（徐福）等人"入海求神药，数岁不得"，据说船队中有一部分人到达了今天的日本。（义楚《义楚六帖》："日本国亦名倭国，东海中。秦时，徐福将五百童男、五百童女，止此国也……"）到汉朝，皇帝派出大量使者，沿着丝绸之路到达现在的伊朗、印度、古罗马等国，而商人的脚步则走得更远，以至于英国著名物理学家贝尔纳在《历史上的科学·为中文译本写的序》中说："中国在许多世纪以来，一直是人类文明和科学的巨大中心之一。"

除了陆路外，秦汉时期我们的祖先还在海上开辟了另一条贸易航线，即海上丝绸之路。

海上丝绸之路主要包括以下几条线路。

南海路线：这是最主要的路线之一，从中国的广东出发，经过今天的越南、马来半岛、印度尼西亚群岛，一直延伸到印度洋和阿拉伯半岛，甚至到达了红海。这条路线不仅促进了中印贸易，还为中国与罗马帝国的贸易提供了一个重要通道。

东海路线：从中国沿海出发，经过朝鲜半岛、日本，向东延伸。这条路线对发展中国与东亚地区的联系起到了关键作用。

南亚路线：经由中国南海北部，穿越马六甲海峡，抵达斯里兰卡和印度西部。这条路线促进了中国与南亚次大陆的直接海上贸易。

通过海上丝绸之路，中国与世界数十个国家建立了贸易关系，这种贸易关系不仅限于商品交换，还伴随着文化、技术、宗教等多方面的交流。

远洋航行离不开先进的造船技术，秦汉到魏晋南北朝时期，我国的船舶制造水平取得了巨大进步，始终处于世界前列，这种进步体现在以下几个方面。

一方面是大型造船基地的出现与船只数量的爆发式增长。早在秦汉时期，我国长江和珠江流域出现了很多造船基地，并且已经使用枕木、滑板和木墩，可以成批制造标准化船只。枕木主要用于支撑正在建造中的船只，一般放置在船体下方，能够承担船体的重量，并确保船体在建造过程中保持稳定，避免移动或滑落。滑板是用来帮助船只从造船厂滑入水中的设备，宽度可以调节。木墩在造船中主要用作临时支撑，用于支撑和固定船体的某些部分。这些工具的使用反映了古代中国在造船技术上的创新能力，为制造大型、复杂的船舶提供了技术支持。

随着造船基地的蓬勃发展，我国的舰船数量也出现了爆发式增长。比如，汉武帝就曾经组建了一支楼船舰队，《史记·平准书》中曾记载过楼船的形制："是时，越欲与汉用船战逐，乃大修昆明池，列馆环之，造楼船，高十余丈，旗帜加其上，甚壮。"公元43年，汉光武帝派遣伏波将军马援伐交趾，后者就动用了"楼船大小三千余艘"。

三国时期，为了吞并东吴，曹操曾率领一支庞大的舰队南下，将大船用锁链连在一起，后来，黄盖诈降，准备了"蒙冲斗舰数十艘，实以薪草，膏油灌其中"，一举烧毁了曹操的舰队，这就是历史上著名的"赤壁之战"。蒙冲、斗舰都是战船的一种，其中蒙冲"以生牛皮蒙船覆背，两厢开掣棹孔，左右前后有弩窗、矛穴，敌不得近，矢石不能败"（杜佑《通典·兵法》）。由此可见，当时的战船已经有了十分严格的分类。

南北朝时期，江南是水乡泽国，为了适应水上交通，造船业的发展十分迅猛。例如，刘宋政权的荆州作部，就能"装战舰数百千艘"；侯景有战舰千艘，商人的船只更是数不胜数。

另一方面是船只尺寸和载重量的提升。秦到汉中期，常用的船只长度在 20 米左右，载重能够达到 30 吨，少数楼船能够达到"十余丈"的规模。到东汉末年，已经出现了 10 层高的楼船。（《后汉书·公孙述传》："又造十层赤楼帛兰船。"）

到魏晋南北朝时期，船的载重和尺寸达到了十分夸张的规模。如《南州异物志》中说，（东吴的船）"大者二十余丈，高去水三二丈，望之如阁道，载六七百人"，载重能达到千吨。南朝时更是出现了载重 2000 吨的大船。

这样大的船，必须要用十分牢靠的连接方式，才能保证船体的坚固程度。从出土的文物可以看出，早在两汉时期，铁钉已经开始取代传统的木钉用于船体的连接，相较于木钉，铁钉提供了更高的强度和耐久性。这使得船体的各个部分能够更牢固地连接在一起，提高了船体整体结构的稳定性。在长时间航行或面对恶劣海况时，铁钉连接的船体更能承受各种压力和冲击。而同时期的古罗马仍然采用木钉来连接船体。不仅如此，当时中国的船只还采用了油灰捻缝技术来增强船体的防水性能。油灰是一种混合物，通常由动物油脂、植物树脂、石灰和其他填充材料（如麻纤维）制成，有良好的黏合性和防水性。

在动力系统和操控系统方面，这一时代的船只也走在了世界前列。中国是最早发明和使用舵的国家之一。最初，人们为了控制船只的方向，使用了舵桨，它是一种大桨，被安装在船只的两侧或船尾，通过船员的操作来控制船的方向。随着船只的增大，舵桨逐渐移到船尾正中央，从划动转变为不离水面的摆动，形成了船尾舵的原型。根据出土文物判断，最迟到东汉时期，我国已经开始使用船尾舵了。古代的船尾舵通常是一块大型木板，通过轴和舵杆固定在船尾，舵杆伸出水面，顶端装有舵把。舵手通过转动舵把，可以控制舵板的角度，从而改变水流对舵板的作用力方向，进而控制船只的航向。船尾舵的出现极大地提高了船只的操控性和适航性，尤其是对于大型船只而言，这种革新使得人们可以更精确地控制船只航向，增强了航行的安全性和效率。

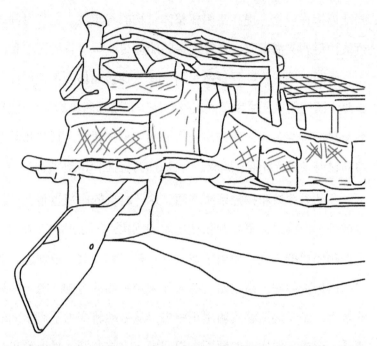

图 1-5 1955 年广州近郊出土的东汉陶制船模（船尾已经出现舵）

当时，相较于中国，西方的航海技术仍然处在一个较为原始的阶段。那个时期，地中海地区，特别是希腊和罗马的船只的控制主要依赖于使用桨和帆，直到中世纪晚期，即在 12 ～ 13 世纪，船尾舵在欧洲才开始广泛使用，比中国晚了 1000 多年。

大船的航行仅仅依靠人力是远远不够的，还需要强大的动力系统。早在秦汉时期，我国的风帆技术就已经十分完善。东汉马融在《广成颂》中曾生动描述过使用风帆的场景："然后方馀皇，连舼舟，张云帆，施蜺帱，靡飓风，陵迅流，发棹歌，纵水讴，淫鱼出，菁蔡浮，湘灵下，汉女游。"当时的风帆已经出现两种类型：软帆（如布帆、蒲草帆）和硬帆（有帆竹支撑的帆）。软帆适用于正顺风航行，而硬帆则可以在不同风向下调整，以更有效地利用风力。

东汉万震的《南州异物志》中描绘了当时船工高超的御风技术："其四帆不正前向，皆使邪移，相聚以取风吹。风后者激而相射，亦并得风力。若急，则随宜增减之。邪张相取风气，而无高危之虑，故行不避迅风激波，所以能疾。"从这段记载中可以看出，这些船只的帆并不都直接面向前方，而是各自斜向不同方向，以此来聚集和利用风力。即使是迎风的帆，也能因为风力的作用而获得推进力。如果风力很强，船工会根据需要增大或减小帆的面积，如通过斜向张开帆有效地捕捉风力，而不必担心帆船因此而受到损害。

从现代物理学的角度分析，当时船工的御风技术体现了人们对帆船动力学和流体力学的深刻理解。帆船以风力作为主要动力源，风对帆的作用产生推力，推动船只前进。万震描述的"四帆不正前向，皆使斜移"实际上是利用了帆船的"迎角"和"升力"原理。当帆面相对风向成一定角度时，风力会使帆的一侧压力较高，另一侧压力相对较低，因此产生了升力，船只则借由这个升力的水平分量被推动前进。这些技术一直到今天仍然在使用。

最后，船只想要远洋航行，离不开航海技术的支持。在茫茫大海中，迷失方向是最常见的问题。这一时期，我国古人主要依靠太阳和北极星来判断方向。根据《汉书·艺文志》记载，用于海上导航的《海中星占验》已经有 12 卷的体量，并且当时的人们开始利用"重差法"来测算海上距离。重差法可以通过对目标物体的两次观测，计算出其高度和距离。在航海中，它被用来确定海上地形地貌，尤其是海岛的高度和与船只的距离。

具体来说，重差法就是航海者在船上选定两个不同的观测点，分别对目标物体（如海岛）进行观测，并记录下两次观测时目标物体的角度或位置。通过这两个不同点的观测数据，结合已知的距离（两观测点之间的距离），利用勾股定理即可计算出目标物体的高度和其与船只的距离。

值得一提的是，早在战国时期，我国就已经发明了"司南"，利用磁石的极性来指导方向。东汉王充在《论衡·是应篇》说："司南之勺，投之于地，其柢指南。"东汉的画像石上也出现过类似于司南的物品。司南在整个人类历史上都是一项伟大的发明。不过，它当时主要用于陆上，到北宋才被运用到航海中。

总的来说，秦汉至魏晋南北朝时期，我国的造船术与航海术始终位于世界前列，展现出中国古代科学思维和技术创新的辉煌成就。通过海上丝路，中国与世界各地的国家和文明进行着广泛的交流和互动，共同推动了人类社会的进步。这些古老的航道不仅是商品和财富的流通渠道，更是知识、文化和技术的交流通道。而在这些商船上，除了丝绸与茶叶之外，还出现了极为少量的瓷器。

第七节 从陶器到瓷器

　　瓷器在中国历史上占据着极其重要的地位，它既是中华文化的重要标志之一，也是中华古代科技发展的缩影。从原始的陶器到成熟的瓷器，其制作技术的进步反映了我国材料科学、矿物学、化学和物理学等领域的发展。瓷器的烧造技术、釉料的配制、彩绘工艺的创新等，都体现了中国古代工匠的智慧和创造力。

　　瓷器是在陶器的基础上发展而来的。从制造技术来看，陶器是一种非晶态陶瓷材料，通常由天然黏土（或混合物）制成，烧造温度相对较低，通常在 600 ～ 1200°C 之间。这种低温烧造使得陶器更易于制作，但也导致其物理强度较低。瓷器是一种高级陶瓷，由更精细的材料制成，如高岭土、石英石和长石。

瓷器以其高强度、高透明度和细腻的质地而闻名。其烧造温度较高，通常在 1200～1400°C 之间。高温烧造使瓷器的胎体变得更硬，也更为致密。

从观感来看，陶器的胎体通常较粗糙，颜色多样，可以是红色、棕色、灰色等，取决于其原料和烧造条件。瓷器的胎体非常细腻，常呈白色或淡色，具有很低的吸水率和很高的硬度，质感通常光滑、透明。我们在使用陶瓷器时，能够摸到它的表面十分温润、光滑，如同穿了一件丝质"衣服"，这其实是釉面。釉面是由玻璃或玻璃状化合物构成的薄而透明的涂层，一般包括硅酸盐、碱性氧化物（如碱金属氧化物）、玻璃形成剂（如氧化硼或氧化钠）及其他添加剂等。釉面是在烧制的过程中，釉料融化并流向瓷器的表面而形成的。

釉面并不是瓷器的专属，早在商周时期，我国就出现了带有釉面的"釉陶"，到东汉末年，经过长达数千年的技术积累，我国瓷器制造技术逐渐完善，制瓷业迅速发展，出现了很多瓷器制造中心。江南地区一直以来都是中国陶瓷制造的重要地区，包括现今的江苏、浙江、安徽等地，都生产了大量的陶瓷和瓷器。各地纷纷建造瓷窑，其中较为有名的包括越窑、瓯窑、婺州窑、德清窑等，烧制出了各具特色的瓷器。

这一时期，南方的瓷器主要以青瓷为主。青瓷是中国瓷器的经典类型，其釉面在烧制后通常呈现出淡雅的青绿色或灰绿色，并因此得名。瓷器的颜色主要由釉面中的金属元素决定，釉料主要由硅酸盐和铁氧化物组成，铁是赋予青瓷特有颜色的关键成分，制作过程中铁的含量和形态起着决定性作用。在高温下烧制的过程中，铁氧化物中的铁离子从高价态（如 Fe_2O_3）转化为低价态（如 FeO）。这种低价态的铁离子在釉料中分散，产生了青瓷特有的青绿色或灰绿色。烧制完成后，在炉内冷却的过程中，瓷器颜色会进一步发展和固定。冷却速率和环境也对最终的色泽有影响。这个过程中的每一个步骤都需工匠精心控制，任何微小的变化都可能对成品的色泽产生显著影响。

这种对细节的关注和精密的工艺使得青瓷成了中国瓷器中一个经典而独特的类型，不仅展现了工匠高超的制瓷技艺，也展示了深厚的中华文化魅力。

除了青瓷之外，白瓷也在这一时期发展起来，北齐范粹墓就出土过中国最早的白瓷。与青瓷不同，白瓷以其纯净的白色和细腻的质地著称。瓷器的颜色主要取决于瓷土中铁的含量，随着铁含量由低到高，瓷器的颜色会分别呈现出白色、青色、褐色、黑色等不同色泽，想要烧制出纯粹的白瓷，需要将铁含量控制在 0.75% 左右，由于当时技术的限制，这一时期的白瓷大多呈现灰白色，西晋潘岳在《笙赋》中称之为"缥瓷"。白瓷的成功烧制在瓷器烧制史上是一件大事。一方面，它表明我国工匠在瓷土筛选和烧制技术上有了很大的进步，另一方面，白瓷是彩绘瓷的基础，如果没有白瓷，就不会有后世名动世界的青花瓷、珐琅彩瓷、浅绛彩瓷等珍品。

魏晋南北朝时期能够烧制出精致的瓷器，关键在于垫具、间隔具等窑具的发展，尤其是对匣钵的使用更是必不可少的因素。匣钵是古代中国瓷器烧制中使用的一种重要窑具，它是一种在高温下保护瓷器的陶瓷容器。匣钵通常是一个有盖的箱子，用于在瓷器烧制过程中放置瓷器。

在高温烧制过程中，匣钵能有效地隔离窑炉内的直接火焰接触和烟尘污染，从而防止瓷器表面被烟熏或灰尘覆盖。另一方面，匣钵还有助于保持瓷器釉面的稳定性和光泽。在高温下，无法用匣钵保护的瓷器可能会因釉料的分解、碱类成分的挥发或硅酸的析出而失去光泽。直到现在，匣钵仍然在制瓷业中被广泛使用。

在制胎工艺上，当时的工匠主要采用两种形式：一种是拉坯成型，另一种是制作琢器而使用的综合手法。

　　圆器，如碗、盘、瓶等，通常是通过拉坯工艺制作的。拉坯是一种古老且技术性很强的陶瓷成形方法，它指将软陶土放置在转轮上，之后通过工匠的双手和简单工具，在转轮旋转的过程中对待制器皿完成塑形。这种方法的优点在于可以快速且精确地制作出规整的圆形器皿，且确保胎体的厚薄一致。工匠通过自己的技巧和经验，可以制作出形状各异且线条流畅的圆形器物。

　　琢器则是指那些形状更为复杂或装饰性更强的器物，如雕刻精细的盒子、形状复杂的瓷塑等。这些器物的制作通常采用多种手法，如拍片、模印、镂雕和捏塑等。拍片是将陶泥拍打成薄片，然后制成所需的形状。模印则是使用预先制作的模具来压印成复杂的图案或形状。镂雕是在陶瓷半干燥时进行的雕刻工艺，可以刻画出精细的图案和装饰。捏塑则是直接用手工塑形，适用于制作独特形状的胎或"琢磨"细节。

　　正是在这些精巧工艺的加持下，中国瓷器在造型艺术上也达到了极高的水平。从出土的文物来看，这一时期的瓷器在日常使用的杯、盘、碗、碟、壶等的基础造型上，增加了很多动物元素，如鸡头、羊头、蛙首等各类纹饰也是十分常见的装饰元素。博山炉正是这一时期造型艺术的典型代表。

博山是传说中的海中仙山，据说常年云雾缭绕，有仙人居住。博山炉，又称博山香炉或博山香薰，是中国汉晋时期流行的一种焚香器具，主要特点是独特的山形设计与精致的镂空装饰。博山炉通常由青铜或陶瓷制成，其炉体呈豆形，配有一个高而尖的、镂空的山形盖子。这些盖子上常常雕刻有云气纹、人物、鸟兽等图案，形态各异。当香料在炉中燃烧时，轻烟会从盖子的镂空部分飘散出来，形成一种朦胧、仙境般的视觉效果。李白就曾写过"博山炉中沉香火，双烟一气凌紫霞"的诗句。

从战国到秦汉时期，博山炉多用青铜支撑，到魏晋南北朝时期，随着瓷器工艺的发展，敞口五足或三足的瓷质博山炉逐渐成为主流，造型精致，做工精美。晋代葛洪在《西京杂记》中说："长安巧工丁缓……又作九层博山香炉，镂为奇禽怪兽，穷诸灵异，皆自然运动。"

我国古人之所以热衷于熏香，除了因为熏香可以洁净空气，消除异味，追求宁静与淡雅的气氛之外，还有一点是熏香能强身健体。《神农本草经》中说："香者，气之正，正气盛则除邪辟秽也。"《神农本草经》是我国现存最早的中药学专著，集中代表了秦汉时期的医学发展成就。

第八节 医学的发展

汉代官方对医学发展十分重视，在中央政府设立了太医院、掌药房等医疗机构，数位皇帝还曾多次下令在民间搜集本草人才。魏晋南北朝时期，我国出现了最早的官办医学院太医署，专门培养医疗人才。另一方面，这一时期战事频发（秦汉时期频繁对外战争，魏晋南北朝则出现了长达数百年的割据战争），无论是官方还是民间，对医疗的需求都十分旺盛，因此催生了更多医疗人才，除了我们十分熟悉的华佗、张仲景等人之外，还有能"护诵医经、本草、方术数十万言"的楼护。随着医学经验的积累，这一时期也出现了大量医学专著，《神农本草经》就是其中最典型的代表。

《神农本草经》的确切成书时间不详，相传是由传说中的中华民族的始祖之一、农业和医药之神神农氏编写。据传，神农尝百草，了解了各种草药的药效和毒性，从而创编了这部著作。但实际上，这部书可能是在东汉时期由多位作者根据长期的药物实践经验编纂而成的。

《神农本草经》是中医四大经典著作之一，记载了共计365种药材的特性、功效和应用方法，涵盖了药用植物、动物及矿物。

书中将药材分为上、中、下三品。

上品120种，为君：主要包括无毒、能补益生命元气的药物。"主养命以应天。无毒。多服、久服不伤人。"可以"欲轻身益气，不老延年"。包括人参、灵芝等。

中品120种，为臣：包括有一定药效、毒性较小或无毒的药物。"主养性以应人。无毒、有毒，斟酌其宜。"可以"遏病补羸"。包括葛根、当归等。

下品125种，为佐、使：指有毒或作用强烈的药物，需要谨慎使用。"主治病以应地。多毒，不可久服。"其中包含铅丹、石灰等。

书中提到的疾病共170多种，包含了内科、外科、妇科，以及眼、喉、耳、齿等方面的问题，其中大多数治疗方式都被现代医学证实。

更重要的是，这本书确立了众多中医药用药原则，包括"君、臣、佐、使""四气五味""食药同源"等，这些原则对后世的中医学发展有着深远的影响。

"君、臣、佐、使"是一种中药配伍的原则，强调各类药物的配合作用。在这一原则下，药物被分为不同的角色。

君药：主要药物，直接针对症状，起主导作用。

臣药：辅助君药，增强主药的效果或缓解其副作用。

佐药：协助君药和臣药，调和药物间的作用。

使药：引导药物到达病灶或协调药物的性能。

"四气"指药物的 4 种基本属性，即寒、热、温、凉，用来描述药物对人体阴阳气血的影响。"五味"指药物的 5 种基本味道，即酸、苦、甜、辛、咸，每种味道都与人体的不同器官和功能相联系。

"食药同源"则指的是许多食物和药物具有相似的来源和功效。在日常饮食中合理利用这些食物，可以达到预防和缓解疾病的效果。从这里也可以看出，与实施治疗相比，中医更加重视预防疾病，提倡通过合理饮食、适当运动、调整情志、保持良好的生活习惯等增强身体的抵抗能力。

《神农本草经》对后世中医药学的发展产生了深远影响。

它不仅是中医学药物知识的基础，也为后来的《本草纲目》等书的成形奠定了基础。隋唐之后，《神农本草经》经历了多次增补和注解，直到现在仍然有很高的研究价值与实用价值。

张仲景，名机，字仲景，是东汉末年最著名的医学家之一，被后世尊称为"医圣"。

张仲景生活的时代，时局动荡，起义不断，生灵涂炭，民不聊生，而统治者只知道"竞逐荣势，企踵权豪，孜孜汲汲，惟名利是务"，丝毫不顾及下层百姓的死活。张仲景常年行医，"感往昔之沦丧，伤横夭之莫救"，决定"勤求古训，博采众方"，花费数十年时间，研究《素问》《九卷》《八十一难》《阴阳大论》《胎胪药录》等众多经典著作，结合自己的临床经验，著成《伤寒杂病论》16卷，希望能够通过这种方式拯救万民于水火。

《伤寒杂病论》流传中被后人整理为《伤寒论》和《金匮要略方论》两部分。前者主要讨论"伤寒"的诊断和治疗方法；后者则涉及其他常见疾病的治疗。

"六经辨证"是《伤寒杂病论》中提出的一种重要辨证法，是中医学中用于诊断和治疗伤寒及类似疾病的一种方法。它是根据疾病在不同阶段对人体6个主要功能系统（即"六经"）的影响来进行诊断和治疗的。这6个功能系统具体如下。

◇ 太阳经：主要表现为表证，即疾病影响人体表层，常见症状包括发热、寒战、头痛、无汗等。

◇ 阳明经：主要表现为胃肠道症状，如便秘、腹胀、口干、烦渴等。

◇ 少阳经：表现为半表半里的症状，常见的有交替发热和寒战、胸胁不适等。

◇ 太阴经：主要涉及脾胃，表现为消化系统症状，如食欲不振、腹泻、腹痛等。

◇ 少阴经：主要涉及肾脏，症状可能包括手足心热、口干欲饮、夜尿频多等。

◇ 厥阴经：涉及肝脏，可能表现为发热、呕吐、口苦、胁痛等症状。

中医运用六经辨证法能够有效地追踪疾病的发展和变化，强调疾病的动态过程和全面评估患者的体征和症状。这种关注症状演变和个体差异的理念，确立了中医认识及治疗疾病的基本法则——辨证论治。

在用药方面，张仲景一向反对乱用药，他认为："人体平和，唯须好将养，勿妄服药。药势偏有所助，则令人脏气不平，易受外患；唯断谷者，可恒将药耳。"另一方面，他也主张人们在生病时及时用药："凡人有疾，不时即治，隐忍冀差，以成痼疾。"这也是辨证理论的体现。

方剂是《伤寒杂病论》又一核心内容，其中《伤寒论》载方 113 个，《金匮要略》载方 262 个，除去重复药方合计 269 个独特方剂。这些方剂具有严密而精妙的配伍，在类型上也进行了很多创新，涵盖汤剂、丸剂、散剂、膏剂、滴耳剂、灌鼻剂、灌肠剂、栓剂等多种形式，并详细记载了制法和服用方法。书中的许多方剂在现代仍广泛应用于公共卫生保健，以及治疗各种疾病，如乙型脑炎、肺炎、阑尾炎、胆道蛔虫、痢疾、肝炎、心律不齐和冠心病等，因此也被称为"方书之祖"。

《伤寒杂病论》奠定了中医学理、法、方、药的基础，提供了大量在实践中行之有效的治疗方法和方剂，至今仍然是我国中医院校的基础课程内容之一。宋代之后，《伤寒杂病论》传播到日本、朝鲜半岛等地区，被视为十分重要的医学文献，并对当地的医学体系产生了重要影响。

东汉末年，还有一位与张仲景齐名的医学圣手——华佗。华佗，字元化，一名旉。他无心功名，早年曾四处游历，治病救人，广泛学习医学知识，在外科、内科、妇科、儿科和针灸等多个医学领域都有深入的研究和实践，尤其擅长外科手术，被尊为"外科圣手""外科鼻祖"。

华佗最著名的事迹之一是发明"麻沸散"，并成功将其运用到外科手术中。《后汉书》中记载了他做外科手术的全过程："若疾发结于内，针药所不能及者，乃令先以酒服麻沸散，既醉无所觉，因刳破腹背，抽割积聚。若在肠胃，则断截湔洗，除去疾秽，既而缝合，敷以神膏，四五日创愈，一月之间皆平复。"从这段记载可以看出，手术开始前，华佗首先使用"麻沸散"进行麻醉。患者通过饮用掺有麻沸散的酒来达到"醉酒状态"，从而在手术过程中失去知觉。在患者麻醉后，华佗会刳破患者的腹部或背部，对肠胃等发生病变的内脏器官进行切除、清洗，并去除积聚的疾病组织。手术处理完成后，华佗会仔细缝合手术切口，并使用特制的药膏进行敷料处理，以促进伤口的愈合。

"麻沸散"不仅是中医历史上最伟大的发明之一，也是世界医学史上的罕见创造。直到 1846 年，美国医生摩尔顿才发现可以用乙醚麻醉。也就是说，华佗的"麻沸散"至少领先西方1600 年。

除此之外，华佗还创立了"五禽戏"，可通过日常运动来预防疾病。可惜的是，华佗虽然治愈了无数病人，为后代留下了宝贵的医学财富，自己却死于许昌的监狱中，他的著作《青囊书》也失传了。

华佗之后，西晋的太医王叔和在总结脉学经验的基础上，撰写了《脉经》10卷，详细描述了各种脉象的特点及其与不同疾病之间的关联，并对脉象进行了系统分类，如浮、沉、迟、数、滑、涩等，阐述了脉象变化与疾病发展的关系。

东晋时期的葛洪撰写了《肘后备急方》，集中讨论了急救医疗方法，共计86方。葛洪认为，《金匮要略》中"多珍贵之药"，穷人家根本用不起，于是，他在记录药方时从"便""廉""验"三方面着手，十分重视药品的性价比。值得一提的是，他对肺结核的防治方法有很深的研究，认为"其病变动，乃有三十六种至九十九种"，与现代医学结论大致相同。另外，书中还对天花进行了相关讨论，称其为"虏疮"，这是已知中国最早关于天花的记载。

陶弘景是这一时期又一位名医。陶弘景，字元亮，南北朝时期的著名道士、文学家和药学家，尤其在道教和中药学领域有着重要影响。陶弘景从医时，《肘后备急方》已经流传了100多年，他结合自己的医学经验，对原书进行了删减和扩充，将原本的86方删去7方，又增加22方，整理为《补阙肘后百一方》，在世间广为流传。除此之外，陶弘景还对《神农本草经》进行了整理，将药品增加到 730 种，并详细描述了这些药物的性状、产地、采集方法、功效及用法，著为《本草经集注》，被视为又一药学巨著。

总的来说，秦汉到魏晋南北朝时期，我国在医学领域取得了很多辉煌成就，从《神农本草经》的编撰所体现的众多医者对药物学的深入研究和实践，到张仲景的《伤寒杂病论》和华佗在外科领域的创新，再到西晋的王叔和对脉学的系统整理，以及东晋的葛洪和南北朝的陶弘景在药学和急救医学上的贡献，这一时期的医学成就不仅在中国，也在世界医学史上仍占有重要地位。

这些成就的累积和传承，不仅丰富了医学知识体系，也为后来的医学发展奠定了坚实的基础。

第二章

盛世气象

第一节 社会环境与历史概述

公元 581 年，隋文帝杨坚接受禅让建立隋朝，结束了魏晋南北朝长达数百年的战乱。在很多方面，隋朝与秦朝都极为相似，两个朝代都是在长期战乱的基础上建立的，都大兴土木，滥用民力，都二世而亡，都给后来者留下了制度框架与很多大型工程，为后世王朝奠定了统治基础，且继任者都创造了数百年的太平盛世。

与秦朝不同的是，隋朝建立之初，隋文帝实行了很多休养生息的政策，包括减免赋税、放宽刑罚、修建水利工程等，这些举措有效地恢复了经济秩序，维护了社会稳定，开创了"开皇之治"的局面。更为重要的是，隋文帝还采取了一系列措施削弱了士族门阀的势力。

魏晋南北朝时期，主要的选官制度是九品中正制，即根据家族背景与才学将人才分为9个等级，每个等级都有相应的品级和职位。由于这种选官方式太过主观，很快就被地方有权有势的家族控制，官职和权力都被垄断了。这些家族之间再通过联姻、政治联盟等方式维护和扩大自己的影响力，成了社会和政权的实际掌控者。例如，杨坚本人就出身关陇贵族集团，父亲杨忠是北周名将，曾担任过柱国大将军等职，地位显赫，而他的母亲则是北周宣帝宇文赟的姐姐。

士族门阀的存在，导致政治和社会资源集中在少数家族中，普通百姓难以通过个人努力改变自己的社会地位，限制了社会的流动性和公平性。另一方面，士族门阀通过对教育和文化的控制来巩固自己的地位，也实际上垄断了知识的传播。

隋朝建立之后，隋文帝废除九品中正制，设立科举制度，即通过考试来选拔官吏。科举制的实施，使得普通百姓有机会通过考试的方式进入官僚体系，这在一定程度上打破了士族门阀对政治和社会资源的垄断。虽然在隋朝，科举还未成为选拔官员的主要渠道，但其影响力逐渐显现，为唐朝科举制的推广和完善奠定了基础。

与父亲不同，隋炀帝是一位好大喜功的皇帝，他继位之后，大兴土木，建长城，造宫殿，修驰道，开凿大运河，又频繁发动对外战争，仅3次进攻高句丽就动员了数百万军队。生活方面，隋炀帝也极尽奢侈，挥霍无度，有一次其出游队伍长达200多里①，随行人员十几万人。隋炀帝的暴虐统治很快便导致民变四起，隋朝因而走向灭亡，结束了短短38年的国祚。

公元618年，李渊称帝建立唐朝。唐太宗李世民是唐朝的第二位皇帝，他在位时期，实施了一系列改革，包括减税、轻刑、任用贤才等，推动了社会经济的发展和繁荣，开创了"贞观之治"。之后，武则天改国号为"周"，成为中国历史上唯一一位女皇帝。她在位期间，"劝农桑，薄赋役"，社会和经济发展相对稳定，被赞为"女中英主"。武则天逝世后，李隆基继位，将国号重新改为唐，开创了"开元盛世"。这一时期，唐朝的政治、经济、文化、科技与外交都达到了高峰。

不过，好景不长，唐玄宗统治后期，755年，节度使安禄山、史思明发动叛乱，席卷天下，就连唐玄宗也从长安出逃，史称"安史之乱"。

安史之乱持续了8年之久（755—763年），造成了极其严

---

① 里：1里为500米。

重的破坏，大量人口死亡（达上千万），经济遭受重创，社会秩序陷入混乱，尤其是北方地区受到的破坏尤为严重，"井邑榛棘""千里萧条"。另一方面，战争还加速了唐朝政治结构的变化。为了抵抗叛军，唐朝中央政府不得不赋予地方军事领袖更多的权力，这些地方节度使逐渐成为拥有实质独立权力的地方割据势力。这种政治格局的转变，削弱了中央政府的控制力，为后来唐朝的灭亡埋下伏笔。

安史之乱后，唐朝国力进一步衰落，中央政府的控制力持续下降，地方割据现象日益严重。907年，朱全忠逼迫哀帝禅让建立后梁，唐朝正式灭亡，之后，中国再次陷入了五代十国的战乱割据之中。

五代十国时期是中国历史上的一个动荡时期，从907年唐朝灭亡至960年北宋建立，历时50余年。这一时期，中国历经后梁、后唐、后晋、后汉、后周等5个短暂的王朝，被称为"五代"，"十国"则指五代时期分布在中国南方和西南部的10个主要地方政权。这些政权包括前蜀、后蜀、南汉、南唐、吴、吴越、闽、楚、南平，以及北方的北汉。这些政权大多在五代期间存在，并与五代王朝并存。

总的来说，隋唐五代时期是中国历史上一个重要的转折点，这一时期的社会、政治和文化具有深远的影响力。隋朝虽然短暂，但奠定了统一的多民族国家基础，实行了一系列重要的改革，大大促进了社会流动性和文化发展。

隋之后的唐朝，是中国历史上的另一个高峰，政治相对稳定，经济繁荣，文化发展极盛，特别是在诗歌、绘画、建筑和音乐等方面。唐朝的对外交流也十分活跃，日本、朝鲜、印度、波斯、阿拉伯，以及东南亚各国的使者纷纷慕名而来。通过丝绸之路，唐朝与中亚、西亚，甚至欧洲的国家进行了广泛的贸易和文化交流，丝绸、瓷器、茶叶、香料等中国商品远销海外，国外的商品也进入中国。长安与洛阳成为当时世界级繁荣的国际化大都市，吸引了大量外国人前来定居。直至今日，"盛唐"仍然是中国的一个文化符号，华人在国外的聚居区仍然被称为"唐人街"。

隋唐时期，总体稳定的社会环境，经济的发展，科举制创立之后教育的普及，都对科技发展起到了重要的推动作用，这一时期成为中国科技发展史上的重要阶段。

第二节 曲辕犁与农业的发展

从北魏开始到隋唐时期，均田制一直是主流的土地制度。所谓均田制，即根据家庭人口数分配土地，通常以男性为主，妇女、奴婢和牛也可以分得一定田产。如武德七年（624 年）均田令规定："丁男、中男给一顷，笃疾、废疾给四十亩，寡妻妾三十亩。若为户者加二十亩。所授之田，十分之二为世业，八为口分。"丁男一般指成年男性，中男则可能指较年轻或者身体状况较好的成年男性，他们是家庭的主要劳动力，因此能够分到一顷土地。身体有严重疾病或残疾的人由于健康原因无法从事繁重的农业劳动，因此只能得到四十亩土地。被分到的所有田地，十分之二为世业，即永久继承的土地，八为口分，即按人口数量分配的土地。世业之田在户主去世后由继承户者继承。（"世业之田，身死则承户者便授之。"）

均田制实际上是国家土地所有制和个人土地所有制的折中，朝廷把土地分给百姓，百姓则根据土地的多少来向国家缴纳赋税，与过去土地国有的制度相比，农民的生产积极性大大提高，粮食产量也逐年增加，出现了很多富余。

隋唐时期，粮仓是非常重要的设施，用于储存大量的粮食以备不时之需。隋文帝和隋炀帝两代帝王都非常注重粮仓的建设，因此修建了许多超级粮仓。

黎阳仓修建于隋文帝时期，规模宏大，当时就有"黎阳收，固九州"的说法。考古发掘后发现，整个粮仓有 80 多个仓窖，能够储存 3000 多万斤[1]粮食。这意味着，如果黎阳仓装满粮食，足够 8 万人吃整整 1 年。回洛仓是隋炀帝时期建造的，规模更大，有 700 个仓窖，面积足有 50 个足球场那么大。

除了黎阳仓和回洛仓，隋朝还有许多其他粮仓，如兴洛仓、常平仓、广通仓等。《通典》中记载："西京太仓，东京含嘉仓、洛口仓，华州永丰仓，陕州太原仓，储米粟多者千万石，少者不减百万石。天下义仓又皆充满。京都及并州（今山西太原）库布帛各数千万。"这些粮仓中的存粮，直到唐朝建立 20 年后，

---

[1] 斤：1 斤为 0.5 千克。

仍然没有吃完。到唐代，尤其是"开元盛世"期间，朝廷对粮仓又进行了大规模扩建，储存的粮食最多时达"一万万石"。杜甫在《忆昔》（其二）中也描述过当时的盛世景象："忆昔开元全盛日，小邑犹藏万家室。稻米流脂粟米白，公私仓廪俱丰实。"

农业的发展离不开工具的进步，尤其是曲辕犁的使用。唐代诗人陆龟蒙曾写过《耒耜经》一文，文中详细介绍了曲辕犁的构造和使用情形。

曲辕犁也叫江东犁，由多个组件构成，每个部件都有其特定的功能，共同协作完成耕作的任务。

耒（犁底）：木质部分，是犁的主体，承载其他部件。

耜（犁壁）：金属制作的部分，用于翻土和覆盖土块。

压镵（压木）：位于犁底背部，有两孔以固定其他部件。

策额（犁锋）：连接犁底和犁箭，用于固定犁壁。

犁箭：连接犁底和犁辕，起到传导作用。

犁辕：连接牛和犁，用于拖拉犁具。

犁梢：犁辕的尾部，操作者用以控制犁具。

犁评：连接犁辕和犁箭，调节犁深。

犁建：固定犁辕和犁评，保持稳定。

犁转：位于犁辕前端，用于转向。

跟之前的犁相比，曲辕犁有了很大的进步。一方面，曲辕犁的尺寸缩短到了一丈①二尺②，减轻了重量，提高了灵活性，用一头牛就可以牵引，大大节省了人力和畜力。曲辕犁在设计上十分精巧，每个部件都有其独特的功能。例如，犁壁在耕作时可以把土块推开，有利于深耕，耕作速度更快，效率更高；通过调节犁评，农夫们可以控制犁铧的上下位置，从而实现深耕或浅耕。

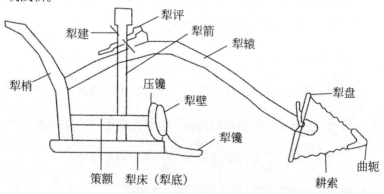

图 2-1 曲辕犁构造图

---

① 丈：一丈约为 3.33 米。

② 尺：一尺约为 0.33 米。

播种之后，灌溉也是影响农业收成的一大关键要素。唐朝政府十分重视水利，在中央设立了专门的都水监，"使者二人，正五品上"，负责管理全国的河渠、水利。都水监下设使者、丞等职位，负责各项水利政策的实施和监督。对于首都附近的重要水利工程，如兴成堰、五门堰等，唐政府还设立了专门的管理官员，确保水利工程的有效运行。据统计，有唐一代，仅史料记载的水利工程就多达 300 多处，其余小型工程更是数不胜数。对于破坏水利工程的罪犯，唐政府也制定了十分严酷的刑罚，如"决堤防者，徒三年"等。

四通八达的水利工程完成之后，农夫们还要把水引到田间地头，这就是我们接下来要介绍的另一项重大发明——筒车。

图 2-2 筒车

筒车也叫水车，是一种由木制或竹制的管状筒子组成的水车，其工作原理是利用水流的动力来提升水位，以便于灌溉较高地势的农田。

筒车由水轮和筒子两个部分组成。水轮安装在河流或水道中，利用流水的推动力来驱动。水轮上装有一排排的筒子，当水轮转动时，筒子随之上升并在达到顶点时倾倒水流。筒子通过提水机制将水从低处提升到高处，供灌溉使用。

王祯在《农书》中介绍过筒车使用的情形："作木圈缚绕轮上，就系竹筒或木筒于轮之一周，水激轮转，众筒兜水，次第下倾于岸上……以灌田稻，日夜不息，绝胜人力。"

筒车的使用大大提高了灌溉效率，特别是在北方地区，对改善当时农业生产条件、提高粮食产量起到了重要作用。

除了曲辕犁和筒车之外，唐代还出现了风车、碌碡、踏犁等新型工具，镰刀等传统生产工具也得到进一步改进，因为农田被大量开垦，人口大量增加。唐玄宗天宝年间，全国的农田数量达到了"一千四百三十万三千八百六十二顷十三亩"，人口也增长到"户八百九十万余"（《通典·食货典·田制》）。

这一时期，中国的农业生产技术和人口规模显著高于欧洲、中东和印度等地区，鼎盛时期，长安城人口已经突破百万，而同时期的君士坦丁堡、罗马、巴格达等城市人口不过数十万。

第三节 "茶圣"与《茶经》

中国的茶文化源远流长，茶叶的栽培和加工也早在唐朝就成了农业的一项重要内容。秦汉时期，茶主要作为药材使用。《神农本草经》中说："神农尝百草，日遇七十二毒，得茶而解之。"可见当时的人已经知道了茶叶具有清热解毒的功效。

魏晋南北朝时期，文人雅士开始把饮茶作为一种高雅的生活方式，茶道逐渐形成。他们在品茶的同时，还会结合诗歌、书法、绘画等艺术形式，品茶联诗，进行文化创作和交流。如西晋张载的《登成都白菟楼诗》中写道，"芳茶冠六清，溢味播九区"。左思的《娇女诗》中还描绘了当时饮茶的场景："止为茶舛据，吹嘘对鼎䥶。脂腻漫白袖，烟熏染阿锡。"另外，当时玄学盛行，流传了很多喝茶可以养生、长寿，甚至得道飞升的故事。种种原因使得饮茶逐渐成为当时的一种风尚，进一步推动了茶树种植业的发展。

到唐代，饮茶已经发展成为一项全民活动，茶文化达到全面繁荣的阶段，茶叶种植遍及 50 多个州郡，名茶也出现了 50 多个品种。比如，李白在《答族侄僧中孚赠玉泉仙人掌茶》中提到了"玉泉三珍"，其余还有蒙顶茶、渠江薄片、神泉小团、紫笋茶、碧涧、明月、芳蕊等。

随着茶树种植面积和市场需求不断扩大，唐政府成立了专门的部门进行管理，唐德宗时期还设立了茶税，为政府增加了一项重要收入。

唐代农书《四时纂要》中专门记载了与种植茶树相关的技术，包括栽种、管理和收获等，书中指出茶树的最佳种植时间是二月中旬，要种在树荫下或背阴的地方。这是因为茶树喜阴，阳光直射可能会对其生长造成不利影响。种植前，要开挖直径 3 尺、深 1 尺的坑，底部放入混合有粪肥的土壤，每个坑种植六七十颗茶籽，然后覆盖约 1 寸厚的土。这样做有利于茶籽的发芽和生长。坑与坑之间应该留有适当的间距，以两尺为宜，方便日后茶树的成长和管理。施肥方面，最好使用小便、稀粪、蚕沙等进行施肥，并注意施肥量不宜过多，以免烧伤嫩根。同时，对于种植在平地的茶树，要注意排水，以防根部积水。收获茶籽后，要与湿沙土混合后存放。

从这段记载可以看出，当时的茶叶种植技术已经相当成熟，茶农们已经掌握了作物生长空间需求、生物肥的有效利用、排水的重要性、防冻防害等众多知识，且已经开始采用"沙藏催芽法"，即在收获茶籽之后，将茶籽与湿沙土混合。这样做可以使种子在冬天保持湿润状态，防止种子直接暴露在严寒环境下而受到冻害。待到来年的二月份，即早春时节，再将这些经过沙藏催芽处理的茶籽拿出来进行播种。这时，由于沙土的保温和保湿作用，茶籽已经处于适宜发芽的状态。沙藏催芽法可以为种子提供一个较为稳定的微环境，从而提高种子发芽率和生长质量，反映了唐代茶农对作物生长周期和环境适应性的深刻认识。直至今日，这种方法仍然被广泛使用。

随着茶叶种植技术和茶文化的不断发展，唐代出现了很多茶学家，其中最著名的当属陆羽。

据《新唐书》记载，陆羽出生后便被父母抛弃，之后被禅师智积在河边捡到，抚养成人。长大之后，陆羽不愿意削发为僧，便自学成才，离开寺庙，在苕溪修建房子，闭门读书，过起了"谈笑有鸿儒，往来无白丁"的隐居生活。

陆羽生性嗜茶，下定决心写一本关于茶的专著，21 岁时便走上了游历之路。在十几年的时间中，足迹踏遍 30 余州，搜集了上千条与茶相关的资料，又经过 5 年整理，5 年删改，最终写成了中国乃至世界现已知最早、最全面、最专业的茶学专著《茶经》。

茶经包含 10 章内容，分别是一之源、二之具、三之造、四之器、五之煮、六之饮、七之事、八之出、九之略、十之图，系统论述了茶的来源、种植、制作、品评、饮用，以及与茶相关的器具等各个方面，其中包含众多科学知识和实践技术，涉及植物学、农学、药理学和物理学等领域。

在茶树种植上，陆羽提到，山间有碎石的土壤能够产出上等好茶，其次是砂壤土，能够产出中等茶，最后是黄土，只能产出下等茶。这是因为碎石土壤具有良好的排水性和透气性，有助于茶树根系的生长和发展。良好的排水性能够防止茶树根部积水和出现病害，同时，碎石土壤通常富含矿物质，这些矿物质能被茶树吸收，从而提高茶叶的品质。而黄土的排水性和透气性相对较差，容易在雨季时积水，不利于茶树的根系发育。此外，黄土的肥力和矿物质含量也不如碎石土和砂壤土，因此在黄土中生长的茶树所产出的茶叶品质最低。

　　种茶和种瓜类似，通常 3 年可以采摘。一般来说，野生茶要比园圃里的茶质量好；有绿荫覆盖的向阳山坡产出的茶叶质量好，背阴山坡或谷地产出的茶叶质量差。由此可见，古代的茶农已经对茶树的生长环境有着深刻的理解，认识到不同生长环境对茶叶品质的影响。现代的"高山茶"概念也是基于类似的原理，即在较高海拔、自然环境良好的山区种植的茶树产出的茶叶品质通常更高。

　　在采摘茶叶方面，陆羽写道："凡采茶，在二月、三月、四月之间。"除此之外，"日有雨不采，晴有云不采"，只有晴空万里才可以采摘茶叶。之后，还要"蒸之，捣之，拍之，焙之，穿之，封之"，茶叶才能长久保存。唐代人饮茶与现代人不同，摘下的茶叶要先蒸制，之后将蒸软的茶叶捣碎，再制成饼进行烘焙，最后串起来封存。整个制茶过程目的有二，一是为了去除水分，二是为了保留香气。这些步骤反映了古代人们对茶叶加工技术的认识和实践，每一步都是为了保证茶叶的品质和提高其储藏寿命。

　　水为茶之母，器为茶之父。陆羽在《茶经》中强调了不同水源对泡茶口感的影响："山水为上，江水为中，井水为下。"这是因为，山水(即自然泉水)通常含有较多的天然矿物质(如钙、镁等），这些矿物质可以增强茶汤的风味，使茶汤口感更加醇厚、回甘。相比之下，江水虽然也含有一定的矿物质，但因为水体较大、流动性强而稀释了这些成分。井水则可能因为长时间静置，硬度较大（钙镁离子浓度较高），这些成分会增加茶汤的苦涩感。陆羽的这些观察反映了他对水质影响茶味有着细致理解和深刻洞察，这些经验直至今天在现代茶学和水质科学中仍然有重要的参考价值。

关于茶具，陆羽在书中一共提到了 24 种，包含罗合、竹夹、醘簋、熟盂、畚、札、涤方、渣方、巾、具列、都篮、风炉、茶釜、纸囊、木碾、茶碗等，每种茶具都有其相应的作用，在烹茶过程中各自扮演着重要的角色。

唐代人饮茶与现代人有所不同，现在大多是全叶冲泡法，唐代则分为粗茶、散茶、末茶和饼茶，烹制之前要先斫开、煎熬、烤炙、捣碎，每一种方法都有其注意事项。例如，炙茶时，一定不能放在通风的火上，这样的火苗飘忽不定，会使得茶受热不均。煮茶时，还要把握好水温与火候，对此，陆羽提出了简单实用的"三沸法"："其沸，如鱼目，微有声，为一沸；缘边如涌泉连珠，为二沸；腾波鼓浪，为三沸。"三沸之后就不能继续煮了。站在现代科学的角度来看，一沸（鱼眼沸）时，水面上出现细小的气泡，形似鱼眼，伴有轻微的声响，这时的水温为 70～80℃；二沸（细泡沸）时，水温进一步升高，气泡变得更大，水面边缘出现类似涌泉的连珠细泡，这时的水温为 80～90℃；三沸（滚泡沸）时，水达到沸腾状态，水面波涛汹涌，大量蒸汽产生，气泡剧烈翻腾，水温达到 100℃。水在三沸之后就不宜继续煮沸了，这是因为过度沸腾的水会失去部分氧气，影响茶汤的口感。

古人虽然不清楚其中的一些科学原理，却能够通过实践总结出一套行之有效的方法。这种基于经验的知识积累和传承，不仅是当时社会科技发展水平的体现，也是古人智慧的结晶。这种方法在许多传统技艺和手工艺中都有广泛应用，为后世科学发展打下了坚实的基础。

除了以上内容之外，《茶经》中还讨论了饮茶与身体健康之间的关系，如提神醒脑、消除疲劳、提高精神集中度、利尿排毒、帮助消化、提高抵抗力等，这些观点大都已经得到了现代医学的验证。

总的来说，陆羽的《茶经》为采茶、制茶、饮茶等设立了标准，堪称"茶文化百科全书"，将茶叶提升到了文化和艺术的高度，使茶成为中国文化的重要组成部分。后世无论是宋代的点茶、斗茶，还是明清时期的清雅茶聚，甚至在日本的茶会中，都能看到《茶经》的影子。正因如此，陆羽才被尊奉为"茶圣"。

第四节 畜牧医学与营养学的发展

在隋唐至五代的经济结构中，畜牧业始终占有极其重要的地位，甚至成为支柱产业。首先，在军事方面，唐朝建立之初就面临着周边游牧民族的威胁。唐高祖李渊在起兵之前，任山西河东慰抚大使、太原留守、晋阳宫监，是当地的最高军事指挥，就经常与突厥发生战事。在反隋之前，李渊曾因为突厥的威胁而迟迟不敢出兵。后来，刘文静出使突厥，提出"与可汗兵马同入京师，人众土地入唐公，财帛金宝入突厥"，突厥也"遣将康鞘利领骑二千，随文静而至"，这才免除了后顾之忧。

唐朝建立之初，天下仍然没有平定，在面对突厥时仍然以绥靖政策为主，"高祖以中原初定，不遑外略，每优容之"，而突厥则经常出兵掠边。唐太宗即位后，边患仍然十分严重，突厥人在颉利可汗、突利可汗的率领下入侵泾州，甚至威胁京城，一直到达渭水边。唐太宗亲自率军与其隔水对话，杀白马盟誓，突厥军队这才撤走。关于当时强盛的突厥，古籍中有记载"东自契丹、室韦，西尽吐谷浑、高昌诸国"皆臣属、"控弦百余万"。

自秦汉以来，想要在与游牧民族的战争中获取胜利，最关键的就是战马的质量和数量，为此，唐太宗将养马作为国防建设的关键，甚至亲自"逾陇山至西瓦亭观牧马"，大力兴办牧场，建立了完整的中央马政机构，包含太仆寺、驾部、尚乘局。这三大机构相互配合，相互制约。同时唐太宗还在地方设置监牧，负责管理牧场，分布范围极广，"跨陇西、金城、平凉、天水四郡之地，幅员千里"（《大唐开元十三年陇右监牧颂德碑》）。

这些机构中，以太仆寺最为重要，该机构设置"卿一员。（从三品。）少卿二人。（从四品上。）卿之职掌邦国厩牧、车舆之政令，总乘黄、典车之属"。为了保持马匹的健康，太仆寺下还专门设立了"兽医六百人，兽医博士四人，学生一百人"。这表明，唐代的兽医学已发展成熟，而且有了系统的培训制度，这也是唐代畜牧业发展的一项重大成就。

唐开成年间，李石编著了《司牧安骥集》，这是一部动物医学教科书，对中国传统动物医学的理论及诊疗技术都有比较系统的论述，一直到宋、元、明三代，这部书都是兽医从业者必读的教科书，在明代时流传到日本。

《司牧安骥集》，是一本综合性兽医学著作，也是一部医马相马巨著，该书卷一中收录了相良马图、相良马论、相良马宝金篇等马学内容。当时，"旋毛论"十分流行，即根据马身上旋毛的位置、方向来判断主人的吉凶祸福。《司牧安骥集》对这种迷信的说法提出了批判，并提出了一套科学的相马理论。相马时，首先观察马的眼睛（"三十二相眼为先"）和马的头面形状（次观头面要方圆）；其次还要将马的外部特征与内部器质联系起来，如目与心、鼻与肺、耳与肝等的关系，这反映了当时人们对马体解剖和生理的深入了解，表明畜体解剖学在唐代时已经形成。而在西方，解剖学的系统化研究主要始于文艺复兴时期，尤其是 16 世纪。

该书卷二讲述了关于兽医方剂和治疗方法的内容，重点放在了各种兽医治疗方面，包括但不限于马匹的病理机制、病因、病程及其治疗原则。其中，"马师皇五脏论"中记载了五脏的病理机制及治疗方法，"取槽结法"中收录了用外科手术摘除牲畜淋巴结的方法，"放血法"则讲述了用放血法治疗马的疽痈和毒症。这些治疗方法在当时全世界范围的都处于领先地位。

《司牧安骥集》卷四以方剂为主，收录了治骡马效方 25 类，药方 143 个。除此之外，书中还收录了关于马体针灸的专文《伯乐针经》，记录了大量的穴位和针刺点。

《司牧安骥集》集唐朝及其以前主要疗马学著作之大成，内容包含相马外形学、针灸火烙、脏腑学说、中药方剂、马病各论和诊断治疗等 5 个部分，书中的 4 篇五脏说和 72 大病等为传统中兽医学奠定了理论基础，药方则具有极高的实用价值，不仅是中国古代兽医学的一个里程碑，也对后世兽医学的发展产生了深远的影响。

除了畜牧医药学的进步之外，营养学的发展也是唐朝畜牧业进步的重要标志。从人类圈养马匹开始，饲料的重要性便与日俱增。随着畜牧业规模的扩大，到唐朝时，全国很多地方都建立了规模化的饲料基地，尤其是苜蓿的种植面积不断扩大，为马提供了充足的饲料来源。

苜蓿的引进和利用始于汉代，由出使西域的张骞引入中原。最初，苜蓿主要用于御马的饲草，种植集中在汉宫的园苑中。后来，苜蓿在关中地区及西北牧区得到了广泛种植，到了隋唐时期，其种植规模和利用范围进一步扩大。

苜蓿之所以适合作为马的饲料，主要是因为其含有丰富的蛋白质、维生素和矿物质。这些成分对马匹的生长发育至关重要。另外，苜蓿的纤维素易于消化，有助于马匹维持消化系统健康，提高食物的利用率。更为重要的是，苜蓿的适应性强，能够在多种地理和气候条件下生长，这为人们在广阔地区的种植和利用苜蓿提供了条件。而且，苜蓿还可多次刈割，每年可提供多次收获，确保了稳定的饲料供应。

唐朝苜蓿种植面积极大，据《大唐开元十三年陇右监牧颂德碑》记载：仅仅在陇右牧区，"莳茼麦、苜蓿"的种植面积就达到了 1900 顷，除此之外，陇右、关内、河东三道，安西都、毗沙都和渭河与黄河下游流域，乃至鄯州都有苜蓿分布。

不仅如此，唐朝时饲料的利用标准已经系统化，《唐六典》中就有十分严格的规定。

首先，要根据不同畜别喂养不同的饲料，而且要注意粗细搭配。比如："凡象日给稻、菽各三斗，盐一升；马，粟一斗、盐六勺，乳者倍之；驼及牛之乳者、运者各以斗菽，田牛半之；施盐三合，牛盐二合；羊，粟、菽各升有四合，盐六勺。"从这里可以看出，唐代时的畜别，除了传统的马、牛、羊之外，还有骆驼、大象等。同时，人们已经意识到盐对动物的重要性，并在饲料中有计划地定量加入盐。盐中的钠离子和氯离子是维持动物体内电解质平衡的重要成分，对调节体液平衡、神经兴奋和肌肉收缩等生理过程至关重要。

其次，畜别相同的情况下，还要按照年龄、体型和活动量来喂食不同的饲料。比如，牛拉了很久的车，就要喂菽一斗，而给劳动强度较小的牛喂食则要饲料减半。另外，季节不同，喂养时也有区别。

总的来说，唐朝的畜牧业在营养学和医药学方面都取得了显著的进步。通过引进和广泛利用如苜蓿这样的高质量饲料，以及制订科学合理的饲料使用标准，唐朝不仅家畜的生长发育效率提高了，而且家畜的健康和生产力也增强了。这些进步不仅对当时的农业生产有重要影响，还对后世的畜牧业发展产生了深远的影响。唐朝的畜牧业综合发展成果，尤其是在畜牧营养学方面的成就，展现了古代中国在农业科技方面的先进性和创新能力。

"牧养有法，医疗有方"，在营养学与兽医学的双重加持下，唐朝马匹数量出现了爆炸式增长，从建国之初仅有几千匹马，迅速发展到贞观年间的 8 万匹，再到"麟德四十年间（唐高宗时期）"，马匹数量达到了惊人的"七十万六千匹"。

王夫之曾指出："汉唐之所以能张者，皆唯畜牧之盛也。"

有了充足的战马，唐王朝不断主动出击，灭亡东突厥，平定吐谷浑，打败西突厥、高句丽、松外诸蛮，使其俯首称臣，成功占据河套、漠南、漠北、西域等地，领土范围不断扩大。全盛时期，唐朝领土面积近 1300 万平方千米，东起日本海、南据安南、西抵咸海、北逾贝加尔湖，成为当时世界上首屈一指的大国。

第五节 唐横刀与大型铸件工艺

在古代战争中，金戈与铁马是分不开的一对组合，唐朝武力之所以强盛，除了拥有充足的战马之外，也离不开冶金技术和兵器铸造技术的进步。

唐朝时，铁器已经广泛应用到武器及生活的方方面面，这离不开发达的采矿业。当时的铁矿分布范围十分广泛，据记载，唐朝 328 府、1573 县中，有 100 个以上有铁矿，其铜矿、锡矿、铅矿等"坑冶"遗址，在全国有 271 处之多，分布在现在的河南、山西、江苏、浙江、江西等地，产量十分惊人。如《新唐书》中记载，唐昭宗年间，全国"岁采银万二千两，铜二十六万六千斤，铁二百七万斤，锡五万斤，铅无常数"。

唐朝的燃料仍然以木炭为主。在冶炼设备方面，竖炉以圆形横截面为主，炉高一般在 6 米以下，炉内容量 2 ～ 10 立方米不等。鼓风设备方面，除了我们之前说过的皮囊、水排之外，唐朝还出现了立式风箱。

立式风箱是古代一种冶炼铁器时用于提供强劲气流，增加炉膛内的氧气供应，从而提高炉内温度，使铁矿石更有效地熔化和净化的设备。这种风箱的主要特点是其垂直结构，与传统的横向风箱不同。

立式风箱的工作原理相对简单，这种设备通常由一个垂直的木箱构成，箱体一侧有一个可开闭的板门。通过快速打开和关闭这个板门，风箱内部就能产生压力变化，从而推动空气流入炉膛。因其结构简单、操作方便、风力强劲等特点，立式风箱在隋唐时期的铁器冶炼中得到广泛应用。不过，当时的风箱还没有活塞，操作起来较为笨重。

在冶炼技术方面，灌钢法得到进一步推广和普及，武器形制也进行了很多创新。《唐六典》中记载："刀之制有四，一曰仪刀，二曰鄣刀，三曰横刀，四曰陌刀。"其中，横刀是军士的佩刀，陌刀则是"长刀也，步兵所持，盖古之断马剑"。横刀作为日常佩刀，是士兵的"随身七事"之一，地位最为重要，也是唐代最具代表性的冷兵器，在整个中国兵器史上都占有十分重要的地位。

唐横刀没有固定的形制，多为60～90厘米，刀身狭直，长柄，一般是单手握持。与之前的刀相比，唐横刀取消环首，增加了刀格，这是中国刀剑史上的一项重大进步。另外，唐横刀的刀尖出现了3种形式：斜直刀尖、剑形刀尖与斜锐刀尖。

在锻造时，唐横刀中间的铁芯一般采用旋焊技术，刀刃、刀背则采用包钢法。旋焊技术是一种将多层不同材质的金属通过锻打结合在一起的技术，能够保持刀剑在具有足够硬度的同时，还能有足够的韧性。包钢法是一种在刀剑的边缘部分使用高碳钢，而中心和背部使用低碳钢的制造方法。刀刃采用高碳钢，可以增加其锋利度和耐用性，而刀背使用低碳钢，可以增加整体的韧性和弹性。旋焊技术和包钢法的应用要求极高的技艺和精确的温度控制，展现了当时工匠的高超技艺。

隋唐时期铸铁工艺的进步，还体现在大型铸件铸造技术的成熟上。《新唐书》中记载了一件事，延载二年（695年），武则天曾召集工匠，在端门外铸造了一座巨大的铜柱，全称"大周万国颂德天枢"，高达150尺（约45.72米），共有8面，每面宽5尺（约1.52米）。底部有铁制的象山作为基座，柱身上环绕着铜龙和石制的怪兽雕像。柱顶设计有云盖，上有直径约 1.8 米的大珠，周围环绕有 3 圈装饰与 4 个长约 1.9 米的蛟龙雕像。整个天枢共消耗铜铁 200 万斤，《资治通鉴》中也有相似的记载。不过可惜的是，这惊世之作并没有保存下来。

图 2-3 沧州大铁狮

我国现存最早的大型铸件是五代时期铸造的沧州大铁狮。这尊铁狮高约 5.4 米，长约 6.5 米，重约 32 吨。想要铸造这样的大型铸件，一次成型是不可能的。因此，在铸造过程中，工匠们采用了特殊的"泥范明铸法"，将铸件的整体分成 600 余范块拼铸而成。具体来说，就是将每一部分或每几个部分作为一个单独的铸造单元，分别浇铸，最后再将它们精确拼装起来，形成完整的铁狮子。"泥范明铸法"铸造难度极大，工匠必须确保每个泥范块的尺寸、形状和细节都非常精准，以便拼接时能够无缝对接，保证铸造出来的铁狮子的外观和细节符合设计，这不仅是一个物理拼接的过程，还涉及艺术上的整体性和连贯性，工艺难度极大。

除了天枢与沧州大铁狮之外，隋唐时期的大型铸件代表还有南诏铁柱，永济蒲津渡的铁牛、铁人等铁铸件群，等等。

唐政府对对外贸易持开放态度，设立了专门的市舶司来管理与外国的商贸往来。彼时贸易十分繁荣，市场对铜钱的需求量极大。为此，唐政府在全国建造了近百个铸钱炉，每个钱炉每年都要"役丁匠三十，费铜二万一千二百斤、镴三千七百斤、锡五百斤"。

除了铜钱之外，唐政府已经将银作为税收的形式之一，《新唐书·食货志》中就有"岁率银二万五千两"的记载，可见唐代炼银的规模已经相当庞大。根据出土文物来看，当时炼银的主要方法是吹灰法，即利用鼓风炉的高温将含银的矿石熔化，然后通过吹风的方式，使矿石中的其他杂质氧化或挥发，从而分离出银。

总的来说，当时的中国在冶金技术和铁器铸造方面取得了重大进步，这些技术的发展不仅推动了军事、农业和工业的快速发展，也为整个社会的繁荣和进步奠定了坚实的物质基础，为大唐盛世提供了充足的保障。沿着丝绸之路，西亚和欧洲的玻璃制品、香料、宝石等琳琅满目的商品源源不断地汇入长安城中，隋唐时期的中国以开放的姿态、大国的雄风，完成了海纳百川的壮举。

第六节 长安居，大不易

在唐代，进口商品和外国人主要聚集在长安西市。西市是唐朝长安城的两大集市之一，也是当时中外各国进行经济交流活动的重要场所，较东市更为繁荣，因此又被称为"金市"。李白在《前有一樽酒行二首》说的"胡姬貌如花，当垆笑春风"，描绘的就是当时西市的繁荣景象。

不过，对于大多数人来说，居住在长安是一件略显奢侈的事，就连大诗人们也不例外。唐代张固在《幽闲鼓吹》中讲了一件趣事，白居易到长安城应举时，给顾况写了一首诗，顾况看到他的名字后感叹道："米价方贵，居亦弗易。"这是以白居易的名字开玩笑，于是便有了"长安居，大不易"的说法。顾况的日子过得艰难，白居易也好不到哪里去，他曾在诗中说："游宦京都二十春，贫中无处可安贫。长羡蜗牛犹有舍，不如硕鼠解藏身。"由于买不起房，他连长安城的老鼠和蜗牛都羡慕上了。另一位大文学家韩愈，奋斗了 30 年才买到一间宅子，在诗里感叹"辛勤三十年，以有此屋庐"。可见，长安城绝对是寸土寸金的地方。

长安城始建于隋文帝开皇二年，由宇文恺主持修建，仅用 9 个月就完成了宫城和皇城的部分。第二年，隋朝迁都长安，隋文帝因曾被封为大兴公，因此将这座新城命名为大兴城。隋炀帝即位后，开凿大运河，将大兴城与洛阳城以水路连接，又发动十万民夫修建了外郭城，城市的基本格局初步完成。

大兴城的建造虽然只用了短短 9 个月时间，却运用了很多先进的建筑学知识。据《隋书》记载，在规划明堂时，宇文恺博考群籍，广泛研究历史文献，包括《礼记》《吕氏春秋》《乐志》《淮南子》等，确定好尺寸之后，根据现场情况对建筑的尺寸进行精确规划。之后采用"一分为一尺"的比例（"昔张衡浑象，以三分为一度；裴秀舆地，以二寸为千里。臣之此图，用一分为一尺，推而演之，冀轮奂有序。"），设计明堂图样并制作木质模型，这种设计图与模型相结合的方式是一种非常先进的实践，能实现在动工之前对设计方案进行可视化和调整，能够在实际施工前预防可能出现的问题，确保施工效率和质量，是中国建筑科技史上的一次重大突破。

唐朝建立后将大兴城改为长安城，取"长治久安"之意，继续定都于此，进行了进一步修缮与扩建。唐玄宗时期，又兴建了大明宫、兴庆宫等宫殿群，长安城才终于完工。

唐朝长安城的总面积达 83.1 平方千米，呈长方形布局，由外郭城、宫城和皇城三部分组成。城内街道纵横交错，形成了 110 座里坊，以及东市、西市等大型工商业区。城墙用夯土版筑，宽约 12 米，高约 5 米，周长 36.7 千米，外郭城共设有 12 座城门，每个城门均设有城门楼，与城墙共同构成一套严密、完整的防守体系。

南面正中的明德门连通朱雀大街，直达皇宫，将整座长安城分为东、西两个部分，城东为万年县，城西为长安县。朱雀大街宽 150～155 米，其余街道的宽度也在 35～65 米之间。宫城位于长安城北部，其中太极宫是皇帝的主要居所，大明宫和兴庆宫则分别位于太极宫的东北和东部，构成了"三大内"。

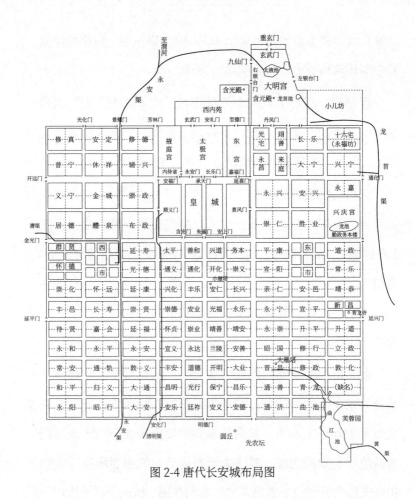

图 2-4 唐代长安城布局图

　　白居易在《登观音台望城》中写道："百千家似围棋局，
十二街如种菜畦。"这是对唐朝长安城最形象、生动的描绘。
唐朝实行坊市制度，坊是一座座用围墙阻隔，专门用来居住的建筑群，类似于现代的小区；市是专门进行商业活动的区域，有严格的时间限制。同时，居民区内禁止经商，在城市规划中，这些都是需要考虑的实际因素。

城市规划是建筑学中极为重要的组成部分，一座城市的建造，不仅要考虑它的防御能力，还要综合考虑地形地貌，水文条件，商业区、住宅区、娱乐区、手工业区的合理划分，排水系统，交通系统等。长安城布局合理，规划科学，巅峰时期容纳了超过100万人口，其中包含20万外来人口，集中体现了当时我国建筑科技的进步与完善，这也是长安城能够在当时成为世界第一大城市的重要原因。

长安城建成之后，唐代的国力也逐渐达到鼎盛，东亚各国纷纷派使节前来朝贡，中国的文化、科技、语言、思想传入东亚各国，逐渐形成一个以中国为中心，包含日本、韩国和越南等国家在内的"东亚文化圈"。如日本当时的首都平安京便是模仿长安城的布局而规划的，日本的和服、园林造景、建筑、茶道、插花、平假名、片假名等也皆源自唐宋。

唐朝佛教文化昌盛，朱雀大街的两侧除了众多达官显贵的府邸之外，还能看到荐福寺、大兴善寺等著名寺庙。佛教在东汉时传入中国，魏晋南北朝达到极盛，到处都能看到佛寺，以至于有"南朝四百八十寺，多少楼台烟雨中"的诗句。唐朝时，佛寺的建造仍然十分盛行，这些佛寺大多采用木质结构，集中体现了这一时期我国建筑技术的发展。

五台山佛光寺大殿始建于北魏孝文帝时期，后来在唐武宗发动的灭佛运动中被毁坏，重建于唐大中十一年（857年），是我国现存第二早的木结构建筑，曾被梁思成先生誉为"中国第一国宝"。

五台山佛光寺大殿的建造技术主要体现在其结构体系上。它采用了殿堂型构架，由下层柱网层、中层铺作层、上层屋架层水平叠加构成，这种分层结构提供了极好的稳定性。大殿的柱网由内、外两圈柱子组成，形成了内圈和外圈空间。这种布局有助于支撑整个建筑结构。

斗拱是中国古代建筑的一个重要特征，主要用于建筑的屋顶和檐部结构中。斗拱的主要功能是将建筑柱子上的重量更有效地分散到横梁和屋顶上，提高建筑的稳定性和承重能力。

斗是一种立方体形状的支撑块，用于连接和支撑拱；拱是一种弯曲的横木，位于斗的顶部，用于支撑屋顶或上层结构。斗拱通常安装在大梁和柱头之间，将梁上的重量传递到柱子上。

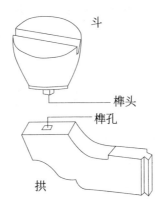

斗

榫头

榫孔

拱

图 2-5 斗拱结构示意图

佛光寺大殿使用了两类斗拱。一类是檐柱斗拱，用于支撑屋檐；另一类是梁架斗拱，用于支撑大殿内部的梁架。这些斗拱根据位置的不同又分为柱头斗拱、补间斗拱和转角斗拱。

柱头斗拱位于建筑的柱头部分，即柱子顶端与横梁之间。它的主要作用是将柱子上的重量传递到梁上，并在视觉上使柱子与梁之间平稳过渡。柱头斗拱通常设计较为简单，由少量斗（支撑块）和拱（弯曲的横木）组成，形状看起来像一系列叠加的横截面减小的方块，顶端支撑着横梁。

补间斗拱位于两个主要柱子之间的空间内，通常在较大的跨度上使用。这种斗拱的主要功能是增加中间跨度的支撑，从而提高整个结构的稳定性和承重能力。补间斗拱通常比柱头斗拱复杂，包含更多的斗和拱，是一个精细复杂的支撑系统，既实用又具装饰性。

转角斗拱位于建筑的角落部分，尤其是屋顶的角落。它的作用是在建筑的转角处提供额外的支撑，同时在视觉上平衡屋顶与立面的过渡。转角斗拱通常是最为复杂和精致的，具有更多的层次和装饰性元素，它们不仅在结构上起着关键作用，也是建筑美学的重要组成部分。

在建造佛光寺的过程中，工匠们还采用了"以材为祖"的方式，这是古代中国建筑中一种常见的设计和施工方法。该方法将木架建筑的用料尺寸分为 8 个等级，根据建筑的大小和部位的主次来选择相应等级的木材。一旦确定了使用的木材等级，建筑中木构架部件的尺寸就会按照预定的规范来制作。这种方法使设计和施工过程变得更加方便、高效，同时也使材料的估算和供应有了统一的标准。

简言之，"以材为祖"旨在以材料为基础，制订出一套标准化的建筑设计和施工流程。这种方法不仅提高了建筑工程的效率，还确保了整体结构的稳定性和一致性，体现了中国古代建筑师在工艺上的智慧和对建筑美学的深刻理解。

　　塔是佛教另一类经典建筑，最初的功能是作为佛陀遗物的容器。随着时间的推移，它们逐渐演变成了纪念碑和祭祀佛陀及其教义的地方。中国的佛塔受到汉族传统建筑的影响，展现出多种风格。最常见的是多层宝塔，通常呈圆形或八角形，层数可以从几层到十几层不等。

　　唐朝佛寺中曾建造过很多木塔，但由于年代久远，至今都已经不复存在了，我国现存最早的木塔是辽清宁二年（北宋至和三年，1056 年）建造的应县木塔（佛宫寺释迦塔）。不过，唐朝的很多砖塔都保存了下来，如长安香积寺善导塔、嵩山法王寺塔、蒲城慧彻寺南塔、大雁塔、大理崇圣寺三塔等，都是这一时期砖塔的典型代表。

　　与木塔不同，砖塔的平面大多呈方形，且采用筒式结构，塔的宽度从下至上递减，形成一个向上收缩的视觉效果。递减式的设计意味着塔的底部比顶部更宽，这样的结构一方面有助于增强整体的稳定性，提高抗横剪力能力。横剪力是建筑结构学中的一个术语，用来描述一种侧向的力量，这种力量作用于建筑结构，可能会导致建筑物发生倾斜或变形。横剪力通常是由风、地震或其他外部因素产生的。另一方面，宽底部提供了更大的支撑面，有助于承受更高的荷载，减少倾倒的风险。塔越高，顶部受风的影响越大。通过逐层缩小尺寸，可以减小顶部结构受到的风力，进一步提高塔的安全性。

唐朝砖塔有楼阁式或楼阁与密檐相结合两种形式，外壁由砖石构成，内部使用木质梁和楼板，用木制的梯子连接上下。密檐式建筑的特点是层层叠加的檐部，通常每层塔都有突出的檐口，檐下装饰有斗拱等建筑元素。密檐式塔的每一层通常都比较小，且不是为了居住或活动而设计，而是更注重外观的装饰性和符号性。

除了佛教建筑之外，隋唐时期的桥梁建筑也取得了举世瞩目的成就，其中最典型的代表就是赵州桥。

安济桥又称赵州桥，是隋唐时期桥梁建筑的典型代表，同时也是世界上最古老的开孔石拱桥之一。欧洲的开孔石拱桥大量出现在中世纪，特别是 12 世纪以后，这意味着赵州桥至少比欧洲的同类桥梁早了大约 500 年，反映了当时中国在桥梁工程和建筑技术方面的先进水平。

赵州桥位于河北省赵县的洨河上，由隋朝著名工程师李春设计和建造，建成于公元 595 ～ 605 年之间，代表了当时中国桥梁建筑的最高水平。赵州桥总长约为 50.82 米，桥面宽度为 9 米左右，桥的总高度从桥面到水面大约为 7.3 米。

赵州桥的独特之处在于它的开孔石拱结构。桥的中央有一个大拱孔，两侧各有一个小孔，主桥由28道石拱圈砌筑而成，这是已知世界第一座使用"敞肩拱"桥型的石桥。这种设计显著减轻了整个桥梁的重量。在传统的单一拱桥设计中，整个桥体结构承受着巨大的重力，尤其是在桥的中心部分。通过在两侧添加小拱孔，赵州桥的设计有效地分散了这些力量，从而减轻了中央主拱的压力。这既减少了材料使用，还提高了桥梁的稳定性和耐久性。

不仅如此，在拱形方面，赵州桥采用了扁平的段状拱，而不是传统的半圆形或尖顶形拱。这种设计增加了拱桥的跨度，同时又保持了足够的强度，是一种在材料使用和结构强度上的优化。这些辅助拱孔的存在提高了桥梁对洪水的适应能力。在洪水季节，水位上升时，两侧的小拱孔允许更多的水流通过，从而减少了对主拱的水流冲击和压力。值得一提的是，赵州桥的建造中使用了精密的石材切割技术，各个石块之间的拼接非常紧密，几乎没有间隙。这种精细的石材加工技术，也使得整个桥梁结构更为坚固。赵州桥建成至今的1300多年间，历经数百次洪水冲击，仍然矗立在洨河之上，成为桥梁设计史上的一座里程碑。

赵州桥建成之后，历代文人都通过诗词文章表达过对这座石桥的赞美。宋代杜德源将此桥比作仙人的遗迹，他在《安济桥》中写道："驾石飞梁尽一虹，苍龙惊蛰背磨空。坦途箭直千人过，驿使驰驱万国通。云吐月轮高拱北，雨添春色去朝东。休夸世俗遗仙迹，自古神丁役此工。"而在另一首唐人的诗中，写到了隋朝的另一项超级工程，但更多的却是遗憾：

万艘龙舸绿丝间，载到扬州尽不还。

应是天教开汴水，一千余里地无山。

尽道隋亡为此河，至今千里赖通波。

若无水殿龙舟事，共禹论功不较多。

这是唐代诗人皮日休的《汴河怀古二首》，前半段描写了隋炀帝出行的盛况，后半段在肯定大运河历史功绩的同时，对隋朝灭亡的原因进行了反思。

第七节 隋唐大运河

隋炀帝在位期间经常沿大运河南下游玩，事实上这条运河的开凿有着更深层的政治和经济方面的原因。我们前文说过，魏晋南北朝时期，北方战乱不休，生产遭到了极大破坏，与之相对的是，随着北人南迁，我国南方，尤其是江南地区在此时得到开发，逐渐成为重要的粮食产地。隋朝定都大兴，一方面需要把南方财富源源不断地运到北方，另一方面还需要通过便利的水上交通，加强中央政府对南方地区的政治影响和控制。于是，开皇四年（584 年），隋文帝下令征发民夫开凿运河。隋炀帝继位之后，又征集上百万民夫，对大运河进行了进一步开凿，并最终完成。

大运河并不是完全由人工开凿的，而是将历史上已经存在的运河或自然水系连接起来，其开凿的历史可以追溯到春秋战国时期。当时，吴王夫差为了军事和经济目的，开凿了胥溪、邗沟和黄沟等运河连接长江与淮河，为南北地区的交流建立了重要通道。其中，邗沟是已知最早有史书明确记载的大运河部分，对扬州和淮安两座城市的发展产生了深远影响。秦汉时期，秦始皇开凿灵渠，连接长江与珠江流域，汉朝开凿漕渠，将长安与黄河连接，东汉时期又开凿阳渠，连接黄河与洛水。魏晋南北朝时期，各政权开凿了大量地方性运河，如曹操开凿的白沟、平虏渠、泉州渠，孙权在江南地区开凿的运河等。从春秋到魏晋，这些运河基本涵盖了全国水系，成为隋唐大运河的基础。

隋文帝时期，开始系统化整合和扩展这些已存在的运河，并开凿了广通渠。广通渠又称富民渠、永通渠，长三百多里，实际上是对汉代漕渠的一次重大疏浚和整修工作，该渠道沿渭水南侧，紧靠南山而东行，直到潼关处与黄河相接，旨在改善和加强长安（大兴）与黄河流域之间的水道连接。

隋炀帝继位后，兴建东都洛阳，又以洛阳为中心开凿了 4 条主要的运河：通济渠、邗沟、永济渠和江南运河。通济渠于大业元年（605 年）开始建设，征发"河南、淮北诸郡民前后百余万"，从洛阳引入谷水和洛水，向东至黄河，再从板渚引黄河水，通过莨荡渠的旧道使其流入淮河。

邗沟由吴国吴王夫差最初开凿，隋炀帝发"淮南民十余万"改造和扩建，它从山阳（今江苏淮安）引淮河水，经扬子（今江苏扬州南）进入长江，成为连接黄河与长江的重要水道。

永济渠的建设始于大业四年（608 年），发动河北诸郡民夫上百万，目的是连接黄河与北方地区。运河从沁水南达黄河，向北通至涿郡（今北京地区），全长超过两千里。

江南运河是大业六年（610 年）开凿的，它从京口（今江苏镇江）开始，引长江水直通至余杭（今浙江杭州），进入钱塘江。全长八百余里，水面宽达十余丈。

整个大运河工程，先后动用民夫数百万，全长四五千里，横跨十多个纬度，贯穿中国的南北，连接了黄河、淮河、长江、钱塘江和海河五大河流，成为连接中国南北两大经济带的重要水道，对促进区域之间的物资流通、加强中央政权对地方的控制，以及文化交流都发挥了不可估量的作用。

唐朝时，政府又投入大量人力物力，对大运河进行了多次疏浚，清除河道泥沙、石块，加深河道深度，拓宽河道宽度，使得大运河的通航能力得到了极大的提升。

汴渠（又名通济渠）连接黄河和淮河，由于黄河泥沙随水引入，而汴渠内不能建闸堰工程，唐朝初期每年春季都要进行疏通和修理。开元年间，堰口再次堵塞，于是唐玄宗"发河南府怀、郑、汴、滑、卫三万人疏决开旧河口，旬日而毕"。

除了疏通之外，唐朝还开凿了许多新的运河。例如，因为地形下沉和自然因素，唐初扬子以南的河道容易被泥沙隔断。于是唐玄宗时期对山阳渎进行了多次疏浚和改建，还开凿了伊娄河 25 里。另外，唐政府还在开元二十七年（739 年）新开广济渠，太极元年（712 年）开凿直河。

唐朝对运河的治理还包括修建堤堰。如唐宪宗年间，淮南节度使李吉甫就曾在高邮湖修筑平津堰，灌田数千顷，又修筑富人、固本二塘，不仅保证了山阳渎水力的充足，又增灌溉万顷之田。

唐政府对运河的整治和修缮，保证了这条南北经济大动脉的畅通，运河上"漕船往来，千里不绝"，沿岸的扬州等城市开始迅速发展起来，成为当时最为繁华的都市。从此，"天下诸津，舟航所聚，旁通巴汉，前指闽越，七泽十数，三江五湖，控引河洛，兼包淮海。弘舸巨舰，千轴万艘，交贸往还，昧旦永日"。

大运河横贯南北，穿越了包括平原、湿地、高原、河流交汇处等在内的多种地形，对工程技术提出了极为复杂、苛刻的要求。开凿运河时，还需要考虑不同季节河水的水位与流速变化，考虑如何控制和管理水流，以防洪水干旱或泥沙淤积影响运河的使用。有效地管理和清除河道中的泥沙以保持运河的畅通是一项持续的工程。在运河的某些部分，还需要建造桥梁和闸门来控制水流，这要求工匠具有极为精密的设计和建造技术。

由于资料有限，1000多年后，我们已经无法得知开凿大运河时工匠们具体都运用了哪些技术。不过可以肯定的是，想要开凿这样一条壮观的人工运河，需要用到极为复杂、精密的流体力学、测量、计算等方方面面的知识。正因如此，大运河也集中反映了1000多年前我国水利规划、水工建筑、水利管理技术的系统性与先进性，这在整个人类历史上都是绝无仅有的。2014年，隋唐大运河被列入世界文化遗产。

大运河，这条贯穿古代中国南北的巨大水道，不仅是一项壮观的工程成就，更是历史长河中的一段重要篇章。自春秋战国时期开始开凿，经过秦汉、魏晋南北朝的发展，至隋唐时期达到顶峰，可以说，这条运河见证了中国古代政治、经济和文化的蓬勃发展。

第八节　水殿龙舟

开凿大运河最核心的目的是漕运。通过这条水道，南方的稻米、丝绸等源源不断地运到北方。与陆运相比，水运有着天然的优势，成本更低，载重更大，一艘中型船舶的载货量可能是陆地运输工具的数十倍。开元、天宝年间，漕运规模达到极盛，"每岁水陆运米二百五十万石入关"（《通典·漕运篇》）。这样规模的漕运，需要极大的船舶与规模化的船只生产能力。

隋朝时，越地的民间造船业十分发达，而且大多是庞大的海船。为此，隋文帝诏令："吴、越之人，往承敝俗，所在之处，私造大船，因相聚结，致有侵害。其江南诸州，人间有船长三丈已上，悉括入官。"从这条诏令可以看出，当时民间已经能够制造出超过 3 丈的大船，而且规模不小。

隋炀帝时期，曾派遣"黄门侍郎王弘、上仪同于士澄往江南采木，造龙舟、凤艒、黄龙、赤舰、楼船等数万艘"。隋炀帝的龙舟十分宏伟壮观，代表了当时造船业的最高水平。据《资治通鉴》记载，隋炀帝游江都时，所乘"龙舟四重，高四十五尺，长二百丈。上重有正殿、内殿、东西朝堂，中二重有百二十房，皆饰以金玉，下重内侍处之"。

到唐朝，随着海上贸易和漕运的发展，宣州、润州、常州、苏州、湖州、杭州、越州、台州、婺州、江州、洪州及剑南道的沿江一带，北方沿海的登州、莱州，南方沿海的扬州、福州、泉州、广州与交州等港城，都是主要的海船建造基地，产量极大。

唐太宗时，为了征伐高丽，曾下令"发江南十二州工人造大船数百艘"，第二年，又"敕越州都督府及婺、洪等州造海船及双舫千一百艘"（《资治通鉴》）。《新唐书》中还记载了一次船舶"博览会"，出现了"船皆尾相衔进，数十里不绝。关中不识连樯挟橹，观者骇异"的盛况。

唐代的船只主要包括舴艋、大船、双舫、楼船与海船，其中最大的是海船，船身能够达到20多丈，载重"万斛"（斛是古代容积单位，唐朝1斛为10斗，1斗约合今日600毫升，1斛相当于今日6升），大运河上的转运船很多都能载重1000石，与前代相比有明显的进步。李肇《唐国史补》中说，大历、贞元年间，有位俞大娘有艘大船，"居者养生送死嫁娶悉在其间。开巷为圃，操驾之工数百，南至江西，北至淮南，岁一往来，其利甚溥，此则不啻载万也"。

唐朝的船舶制造技术出现了显著进步，特别是在船体结构的连接方式上。当时，船匠们已经广泛采用了钉接榫合的连接工艺，这是一种将传统的榫卯技术与钉接方法结合的先进工艺。最初，这种技术使用的是竹钉，但随着技术的发展和创新，逐渐演变为使用铁钉。特别值得一提的是，唐朝船工还运用了斜穿铁钉的平接技术，即在船体的连接处，使用铁钉斜角贯穿连接木板以增强木板间的紧密结合。这些都大幅提升了船体的结构稳固性和耐用性。

为了进一步加固船体并减少海水对船体的侵蚀，唐朝的工匠还运用了捻缝技术，用特制的填充材料（艌料）填塞船壳木板之间的缝隙，以防止水渗入。艌料主要由麻丝、桐油、石灰混合而成，不仅可以用于封堵较宽的缝隙以保证船的水密性，也可以用于密封钉孔和细小孔洞，防止铁钉锈蚀。在船体建造完成后，专门的艌匠师傅会仔细地将麻板填入木板缝隙，再用桐油灰进行密封，最后将整个船体用桐油覆盖以增强耐水性。

同时代外国的船只还处于比较落后的阶段，唐朝刘恂在《岭表录异》中就曾经惊讶地表示，外国"贾人船不用铁钉，只使桄榔须系缚，以橄榄糖泥之"。

多道水密隔舱技术是唐朝造船业的又一项重大发明。这一技术的核心在于将船体内部划分为多个独立的、密封的空间或"舱室"。每个舱室都能独立封闭，即使其中一个舱室进水，也不会影响到整船的浮力和稳定性，从而大大提高了船只在遇到波涛、风暴时或船体损伤时的安全性。在航海历史上，水密舱的设计是一项划时代的创新，极大地提高了海上航行的安全性，减少了船只因进水而沉没的风险。而在西方，类似的技术广泛应用要到 19 世纪，即工业革命时期才开始出现。这意味着，中国在采用水密舱技术上领先西方大约 1000 年。

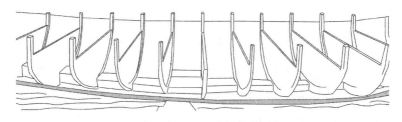

图 2-6 多道水密隔舱示意图

伴随着造船技术的进步，人们对海洋水文尤其是潮汐也有了更加深刻的认识。潮汐是由月球和太阳的引力作用以及地球自身的旋转引起的海洋水位的周期性变化。这种现象主要由以下两个因素引起。

引力作用：月球和太阳对地球上的海水施加引力，造成对海水的吸引。由于月球离地球更近，它对潮汐的影响更大。当地球、月球和太阳相对位置改变时，这些引力也随之变化，导致海洋水位上升和下降。

地球自转：地球的自转导致海洋表面的水体不断移动，与月球和太阳的引力共同作用，形成潮汐现象。

潮汐通常表现为每天两次的高潮和低潮。高潮是指海水水位上升至最高点的状态，而低潮则是指海水水位下降至最低点的状态。潮汐的幅度和时间在不同的海域因地理位置和海底地形的不同而有所差异。潮汐对航海、渔业、海洋生态等方面都有重要的影响。

唐朝时，窦叔蒙通过长期观察，将自己对潮汐的认识整理成册，著成《海涛志》。这本书共 6 章，包含涛因、涛数、涛时、涛期、春秋仲涛解，内容涵盖了潮汐的成因、规律、计算方法、周期等多个方面，是我国现存最早的潮汐学专著，在世界潮汐研究史上占有十分重要的地位。

窦叔蒙在《海涛志》中强调了潮汐的客观性和规律性，他认为潮汐是"天之常数","月与海相推，海与月相期，苟非其时，不可强而致也，时至自来，不可抑而已也"，其生成过程与宇宙演化紧密相关，且受到月亮的影响。"潮汐作涛，必符于月"，伴随着月亮圆缺变化，潮汐也会"轮回辐次，周而复始"。他还研究了潮汐的不同周期，包括每天两次的循环、每月两次大潮和小潮的周期，以及一年两次春秋大潮的周期。

为了更直观地说明潮汐的变化规律，窦叔蒙还创造了图表表示法。在《海涛志·论涛时》中，他详细描述了如何制作潮汐图表，可以清晰地看出潮汐的周期性变化规律。通过持之以恒地记录与精准计算，窦叔蒙发现一个潮汐循环每天推迟约 50 分 28.04 秒，与现代计算的半日潮推迟 50 分钟非常接近。

除此之外，唐朝人们对季风的形成与规律已经有了十分明确的认识，并且能够利用季风进行航行。季风是一种随季节变化而改变风向的风系，主要影响亚洲、非洲、北美洲和澳洲部分地区。季风的特点是在夏季和冬季表现出不同的风向，这主要由大陆和海洋的热力性质差异造成的大气压力差异所引起。在唐朝，季风的运用对船只出海远航尤为重要，特别是中国东南沿海、印度洋，以及连接东亚和东南亚的海域航行的船只。

唐朝时，很多日本僧人都到中国求法。当时，日本平成天皇的三子高岳在东大寺剃度，成为一名"头陀"（即"苦行僧"）。862年，高岳获得天皇允准赴大唐修行，同行的还有 61 人，其中有个叫伊势兴房的人，用汉字记录了这次远行的经过，即后来的《头陀亲王入唐略记》。

《头陀亲王入唐略记》中说，当时明州（今浙江宁波）有个叫张友信的商人，长期往返中日之间，被头陀亲王聘为舵师。在航行过程中，船只"得西南风三个日夜，才归着远值嘉岛那留浦，才入浦口，风即止"。这段记载表明，唐朝航海家对季风的时间和方向已经有了十分精准的掌握。

后来，日本真如亲王入唐，再次聘请张友信。在这次航行中，船只遇到了"顺风忽止，逆浪打舻"的情况，即船只原本正得到顺风的助力，但突然之间风力消失，船只开始面临逆向的波浪冲击。对于掌舵者来说，这是一种十分严峻的考验。面对这种情况，张友信"即收帆投沉石，而沉石不着海底，仍更续储料纲下之，纲长五十余丈，才及水底"。具体来说，就是收起帆，向水中投放沉重的石块来增加船只的稳定性，减少船只的摇晃，接着通过 50 余丈的绳索将锚抛到水底稳定船只。这一系列操作反映了当时船员对海上紧急情况的反应能力和对海洋环境的深刻理解。不久，顺风来到，张友信重新扬帆起航，顺利到达目的地。

唐朝还有一位著名的航海家、佛教翻译家义净。他在约 671 年启程前往印度，进行了为期 10 年的朝佛之旅。船只沿海路航行，先后经过今天的马来西亚、印度尼西亚、印度和斯里兰卡等地，历经 30 多个国，在那烂陀寺求学 11 年，又在苏门答腊游学 7 年。回国之后，他将自己在旅途中的见闻著成《大唐西域求法高僧传》，书中包含大量航海知识，包括对季风、洋流规律的总结和运用。

唐朝佛教盛行，很多僧人前往印度和其他佛教圣地进行学习和朝圣。这些僧侣的旅行不仅对佛教的传播和发展起到了重要作用，也促进了文化、知识和技术的交流。这一众僧侣中除了义净之外，最著名的当属玄奘法师了。

第九节 玄奘西行

《西游记》是我国四大名著之一，书中的故事围绕唐僧和他的 3 个徒弟孙悟空、猪八戒、沙僧的西天取经历险记展开。书中以唐僧师徒四人去往印度取回真经的旅程为主线，描述了他们一路上降妖除魔，克服重重困难，历经九九八十一难，最终取得真经的传奇经历。

《西游记》的故事并不是凭空想象出来的，而是有其现实原型，书中的唐僧正是唐朝的玄奘，即三藏法师。

玄奘是我国唐代杰出的佛学家、翻译家、旅行家，也是法相宗的创始人。他出生于开皇二十年（600 年），俗姓陈，名祎，洛州缑氏（今河南偃师缑氏镇陈河村）人，是东汉名臣陈寔之后，幼年时父母双亡，这一点与《西游记》中的唐僧很像。

后来，他便在净土寺出家为僧，钻研佛法，后来更是遍访名师，先后拜慧休、道深、道岳等大德为师，足迹踏遍大半个中国。唐太宗继位时，玄奘已经穷究各家学说，誉满天下。然而，在学习佛法的过程中，玄奘发现各派众说纷纭，就连佛典都不一致，于是便产生了到天竺求经的想法。

贞观元年（627 年），玄奘向太宗上书请求西行，然而未获批准。不过他早已经下定决心，于是"冒越宪章，私往天竺"，从长安出发，开始了拜佛求经之路。一路上，他穿越戈壁沙漠，艰难跋涉，终于到达天竺，在那烂陀寺受戒学法，后来又在各地游学，与当地僧侣辩论，名震天竺。

贞观十七年（643 年），玄奘开始东归，于贞观十九年返回长安，城中百姓"道俗奔迎，倾都罢市"，他受到太宗的亲自接见，御赐法号"三藏法师"（印度佛学中的《经藏》《律藏》与《论藏》）。玄奘西行，历时 19 年，行程 5 万多里，足迹遍及 110 个国家，带回佛骨舍利 150 粒，梵文原经 520 夹共 657 部。在之后的 19 年中，他又主持将这些佛经悉数翻译，共译出佛经 75 部，1331 卷。玄奘法师之前，译经的原则是意译，由于每个译者对经文的理解不同，因此不同版本的经文间时常存在差异。而玄奘法师确立了尊重原文、逐字翻译的原则。

玄奘法师确立的逐字翻译原则在现代翻译学中类似于"直译"（literal translation）的概念。直译强调尽可能忠实于原文的字面意义，力求保持原文的结构和词汇，尽量减少对原文内容和形式的改动，试图让读者获得与阅读原文相近的阅读体验，同时保持原文的风格和语境。玄奘法师的这种翻译方法，对后世的翻译家产生了深远的影响，他们在翻译时更加注重原文的精确传达，力求做到原汁原味地再现。这种译法虽然并不直接属于科技的范畴，而是更多关联于语言学、翻译学和文化交流的领域，但无疑提高了翻译的精准度，在科技传播与文化交流中同样扮演着极为重要的角色。

归国第二年，玄奘法师又将自己西行的经历撰成《大唐西域记》一书，经过弟子辩机整理润饰后进献唐太宗，于是便有了我们今天看到的这部涉及佛学、地理学、史学等学科的巨著。

《大唐西域记》全书共 12 卷，记录"亲践者一百一十国，传闻者二十八国"的地理形势、语言文字、城市发展、建筑、物产、历法、经济、礼仪、食物、服装、传说、寺庙、僧侣等众多方面的内容。如"屈支国"（即龟兹国，梵文"Kuci"的音译，地理位置在今新疆库车县周邻地区）一节中介绍道：当地"宜穈麦，有粳稻，出蒲萄、石榴，多梨、柰、桃、杏。土产黄金、铜、铁、铅、锡。"之后又分别介绍了"大龙池及金花王""昭怙厘二伽蓝""大会场"等重要场所及遗迹。在"波剌斯国"（即波斯国，梵名"Pārasya"的音译）中，还介绍了"西女国"的情况："拂懔国西南海岛有西女国，皆是女人，略无男子。多诸珍宝货，附拂懔国，故拂懔王岁遣丈夫配焉。其俗产男皆不举也。"这应该是《西游记》中女儿国的原型。

总的来说，《大唐西域记》是一部综合性的历史地理作品，不仅对研究佛教史、中亚及印度历史地理有重要价值，而且对了解当时的国际交流、文化传播等方面也有极大的帮助，是研究古代东西方文化交流的珍贵资料。

除了《大唐西域记》之外，隋唐时期还出现了大量全国性的地理著作，并确立了"图经"的编纂形式。"图"指地图，"经"指在地图旁配以文字说明，这种方式是对隋唐之前地理著作编写方式的延伸。

隋炀帝时期，官方主持编纂了《诸郡物产土俗记》《区宇图志》《诸州图经集》。这些地理总志的侧重点虽然各有不同，但都是根据各州郡的图经与地方志汇编而成的，为后世编写地方志确立了基本框架。

唐朝时，贾耽完成了大地图——《海内华夷图》的绘制，此举在中国和世界地图制图学史上都有十分重要的意义。

贾耽，字敦诗，沧州南皮（今河北省沧州市南皮县）人，在唐玄宗时官至宰相，一直潜心地理研究。经历过安史之乱后，国家山河破碎，边疆战事频发，贾耽便更加坚定了绘制全国地图的想法。55 岁时，他开始组织画工绘制《海内华夷图》，前后历经 17 年时间才绘制完成。

《海内华夷图》绘制时承袭了裴秀的制图六体，比例是一寸折百里（即 1:1 800 000），长 3 丈，宽 33 尺，工程浩大，是当时中国乃至世界上最大的一幅地图。在绘制过程中，贾耽还创立了墨朱殊文制图法，即"古郡国题以墨，今州县题以朱"，也就是以黑色书写古代地名，以红色书写当时的地名。这种古今对照的方法，厘清了古今地理要素之间的矛盾，观察者可以清晰地区分地图上的历史和现代地理信息，体现了当时中国地理学的高水平。

除此之外，贾耽一生著作颇丰，还先后撰写了《古今郡国县道四夷述》《皇华四达记》《关中陇右山南九州别录》《吐蕃黄河录》等地理学著作。其中，《皇华四达记》中记载了唐朝对外交通情况，通过"广州通海夷道"，唐人可以到达波斯湾甚至东非海岸，与世界 90 多个国家和地区开展贸易往来，这是当时世界上最长的一条远洋航线。

　　隋唐时期，我国幅员辽阔，基本维持了长达近 300 年的稳定。为了加强中央对地方的控制，政府对地理志的编纂十分重视，除了我们文中提到的著作和地图之外，比较有代表性的，还有唐代李该创作的彩色《地志图》、李吉甫编著的《元和郡县图志》等，这些著作不仅为政府决策提供了支持，也为后世地图绘制与方志编写树立了典范。

第十节 伏火法与黑火药

与秦皇汉武类似，唐代的统治者也十分注重炼丹，想要借助超自然力量实现长生不老，得道成仙。然而，最终的结果都事与愿违，不少皇帝都因为长期服食丹药而死，如唐穆宗李恒、唐武宗李炎、唐宣宗李忱等。

站在现代科学的角度，我们都知道，丹药是由各种矿物质合成的药物，其中不乏铅、砷、汞等有毒重金属，长期服用这类含有重金属的丹药，会严重危害身体健康，甚至导致死亡。其实，在唐朝，也有人意识到了这一点。比如，唐穆宗在位时，就有一位叫张皋的处士上疏说："先朝暮年，颇好方士，征集非一，尝试亦多，累致危疾，闻于中外，足为殷鉴。"白居易在《思旧》中也写道："退之服硫黄，一病讫不痊。微之炼秋石，未老身溘然。杜子得丹诀，经日断腥膻。崔君夸药力，终冬不衣棉。或疾或暴夭，悉不过中年。"

帝王们迷恋丹药，有的是病急乱投医，有的是想要永远握住权力，有的是迷信神仙，但归根结底都是欲望作祟，富有天下，权倾四海仍然不满足，还要做长生不老的神仙。不过，与其他朝代相比，唐朝的帝王们的这种迷恋又多了一层"合理性"。

从三代时期开始，历朝历代的帝王都要为自己的皇位寻求合理性。比如，周朝提出了天命说，汉高祖刘邦自称"赤（炎）帝之子"，刘备说自己是"中山靖王之后"，而唐朝的皇帝则为自己的正统大位找到了一个护身符，追认春秋时期的思想家老子为先祖，并将其进一步神话，加封其为太上玄元皇帝，同时也将李唐家族神话，取得了"君权神授"的合法性。武德八年（625年），唐高祖李渊又通过诏书确立了道教的地位："老教、孔教，此土先宗，释教后兴，宜崇客礼。令老先、次孔、末后释。"从此，道教成为国教，在唐朝迎来了全盛时期，与之相应的，炼丹术也迎来高峰，涌现了很多著名的炼丹家与相关著作。如陈少微编著的《大洞炼真宝经修伏灵砂妙诀》和《大洞炼真宝经九还金丹妙诀》，金陵子编著的《龙虎还丹诀》，张果的炼丹专著《玉洞大神丹砂真要诀》，此外还有《黄帝九鼎神丹经诀》

《金石簿五九数诀》《铅汞甲庚至宝集成》《真元妙道要略》《修炼大丹要旨》等。

开元年间，唐朝国力达到鼎盛，唐玄宗为了建立道教的正统地位和权威性，系统化地收集和整理道教的各种经典、注释、仪轨、法术，汇编为《三洞琼纲》3700 多卷，又称《开元道藏》，后来在这部书的基础上又扩充到 5305 卷，续藏 180 卷，即所谓的《正统道藏》（简称《道藏》）。

需要注意的是，《道藏》是一部包罗万象的综合性著作，其中不仅讲解炼丹术，还包含医学、哲学、宗教、思想、科技等方方面面的内容，按照三洞、四辅、十二类进行编排，包含了从汉代到唐代各个时期的道教文献，是对道教教义和实践的一次大规模的总结和系统化，也是研究中国古代道教不可或缺的重要资料。

炼丹术虽然有迷信成分，但炼丹家在实际操作的过程中，逐渐发现和总结自然规律，推动了科技的进步和发展。

孙思邈是唐朝著名医学家，同时也是炼丹家，著有《备急千金要方》《千金翼方》《太清丹经要诀》等，其中就有不少关于化学的记载。如"伏雌雄二黄用锡法"中，就介绍了制备单质砷的方法："雄黄十两，末之。锡三两。铛中合熔，出之，入皮袋中，揉使碎，入坩埚中，火之；其坩埚中安药了，以盖合之，密固，入风炉吹之，令埚同火色。寒之，开，其色似金。"（《道藏·太清丹经要诀》）

雄黄，即硫化砷（As_2S_3），是一种含砷的矿物。书中制备单质砷的方法具体来说，就是将"雄黄十两"（约合 375 克）与"锡三两"（约合 112.5 克）混合后放入大锅（铛）中加热熔化。接着将熔融的混合物从锅中取出，放入皮袋中揉捏并使其碎裂。这一步骤可能是为了增加反应物的表面积，从而在后续步骤中更有效地进行化学反应。之后将破碎的混合物放入坩埚中，再次加热，用盖子密封，放入风炉中加热，直至坩埚呈现与火焰相同的颜色。反应完成后让坩埚自然冷却，打开检查结果。如果反应成功，最终产物将呈现出类似金子的黄色物质。根据现代模拟实验结果，该方法制备的就是单质砷。

这是世界上已知最早关于制备单质砷方法的记载，而在西方，最早将单质砷从化合物中分离出来的是 13 世纪德国的大阿尔伯特。也就是说，我国这项技术要比西方早 600 ～ 900 年。

《黄帝九鼎神丹经诀》是唐朝又一部十分重要的丹药学著作，书中记载了大量化学知识，包括雄黄、丹砂、矾石等物质的产地、优劣；利用化学反应制备药物的方法，如利用朴硝和芒硝溶解度的差别来提取结晶硫酸钾，"石胆"的人工合成方法等，在科技上属于重大创举。"石胆"（$CuSO_4 \cdot 5H_2O$），又名胆矾、黑石、君石等，是一种化学物质，在中国古代被认为是五毒之一，用途广泛。书中人工合成石胆的具体操作方法是："青矾石二斤，黄矾一斤，白山脂一斤。大铁器销铄使沸，即下真曾青末二斤，急投搅，泻出作铤，成好石胆。看矾石等刚溶不尽，即投曾青末和苦水使相得，泻著矾石中消溶。泻出作铤亦得也。"制备石胆的过程中，青矾石、黄矾、白山脂等原料在加热的条件下与曾青末发生化学反应。通过控制反应条件和原料的加入顺序，最终得到目标产物石胆，原理上与现代无机化学合成的方式几乎一致。

不仅如此，《黄帝九鼎神丹经诀》中还记载了从石胆中进一步提取硫酸的方法："以土墼垒作两个方头炉，相去二尺，各表里精泥其间，旁开一孔，亦泥表里，使精薰，使干。一炉中着铜盘，使定，即密泥之；一炉中以炭烧石胆使作烟，以物扇之，其精华尽入铜盘。炉中却火待冷，开取任用。入万药，药皆神。"这种方法通过加热石胆使其分解，产生的烟雾中含有硫酸等成分。通过扇子等工具引导这些成分进入铜盘并冷凝下来，即可实现对硫酸的提取。这是世界上已知最早用干馏法制作硫酸的记录，比 8 世纪阿拉伯炼金家贾比尔·伊本·哈扬制备硫酸的方法要早几百年。

以上我们提到的，只是唐朝化学发展的一个缩影，由于篇幅有限，无法继续展开。接下来，我们要介绍中国对世界文明的另一项重大贡献——黑火药。

中国道教典籍中，最早记载黑火药配方的是《真元妙道要略》，其中写道："有以硫磺、雄黄合硝石并蜜烧之，焰起烧手面及烬屋舍者……硝石宜佐诸药，多则败药。生者不可合三黄等烧，立见祸事。"（文中的三黄指硫磺、雄黄、雌黄。）

《真元妙道要略》中记载的这个配方是一种早期黑火药的原始形式。该配方中的主要成分包括硫磺（S）、雄黄（硫化砷，As_2S_3）和硝石（硝酸钾，KNO_3），以及蜜（燃烧后碳化成为木炭）。这个配方的原理是硝酸钾作为氧化剂，与硫磺和硫化砷发生化学反应产生大量热和气体，呈现爆炸效果。

这种早期的配方与后来标准的黑火药配方相比，安全性较低，爆炸力也不稳定。标准的黑火药配方中通常使用硫磺、木炭和硝石的混合物，木炭作为燃料，硫磺作为助燃剂，而硝石则提供氧化剂。标准配方的爆炸力更大、更稳定，且相对安全。对于炼丹家来说，丹炉忽然爆炸，无疑就是"祸事"，因此，炼丹家研究黑火药配方，主要是为了避免爆炸造成的危害，因此便有了"伏火法"。

在《铅汞甲庚至宝集成》中，就记载了一种"伏火矾法"："硫二两，硝二两，马兜铃三钱半。右为末，拌匀，掘坑，入药于罐内与地平。将熟火一块，弹子大，下放里内，烟渐起，以湿纸四五重盖，用方砖两片捺，以土冢之，候冷取出。"这种方法使用硫磺、硝石（硝酸钾）和马兜铃（一种植物材料）的混合物，将其放入坑内，加热引发反应。加热后，混合物会产生烟雾，随后用湿纸和砖块捺住以防止爆炸，并等待冷却后取出。

这种做法的核心在于控制反应条件，通过限制氧气的供应和控制热量的传导，减少了爆炸的风险。硫磺和硝石的混合物在加热时会发生化学反应，生成大量热和气体。而马兜铃的加入可能是作为一种辅助剂，降低混合物的反应速度，减小激烈反应发生的可能性。

此外，使用湿纸和砖块覆盖反应容器，可以防止反应过程中火焰和气体的突然释放，从而减少爆炸的危险。等待冷却后再取出混合物，是为了确保所有反应已经完全结束，更加安全。

在不断研究与实验的过程中，黑火药配方固定下来，并逐渐开始运用到军事领域。据宋代路振《九国志》记载，唐朝末年，左先锋都尉郑璠在攻打豫章时，就"以所部发机飞火，烧龙沙门，率壮士突火先登入城，焦灼被体"。不少学者认为，这里的"发机飞火"就是最早的火药武器，但此说目前仍然存在争议。如《中国古代火药火器史》的作者刘旭认为："我国在9世纪末、10世纪初，即宋代发明了火药兵器，火药第一次被应用到了军事上。"

不过，可以肯定的是，火药是中国的四大发明之一，在12、13世纪由商人经印度传入阿拉伯，再传入欧洲，对整个人类文明的发展做出了不可估量的巨大的贡献。正如恩格斯所说："法国和欧洲其他各国是从西班牙的阿拉伯人那里得知火药的制造和使用的，而阿拉伯人则是从他们东面的各国人民那里学来的，后者却又是从最初的发明者——中国人那里学到的。"

在军事上，火药的使用引发了一系列创新，如火炮、火枪、爆炸性手榴弹等。这些武器的出现彻底改变了战场的面貌，推动了军事技术的革命，重要战役的胜负往往取决于火药武器的使用，火药因而也间接影响了国家间的力量对比和政治格局。在科技上，火药的发明促进了化学和物理学的发展。人们对火药成分的研究和试验推动了对化学知识的积累和传播。此外，对火药爆炸力的研究也促进了人们对能量转化和动力学的理解。

在航海方面，火药武器的使用使得欧洲国家在海外殖民和探险中占据优势，从而推动了全球贸易网络的形成，改变了当时的世界格局。

总而言之，火药的发明和传播对世界历史产生了巨大的影响，使得人类改造自然的能力大大增强。火药既是技术创新的象征，也是全球互动交流、"中学西传"的一个重要里程碑。

第十一节 人命至重，有贵千金

我国的道教萌发于上古时期，起源于秦汉，形成于魏晋南北朝，到唐宋时达到鼎盛。在道教发展的过程中，"以医传教"一直是广纳信徒、弘扬道法最有效的手段之一。如东汉末年的太平道，最初就是通过"符水咒说以疗病，病者颇愈"（《后汉书·皇甫嵩传》）来聚集信众的。

另一方面，道教也将完善道德作为修炼的主要方式，葛洪在《洞玄灵宝斋说光烛戒罚灯祝愿仪》中提出："三者谓道、德、仁也。仁，一也；行功德，二也；德足成道，三也。三事合，乃得道也。"而治病救人就是行善积德的重要方式。因此，道教与救死扶伤便天然地联系在了一起，医术成为道士的必修课。也正是这个原因，民间才会流行道士"盛世归隐，乱世下山"

的说法，历史上有很多医术高明的道士，唐朝孙思邈就是最典型的代表。

孙思邈著名医学家、道士，京兆华原（今陕西耀州区）人，从小体弱多病，"汤药之资，罄尽家产"。因此，他对医学一直有着浓厚的兴趣，少年时便开始钻研医典，手不释卷。学有所成之后，"亲邻国中外有疾厄者，多所济益"。对于病人，无论贫穷富贵，他都一视同仁，无论风霜雪雨，从来都是有求必应。

当时，很多人都把医术当成上位的手段，"多教子弟诵短文，构小策，以求出身之道"，而将医者治病救人的使命抛诸脑后。与此同时，由于药价昂贵，医生又少，很多病人都因得不到救治最终撒手人寰。孙思邈有心想要救治天下人，但一个人的力量实在太过有限，于是他便"博采群经，删裁繁重，务在简易"，写成《备急千金要方》。晚年时，他又撰写了《千金翼方》30卷，合称《千金方》。

《备急千金要方》共30卷，是一部内容丰富的医学百科全书，涉及从基础理论到临床各科的内容，不仅包含诊法、证候等理论知识，还涵盖内、外、妇、儿等临床科目，共计232门，接近现代临床医学的分类方法。孙思邈在书中详细介绍了解毒、急救、养生、食疗，以及针灸、按摩、导引、吐纳等治疗方法，是对唐朝以前中医学发展的一次全面总结。

《千金翼方》是孙思邈晚年的作品，作为《备急千金要方》的补充，该书共分189门，涵盖了本草、妇科、伤寒、小儿科、养性、补益、中风、杂病、疮痈、色脉及针灸等多个领域。书中不仅介绍了800余种药物的采集和炮制知识，还特别收录了晋唐时期散失到民间的《伤寒论》条文，为《伤寒论》的保存和流传做出了重要贡献。

这两部著作的诞生不仅是对方剂学的发展具有巨大贡献，而且是中医学发展的重要里程碑。孙思邈在书中收集了从张仲景时代直至自己时代的临床经验，历数百年的方剂成就，特别是源流各异的方剂用药，体现了他在医学领域的广博知识和精湛技艺。孙思邈的这两部著作，不仅在中国影响深远，也对日本、朝鲜等国的医学发展产生了积极影响，被后世誉为方书之祖。

对于书名中的"千金"，孙思邈在《备急千金要方》的序文中解释道："人命至重，有贵千金，一方济之，德逾于此，故以为名也。"这是他对中医学的另一项重要贡献，即以"大医精诚"的医德对待患者，他在《千金方·诸论》中对"大医"做出了解释："凡欲为大医，必须谙《素问》、《甲乙》、《黄帝针经》、《明堂流注》、十二经脉、三部九候、五脏六腑、表里孔穴、《本草》、《药对》，张仲景、王叔和、阮河南、范东阳、张苗、靳邵等诸部经方，又须妙解阴阳禄命，诸家相法，及灼龟五兆、《周易》六壬，并须精熟，如此乃得为大医。"

不仅如此，大医还要有高尚的医德，先"安神定志，无欲无求，先发大慈恻隐之心，誓愿普救含灵之苦"，对待病人，"不得问其贵贱贫富，长幼妍媸，怨亲善友，华夷愚智"，都要当作自己的至亲看待。病人有需求时，不能"瞻前顾后，自虑吉凶，护惜身命"，"勿避险巇、昼夜、寒暑、饥渴、疲劳，一心赴救"，只有如此，才算得上一名真正的"大医"。

孙思邈为中医确立了行医规范，正是因为拥有这样高尚的医德与高超的医术，他才被后人尊为"药王"。

唐朝的医药机构发展达到了中国古代甚至是当时世界的一个高峰，体系已经相当完善，且规模庞大。

太医署是唐朝最高级别的医疗机构，负责整个国家的医药事务。太医署下设有太医丞、太医博士等官职，高峰时达300多人，分别负责不同的医疗、教育和管理职能。太医署不仅负责皇家的医疗服务，还负责民间医疗、药品的监督管理、医学教育和医学研究等多个领域。

唐朝医学教育制度也十分完善。太医署下设太医学，专门负责医学的教育和培训，由医博士负责教学，"教授诸生以《本草》《甲乙》《脉经》，分而为业：一曰体疗，二曰疮肿，三曰少小，四曰耳目口齿，五曰角法"（《新唐书·百官志》）。不同学科的学习时长也不甚相同，例如，体疗的学习期长达7年，少小的学习期则为5年。学生们在太医学学习基本医学知识和技能，包括诊断、治疗、药物学等。优秀的学生毕业后可以成为国家的官方医师。如果连续两年考试不合格，则会被强制退学。

唐朝的医疗服务网络覆盖城乡。在首都长安和各地州府，都设有官方医院（称为太医局、尹疾局等），为百姓提供医疗服务。此外，还有专门为僧侣和道士设立的寺观医院。

为了提高医学水平，唐朝政府对医学典籍的编纂同样十分重视，发布了大量官修医典，其中最著名的当属《新修本草》（又名《唐本草》）。

《新修本草》是世界上最早的国家药典，共54卷，记载了844种药物，并绘制出了实物图谱，比欧洲纽伦堡政府于公元1542年颁行的《纽伦堡药典》早800多年。

《新修本草》由苏敬主持编纂，于唐太宗贞观年间完成。该书是在前代《神农本草经》的基础上扩充和修订而成的，分为药图、药经和本草 3 个部分，是中国古代本草学的一个重要里程碑。

书中对药物进行了更为细致和系统的分类，增加了大量新的药物条目，详细描述了各种药物的来源、特性、功效和用法，为当时的医学实践提供了丰富的药物资源。另外，书中不仅介绍了单味药的使用，还详细阐述了药物配伍的原则和方法，对如何根据病情合理选用和配伍药物提供了具体的指导。这对后世中医方剂的发展产生了深远的影响。值得一提的是，《新修本草》中还对药物的采集、加工、储存提出了严格的标准，注重药物质量的控制，这是医学发展史上的一项重要进步。

此外，唐朝还涌现出了大量著作等身的医学家，如王焘，巢元方，二人分别编著的《外台秘要》《诸病源候论》都是重要的医学典籍，而《道藏》中也有大量医学方面的内容。这些都是当时医学发展的重要内容。

现代医学体系下，医生在就职时，大多都要按照希波克拉底誓言（Hippocratic Oath）进行宣誓，这段誓词共 500 多字，核心内容是医德，即"无论至于何处，遇男或女，贵人及奴婢，我之唯一目的，为病家谋幸福，并检点吾身，不做各种害人及恶劣行为"。这与孙思邈的"大医精诚"不谋而合，在这个方面，全世界的医疗从业者都是相通的。

回顾唐朝在医学领域取得的辉煌成就，我们不仅能够感受到古人对医学的执着探索，更能体会到他们对人本身的重视，尤其是孙思邈提出的"大医精诚"，更是跨越时空的限制，至今仍对现代医学产生着深远影响。"人命至重，有贵千金"，这句话不仅是孙思邈的个人医学追求写照，也是唐朝乃至整个中国古代医学的核心理念。

第十二节 僧一行与《大衍历》

与医学一样，隋唐时期的天文学也取得了重大发展。

刘焯，字士元，信都昌亭（今河北冀州区）人，隋朝著名天文学家、经学家、数学家。他自幼聪慧好学，后来与刘炫师从大儒刘智海，苦读经典，名动一时。隋文帝时期，他在京中任职，参修国史及天文律历，后来被罢免还乡，于是不问政事，一心钻研学问，写出了《历书》等著作。隋炀帝即位后，刘焯再次受到征召，任太学博士。任职期间，他发现当时的历法存在很多谬误，便多次上书建议修改历法，并呕心沥血创制了《皇极历》，但可惜没有被采用。

《皇极历》之前，传统的平气法是根据太阳运动的平均速度来推算节气的，但这种方法忽视了太阳在不同季节实际运动速度的变化。刘焯首次考虑到太阳视运动的不均匀性，提出了定气法，即根据太阳在黄道上的实际位置来计算二十四节气，提高了历法的准确性。可惜的是，这种更加科学的方法直到清朝才得到实际应用。

刘焯的另一项贡献，是将岁差值进一步精确。我们曾说过，晋代虞喜最早发现了岁差，并得出了每50年向西移动1度的岁差值。刘焯经过精密计算，得出春分点每75年在黄道上西移1度，这个结果比之前的计算更为精确，更接近现代天文学中实际观测到的71年又8个月差1度的数据。

唐朝的历法共经过8次修改，取得了进一步发展。有唐一代涌现了很多天文学家，其中最有代表性、成就最高的当属僧一行。

僧一行，俗名张遂，巨鹿（今属河北）人（一说昌乐，即今河南省濮阳市南乐县人），后出家为僧，取法号一行，是唐代著名的天文学家、数学家、释学家。自幼聪慧过人，对佛教和天文学都有极深的研究。

唐玄宗时期，李淳风编的《麟德历》数次预报日食不准，于是，玄宗便敕令僧一行主持编修新历法。僧一行是个实干家，主张以实测数据为准。为此，他发明了一种名为"复矩"的测量仪器，用来"定表样，并审尺寸"，可惜的是，史料并没有记载这种工具的具体样式和使用方法。

之后，僧一行在全国确定了 13 个观测点，北至今天的蒙古国西南部，南至今天的越南，测量内容包括该地的北极高度（北极高度指的是北极星的地平高度，也就是当地的地理纬度），二分二至时太阳在正南方时的日影长度，并将这些数据及时回报，僧一行再"以南北日影较量，用勾股法算之"，得出进一步的数据。这样的测量规模在当时整个世界上都是极其罕见的，是中国乃至世界科学史上的一大里程碑。

在此之前，中国天文学界存在一个古老的观点即"日影一寸，地差千里"。这种说法出自《周髀算经》："正南千里，勾一尺五寸，正北千里，勾一尺七寸。"因此很少有人质疑。隋代时，刘焯曾对这个观点提出过质疑，并给出了具体的测量方法，只是当时没有实际进行。

通过实地测量，僧一行及其团队得出了两个结论，其中之一是"大率三百五十一里八十步，而极差一度"，意思是在地球表面上，南北方向相隔的每一度（地理纬度差 1 度），大约对应着 351 里 80 步（约 129.22 千米）的距离。这个结果实际上是世界首次人们对地球子午线 1 度弧长的测量。这一结果与现代值（111.32 千米）相比虽然存在误差，但在当时的技术条件下，这样的精确度已经十分惊人。僧一行的这一发现对当时的天文学和地理学有着重要意义。它不仅反驳了"日影一寸，地差千里"的古老观点，也为制定《大衍历》提供了更加精准的依据。

另一个结论是，"凡日晷差，冬夏至不同，南北亦异"。具体来说，就是测量的时间不同，地点不同，日晷影长都会有所差异，不能用一地的测量数据作为参考。为了解决这个问题，僧一行"修《大衍图》，更为《覆矩图》，自丹穴以暨幽都之地，凡为图二十四，以考日蚀之分数，知夜漏之短长"，并创作了一套计算任何地方每日影长和去极度的计算方法，称作"九服晷影"。

经过几年实际测量，僧一行得到了大量天文数据，开始以《皇极历》为基础，着手编制《大衍历》。两年之后，《大衍历》草稿完成，僧一行却与世长辞。开元十七年，根据《大衍历》制成的历书开始通行全国，标志着我国历法体系的成熟，后世历朝编制历法时，都是以《大衍历》作为基本框架的。

《大衍历》是当时世界上最先进的历法，通过大量实地测量与精准计算，大衍历将一回归年定为 365.244 4 日，这个数值与现今世界通用的公历所使用的回归年长度 365.242 2 日相比，误差仅有 0.002 2 日，也就是说按《大衍历》计算每 500 年才会比公历多算 1.1 天。

在计算方法上，《大衍历》中也进行了很多创新，在编制过程中应用了复杂的数学方法，包括球面三角学、代数等。僧一行创立的二次等间距内插法，用以推定行星位置和日月食起讫时刻及食分，展现了当时数学在历法编制中的应用水平。《大衍历》的推出，对中国乃至东亚地区的历法体系产生了深远的影响，一度传到日本、朝鲜等国，成为当时的官方历法。

除了制定《大衍历》之外，僧一行还发明了世界上最早的以水作为动力的浑天仪——水运浑天仪。水运浑天仪是一种机械装置，主要由水轮、漏斗和铜制天球等部分组成。其中，水轮是动力源，通过水流驱动轮转；漏斗用于控制水流，以确保水轮转速的稳定；铜制天球上刻有星座和天文纬度标志，可以模拟天体的运行。其核心是利用水力驱动机械装置，模拟天体在天空中的实际运动。通过精密的设计和制造，这个仪器能够精确地展示包括日月在内的主要天体的运动路径，如日月升落、月相变化、星座位置等。有意思的是，这架浑天仪上还设置了两个木人，"立二木人于地平之上，前置鼓以候辰刻，每一刻自然击鼓，每辰则自然撞钟。"（《旧唐书·天文志》）即每过一刻钟，其中一个木人会自动击鼓，每过一个时辰，另一个木人就会自动撞钟。从本质上看，这实际上就是最早的机械时钟和擒纵装置，比西方早了6个世纪左右。可惜的是，这套复杂的装置没有流传下来。

水运浑天仪在当时的整个世界范围内都是极为先进的天文观测设备，内部结构十分复杂，是中国古代天文学和机械工程结合的典范，展示了唐代科技的先进性和创新能力。

僧一行制定的《大衍历》只是唐代天文学发展的集中代表，除此之外，唐代天文学还取得了一系列成就，包括天文观测技术的进步，天文志和星图的编纂，天文常数的进一步精确等，都代表了这一时期天文学的高度发展。

另一方面，这一时期，天文学知识逐渐普及，开始频繁出现在唐人的大量诗作中。如骆宾王在《在狱咏蝉》中写道："西陆蝉声唱，南冠客思深。不堪玄鬓影，来对白头吟。"这里的"西陆"指的就是秋天，出自《隋书·天文志》："日循黄道东行，一日一夜行一度，三百六十五日有奇而周天。行东陆谓之春，行南陆谓之夏，行西陆谓之秋，行北陆谓之冬。"这样的例子不胜枚举。唐朝丹元子还创作了《步天歌》，通过诗歌的形式介绍二十八宿，二百八十三个星官和上千个恒星，简单易懂，朗朗上口。如介绍斗宿时歌曰"天渊十星鳖东边，更有两狗斗魁前，农家丈人斗下眠，天渊十黄狗色玄"；介绍奎宿时歌曰"腰细头尖似破鞋，一十六星绕鞋生"。这些都从侧面证明，当时的天文学再也不是高高在上的学问，天文知识也逐渐从政府走向民间。

第十三节 天问

唐宪宗是唐代的第十二位皇帝，也是历史上有名的"中兴之主"。他登基时，李唐王朝已经风雨飘摇，处于崩溃的边缘。宪宗在位初期，励精图治，"读列圣实录，见贞观、开元故事，竦慕不能释卷"，将太宗与玄宗当作自己效法的榜样，任用贤臣，"中外咸理，纪律再张"，出现了中兴局面。不过，与玄宗一样，晚年的宪宗逐渐骄奢淫逸，任用谗臣，罢免贤相，下诏征召方士，迷恋仙佛。

当时，凤翔法门寺有座护国真身塔，塔内据传有释迦文佛指骨一节，也就是所谓的佛骨真身舍利。元和十四年（819年）正月，宪宗诏令杜英奇和30名宫人，"持香花赴临皋驿迎佛骨"，供奉在大内。这件事在长安城引起极大轰动，"王公士庶，奔走舍施，唯恐在后。百姓有废业破产、烧顶灼臂而求供养者"。

当时，韩愈正在长安任职，他知道这件事后，不顾自身安危，上《论佛骨表》极力劝谏，言辞十分激烈。他先举梁武帝的例子，说"梁武帝在位四十八年，前后三度舍身施佛"，最后身死国灭，由此可以证明，"事佛求福，乃更得祸。由此观之，佛不足事"。之后，他又将佛骨舍利定性为"枯朽之骨，凶秽之馀"，要求将其"投诸水火，永绝根本，断天下之疑，绝后代之惑"。这封奏疏呈上之后，宪宗大怒，朝野震惊，要将韩愈处以极刑，众官员极力劝谏，这才保住韩愈的性命，人被贬为潮州刺史作罢。对于皇帝的错误，韩愈敢于"冒天下之大不韪"，提出质疑和反对，体现了他理性思考和反对迷信的精神。在当时社会背景下，这种精神尤为可贵。

从人类诞生以来，对世界的认识就可以分为两种：一种是唯心主义，相信宇宙是神佛创造的，人类也应该崇信这种超自然力量，以得到庇佑与发展；另一种是唯物主义，相信世界的存在是客观的，人类要主动去探索世界，掌握规律，最后利用规律，这就是科学的底层原理。

韩愈无比激烈地抨击佛道，虽然根本目的是复兴儒学，但其中也不乏唯物主义的思想，留下了很多动人的火花。他在《原道》写道："斯吾所谓道也，非向所谓老与佛之道也。"也就是说，他认为人应该主动探索和完善自我，而不是被动地接受超自然力量的安排。他强调人的行动和努力在实现个人发展和社会进步中的重要作用。在《原性》中，他将人的品格分为"性三品""情三品"，主张通过学习和修身来提高个人的道德和智慧，与佛教的灭情见性观念形成鲜明对比。

总的来说，韩愈的思想中体现出对理性和实证的重视，他认为应该通过观察、实验和逻辑推理来理解世界，而不是仅仅依赖宗教信仰和神秘主义，反映了一种积极向上、强调个人努力和理性思考的价值观。

韩愈从小父母双亡，为人恃才傲物，因此得罪了不少人，为官之路很不顺利，有时候连温饱都成问题。不过，有一位朋友对他始终不离不弃，他就是柳宗元，人们常将他们并称为"韩柳"。

在思想上，柳宗元与韩愈有很大的不同。柳宗元提倡民本，韩愈提倡制民；柳宗元提倡无神论，反对封禅，韩愈上书请求皇帝封禅，从这一点看，柳宗元的唯物主义思想更加彻底，也更有深度和广度。

《天对》《天说》《答刘禹锡天论书》是柳宗元最具代表

性的文章，体现了其深刻的哲学思想和对宇宙天地的独特见解。

《天对》是对屈原《天问》的回答，在这篇文章中，柳宗元探讨了宇宙的起源和本质，表达了对天地自然的敬畏和对人类在宇宙中地位的思考。柳宗元认为整个宇宙都是由元气产生的，依赖阴阳变化运行，不存在什么神佛，也没有什么天柱、女娲，更没有什么天命，世间的一切都是客观存在的。他还提出，宇宙是无穷无尽的，"无极之极，漭弥非垠"。

《天说》的重点是批判"天罚"理论，柳宗元认为，大到天地、寒暑，小到草木、瓜果等，这一切都是自然现象，是物质的不同形式，既然如此，天就没有"赏功而罚祸"的能力，也就不存在什么天命。

《答刘禹锡天论书》是对刘禹锡《天论》的回答。刘禹锡是唐朝著名诗人、文学家，与柳宗元并称"刘柳"。《天论》分为上中下3篇，集中体现了刘禹锡的唯物主义价值观。他认为，宇宙有其自然规律，天象变化、季节交替等都遵循一定的自然法则，提出"天行有常，不为尧存，不为桀亡"，强调宇宙的运行有其客观性和规律性，不会因人的意志而改变。人类的行为应当顺应自然法则。通过自身努力，人可以在一定程度上应对自然变化带来的影响，"天之所能者，生万物也；人之所能者，治万物也"。刘禹锡强调人应与自然和谐相处，而不是盲目追求控制自然。

刘禹锡还对"天命论"的根源给出了自己的解释，他认为，社会有两种状态，一种是"法大行"的状态，"是为公是，非为公非"，这种情况下，赏罚分明，福祸决定于人的自身行为，人们就不会把自身的福祸与天命联系起来。另一种状态是"法大弛"，黑白颠倒，是非不分，赏罚不明，人们就会把自己的安危寄托到"天命"上。所以，归根结底，刘禹锡认为，所谓的"天命"，实际上是社会中存在的一种不合理现象，有功不赏，有过不罚，人们的行为失去了依据，就只能把一切原因归于概率，也就是虚无缥缈的"天命"。

在《答刘禹锡天论书》中，柳宗元认为，刘禹锡的观点与自己的观点类似，都在讲"非天预乎人"，即天无法决定人的命运。不过，他还对另一个问题进行了讨论："天之生植也，为天耶？为人耶？抑自生而植乎？"简单来说，就是天是否是为人而存在的。柳宗元认为，天是自然而然地存在并发挥其功能，那么它的作用就如同自然界中的其他事物一样，并不是为人类特别规划和设计的，因此人类不应过分依赖或企图控制自然。

综合来看，柳宗元与韩愈的思想虽有不同，但都展现了唐朝思想家对自然、宇宙及人与天的关系的深刻洞察。他们的观点不仅反映了唐朝文化的多元性和开放性，也为后世提供了对天、地、人关系的多角度理解。在当时的时代背景下，这种精神显得更为难能可贵。

很多时候，科学的发展都需要有这样的勇者，甚至献身精神。无论是我国唐朝的韩愈、柳宗元、刘禹锡，还是西方的哥白尼、布鲁诺，他们所面对的都是只要肯放弃自己的理念，低头转身，就能有很好的出路。然而，他们却毅然选择了相反的道路，横眉冷对千夫所指，这种勇气和献身精神是科学发展的重要推动力，也是人类文明进步的重要标志。

第三章

两宋风华

第一节 商品经济空前繁荣

公元 960 年，赵匡胤行军途中在陈桥驿发动政变，"黄袍加身"。宋朝建立后，赵匡胤认为，唐朝灭亡的原因在于藩镇割据，地方太强，中央太弱，武将太强，文官太弱。于是，宋政府设计了一整套中央集权体系，通过复杂的官职设计，在中央设置"二府三司"、九寺分化宰相的职权，加强监察制度，御史的权力达到顶峰。同时，又在地方设置转运使，将大部分地方财富运往中央。另一方面，为了削弱地方军队的战斗力，宋朝建立了禁军制度，将地方的能兵强将全都调到中央，拱卫京师，只给地方留下了"老弱病残"。在此基础上，宋朝还设立了"更戍"制度，每过一段时期，就要轮换一次各地统兵的将领，以防止将领与士兵形成集团。

这些制度设计虽然保证了中央的权力，但也导致了很多问题。首先是冗官冗费，官僚机构太过庞大，国家每年都要消耗大量金银来养官。其次是军队机动性差，官兵没有默契，战斗力大打折扣。更为严重的是，整个宋朝，作为中原政权屏障的"燕云十六州"一直控制在辽国手中，导致宋朝面临的游牧民族威胁要远远大于历朝历代。

另一方面，赵匡胤确立了"重文轻武"的原则，甚至立碑为誓，"不杀士大夫"（王夫之《宋论》），文人地位得到空前提高。因此，宋朝也被称为"文人的天堂"。这背后的原因，既有统治者的重视，也有科举制度的完善。

隋唐时期，科举制虽然已经逐步完善，但考试形式僵化，内容单一，政府还对商人、戏子等出身的人做出限制，规定这些人不得参加科举。《通典·选举典》中说："进士，大抵千人得第者百一二；明经倍之，得第者十一二。"

到了宋朝，科举制的发展达到鼎盛，不仅科目繁多，而且录取人数急剧增加。仁宗朝初期，"岁取士不过三十人，经学不过五十人"，这与唐朝相差无几。然而，到后来，每年录取的考生多达数百甚至上千人。为了照顾那些落榜的考生，朝廷还创立了"特奏名"制度，即考生只要积累到一定的举荐次数和到达一定的年龄，就不用再经过考试，由礼部奏报后直接参加殿试。整个宋朝，特奏名出身的人数竟多达 5 万。

科举制度的完善与录取率的提高，使得很多人都将科举作为改变社会地位的最佳途径，"万般皆下品，唯有读书高"逐渐成为社会共识，知识分子的队伍不断扩大，社会上出现了一批专心研究科学技术的人，为科技的发展注入了强大的活力。

北宋虽然始终面临着来自辽、西夏等政权的威胁，但通过议和与岁币，几方势力大体保持和平状态，尤其是"澶渊之盟"后，宋辽维持了长达上百年的和平，直到白山黑水间的金人崛起，这种平衡才被打破。1127 年，金人攻陷东京，北宋灭亡。同年，康王赵构逃到应天府即位，建立南宋。之后，宋金又多次议和，以秦岭—淮河为界，宋室得以偏安一隅，继续维持了长达上百年的国祚。1279 年，蒙古大军与宋军在崖山展开大规模海战，宋军全军覆没，陆秀夫背着少帝赵昺投海自尽，南宋灭亡。到此，两宋共历 18 帝，享国 319 年。

宋朝是中国经济高速发展阶段，这一时期文化兴盛，经济繁荣，科技发展，进一步推动了城市与手工业的发展。宋代出现了很多大型城市，其中开封与临安府人口都达到了百万以上，全国总人口数量突破 1 亿。同时，由于贸易的繁荣，货币需求量急剧增加，虽然两宋的铸币量高达 2～3 亿贯，但仍然无法满足市场需求，于是便催生了世界上最早的纸币——交子。与之相伴的，是金银铺、交引铺等信用机构的发展。

对于科技创新，宋政府一贯采用奖励政策，而且奖励极其丰厚，除了财物、官职之外，还有皇帝降诏奖谕、刻碑纪功等特殊荣誉。如宋神宗年间，沈括主持编修《奉元历》，修成之后，所有参与的官员全都官升一级。又比如，同样在神宗年间，许州有个叫贾士明的人，发明了烧制琉璃瓦的新方法，成本低廉，省钱省力，朝廷便奖励他 500 贯钱。这样的例子不胜枚举。在官方的鼓励下，民间形成了一股创新浪潮，即使是武器装备方面，当时也不禁止民间研究，并规定，有人"献所制火药、火球、火蒺藜……各赐缗钱"，于是"吏民献器械法式者甚众"（《宋史·兵制》）。

毫无疑问，两宋是中国历史上经济、文化最繁荣的一段时期，史学家陈寅恪曾给出过这样的评价："华夏民族之文化，历数千载之演进，造极于赵宋之世。"然而，与之相对的是，百姓的生活却十分穷困，各地起义不断，其根源在于土地兼并。唐朝时，中国已经告别了公田阶段，全面进入私田阶段，田地可以自由买卖。宋初，官方还有一定的公田可以廉价出租给农民，然而随着时间的推移，财政亏空越来越大，政府不得不将公田出售缓解财政危机，据漆侠先生在《宋代经济史》中的统计，宋代土地私有土地的数量已经达到全国土地总数的 95.7%，剩下的少部分才是官田。这些都是土地兼并的结果。

另一方面，宋太祖在建国之初，通过"杯酒释兵权"解除了几位功勋大将的军权，鼓励他们"择便好田宅市之，为子孙立永久之业，多置歌儿舞女，日饮酒相欢，以终其天年"，从此，不抑制兼并成为宋代土地政策最大的特点。后来，朝廷虽然颁布了一系列限制法令，但都收效甚微。权贵阶级凭借权力与地位，大肆兼并田产。即使在发布过限令的"仁宗盛世"，土地兼并问题也十分严重。据漆侠先生的推算，到仁宗晚年，占全国人口总数 6%～7% 的地主阶级，竟然占有全部耕田的 60%～70%，阶级之间的贫富差距已经到了触目惊心的程度。

因此，宋朝的繁荣背后，其实一直深埋着 3 颗"暗雷"，一是周边游牧民族的威胁，二是农民阶级与地主阶级之间的矛盾，三是冗官冗费，政府财政持续亏空。这 3 组矛盾贯穿始终。这些问题的解决，都需要大量财富作为支撑。因此，宋朝统治者对农业发展十分重视，大力推广农业技术，加上知识分子的不断增加，农学在两宋时期终于形成完整体系。

第二节 农学体系的形成

据《中国农业古籍目录》一书中显示，两宋时期，中国农书数量高达 136 种，这一数量是十分惊人的，因为唐朝及以前的农书总量才不过 80 多部。在农学领域，宋朝农学家们还创造了许多世界第一。

《禾谱》是世界上第一部水稻专著，由北宋曾安止编写。曾安止，字移忠，号屠龙翁，江西泰和人，28 岁中进士，先后担任丰城（今江西省丰城市）主簿、彭泽（今江西省彭泽县）知县。为官期间，他经常深入田间地头，与当地百姓探讨水稻栽培与种植技术，培育新品种。后来，曾安止患上眼疾，于是辞官回乡，潜心研究水稻，终于写成《禾谱》。

《禾谱》全书约 4000 字，正文部分包括 3 个方面的内容：

一是介绍水稻的名称，"稻有总名，有复名，有散名"。二是介绍水稻栽培技术，包括蓄水保水、施肥、除草等，如重视对水田形势的审度，强调在最上处潴水，防止水资源的流失，不管田间是否有草，都要用手排漉水田，确保稻根附近的土壤湿润，通过涂抹泥土来增加水田的肥沃度等。三是记载水稻品种，全书共收录了 50 多个品种的水稻。从这里可以看出，当时中国的水稻培育技术已经十分先进。

在该书的序言中，曾安止记录了自己写这本书的初衷："尝集牡、荔枝与茶之品，为经及谱，以夸于市肆。予以为农者，政之所先，而稻之品亦不一，惜其未有能集之者。"可以看出，当时的市场上，已经有关于牡丹、荔枝、茶叶的专著流通，实际上远不止此。除了这些之外，两宋还出现了世界上第一部柑橘分类学专著《橘录》、第一部食用菌专著《菌谱》、第一部制糖专著《糖霜谱》，除此之外，还有秦观的《蚕书》、王愈的《蕃牧纂验方》、沈括的《茶论》等，农林牧副渔各方面均有成果。

《禾谱》完成之后，苏轼被贬岭南途经庐陵，当时曾安止双目已近失明，他仰慕苏轼已久，便拿出自己的著作给苏轼看。苏轼读后，写了一首《秧马歌》回赠，诗中描绘了当地人使用"秧马"耕作的场景："嗟我妇子行水泥，朝分一垅暮千畦。腰如箜篌首啄鸡，筋烦骨殆声酸嘶。我有桐马手自提，头尻轩昂腹胁低。背如覆瓦去角圭，以我两足为四蹄。耸踊滑汰如凫鹥，纤纤束藁亦可赍。何用繁缨与月题，揭从畦东走畦西。"

秧马是宋代的一种新型农具，外形类似于小船，头尾部分翘起，中间洼凹。这种设计使得农民可以像骑马一样跨坐在秧马的背上，便于操作。其腹部通常使用枣木或榆木制作，这些材料易于滑行。而背部则采用轻质的楸木或桐木制成，以减轻整体重量。

在插秧时，农民将秧苗插入田中，然后用双脚推动秧马向后挪动。在这一过程中，农民可以一边滑行一边持续进行插秧作业。在拔秧时，农民用双手将秧苗拔起，然后捆绑成束，放置在秧马后部的"舱"内。因此这种农具大大减轻了农民弯腰弓背的劳动强度，提高了工作效率。

图 3-1 秧马

根据苏轼的说法，当地人已经普遍使用这种工具，能够"日行千畦，较之伛偻而作者，劳佚相绝矣"。后来，他在惠州博罗县遇到了县令林抃，便介绍了这种农具。林抃随即带领百姓"躬率田者，制作阅试"，苏轼又写了《题秧马歌后》来记录这件事。

苏轼是宋朝乃至中国历史上最著名的文人之一，自号东坡居士，这是因为他真的在东坡种过田，而且颇有心得。其实在当时，苏轼这样边种田、边读书的文人不在少数。宋朝是我国耕读文化的形成期，文人黄震就曾说："人若不曾读书，虽田连阡陌，家赀巨万，亦只与耕种负贩者同是一等齐民。"对于文人，尤其是未发迹的文人来说，耕作是生存需要，读书是精神需要，缺一不可。与传统的农民不同，这些文人具有一定的知识储备，能够在耕作过程中发现规律，并将这些规律总结起来，著成农书，这也是宋朝农学得以繁荣发展的一大因素。而由于南宋偏安一隅，南宋时期，我国首次出现了反映南方水田农事的专著，《陈旉农书》就是其中的典型代表。

陈旉，号"西山隐居全真子"，是宋朝著名农学家，一生都躬耕于淮南西山，是一位饱学之士，"于六经诸子百家之书，释老氏黄帝神农氏之学，贯穿出入，往往成诵，如见其人，如指诸掌"。他读书不为做官，"所至即种药治圃以自给"。74岁时，他将自己的实践经验著为《陈旉农书》，被地方官员"刻而传之"。

《陈旉农书》全书分为上、中、下3卷，共22篇，1.2万余字，上卷论述土壤与作物栽培技术，中卷讲耕畜的饲养技术，下卷讲种桑养蚕技术。这部书虽然体量不大，却提出了许多创造性技术。比如，在"粪田之宜篇"中，陈旉系统总结了制粪、用粪技术，包括火粪、沤粪、堆粪、草粪等（"凡扫除之土，烧燃之灰，簸扬之糠粃，断稿落叶，积而焚之，沃以粪汁，积之既久，不觉其多。"），还提出了"粪屋"制肥的方法：在农户住所的旁边建一个粪屋，集中储存农家粪便。粪屋的屋檐和楹柱要建得低一些，这样设计主要是为了防止风雨天气时，粪便被风雨冲散或稀释。在沤制的过程中还需要注意，如果粪便长时间暴露在外，它的肥效会降低。这是因为粪便中的有益微生物和营养成分会在阳光和空气中分解、挥发。更为重要的是，书中还提出了"地力常新壮"的观点，"若能时加新沃之土壤，以粪治之，则益精熟肥美，其力常新壮矣，抑何敝何衰之有"。这是中国农业史上的标志性创造，即通过肥料补充地力，使土地完成修复，达到增产的目的，有力驳斥了"田土种三五年，其力已乏"的旧观点。

在"牛说"中，陈旉提出了耕牛传染病的原因与预防办法："四时有温凉寒暑之异，必顺时调适之可也。春初，必尽去牢栏中积滞蓐粪。亦不必春也，但旬日一除，免秽气蒸郁，以成疫疠；且浸渍蹄甲，易以生病。"具体来说，他认为疫病是"四时有温凉寒暑之异"造成的，因此根据不同的季节，选择不同的喂养方式。

政府方面，两宋政府不仅兴建了众多水利工程，还不遗余力地推广农业技术，地方官员每年的春季和秋季都会发布劝农文，该种文体文句简练，篇幅短小，几乎包含了农村生活的方方面面，既有农业生产技术，也有对劳动者的慰问、道德建设等。很多文化名人都曾写过这一类型的作品，如朱熹的《劝农文》，文天祥的《劝农诗》等。此外，皇帝也经常会下诏督促地方发展农业，如宋徽宗就曾诏令"县令以十二事劝农于境内，躬行阡陌，程督勤惰"。而地方官员在发现新的农书之后，也会在第一时间刊行，传播到田间地头。为了方便传播农业知识，两宋时期还出现了很多专门用来供农户学习的场所。

另外，因为官方鼓励发明创造，从而掀起了我国农具史上的第二次变革浪潮。新型翻土工具踏犁，用于切割饲草的铡刀，我国最早采用畜力牵引的中耕锄草工具耧锄，灌溉工具牛转翻车等，都是在这一时期涌现的。这些工具的出现和普及，不仅提高了农业生产效率，也促进了农业技术的进步和农业生产方式的转变，对宋朝乃至整个中国农业历史产生了深远的影响。

良种方面，宋朝从越南引进了占城稻，这种水稻成熟早，抗旱能力强，对土壤的肥力要求低，很快在我国南方地区普及。此外，北方的小麦也开始向南方推广，稻麦两熟制最终确立。白居易在诗中就曾经提到苏州的小麦生长情况："去年到郡时，麦穗黄离离。今年去郡日，稻花白霏霏。"

南宋时期，由于北方战乱频发，人们纷纷由北向南迁移，南方的农业得到了进一步发展，耕作技术和亩产不断提高，我国经济重心完成南移。据漆侠先生在《宋代农业生产的发展及其不平衡性——从农业经营方式、单位面积产量方面考察》中的推算，江浙地区在宋仁宗时期，亩产在二三石左右，而到了南宋初年，亩产就已经达到了三四石，晚期甚至能够达到五六石的水平，而魏晋南北朝，这一地区的平均亩产只有一点四石，唐朝为三石。

除了我们以上提到的农业进步之外，两宋时期的渔业也发展出了相当规模，渔民们已经开始兴建鱼塘进行淡水鱼的养殖，市场上也有鱼苗出售。

总之，两宋是我国农业的大发展时期，无论是生产工具还是耕作技术，都进步显著。文人们开始涌入田间地头，研究和探索农耕技术，创作出大量农业专著，我国农学在这一时期形成完善的系统。而这一切，也都离不开造纸工艺与印刷术的进步。

第三节 洛阳纸贵

西晋时，临淄有个叫左思的人，长得奇丑无比，讲话也结结巴巴，从小就有些自卑，不愿意跟人交往。小时候，左思学过钟，学过鼓琴，学过书法，最后都没能学成。后来，在父亲的鼓励下，他开始发奋勤学，用1年时间写成了《齐都赋》，辞藻华丽，文采十分出众，引得众人惊叹。后来，左思举家搬到洛阳，他又花了10年时间写成《三都赋》。写成之后，由于他当时没有什么名气，便把文章拿给当时的著名学者张华看。张华读过之后大为赞赏，感叹道："班、张之流也。"于是，城中的富豪争相传抄，洛阳的纸都因此涨价了，这就是"洛阳纸贵"的出处。

从这个故事我们可以得出两个结论：第一，至少在西晋时期，纸已经用于书写了；第二，当时纸的产量并不高，就连洛阳这样的大都市，也有可能出现纸张紧张的情况。事实上也确实如此。

魏晋时期，士族门阀势力庞大，等级森严，贵族阶层仍然存在"贵素贱纸"的风气。所谓"素"就是缣素，用丝织品制成的书写载体，价格十分昂贵。不过，随着时间的推移，越来越多的人开始用纸进行书写，就连十分知名的书法家也不例外，如王羲之、王献之父子，王献之的《洛神赋十三行》原迹就是在纸上写的。

晋代最常用的书写纸是麻纸，就是用麻头破布制成的纸，因此也叫布纸。这种纸纤维长，纸质坚韧，适合书写。后来，工匠们又将黄檗（黄柏）捣烂熬取汁液浸染纸张，制成黄麻纸。黄檗的汁液具有一定的抗细菌、抗真菌和防腐效果，因此，黄麻纸便具有了防蛀、防腐的特点。

除了黄麻纸之外，魏晋南北朝时期，还出现了很多具有地方特色的精品纸。

藤纸是一种使用藤类植物的纤维制成的纸张，质地坚韧，耐水性好，当时的浙江余杭、嘉兴等地都出产这类纸张。左伯是汉末山东东莱（今莱州市）人，擅长用桑皮造纸，所造纸张"皎洁如霜雪"，"妍妙辉光"。魏晋时期，人们便将左伯家乡出产的高品质纸张称为"左伯纸"。南北朝时，河北胶东出产一种五色花笺，也是极为精美的纸张，深受文人喜爱。

进入隋唐五代，造纸的原料进一步扩大，除了麻类、桑皮、藤皮之外，瑞香皮、木芙蓉皮、竹子也在这一时期崭露头角。

据唐人刘恂《岭表录异》记载，"广管罗州多栈香树……堪作纸，名为香皮纸。灰白色，有纹如鱼子笺"。另外还有一种制作精美的薛涛笺，小巧精致，花样繁多，能染出十几种颜色，很受当时文人的欢迎。薛涛是唐朝十分著名的女诗人，她"好制小诗"，但平常售卖的纸太大，于是就让匠人"狭小为之"，再用花汁"染演作十色"，制成专门用来写诗的小笺。五代时，南唐后主李煜还喜欢使用一种澄心堂纸，这种纸就是用竹子制成的，"肤如卵膜，坚洁如玉，细薄光润，冠于一时"，一直到明清时期，澄心堂纸都备受文人追捧。除此之外，据李肇《唐国史补》记载，唐朝的名纸还有"越之剡藤、苔笺，蜀之麻面、屑末、滑石、金花、长麻、鱼子、十色笺，扬之六合笺，韶之竹笺，蒲之白薄、重抄，临川之滑薄"。

随着造纸原料的增多和技术的进步，隋唐时期，纸的产地也进一步扩大，几乎遍及全国。据《新唐书·地理志》记载，当时仅向朝廷进贡纸的州郡，就有余杭郡、会稽郡、信安郡、东阳郡、宣城郡、新安郡、浔阳郡、衡阳郡等。除此之外，莱州、蒲州、晋州、扬州、岐州、益州、韶州等地也是纸的重要产区。

唐朝纸产量巨大，但消耗量也十分可观，上至国家，下至百姓，纸已经成为最普遍的书写绘画工具。以大中三年(849年)为例，仅集贤书院抄书所用的纸张数量就高达10000多张。集贤书院是唐朝收藏古籍的官署，与史馆、弘文馆合称"三馆"。另一方面，由于佛教盛行，佛经需要的纸张数量也十分夸张。如咸亨元年，武则天母亲杨氏去世，武则天发愿敬造《妙法莲华经》《金刚经》3000部，其中仅《妙法莲华经》就有7卷，这项官方抄经活动一直持续了7年之久，耗费的纸张根本无法估算，而这样的官方活动在唐朝十分常见。又如，玄奘法师将经书带回长安后，进行了长达20年的译经活动，消耗的纸张也十分可观。除了用于书写，唐朝已经出现了其他纸制品，如灯笼、窗纸、纸衣纸裤等，焚烧纸钱也是在这一时期流行开来的。

到宋朝，纸生产的种类和数量已经达到了空前的规模，仅徽州一地，每年就要上供纸张7种。官府经营的作坊中，工人的数量甚至突破了千人。如宋孝宗乾道四年(1168年)，政府在临安"赤山之湖滨"创办造纸局，"工徒无定额，今在一千二百人，咸淳五年之二月，有旨住役"。这样规模的工坊，至少还有四五处。除了官造纸之外，民间的造纸业也十分发达，造纸在很多地方蔚然成风。宋人廖刚就曾记载过："南亩之民，转而为纸工者，十且四五，东南之俗为尤甚焉。盖厚利所在，惰农不劝而趋。"这些人都是民间的造纸个体户，主要集中在南方地区。北宋书法家蔡襄在《文房四说》中写道："今世纸多出南方，如乌田、古田、由拳、温州、惠州，皆知名；拟之绩溪，曾不得及其门墙耳。"

除了产量提升之外，宋朝造纸技术也出现了明显的进步。宋朝的造纸工艺对纸浆的处理更加精细。古代造纸的一个重要环节是将原材料沤成纸浆。宋朝的造纸工匠们通过改良沤浆工艺，使纸浆质量得到显著提升。水碓是利用水力驱动的一种机械，通常用于碾米或磨粮。在宋代，工匠们创新性地将水碓应用于造纸工艺中，用以打碎和精炼纸浆，大大提高了生产效率和纸张质量。传统的晾纸方法是把纸张抄到墙壁上晾干，这种方法效率较低，且纸张容易受到环境影响。宋朝工匠们将晾纸方式改进为使用熏笼焙干，这种方法不仅提高了干燥效率，还有助于保持纸张的平整和质量。当时的工匠还对用于抄纸的纸模进行了改良，使得制作出的纸张更加均匀和精细。

总的来说，宋人通过引入新的机械和改进传统工艺，不仅提高了造纸的效率，还使得纸张的质量得到了显著提升。这些技术的进步对后世的造纸工业产生了深远的影响。

第四节 "最伟大的发明"

抄书这种方式费时费力，虽然能够满足贵族阶层的需求，但想要让书籍或历书进一步传播，满足社会需求，就有些捉襟见肘了。那有没有更好的办法呢？按道理来说，无论是佛经还是儒家经典，都是固定句式，固定排版，只要把这些文字提前反刻在木板上，用木板蘸墨印在纸上，就可以批量印刷书籍了。这其实就是唐朝重大发明——雕版印刷术。

雕版印刷术的核心是使用木板作为印刷模板。首先，将所需印刷的文字和图案反向雕刻在平滑的木板上，而未被雕刻的部分形成凸起，是后续沾墨印刷的部分。雕刻完成后，将木板上的凸起部分均匀涂上墨水。然后，将纸张平贴在木板上，轻轻敲打或压制，纸张上的文字或图案便呈现出来了。每印刷1次，都需要重新涂墨。

印刷术是我国古代四大发明之一，根据现有的史料和文物来看，雕版印刷术应该是在唐中期出现的。敦煌发现的咸通九年（868年）的《金刚经》是现知世界上最早的刻印有确切日期的雕版印刷品，现藏于英国伦敦博物馆。

实际上，按照史料记载来看，印刷术的发明还要更早一些。长庆四年（824年），元稹在为白居易《长庆集》所作的序中说："二十年间，禁省、观寺、邮候墙壁之上无不书、王公妾妇、牛童马走之口无不道。至于缮写模勒，炫卖于市井，或持之以交酒茗者，处处皆是。"这里的"模勒"就是印刷用的模板，可见当时雕版印刷的规模已经很大了，集市上到处都能看到卖"模勒"的商人。另外，宋朝的《册府元龟》中收录了一封东川节度使冯宿的奏疏，内容是请求朝廷下令禁止民间私刻历书。东川节度使的管辖范围是今天的四川省东部和重庆市，可见当时印刷品在全国很多地方都已经普遍存在。

进入宋朝之后，官方书籍印刷规模更为庞大。有宋一代，仅官方编纂的大型部书就有《太平广记》《太平御览》《文苑英华》《册府元龟》，合称"宋四大书"，总计3000多卷。另一方面，由于耕读文化的兴起，民间对书籍的需求也与日俱增，印刷业便应运而生，出现了官刻、私刻、坊刻、寺观刻书、书院刻书五大印刷出版体系，形成了以北京、浙江、四川、福建为中心的印刷出版中心。书籍种类也非常丰富，包括儒家经典、佛教和道教经文、历史书籍、诗歌、小说、科技、医学、农业书籍等。

宋朝不禁止私人刻印，加上民间对书籍的需求量剧增，便出现了盗版书籍。当时盗版有3种方式，一是不经著作权人同意，私自刻印出版牟利；二是擅自更改著作权人名称或更改作品内容，这种方式更加恶劣；三是根据已经出版的书籍进行翻刻。

苏轼为北宋的文坛领袖，其作品就经常被盗版印刷，他在给朋友陈传道写信时就抱怨道："某方病市人逐于利，好刊某拙文，欲毁其板，矧欲更令人刊邪？……今所示者，不唯有脱误，其间亦有他人文也。"可见他对盗版的痛恨，已经到了要"毁其板"的程度。与苏轼一样，苏辙的作品也经常被盗版，有一次，他甚至在出使辽国时见到了宋人文集与其他涉及军事机密的书籍。回朝之后，他立刻上书皇帝说："本朝民间开版印行文字，臣等窃料北界无所不有……其间臣僚章疏及士子策论，言朝廷得失、军国利害，盖不为少……若使尽得流传北界，上则泄露机密，下则取笑夷狄，皆极不便。"哲宗接到奏章后，立刻与群臣讨论，发布了禁令："凡议时政得失、边事军机文字，不得写录传布。

本朝会要、实录不得雕印……内国史、实录仍不得传写。即其他书籍欲雕印者，选官详定……""选官详定"实际上就是确立了出版审查制度。

为了保护知识产权，宋朝政府颁布了一系列措施。首先是著作权人先向版权保护机构提出申请，之后该机构会进行公示，明确著作权归属。然后是发布"公据"，印刷商拿到"公据"后才可以将书籍印刷上市，最后，还要在书籍中加上著作人的名字及版权保护公告，对于盗版商，官府也会进行追查。

书籍的种类越丰富，对雕版印刷来说成本和难度就越大。因为雕版上的文字都是固定的，每一页印刷都需要专门的雕刻木板，因此这种印刷方法在制版方面成本较高，适合大量印刷，不适合频繁更改的文本。另外，雕版存放、错别字难以改正也是很大的问题。为解决这一系列问题，活字印刷术便应运而生。

宋仁宗庆历年间（1041－1048年），一位叫毕昇的平民，通过反复实践，发明了胶泥活字，这是世界印刷史上的一大创举，比西方早了400多年。

具体来说，毕昇的方法是，使用胶泥来制作活字，每个字刻成一个小印章，形状如钱币边缘。然后对活字进行火烧处理，以增加其坚固度。印刷时，先铺设一块铁板，并在其上涂抹松脂、蜡和纸灰等混合物，使用铁范（模具）来整齐排列活字，形成一页文字。之后，将铁范放在火上加热，使涂抹在铁板上的混合物稍微熔化，然后用平板压平活字，确保字体平整。为了应对文本中常用字的重复，毕昇制作了多个相同的字印。例如，"之""也"等字每个字都有 20 余个印章。不使用时，字印用纸贴住以便保存和管理，每个字印有专门的存储格。对于罕见字或新字，可以即时刻制，用火烧后迅速投入使用。毕昇选择使用燔土而非木材制作活字，是因为木材在遇水后会不平整，且容易粘连。而使用燔土活字，可以通过加热使混合物熔化，用手轻拂即可除去残留物，使活字得以重复使用。

不过，可惜的是，毕昇的泥活字印刷法在当时并没有得到大面积推广和使用，这一方法被同时期的沈括记录在《梦溪笔谈》中得以保存。

印刷术是出版历史乃至人类历史上的一件大事，马克思将其称为"最伟大的发明""科学复兴的手段"，雨果也将其称为"一切革命的胚胎"。这不仅是因为印刷术本身的技术革新，更是因为它在社会文化、科学知识传播，甚至政治领域产生了深远的影响。印刷术的发明大大降低了书籍的制作成本，使得书籍更加普及，不再是只有贵族和教会等少数人能够接触的奢侈品。大约14世纪，中国的活字印刷术经由波斯、埃及传入欧洲。1450年前后，古腾堡受活字启发，发明了铅活字印刷术。文艺复兴时期，印刷术的普及使得古典文化和科学著作得以大量复制和传播，促进了知识的复苏和科学的发展。人们开始质疑传统权威，探索新的知识领域，推动科学革命和思想启蒙，使西欧社会加速脱离"黑暗时代"，开创了人类历史的新篇章。

第五节 雨过"天青"

在英文中，"中国"与"瓷器"两个词同音。瓷器是中国人的伟大发明之一，在其诞生之时就融合了实用性与艺术性，成为中华文明的独特象征，为人类树立了一座物质与文化的丰碑。

1998 年，一位渔民在印尼加斯帕尔海峡 16 米深处的海底发现一艘触礁沉没的阿拉伯商船，船上装载着大量货物，包含唐朝瓷窑烧制的 5 万多件瓷器，其中一件瓷碗刻有"宝历二年（826 年）七月十六日"。后来，这艘船被命名为"黑石号"。据推测，"黑石号"应该是由中国的扬州出发，经长江进入东海，前往阿拉伯的。"黑石号"的发现证明，早在唐朝，中国的瓷器已经开始大量出口。

唐朝是瓷器发展的高峰期，无论是烧制规模还是工艺水平都有了很大的进步。

邢窑位于今河北邢台市所辖的内丘县和临城县一带，从北朝后期就开始烧制青瓷，唐初烧制出温润如玉的白瓷之后，与南方的越窑并驾齐驱，相互争妍，形成"南青北白"的格局。陆羽在《茶经》对青白瓷都给出过极高的评价，称"邢瓷类银，越瓷类玉"，"邢瓷类雪，越瓷类冰"。

邢白瓷的出现和发展，无疑是中国古代制瓷工艺的一个重大突破，其烧制工艺的精细程度和技术难点显示了当时窑工制瓷技术的高度成熟以及对材料科学深刻的理解。白瓷的烧制首先需要精选高纯度的高岭土或瓷石，这些原料中的铁含量必须严格控制在 1% 以下，避免铁元素在高温下被氧化，影响瓷器的颜色。这就需要通过洗矿、漂洗等工艺步骤来去除原材料中的杂质，保证其纯净度。制作瓷胎时，窑工需确保胎体均匀一致，无气泡或杂质。白瓷的胎体比其他瓷器更要求细致，因为任何微小的缺陷在白色的背景上都会特别明显。

邢窑烧制的白瓷，胎土细洁坚硬，器壁如云，釉面如雪，质朴素净，且产量极大，能够满足社会各阶层的需求。李肇在《唐国史补》中曾说："内丘白瓷瓯……天下无贵贱通用之。"

在规格上，邢窑白瓷分为 3 个等级，一是"盈"字款、"翰林"字款的细白瓷，专供皇宫与贵族使用，在透光性和釉色效果上都表现出十分高超的技艺；二是供普通官吏和富商使用的一般白瓷，胎质稍厚，釉色泛黄；三是面向普通大众的粗白瓷，制作粗糙，颜色偏黄，釉色也不均匀，这种瓷器大多是在窑中叠烧出来的。

越窑位于越州（今浙江省宁波市慈溪市上林湖），主要出产青瓷，釉色光润透亮，常常呈现出深浅不一的青绿色，也被称为"秘色瓷"或"越窑青瓷"。

唐朝诗人陆龟蒙专门写过一首《秘色越器》："九秋风露越窑开，夺得千峰翠色来。好向中宵盛沆瀣，共嵇中散斗遗杯。""秘色"并不是指颜色，宋朝曾慥在《高斋漫录》中曾解释过："吴越秘色瓷，越州烧进，为供奉之物，臣庶不得用，故云秘色。"

晚唐到五代十国是越窑瓷的鼎盛时期，越窑工匠对瓷土的粉碎、淘洗和揉炼过程实施严格控制，确保了瓷器胎质的纯净和均匀。胎体均匀施釉，釉层薄而透，莹润如玉，青翠入心。晚唐时期的越窑瓷器注重器型的规整性和美观，口沿特别细薄，转折处分界清晰，体现了当时工匠们高超的工艺水平和卓越的审美观念。除了邢窑与越窑之外，唐朝还有岳州窑、鼎州窑、婺州窑、洪州窑、寿州窑，统称"七大名窑"。

在"南青北白"之外，唐朝还有很多专门烧制特殊瓷器的瓷窑，分布于河南、陕西、河北等地的三彩窑就是其中最为杰出的代表。

三彩窑烧制的瓷器被称为唐三彩，这种瓷器融合了瓷器烧制技术与雕塑艺术，釉色多种多样，有茄紫、浅黄、赭黄、浅绿、深绿、褐红等，但主要以黄、白、绿三色最为突出，因此被称为"三彩"。

烧制过程中，唐三彩采用二次烧成工艺。首先对开采来的矿土进行精细的挑选、舂捣、淘洗和沉淀处理，以确保胎土的纯净和均匀。经过晾干处理后，用模具造型，形成陶器的胎体，在窑内经过 1000～1100 摄氏度的高温素烧后成型。等素烧后的胎体冷却后，再施以精心配制的各种釉料，最后以 800 摄氏度左右烧制。

唐三彩的独特色彩主要来源于其釉料中加入的不同金属氧化物，作为着色剂，铜可以产生绿色或蓝绿色，铁可以产生棕色、黄色或绿色，钴可以产生鲜明的蓝色，锰通常用于产生紫色或棕色，在某些特殊情况下，金可以用来产生红色。但在唐三彩中，使用金的情况比较少见。而铅、铝等助熔剂的添加，增强了釉料的流动性，使得在烧制过程中，各色釉料可以向四周扩散流淌，形成自然而又斑驳绚丽的效果。这些釉料在烧制过程中的化学变化和物理变化，共同创造出了唐三彩独有的艺术魅力。

部分唐三彩人物陶器在釉烧完成后，还需进行"开脸"处理，即对人物面部进行精细的手工绘制，包括画眉、点唇和染发等细节处理。

造型上，唐三彩主要分为人物、动物和器物三类，人物壮硕有力，动物强健丰满，大部分作为随葬物品使用，胎质较为松脆，防水性能差，实用性不如同期的青瓷和白瓷。

图 3-2 唐三彩胡人牵骆驼俑 （现藏故宫博物院）

进入宋朝，瓷器烧制规模更加庞大，仅窑址就遍布全国 16

个省，1 个自治区，134 个县市，可谓遍地开花，各具特色。清朝许之衡在《饮流斋说瓷》中说："吾华制瓷可分三大时期：曰宋，曰明、曰清。宋最有名之有五，所谓柴、汝、官、哥、定是也。更有钧窑，亦甚可贵。"柴、汝、官、哥、定就是所谓的"五大名窑"。

柴窑系五代十国时期周世宗柴荣在郑州特设，专门为皇家烧制瓷器，据清朝唐铨衡《文房肆考》考证，柴窑烧制的瓷器"薄如纸、明如镜、声如磬"，如同"雨过天青云破处"，也就是我们现在所说的"天青色"。不过，柴窑至今仍然没有发现窑址。

汝窑主要位于今河南省汝州市，于北宋时期盛极一时。其瓷器以天蓝色釉著称，釉面呈现出如"堆雪冰裂"的纹理，这种独特的裂纹被称为"汝窑开片"。汝窑瓷器造型简朴、线条流畅、端庄大方，釉质温润如玉，被视为宋朝瓷器的典范。

官窑由官方设立和管理，主要位于今天的杭州市区及其周边。官窑瓷器通常采用素面设计，极少使用华丽的装饰，而是通过器物本身的形态和粉青釉色来展现其美感。这种简洁的风格反映了宋朝文人士大夫的审美倾向。"紫口铁足"是官窑瓷器的一个显著特征，因胎土中含有较高比例的铁质，故瓷器的口沿部分在釉薄处呈现灰色或灰紫色，而底部刮釉露胎处则呈现黑褐色或深灰色。这种自然的色彩变化给瓷器增添了一种古朴而典雅的美感。

定窑主要产地位于今天的河北省保定市曲阳县，以出产白瓷闻名于世。宋朝时，邢窑衰落，定窑接替了邢窑的位置，成为后继者。在烧制技术上，定窑瓷不再使用化妆土，实现了陶瓷技术史上的一次飞跃。化妆土，也称作胎土，是在瓷器素胎外层覆盖的一层细腻的泥浆，用来改善素胎的质地和色泽。定窑白瓷的生产摒弃了化妆土工艺，这意味着其素胎本身的质量和美观度已经足够高，无须额外的化妆土来进行修饰。技术变革后，定窑白瓷的胎和釉展现出"精、白、薄"的特点。"精"指的是胎质精细，胎体以经过精心挑选和处理的原料制成，质地更加均匀细腻。"白"指胎体和釉料的白色度显著提高，呈现出更加纯净和明亮的白色。"薄"则是指瓷器的胎体和釉层都做到了极致的薄度，轻巧且透光。除了白瓷之外，定窑出品的黑釉、酱釉和绿釉瓷器也极负盛名。

哥窑，又称琉田窑，出产的瓷器与官窑类似，都有"紫口铁足"。不同的是，哥窑瓷的釉面布满裂纹，颜色以米黄为主，将开片这一工艺美发挥到了极致，被称为"百圾碎"。

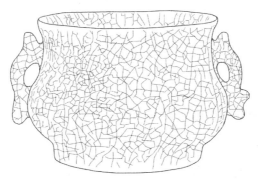

图 3-3 哥窑青釉鱼耳炉（现藏故宫博物院）

哥窑是由章氏兄弟中的哥哥创办的，其弟也创办了一处瓷窑，称为弟窑，也称龙泉窑。弟窑以粉青色最佳，这是铁还原的标准色，被称为"梅子青"。哥窑与弟窑烧制的瓷器都是当时的艺术精品，价格昂贵。据《处州府志》记载："章生二，不知何时人，尝主琉田窑，凡器之出于生二窑者，极青莹，纯粹无暇，如美玉。然一瓶一钵，动辄十数金。"

钧窑也是当时十分著名的瓷窑，位于今天的河南省禹州市，以"蚯蚓走泥纹"著称，颜色有葱翠色、墨色等，尤以胭脂红色最为著名。钧窑瓷器的胎体和釉体往往较厚，釉层中含有气泡，呈现出一种古朴厚重的独特美感。窑变艺术是钧窑最显著的特征之一。因为釉层的厚度和黏稠度，冷却过程中釉层会形成独特的"蚯蚓走泥纹"，类似于雨后泥地上蚯蚓爬过留下的痕迹。这种自然形成的纹理给钧窑瓷器增添了无与伦比的艺术魅力。

除此之外，耀州窑、建窑、景德镇窑也都是名动一时的瓷窑。

在世界艺术与工艺史上，唐宋瓷器始终熠熠生辉，它们不仅是中国古代高度发达工艺的象征，更是中华文化的瑰宝和骄傲。从邢窑的清雅白瓷到越窑的深沉青瓷，从唐三彩的艳丽多彩到宋朝五大名窑的精致典雅，每一件作品都承载着中国人对美的追求和对技艺的极致探索。这些瓷器不仅在当时代表了中国的工艺水平，更在国际上赢得了无数赞誉，成为连接中国与世界的文化桥梁。与此同时，对整个人类历史发展起到巨大推动作用的另一项发明，也开始崭露头角。

第六节 指南针

4700多年前，黄帝联合炎帝部落，在涿鹿与蚩尤展开了一场大战。战斗中，蚩尤作法用大雾弥漫整个战场，持续整整3天，使黄帝联军迷失方向。后来，黄帝发明指南车，这才带领军队走出迷雾，最终战胜蚩尤。这是宋朝《太平御览》中收录的内容，显然是上古传说。不过，指南车却在很多历史文献中都有记载，只是发明者不同。

比如，西晋崔豹的《古今注》中说，周公也曾做过指南车，其他传闻中指南车的发明者还有三国时期的马钧、南齐的祖冲之等。而《宋史·舆服志》中则详细记载了指南车的形式："指南车，一日司南车。赤质，两箱画青龙、白虎，四面画花鸟，重台，勾阑，镂拱，四角垂香囊。上有仙人，车虽转而手常南指。"

这里说的仙人，是指车上用木头刻成的木人。不仅如此，《舆服志》中还详细记载了指南车的构造与技术规范，详细到齿轮数量、尺寸，如"用大小轮九，合齿一百二十。足轮二，高六尺，围一丈八尺……中立贯心轴一，高八尺，径三寸"。

而根据记载，宋朝确实有人造出过真正的指南车。"仁宗天圣五年（1027 年），工部郎中燕肃始造指南车"，"大观元年（1107 年），内侍省吴德仁又献指南车"。可见当时确实是有实物的，且用在帝王出行的仪仗中。这也从另一个侧面说明，在宋朝，中国人对指南设备的制造技艺已经达到了一定的高度，能够制造出十分复杂的机械装置。

指南针是我国四大发明之一，它的发明与应用，经历了十分漫长的过程。

早在先秦时代，我国劳动人民就发现了磁石能够吸附铁的事实。《管子》中就曾记载"山上有磁石者，其下有金铜"。天然磁铁矿的成分是氧化铁，金、铜等金属矿物也常常与含铁的矿石共生，因此人们便形成了这样的认识——在有磁石的地方，下面可能含有金、铜等金属矿石。站在现代地质学的角度，这种说法并不完全准确，只是一种朴素的经验判断。

《吕氏春秋》中则进一步发现："慈招铁，或引之也。"

这里的"慈"就是指磁石。明朝李时珍在《本草纲目》中说："慈石取铁，如慈母之招子，故名。"这就是"慈石"的来历。《淮南子·说山训》中还有关于磁石不能吸引铜的记载："慈石能引铁，及其于铜，则不行也。"

磁石被用来指示方向，最早应该是在战国。《鬼谷子》中曾记载："郑人之取玉也，必载司南之车，为其不惑也。"意思是战国时郑国盛产玉石，当地人入山采玉必带"司南之车"。这就是指南针的第一个版本。

在所有记载司南的文献中，王充在《论衡》中的说法是最明确的："司南之杓，投之于地，其柢指南。"这是将天然磁石制成勺子的形状，只要把勺子放在地上或其他物品上，勺柄就会自然地指向南方。

司南虽然能够指示方向，但一来制作不易，二来也不方便携带。于是，唐朝时，堪舆家创造了指南装置的第二个版本：堪舆罗盘。堪舆学又称风水学，是一种结合了自然地理学、环境科学、建筑学、哲学和宗教信仰等多个领域的综合性知识体系。其核心理念是通过对地形地貌、水流方向、建筑布局等自然和人文环境的观察和分析，来寻找和创造一个和谐、有利的居住或墓地环境。

　　唐朝是堪舆学的重要发展时期，相关著作大量涌现，形成了完整的理论体系。丘延翰、杨筠松、曾文迪、刘江东等都是这一时期出现的堪舆名家，他们中很多人甚至活动于朝野之上，身居高位。如杨筠松在唐僖宗时就被封为国师，官至光禄大夫。

　　堪舆学中最重要的是确认方向，唐末，堪舆罗盘便应运而生。简单来说，可以理解为一种周围刻有天干地支、九星、八卦等要素，中间放置磁力装置的器具。

　　进入宋朝之后，罗盘不仅用于堪舆，还用于航海。宋朝人朱彧所撰的《萍洲可谈》中，就有"舟师识地理，夜则观星，昼则观日，阴晦观指南针"的记载。不仅如此，宋人已经学会了磁针的制作方式："用薄铁叶剪裁，长二寸，阔五分，首尾锐如鱼形，置炭火中烧之，候通赤，以铁钤钤鱼首出火，以尾正对子位，蘸水盆中，没尾数分则止，以密器收之。"（《武经总要》）具体来说，就是裁剪出两端尖锐、形似鱼的铁片，在火中加热到通红。之后将加热后的铁片从火中取出，用铁钳夹住铁片的"鱼头"部分，将"鱼尾"部分对准子午线的北方（子位，即北方）且略向下倾斜。再将铁片的尾部迅速浸入水中进行冷却，最后将这个经过磁化处理的铁片存放在密封的容器中，以防止磁性减弱。

这其实是一种简单的磁化方式。加热铁片到一定温度（达到或超过其居里点）会导致铁片内部的磁畴失去有序排列，从而丧失磁性。这是因为高温提供的热能使得磁畴随机化，破坏了之前的有序状态。在冷却过程中，如果铁片的一端指向地理北方（即磁南极方向），则铁片内部的磁畴在冷却时会开始沿地磁场的方向重新排列。这种重新排列固定在冷却过程中完成，导致铁片获得了新的、沿地磁场方向的有序磁畴排列。地球的磁场提供了一个外部磁场，帮助决定了冷却过程中铁片磁畴的重排方向。这就是为什么铁片需要在指向地理北方时冷却，以便磁畴能沿地磁场方向正确排列。将磁化后的铁片存放在密封的容器中以防止磁性减弱，是因为外部环境因素（如温度变化、外部磁场的干扰等）可能会影响磁体的磁性稳定性。经过这样的处理，铁片成了一个永久磁体，可以稳定地指向地磁南极（地理北极）。这种磁化方法的应用表明，在1000多年前，我国古人对磁石的性质已经有了相当深刻的认识与了解。

在指南装置方面，宋朝也出现了很多不同的类型，沈括的《梦溪笔谈》中就记载了4种制作方式，并指出了几类方法的优劣。

"方家以磁石磨针锋，则能指南。"这是最简单的磁化方法，只需要用磁铁在针上摩擦，就能制作出指南针，这种方法迅速得到推广，应用在航海中。

指南针制成后，可以放在水上，但会震动摇摆；还可以放在指甲或碗边上，不过这种方法针容易掉落；最好的办法是用丝线把指南针吊起来，具体来说，就是把新缲的丝絮用蜡粘在指南针的平衡点上，挂在没有风的地方，这样一来，针尖就能指南了。

不过，沈括在文中也指出，这种指针常常"微偏东，不全南也"。这实际上是地磁偏角造成的。地磁偏角是地球磁场的一个重要特性，指的是磁北极（磁针所指的方向）与地理北极（真正的北方）有一定的夹角。这个偏角随着地理位置的不同而不同，甚至在同一地点随时间的推移也会发生变化。地球的磁场是由地球内部的流体动力学作用产生的，而这个磁场并不是完美对称的，也不是完全固定不变的。因此，地球上不同地点的磁北极与地理北极之间的夹角会有所不同。

11—12 世纪，指南针通过陆上丝绸之路传入阿拉伯，再经过阿拉伯传入欧洲，对人类历史产生了不可估量的影响。尤其在航海和地理探索方面，它使得航海者能在没有明显地标或在夜间和恶劣天气条件下，准确地指定方向，从而极大地推动了海上探索和航海技术的发展，进而促进了国际贸易和文化交流，使得不同文明之间的联系更加紧密。航海的扩展增加了人们对世界各地的了解，为地理学和地图制作带来了革命性的变化。

第七节 "中国科学史上的里程碑"

宋朝是我国科学技术的井喷期，出现了大量科技相关著作，其中最为著名、影响力最大的著作之一就是我们在上文中提到的，由沈括编写的《梦溪笔谈》，英国史学家李约瑟将其誉为"中国科学史上的里程碑"。

沈括，字存中，杭州钱塘（今浙江省杭州市）人。他出身官宦世家，从小就勤奋好学，家里藏书无数。十几岁开始跟随父亲宦游各地，见识到了广阔世界，对农学、科学、医学、军事都产生了强烈的兴趣。进士及第之后，他开始游宦各地，担任过很多地方官，亲自参与了水利、农业、军事防御、武器设计制造等诸多工作，由于政绩突出，官职一直做到龙图阁待制、知审官院。

大安八年 (1082 年)，宋夏永乐城之战爆发，宋朝军民死伤20 余万，沈括当时担任一路边帅，以"议筑永乐城，敌至却应对失当"的罪名被贬随州，从此埋头著书，编绘《天下郡县图》。几年后又举家搬迁到润州，完成了《梦溪笔谈》的创作。

在宋朝"万般皆下品，唯有读书高"的大背景下，当时的大多数知识分子都把读书作为入仕的工具，把其他行业视为"雕虫小技"，沈括却不同，他不仅对"百工"有着十分浓厚的兴趣，还有极强的理性主义科学精神。《梦溪笔谈》中，"理"的出现频率很高，有"物理""地理""原理""常理""义理"，还有"论理""穷究其理""穷测至理"，正是这种"格物穷理"的科学精神，成就了《梦溪笔谈》在中国科学史上的地位。

《梦溪笔谈》是一部笔记体著作，共 26 卷，全书 17 目，凡 609 条，内容包罗万象，涉及天文、地理、数学、物理、化学、生物、医学、农学、工艺技术等多个科学领域。书中不仅记录了大量的科学知识和技术，也包含了沈括本人的许多科学观察和独到见解。

数学方面，沈括在《梦溪笔谈》中首创隙积术与会圆术。

隙积术是一种计算复杂形状体积的方法，特别是那些内部包含空隙或不规则形状的物体，如"累棋""层坛""积罂"等，类似一堆圆形木材摞在一起，都是一些看似规则但实际上内部结构复杂、包含空隙的物体。

隙积术的基本思想是将复杂的几何体积计算转化为更简单的几何体积的计算。沈括首先使用了类似于现代积分概念的方法，通过对不规则形状的逐层分析来近似计算总体积。

具体来说，沈括提出了一种将体积问题分解为上下两个部分的方法，即将物体的上底和下底看作两个不同的几何形状，并分别计算它们的体积。

具体计算时，使用公式 $S = n/6 [a(2b+B) + A(2B+b) + (B-b)]$，其中 a 是上底宽，b 是上底长，A 是下底宽，B 是下底长，n 为层数，S 表示总体积。

这个公式是基于等差级数和自然数的平方级数推导而来的，可以精确计算堆叠物体的总体积。

在数学史的意义上，沈括的隙积术最重要的贡献并不仅仅是提供了计算特定物体的体积的方法，而是在于他为计算积罌的体积提供了一种求和公式。隙积术类似于现代积分学的基本概念。积分学是现代数学中的一个重要分支，用于计算曲线下的面积、旋转体的体积以及不规则形状的大小。隙积术和积分学在计算方法上有相似之处，都涉及将复杂形状或体积分解为更小、更简单的部分，然后计算这些部分的总和。不过，西方数学中积分的概念在 17 世纪才得到发展，因此，沈括的隙积术比西方积分学早大约 600 年。

"会圆术"是一种基于圆的弦（圆内任意两点之间的直线段）和矢（从圆的中心到弦的垂直距离）来计算弧长的方法。

"会圆术"所用到的方法，可以用公式 $l=a+h^2/r$ 来表示。其中 l 是圆弧长度，r 是圆的半径，h 是圆弓形（圆弧与弦之间的部分）的矢高，即圆弧最高点到弦的垂直距离，a 是圆弧对应的弦长。通过这个公式，可以计算出精确的圆弧长度。

沈括的会圆术涉及计算圆弧长度的方法，这在某种程度上类似于后来的三角学。西方三角学的重要进展是在 16 世纪，由德国的数学家和天文学家约翰尼斯·开普勒及其他人物推动的。因此，沈括的这一贡献可能比西方三角学的发展早了大约 500 年。

地理学方面，沈括在《梦溪笔谈》中得出雁荡山"峭拔险怪，上耸千尺，穷崖巨谷"的特征，是由于受流水侵蚀作用的结论。"原其理，当是为谷中大水冲激，沙土尽去，唯巨石岿然挺立耳。"沈括认为，雁荡山中的流水对周围的地貌有强烈的侵蚀作用。这些流水冲刷谷地，携带走了大量的沙土，只留下了更硬的巨石。这些巨石由于较难被水侵蚀，因此在流水作用下逐渐露出，形成了雁荡山特有的地貌。另外，书中还指出，黄土高原"立土动及百尺"的地貌也是相同原因造成的。直到 700 年后，欧洲人赫顿才得出相同结论。

不仅如此，沈括还制备出了世界上最早的立体地图，他在《梦溪笔谈》中详细记录了当时的情况。他首先亲自走访了需要绘制地图的地区，对各种地形、山川和道路进行了详细的观察和记录，之后利用面糊和木屑在木板上制作了地形的初步模型。不过，由于当时正值隆冬，面糊时冻时融，他便改用蜡来进行塑形，之后再用木块照着蜡的样子雕刻出来。

西方地图制作史上的立体地图（或称为浮雕地图）的发展相对较晚。直到 16 世纪和 17 世纪，随着地理大发现和地图学的进步，欧洲才开始出现更精确和详细的地图，包括一些早期的立体地图。这意味着沈括的立体地图领先西方地图制作400 ～ 500 年。

物理学方面，除了对磁石的记录之外，《梦溪笔谈》中还记录了小孔成像、凹面镜成像等物理现象。

"若鸢飞空中，其影随鸢而移；或中间为窗隙所束，则影与鸢遂相违，鸢东则影西，鸢西则影东。又如窗隙中楼塔之影，中间为窗所束，亦皆倒垂……"

　　小孔成像原理是指当光线通过一个小孔时，能够在小孔对面的物体表面上形成一个倒置的图像。这种现象发生的原因是光线的直线传播特性。当从一个物体（如鸢）发出的光线通过一个小孔后，这些光线会在小孔的另一侧重新汇聚，但由于光线的直线传播特性，这些光线在汇聚时会发生交叉，导致形成的图像是倒置的。

　　在这段描述中，鸢的影子通过窗隙（相当于小孔）投射时，影子与鸢的相对位置发生了变化。这正是因为光线通过小孔时的交叉而形成了倒置的影像。同样，窗隙中楼塔的影子也是因为小孔成像原理而呈现倒置。

　　化学方面，《梦溪笔谈》中记载了"胆矾炼铜法"："信州铅山县有苦泉，流以为涧，挹其水熬之，则成胆矾，烹胆矾则成铜，熬胆矾铁釜，久之亦化为铜。""胆矾"是一种含铜的矿物，化学上称为硫酸铜（$CuSO_4$），通常以水合物的形式存在。此法具体来说，就是从信州铅山县的苦泉（含有矿物质的泉水）中提取胆矾加热到一定程度，从中分解并释放出铜元素。

　　除此之外，《梦溪笔谈》中还记载了大量医学、水利工程、建筑、炼钢法、音乐、生物学等方面的内容，堪称"古代科技百科全书"。《梦溪笔谈》的历史意义和价值，不仅在于它收录的知识本身，更在于它所体现的一种探索精神和对知识的尊重，这才是最为珍贵的。

第八节 《武经总要》与火器改进

德祐二年（1276 年），元世祖忽必烈攻陷南宋都城临安，各路元军继续南下。元军将领阿里海牙率军攻打静江，宋军主将马成旺献城投降，部将娄钤辖却带着 250 名士兵，坚守月城不降。阿里海牙围城十几天，城内粮草耗尽，娄钤辖站在城墙上说："我们本想着投降，可是饿得连路都走不动，要是能送我们一些食物，我们吃饱了马上投降。"

阿里海牙信以为真，派人送去"牛数头，米数斛"。没想到，宋军得到食物之后，立刻关闭城门，"兵皆分米，炊未熟，生裔牛，啖立尽"。吃饱喝足之后，"鸣角伐鼓"，一片喊杀之声。元军以为城里的士兵要出战，纷纷严阵以待。没想到，城中忽然传出一阵巨响，"声如雷霆，震城土皆崩，烟气涨天"，就连城外的不少元军都被震死了。等到火熄灭之后，阿里海牙进城查看，才发现宋军已经"灰烬无遗"了。原来，这是娄钤辖让众军士围在一个巨大的火炮周围，堆满炸药之后点燃造成的。从这里可以看出，到宋末时，火器的威力已经十分可观。

火器威力增加的前提是火药配方的改进。宋仁宗时，由于开国日久，武将们大多不知兵法，于是，仁宗诏令曾公亮与丁度编修《武经总要》，这是中国历史上第一部官修综合性军事著作。

《武经总要》共 43 卷，前 22 卷讲军事制度、调兵遣将、山川地理、军阵军法等内容，后 21 卷讲解古今战例。书中还包含对大量兵器、装备的详尽描述，其中就有多种火药的配方与火器制作方法，并且形成了一套成熟的作战体系。

火药的威力与其主要成分——硫磺、硝石和木炭的配比密切相关，它们的比例直接影响着火药的燃烧速度、爆炸力以及稳定性。在火药中，硫磺主要作为燃烧助剂使用。硫磺可以降低混合物的点火温度，使得火药更易于点燃。配比中硫磺的比例如果过低，火药的点火难度会增加；如果过高，可能会导致火药燃烧过快，降低爆炸力。硝石是火药中的主要氧化剂。它在燃烧过程中提供氧气，支持并维持火药的燃烧。硝石的比例对火药的整体性能至关重要，比例过低会使火药缺乏足够的氧化剂来维持燃烧；过高则可能导致火药燃烧过于剧烈，不易控制。木炭是火药中的燃料。它在燃烧过程中被氧化，释放出大量的热量和气体，这些气体迅速膨胀引发爆炸。木炭的比例过低会导致火药的爆炸力下降；过高则可能使火药燃烧速度过慢，降低效率。

宋朝火药的配方，已经接近后世的黑火药，能够有效平衡点火容易度、燃烧速度和爆炸力，实用性极强。

烟球，球内用3斤火药，外层用黄蒿包裹，重约1斤。黄蒿是一种易燃材料，包裹在球体外部，有助于点燃火药。另外，球体表面进行涂傅处理，使其具有一定的厚度，可以保护内部的火药并确保在点燃时能够产生足够的热量和爆炸力。使用时，用烙铁或锥子透过外层，点燃内部的火药，通常用来制造混乱或传递信号，类似于现代的烟幕弹。

毒药烟球是烟球的升级版，除了要用到硫黄、木炭等制作火药的原料之外，还加入了砒霜、芭豆、狼毒、黄丹等有毒物质，再用桐油、小油生烟，沥青、黄蜡黏合，最后"捣合为球，贯之以麻绳一条"。有敌人来犯时，只需要点燃烟球，大量有害物质就会随着毒烟进入敌人体内，使其"口鼻血出"，类似于现代的生化武器。

右引火球，"以纸为球，内实砖石屑，可重三五斤"，再把黄蜡、沥青、炭末熬制成黏合剂涂在球的外面，用麻绳绑起来。这种火球并不是杀伤性武器，而是一种定位工具。在发射主要火器前先放此球，以评估射击的远近和精确度，从而调整火炮的角度和射击参数。右引火球的使用展示了古代中国军事工程师在火器应用方面的创造性思维。通过这种简单而有效的方法，能够提高火器在实战中的准确度与效果。

蒺藜火球，"以三枝六首铁刃"，用火药与黏合剂包住，中间穿上麻绳。使用时点燃火球扔进敌军阵营，火球爆炸后，内部的铁蒺藜会四散分出，对敌人造成伤害，类似于现代的手榴弹。与之类似的还有"右霹雳火球"。书中还特别提到了这种武器的火药配方："用硫黄一斤四两，焰硝二斤半，粗炭末五两。"从这段记载来看，宋代火药配方已经完全脱离了初级阶段，硫磺、硝石（焰硝）和木炭的比例约为1:2:0.35。

铁嘴火鹞，木身铁嘴，尾部填充火药，这些火药在点燃后产生推力，推动主体前进。

竹火鹞，主体由竹子编织而成，形状类似于疏眼笼，腹部较大而口部较狭，整体呈微细长形。外层使用数重纸张覆盖并涂刷成黄色，以增加结构的稳固性和耐燃性。内部填充大约1斤的火药，为主体提供动力，同时填入小石块，增加重量和稳定性。敌军来袭时，"以炮放之"，可以起到出其不意的效果。

这些火器至少在宋神宗时期就已经大规模装备部队。据宋人赵与衮在《辛巳泣蕲录》记载：1221年，金兵进攻蕲州时，宋军就"同日出弩火药箭七千支，弓火药箭一万支，蒺藜炮三千支，皮火炮二万支"。这里说的"火药箭"指的是970年，兵部令史冯继升发明的以火药作为飞行动力的兵器，这也是世界上最早的火药武器。另外，宋人李曾伯在《可斋续稿后集》中也说："荆淮铁火炮有十数万只。"

需要注意的是，以上我们提到的"火炮"并不是我们现代所说的身管射击武器，而是以炸弹的形式，点燃后通过投掷的方式激发。到宋末，铁质火炮已经开始用于实战，在与金兵的作战中，火炮的威力十分强大，"声如雷震，热力达半亩之上，人与牛皮皆碎迸无迹，甲铁皆透"。

宋朝还出现了世界上最早的火枪。《宋史·兵志》中记载：开庆元年（1259年），寿春府"造突火枪，以巨竹为筒，内安子窠，如烧放，焰绝，然后子窠发出，如炮声，远闻百五十余步"。这里所说的"突火枪"可以看作火枪的雏形。它由巨大的竹筒制成，内部安装有"子窠"（包含火药和弹丸的小室）。点燃火药后，火枪会产生强烈的燃烧和爆炸声响，将弹丸射出。不过，从构造上来看，这种突火枪的准度和威力都无法保障，因此没有大规模应用到实战中。

宋朝的军事工程师们不仅在火药配方和火器设计方面取得了重大突破，而且也在战争的艺术中展现了非凡的策略与技巧。他们的创新不仅对当时的战争方式产生了深远的影响，也为现代火器和军事科技的发展奠定了坚实的基础。从宋朝的烟球到今天的高精度武器，我们见证了火药技术的演变，这是人类科技进步的一个缩影。

第九节 应县木塔与《营造法式》

在山西省朔州市应县佛宫寺内，矗立着一座始建于辽清宁二年（1056 年）的木塔，这座塔共 5 层，总高 67.31 米，底部直径 30.27 米，总重量为 7400 多吨。令人惊讶的是，整座塔完全由木材构成，由榫卯连接，未使用任何铁钉，却能在经历了无数次地震、洪水与其他自然灾害的冲击之后，屹立千年而不倒，堪称人类建筑史上的奇迹。它就是著名的佛宫寺释迦塔，又称应县木塔。

应县木塔的平面结构设计极具创造性和实用性，采用了内外两圈八边形立柱来形成一种独特的双层套筒式布局。这种设计不仅提高了建筑的稳定性，还增强了空间的使用效果。

塔的每一层都由两圈立柱支撑，内圈是主要的承重立柱，外圈则增强了整体结构的稳固性。这两圈立柱共同分担了塔的重量，类似于现代建筑中的双层墙体结构。这种内外双层立柱，使得建筑的负重得以更加均匀地分布在各个立柱上，从而降低了单个立柱的压力。这样的设计帮助整个建筑更能抵抗外力的影响。此外，每一圈立柱都呈八边形排列，这种多边形的结构比传统的四边形结构更能均匀地分散来自各个方向的压力，从而提高了建筑的整体稳定性。

应县木塔的抗震性能之所以出色，关键在于它的内部结构，特别是它的"桁架结构"。我们可以将这种结构想象成一种由许多交叉放置的斜撑构成的内部"支撑骨架"。

举例来说，一个由纸板或薄木板制成的盒子，在受到外力时可能会变形或坍塌。但如果在这个盒子内部放入一些交叉的木棍或塑料棒，那么这些交叉的支撑就可以帮助盒子抵抗外力，保持形状不变。这就是桁架结构的基本原理。

在应县木塔中，这些斜撑就像是塔内部的"骨架"，它们交叉放置在塔的各个层面上，使其更加坚固和稳定。这种结构在现代建筑中也很常见，它可以有效地分散和承载来自外部的压力，如地震产生的震动等。因此，即使在地震发生时，应县木塔也能够保持稳定，不易倒塌。

　　另外，塔身的中空设计不仅增加了明层的净空高度，为安置较高大的佛像提供了空间，同时也减轻了整体的重量，降低了地震力对建筑的影响。

　　应县木塔不仅是一座古代建筑的杰作，也是一个抗震工程的典范。它的建造体现了古代中国在建筑技术、力学应用和艺术设计方面的全面成就，是人类建筑史上的一大奇迹。

　　在建筑学方面，宋朝也出现了很多专著，其中以李诫编著的《营造法式》最为全面。

　　李诫，字明仲，郑州管城人（今河南省郑州市管城区），宋朝建筑学家，长期任职将作监（主管土木工程），曾主持修建过辟雍宫、龙德宫、棣华室、朱雀门、九成殿等十余项重大工程，著有《续山海经》《琵琶录》《马经》《六博》等大量著作，可惜大多都已经佚失，只有奉旨修撰的《营造法式》完整保存了下来。

　　《营造法式》共 36 卷，357 篇，3555 条，是中国古代建筑学的经典著作，被誉为"中国古代建筑宝典"。它不仅是一部建筑学的百科全书，也是中国历代劳动人民建筑经验的集大成者。

　　这本著作的主要内容可以分为以下 4 个方面。

◇ 其一，建筑设计和工程技术。书中详细介绍了各种建筑工程的设计和施工技术，涉及宫殿、住宅、园林、桥梁等不同类型的建筑。它系统化总结了当时的建筑知识，从基础设施建设到复杂结构的构建，都有详细的说明和指导。

例如在"斗八藻井"中，书中对各处的尺寸进行了非常详细、准确地记录："造斗八藻井之制：共高五尺三寸；其下曰方井，方八尺，高一尺六寸，其中曰八角井，径六尺四寸，高二尺二寸；其上曰斗八，径四尺二寸，高一尺五寸，于顶心之下施垂莲，或雕华云卷，皆内安明镜。其名件广厚，皆以每尺之径，积而为法。"像这样的记录在书中随处可见。

◇ 其二，提出了一整套木构架建筑的模数制设计方法。简单来说，模数是一种度量或计量标准，用于在建筑设计中确保各个部分的比例和谐一致，可以理解为一种"建筑尺度的规则"，用来指导如何按照一定的比例来设计建筑的各个部分。

例如，在设计一座房子时，将"门的宽度"作为基本模数单位。如果门的宽度是 1 米，那么我们可以用这个尺寸来确定房子中其他元素的大小。窗户的宽度可能是门宽的一半，即 0.5 米；柱子的间距可能是门宽的两倍，即 2 米；房间的长度可能是门宽的 3 倍，即 3 米。通过这种方式，我们可以确保房子的各个部分在大小和比例上保持一致。遵循这样的设计规则建造房屋，不仅在视觉上更加协调和谐，而且在实际施工时也更加方便有效。

在中国古代建筑中，模数通常是基于某些标准尺寸（如柱间距或某个固定的测量单位）来设定的。这样，建筑师在设计时就能确保所有的构件和空间都按照这个统一的尺寸标准来设计，使得整个建筑的比例和谐统一。

◇ 其三，建筑图样。《营造法式》中包含了大量珍贵的建筑图样，涵盖了从基础结构到装饰细节的各个方面。

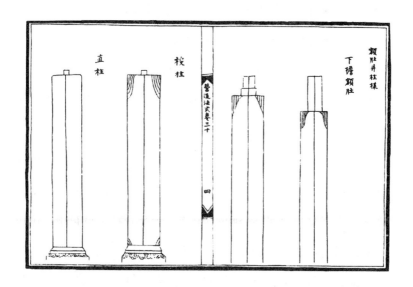

图 3-4《营造法式》截选

◇ 其四，建筑力学和材料力学。书中不仅讨论了建筑的美学和实用性，还涉及了建筑力学和材料力学的知识，反映了古代工匠对建筑稳定性和材料特性的深刻理解。

另外，书中还确立了很多古代建筑学的基本原则，如卷四中提出的"以材为祖"："凡构屋之制，皆以材为祖；材有八等，度屋之大小，因而用之。"具体来说，《营造法式》中将使用的木材分为 8 个不同的等级，每个等级的木材有特定的宽度和厚度。这些不同等级的木材用于不同规模和等级的建筑。比如，最大等级的木材（第一等）用于建造大型的殿堂，而较小等级的木材（如第八等）用于较小的建筑（如亭榭）。

《营造法式》中的建筑设计，包括高度、深度、名物的大小，甚至是每个构件的曲直和角度，都是基于所选用材料的规格（即"材分"）来确定的。这种方法确保了建筑各部分在比例上的协调一致性，同时也充分利用了材料的特性。

"材分"是一种基于材料的宽度和厚度的古建筑尺度模数估计量单位。例如，如果一个木材的宽度被分为 15 个部分（分），那么厚度通常是这些部分中的 10 个。使用这样的度量单位可以在建筑设计中达到极高的精度，建筑的构造得以更加精确和统一。通过这种方式，建筑师可以根据可用材料的规格灵活地设计建筑，而不是强迫材料适应一个预先确定的设计。

"以材为祖"是一种将材料特性和建筑设计完美结合的方法，这不仅体现了古代中国建筑师的智慧和创造力，也是对建筑材料充分利用和尊重的体现。

不仅如此，《营造法式》中还包含大量关于劳动定额和材料消耗定额的规定，并考虑了各种不同因素，如季节、工种、材料特性等，体现了古代中国建筑领域的高度组织化和科学管理。如书中根据一年四季白天的长短，将劳动时间分为中工、长工和短工3种时段。对于不同的劳动类型，如军工和雇工，又有不同的劳动定额。这种细化的劳动定额体现了当时的人们对不同工种和工作性质的深刻理解。书中对每个工种和建筑的不同构件或部位，根据它们的等级、大小、质量要求等，分别制订了具体的工值计算方法。书中还基于材料的类型、质量、运输距离等因素详细规定了各种材料的消耗定额，如考虑木材的软硬程度，以及加工时的运输距离和水流条件等。

《营造法式》全书的重点与核心，都落在"法式"两个字上。所谓"法式"，就是标准化的制度与规范，这与成书背景密不可分。宋朝开国之后，进行了大量工程建设，包括宫殿、园林、寺庙、道观等，这些工程极尽豪华精美，却也带来了严重的贪腐问题。

于是，元祐六年（1091 年），宋哲宗下令将建筑中的各种细节以严格的标准固定下来，编成《元祐法式》。不过，这本书由于阐述不够细致，仍然无法杜绝工程中的各类问题。于是，绍圣四年（1097 年），宋哲宗再次诏令李诚在《元祐法式》的基础上重新编订，这才有了《营造法式》。

不过可惜的是，在之后的近千年岁月中，这本奇书一直被当作看不懂的"天书"，一度佚失，李诚这位建筑学奇才也差点被淹没在历史的洪流中。直到 1919 年，建筑学家朱启钤才意外在南京江南图书馆（今南京图书馆）发现了《营造法式》的影印本，并以此为蓝本校勘刻印，结果还没有发行，这本书便被各国人士订购一空。之后，朱启钤又成立"营造学会"（即"中国营造学社"），致力于研究中国古代建筑文献与传统建筑。

1925 年，梁启超给在宾夕法尼亚大学学习建筑的儿子梁思成寄了本《营造法式》，在书的扉页上，他写下了一行文字："一千年前有此杰作，可为吾族文化之光宠也已，朱桂莘（即朱启钤）校印甫竣，赠我此本，遂以寄思成、徽音，俾永宝之。"梁思成从此下定决心研究中国古建筑。几年后，梁思成与林徽因回国加入中国营造学社，"研究中国固有之建筑术，协助创造将来之新建筑"。

1933 年，梁思成、林徽因与莫宗江来到山西，测绘了应县木塔。莫宗江回忆说："我们硬是一层一层、一根柱、一檩梁、一个斗拱一个斗拱地测。最后把几千根的梁架斗拱都测完了，但塔刹还无法测。当我们上到塔顶时已感到呼呼的大风仿佛要把人刮下去，但塔刹还有十多米高，唯一的办法是攀住塔刹下

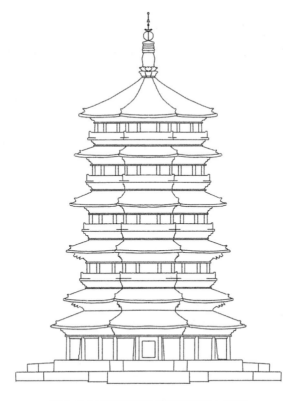

图 3-5 中国营造学社绘制的应县木塔图

垂的铁链上去。但是这九百年前的铁链，谁知道它是否已锈蚀断裂，令人望而生畏。但梁先生硬是双脚悬空地攀了上去，我们也就跟了上去，这样才把塔刹测了下来。"

谁能想到，穿越千年，梁思成和林徽因与李诫、与《营造法式》竟能在不同的时空中闪耀出如此动人的火花。他们间的时空对话不仅是对过去的回响，也是对未来的启迪，他们共同见证了中国建筑学的历史深度和文化魅力，同时也启示我们，无论时代如何变迁，对科技、文化传承的坚守，始终是连接过去、现在和未来的桥梁。

第十节 数学巅峰

科技的传承不仅发生在李诫与梁思成之间，也发生在沈括与杨辉之间。

杨辉，字谦光，钱塘（今浙江省杭州市）人，著有《乘除通变本末》3 卷、《田亩比类乘除捷法》2 卷、《续古摘奇算法》2 卷，共 7 卷，统称《杨辉算法》，除此之外，还有《详解九章算法》12 卷、《日用算法》2 卷，与秦九韶、李冶、朱世杰并称"宋元数学四大家"。

垛积术是在沈括的隙积术基础上发展起来的，用于简化乘法和除法的运算。这种方法利用数字排列和简单的加减法来完成原本复杂的乘除运算。

在乘法中，垛积术通过将数字排列成特定的形式（即

"垛"），将乘法运算转化为多次的加法运算。例如，我们要计算 123×456，根据垛积术，可以分为以下 3 个步骤。

步骤一：将每个数字的每一位数分解开来。在这个例子中，123 分解为 100, 20, 3；456 分解为 400, 50, 6。

步骤二：将这些分解出来的数相互乘起来。每个数都要与另一个数的每一位进行相乘。

100×400,100×50,100×6

20×400,20×50,20×6

3×400,3×50,3×6

步骤三：将得到的所有乘积结果加起来。

40000+5000+600+8000+1000+120+1200+150+18=56088

通过这个例子，我们可以看到垛积术在简化复杂的乘法运算中的实用性。这种方法使得运算过程更加直观和容易操作，尤其适合于手工计算，这在没有计算机和现代计算器的古代显得尤为重要。

在除法运算中，垛积术通过一种类似于长除法的排列方法来简化计算过程。也就是将被除数和除数以特定的方式排列，然后通过逐步减去除数的倍数来得到商。同时也利用转置和减法运算来进行计算，可提高乘除法的普及率与效率。

杨辉的另一项贡献是对纵横图规律的研究。纵横图也叫幻方，是中国古代一种常见的数学游戏，用于智力训练或娱乐。幻方的基本概念是将一系列自然数以特定的方式排列成正方形，使得每一行、每一列，以及主对角线上的数之和都相等。杨辉在《详解九章算法》中，收录一张"开方作法本源"图，并自注该图来自贾宪《释锁算术》。数学史上将其称为"杨辉三角"，元朝数学家朱世杰称将"杨辉三角"进一步发展，比原图又多列出两层，称为"古法七乘方图"。

在这个纵横图中，顶端是一个 1，第二行是两个 1，第三行中间的数字 2，是由它正上方的两个 1 相加得到的，这样的规律一直持续：每一行开始和结束的数字都是 1，而每一行其他位置上的数字，都是上一行与之直接相连的两个数字的和。

通过这种方式，这个三角形展示了一个既简单且重复的数学模式。每增加一行，就多一个数字，且每个新的数字都是通过简单的加法得到的。这种排列方式可以无限制地继续下去，每一行的数字都是前一行数字的直接结果。

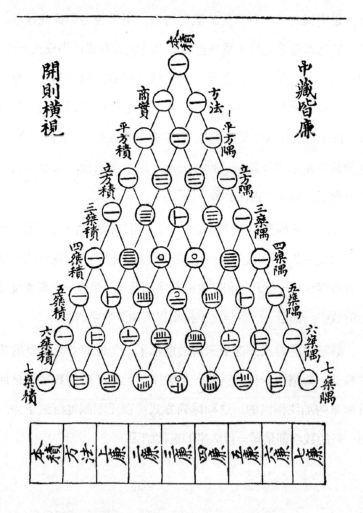

图 3-6 朱世杰《四元玉鉴》中的"古法七乘方图"

杨辉三角本质上是二项式系数在三角形中的一种几何排列。这个排列不仅是一种数学计算中的实用工具，也体现了数学中的对称美和深刻的规律性。通过简单的加法规则，可以生成二项式的所有系数，而这些系数是解决概率问题、计算组合数，以及解决数学领域中其他许多问题必不可少的。

杨辉是世界上第一个讨论纵横图构成及规律的数学家，在欧洲，直到1654年，帕斯卡才发现这个规律，创造出类似的"帕斯卡三角"，这一发现比中国晚了近400年。

杨辉的一生，都在致力于推广数学教育，普及数学知识，他的大部分著作都是为了简化数学而写的。

秦九韶，字道古，南宋时期鲁郡（今河南省范县）人，聪敏好学，23岁中进士，之后宦游各地，历任通判、参议官、州守、同农，足迹遍布安徽、湖北、浙江等地。政务之余，他对自然科学始终保持着浓厚的兴趣，时人评价他"性极机巧，星象、音律、算术，以至营造等事，无不精究"。1247年，他将自己数十年的研究成果，撰成《数书九章》。

《数书九章》共9章18卷，分为"大衍类""天时类""田域类""测望类""赋役类""钱谷类""营建类""军旅类""市物类"，每一类都有9个问题，共计81问。在书中，秦九韶对两宋时期的数学成就进行了总结和进一步发展，使用了"大衍求一术""三斜求积术""正负开方术"等众多数学创举，使该书成为世界数学史上划时代的作品。在序言中，秦九韶写道："（数学）大则可以通神明，顺性命；小则可以经世务，类万物。"他认为数学对理解宇宙和处理世间事务极其重要，它体现了中国传统哲学中数学与自然和社会秩序之间的关系；认为数学不仅是解决实际问题的工具，也是连接人类、自然和宇宙的桥梁。西方也有很多类似的理念，如伽利略也曾在著作中写道："数学是上帝用来书写宇宙的文字。"可见，无论是东方还是西方都有一种共同的信念，即数学是理解世界的基础，对于个人的精神修养和社会的实际运作都至关重要。这些哲学思想至今仍影响着我们对数学和它在现代世界中作用的理解。

大衍求一术是一种解决特定类型数学问题的方法，源于《孙子算经》中的"物不知数"问题："今有物，不知其数，三三数之剩二，五五数之剩三，七七数之剩二，问物几何？"即当未知数除以 3 时，余数是 2；当未知数除以 5 时，余数是 3；当未知数除以 7 时，余数是 2；问这个数是几。

这实际上是现代数学中的求解一次同余式方程组问题。在《数书九章》中，秦九韶给出了该类问题的系统算法。

首先，秦九韶确定了几个关键概念：元数、收数、通数和复数。

◇ 元数是问题中涉及的基本数字，通常是问题中的主要参数或者基数。

◇ 收数是问题中涉及的分数或小数部分。秦九韶提出了一种方法，将这些分数转化为单一的数字，以便于计算。

◇ 通数是指在问题中具有分子和分母的数。在大衍求一术中，通过特定的运算方式来处理这些比例关系。

◇ 复数是指问题中的大数，通常是问题中的主要计算对象。

在解题时，首先根据问题的性质，识别和分类这些不同类型的数。例如，在同余问题中，元数可能是不同的除数，而复数则是我们想要找到的那个符合所有同余条件的未知数。在处理同余问题，如"物不知数"问题时，需要根据元数（这里是3、5、7）和相应的余数（这里是2、3、2）找到一个未知数，这个数满足所有给定的同余条件。

通过大衍求一术，可以构造一个数学表达式，这个表达式将包含所有的元数和余数。然后，通过一系列计算步骤，找到一个数，这个数在除以每个元数时都能得到对应的余数。最终，运用大衍求一术可以找到符合所有条件的最小正整数。这个数是所有同余条件的解，并且是这些条件下可能的最小数。

秦九韶通过大衍求一术，给出了一次同余式组解法，这在整个数学史上都是一项十分重要的成就。在西方，直到1801年，数学家高斯才建立相同的理论。

李冶，字仁卿，真定栾城（今河北省石家庄市栾城区）人，宋末元初数学家，著有《测圆海镜》12卷，他在数学方面的主要页献是"天元术"。

"天元术"的本质是现代数学中的代数学，特别是方程理论的早期形式，即使用符号来代表未知数，并建立基于这些未知数的方程，从而解决各种数学问题。

在天元术中，未知数和其不同次幂是通过特定的符号或字符来表示的，类似于现代代数中使用字母表示未知数。虽然天元术最初使用的符号较为复杂，但随着时间的推移，这种表示方法逐渐简化并趋向现代化。

天元术的另一个核心特点是建立方程。通过对未知数的不同组合和运算，天元术可以构建出各种复杂的数学关系，形成方程。这些方程可以是线性的、二次的甚至更高次的，用于解决从简单到复杂的各种数学问题。在西方，直到16世纪，数学家们才完成类似的创举。

中国古代数学家们的贡献不仅是数学领域的宝贵财富，也是人类文明共同的遗产。他们的工作展示了数学作为一种普遍的语言和工具，在理解世界和解决实际问题上的无限可能。正如秦九韶所言，"大则可以通神明，顺性命；小则可以经世务，类万物"，数学不仅是解决具体问题的方法，更是理解宇宙和自然的重要钥匙。

第十一节 《洗冤集录》与中国法医学

宋朝时，"南方之民，每有小小争竞"，动辄自尽，然后诬赖是他杀，让家属前去报官，与对头同归于尽。具体方法是，家属在人死后把榉树的皮叶捣成汁敷在皮肤上，染成青紫色，看起来就像是被打出来的淤伤一样，负责案件的官员无法分辨，就会给对方判刑。不过，对于有经验的仵作来说，这样的假伤痕是很容易分辨的。

宋朝法医学家宋慈在其著作《洗冤集录》中提到的方法是：只要看到伤痕里面是深黑色，周围是青红色，各自散成一块伤痕，又没有出现浮肿的情况，这就是人生前用榉树皮伪造的伤痕。因为人活着的时候血脉流通，与榉树皮相互作用，所以才会出现这种情况。相对而言，如果用手按压伤痕处有浮肿，就不是伪造的。还有一种情况，是死后用榉树皮伪造的伤痕，这种伤痕没有向四周扩散的轻红色，只有淡淡的黑色，用手按压时也不会感到僵硬。这是因为人死后血脉不通，导致榉树皮无法发挥作用。

总结来说，若人的伤痕内部是深墨色，四周呈青赤色，且形成一个完整的痕迹而没有虚肿，这表明伤痕是在生前造成的。这是因为生前人的血脉仍在流动，榉树皮与血液相互作用形成了特定的痕迹。用手按压痕迹时发现痕迹处有虚肿，这通常意味着伤痕不是由榉树皮造成的。相反，如果死后才被榉树皮所伤，痕迹通常只有轻微的黑色，且按压时不会感觉紧硬，因为死后人的血脉不再流动，榉树皮无法产生生前的效果。最后，通过对案发现场的详细观察，比如检查尸体伤痕的大小是否与其他物体相符，可以进一步确认伤痕的成因，最终查出案件真相。

宋慈，字惠父，福建路建宁府建阳县（今属福建南平）人，幼年就读于朱熹门人吴稚门下，受到"格物致知"的深刻影响。20岁进入太学后，对杂学表现出极为浓厚的兴趣，"性无他嗜，唯喜收异书名帖"进行钻研。进士及第后，宋慈开始宦游各地，先后担任过广东、江西、广西等地的刑狱，为官清廉，断案果决，执法严明，公正无私，深受百姓拥戴。在担任广东提点刑狱时，他发现当地官员大多"不奉法，有留狱数年未详复者"，积压了大量案件，便给下属制订规则与期限，亲自查阅卷宗，前往实地调查，在 8 个月的时间中就清理了 200 余件积案。

可是，一个人的力量毕竟有限，在担任各地刑狱的 10 年间，宋慈见到了太多因为检验错误而造成的冤假错案，于是决心将自己的经验撰写成册，分享给其他刑狱官员。淳祐七年（1247 年）冬，宋慈终于在湖南提点刑狱任上写成《洗冤集录》。

《洗冤集录》又名《洗冤录》《宋提刑洗冤集录》，共 5 卷 53 篇，是世界上第一部系统的法医学著作，比西方第一部同类著作早 300 多年，宋慈也因此被称为“世界法医学鼻祖”。《洗冤集录》的问世，标志着又一门有独立系统与技术方法的新学科的诞生，对后世影响深远。从宋朝一直到清朝，虽然法医学著作不断问世，但都在《洗冤集录》建立的系统和框架内。不仅如此，《洗冤集录》还在世界范围内引起研究热潮，先后被译为 19 种文字。

在《洗冤集录》的序言中，宋慈首先确立了法医学的基本原则。

首先是“恤刑慎狱”。宋慈认为，“狱事莫重于大辟，大辟莫重于初情，初情莫重于检验。盖死生出入之权舆，幽枉屈伸之机括”。因此，在进行初步调查时，一定要慎之又慎，“定验无差”。

其次是要"直理刑正"，重证据，轻口供，以防止"牢狱用刑以求取口供"或其他利益相关的人做假证。因此，就算是已经获得的口供，也要在找到相应的证据之后才能定案。

最后，也是最重要的，无论多么先进的方法，都要依靠人去执行，因此，在办案过程中，还要防止"仵作之欺伪，吏胥之奸巧，虚幻变化"，只有这样，才能把出现冤假错案的出现概率降至最低。

在技术方面，《洗冤集录》是当时的集大成者，包含上百种技术要点及原理分析。

死因分析：宋慈在书中详细讨论了如何判断死亡原因，包括自然死亡、意外死亡或他杀。他提出了对尸体的系统检查方法，用以区分不同死因。如"打勒死假自缢"中，宋慈指出，真正的自缢案例中，绳索或布条的勒痕通常在耳后交叉，颜色深紫，受害者的眼睛闭合、嘴巴张开，手可能紧握，牙齿外露。如果绳索在喉部，舌头可能会抵住牙齿；如果绳索在喉部下方，则舌头可能会突出。自缢者胸前可能有口水痕迹，臀部可能有粪便排出。若是被人勒杀后伪装成自缢，受害者的口和眼可能张开，手放松，头发散乱，喉部血液循环停止，勒痕浅淡，舌头不突出且不抵牙齿。受害者的脖子上可能有手指印痕，身上可能有其他致命伤害。这些详细的观察和分析方法在当时是非常先进的。

伤口特征分析：宋慈在书中描述了如何根据伤口的特征（如形状、大小、深度）来判断伤害是如何造成的，这对判定案件性质（如自卫、意外、谋杀）非常关键。如"塌压死"（即被重物压死）中，宋慈指出，被重物压死的人，其特征包括眼球凸出，舌头突出，双手微微握紧。其遍身会出现死亡淤血，呈深紫或暗色。其鼻子可能流血，或者有清水流出。其伤口处会有血迹、红肿，皮肤破裂处周围也会红肿；可能伴有骨折、筋肉或皮肤损伤。在判断被塌压致死的案例时，重要的是确认是否有致命部位被压迫。如果重物没有压迫到要害部位，则可能不会致死。死后被压迫的情况通常不会出现上述症状。

尸体检验：宋慈还在书中详细阐述了尸体外部和内部的检查方法，包括观察尸斑、腐败程度等，以判断死亡时间和环境。

除此之外，书中还提到了毒物检测技术、浮尸检验技术、怀孕妇女检查技术及验伤过程的记录方法等。在后世长达数百年的时间中，《洗冤集录》一直是法医教科书般的存在，起到了"洗冤泽物""起死回生"的效果，使无数冤假错案得以平反，无辜者得以沉冤昭雪。而这本著作至今仍为人们津津乐道的正是实证主义精神，这与宋朝理学倡导的"格物致知"一脉相承。

第十二节 格物致知

"格物致知"出自《礼记·大学》，字面意思是通过对客观事物的深入研究和探索来获得真正的理解和知识。这里的"格"指的是调查、研究、理解的意思，"物"则指的是自然界和社会中的具体事物。所以"格物"就是对事物进行深入的观察和理解。"致"有达到、实现的含义，"知"则是指知识和真理。所以"致知"意味着获得真正的知识和理解。综合起来，"格物致知"就是强调通过实际的观察、实验和思考来获得对事物本质的深刻理解。它强调认识必须建立在对客观事实的深入研究之上，不仅仅是空谈理论。

"格物致知"这一概念，与现代科学的方法论有着深刻的相似之处，可以被视为中国古代对科学探究方法的早期认识和实践。在宋明理学中，这一概念得到了深入的探讨和发展。

宋朝理学的兴起是中国哲学史上的一个重要转折点，开创者为邵雍、周敦颐、张载、程颢、程颐。到了南宋时期，朱熹对理学进行了系统化和发展，成为理学的主要代表人物。朱熹的理学集成了之前儒家学者的思想，并加入了自己的见解，形成了一套完整的哲学体系。

理学认为宇宙万物由"理"和"气"两个基本要素构成。其中"理"指的是宇宙的根本法则和秩序，而"气"则是构成万物的物质基础。二者相互作用，构成了宇宙和社会的基本结构。

"理"是普遍存在的，贯穿于宇宙万物之中，是所有事物共同遵循的基本规律。它是不变的，即使在外在形式和现象不断变化的情况下，"理"仍然保持其恒定的本质。在人类社会和伦理道德层面，"理"也指导着人的行为和道德准则，被视为理性和道德的根基。理学学者认为，通过理解和顺应"理"，人可以实现道德上的提升和完善。

"气"在理学中被视为构成宇宙和万物的物质基础。它是一种细微的、流动的物质，存在于所有物体和现象之中，是构成万物的基本元素。与"理"的恒常性相比，"气"是不断变化和流动的。它可以凝聚、分散、上升、下降，形成不同的物体和现象。万物的多样性和变化都归因于"气"的不同运动和变化。"理"和"气"在理学中是相互依存、相互作用的。理论上，"理"是无形的，通过"气"表现出来；而"气"的运动和变化又受到"理"的指导和规制。二者共同构成了宇宙和自然界的整体结构。

总的来说，"理"和"气"的概念在理学中构成了一种对宇宙和自然界的深刻解释，将自然界的物质基础和内在规律相结合，从而形成了一种独特的宇宙观和自然观。这一思想对后世的中国哲学和科学思想产生了深远的影响。

对于以地球为中心的问题，朱熹也给出了自己的观点："天地初间，只是阴阳二气，这个气运行，磨来磨去，磨得急了，便拶许多渣滓，里面无处出，便结成个地在中央。气之清者，便为天、为日月、为星辰，只在外常周环运转。地便只在中央不动，不是在下。"这段话描述了朱熹对宇宙起源的看法。他提出，宇宙之初只有阴阳两种基本元素，即气。这些气在宇宙空间中运动和相互摩擦，最终产生了地球。在他的观念中，气的清薄部分形成了天空、日月、星辰，而密集的部分则形成了地球，并强调地球位于宇宙中央，固定不动，而不是在某个方向的"下面"。这是对宇宙生成的另一种观点，完全脱离了汉唐以来地球"浮在水上"的说法。

不过，必须指出的是，在理学初期，程颐对"格物致知"的定义是："格犹穷也，物犹理也。犹曰穷其理而已矣。"接近于我们上文所说的通过观察来获取知识，而朱熹所讲的"格物致知"，指的是"穷天理，明人伦，讲圣言，通事故"。"天理"的主要部分，是儒家所提倡的仁、义、礼、智、信，对于自然事物，他的观点是"兀然存心乎草木、器用之间，此何学问。如此而望有所得，是炊沙而欲成饭也"，表现出他对自然事物的轻视。

邵雍是理学的另一位代表人物。邵雍，字尧夫，号安乐先生，相州林县上杆庄（今河南省林州市刘家街村邵康村）人，对易学有极为深刻的研究与见解，终身不仕，著有《观物内外篇》《先天图》《渔樵问对》《梅花诗》《皇极经世》等。

邵雍通过观察天地自然的消长，推究宇宙万物的原理。他运用伏羲先天易数，即八卦和易经的数理，将自然和人事系统地组织起来。他认为，宇宙的原理可以通过数理来理解和解释。

在《皇极经世》中，邵雍总结了天地之数，即宇宙的根本数理结构。他将这些数分为 16 大位，旨在通过这种象征性的数学语言来探索宇宙的运作原理。他的作品中也详细描述了元会运世之数，即易经中所说的天地之数，用于解释和预测宇宙和历史的变化。

值得一提的是，邵雍还提出了"宇宙循环说"，得出每126 900年，天地就会经历一次毁灭与重生。这种宇宙观，强调了天地万物循环往复、永无止境的特性。

总之，理学中"理"和"气"的概念，为我们理解宇宙的本质和构成提供了独特的视角，对后世产生了极为深远的影响。

中国古代科技简史 ③

变革与融合

王阳　柳霞　著

天津出版传媒集团

天津科学技术出版社

目录

第一章

辽夏金元

第一节 草原帝国

辽是由游牧民族契丹建立的国家，历经 219 年，共传九帝。全盛时期，辽的领土范围极为广阔，大致包括现今的中国东北、蒙古国部分地区、朝鲜北部和俄罗斯远东地区的一部分。辽朝有 5 个首都，分别是上京（主都，位于今内蒙古自治区巴林左旗）、南京（今北京市）、东京（今辽宁省辽阳市）、西京（今山西省大同市）和中京（今内蒙古自治区宁城县），国土面积达 400 多万平方千米，远超宋王朝。

建国之初，辽朝的经济以畜牧业为主，国人也大多是契丹人。五代十国时期，中原动乱，辽太宗耶律德光趁机率军南下，当时，后唐河东节度使石敬瑭反叛，被围困在城中，于是向耶律德光求援，以称子、割让燕云十六州、纳贡等条件请求出兵，从此之后，燕云十六州就成为辽朝领土。

燕云十六州是中国历史上的一个地理区域，曾经属于燕国和云中郡，因此得名。其大体上包括今天的北京市、天津市、河北省北部和内蒙古自治区的一部分，面积约 12 万平方千米，人口以汉人为主，经济以农耕为主。辽为了统治汉人，采取"本族之制治契丹，以汉制待汉人"的两院制，并分别设置了南面官和北面官的双轨官制。

燕云十六州是汉人聚居的农业区，辽太宗时期，又通过掠夺占领了原州、福州、贵德州、遂州等大片适合耕种的领土，成为辽朝的主要农业生产基地。历代辽皇大多重视农业生产，辽太祖耶律阿保机的祖父匀德实就"喜稼穑，善畜牧，相地利以教民耕"（《辽史》）。耶律阿保机成为领袖之后，又把俘虏的汉人安置在滦河边（今河北省沽源县境内）种植五谷，并在韩延徽的建议下建造城郭，实行轻徭薄赋的政策，使先进的农业生产经验输入辽朝。

辽太祖时，开始把大批渤海人、汉人向北迁徙到上京、中京地区，选择水草丰美的地区开垦农田，契丹各族也纷纷向北迁徙，过上了半农半牧的生活。

太祖之后的历代辽朝皇帝也大都十分重视农业生产，多次下诏命令地方官员鼓励农桑，推广农业种植技术，就连东京道北部的生女真也开始从事粗放的农业活动，总结出了一套抗寒防冻的生产技术。宋人洪皓在《松漠纪闻》中说当地"地苦寒，多草木，如桃李之类皆成园，至八月则倒置地中，封土数尺，覆其枝干，季春出之，厚培其根，否则冻死"。具体来说，就是在秋季（大约八月），将树木倒置并埋入地中，然后用数尺厚的土覆盖，保护树木免受冬季严寒的影响。到了春季，再将这些树木重新挖出并栽种。

另外，辽代还发明了"牛粪覆棚"技术，将西瓜引入中国。元朝的《王祯农书》中说，"契丹破回纥，得此种归，以牛粪覆棚而种"。由于两地气候条件差异比较大，农艺师经过长期摸索，才总结出一套行之有效的方法，具体来说，就是在初春时，先在保温的环境中育苗，使用牛粪发酵产生的热量来提高地温，促进种子发芽。同时，在畦田上搭建草棚以防霜冻。待到小满时节气候稳定后，再将秧苗移栽到大田中。为了使瓜果长得更大，人们需要在苗出后在根部堆土，并精简植株，每个蔓上只留一个瓜果，其他的蔓和花都需要剪除。这种方法类似于现代农业中的"限蔓培育"或"单果培养"技术，通过减少植株上的果实数量，植物的营养和能量得以更集中地供给剩下的单个果实，从而使这个果实长得更大。这种方法既提高了单个果实的品质和大小，也优化了整个植株的生长状况。到南宋时，西瓜已经在南方地区种植。文天祥就曾在诗中称赞西瓜："拔出金佩刀，斫苍玉瓶。千点红樱桃，一团黄水晶。"

辽朝之所以重视农业，是因为通常情况下，农业尤其是粮食作物的生产，在单位面积上可以养活的人口数量要高于畜牧业。农作物将太阳能直接转化为人类可消化的食物，而畜牧业需要更多的土地来种植饲料。从能量传递效率的角度来看，当能量在食物链中向上层转移时，会有能量损失。动物作为次级或三级消费者，其能量转化效率通常只有 10% 左右。这意味着，要得到同样重量的产品，生产动物产品（如肉类、奶制品）所需的能量（包括饲料）远高于生产植物产品所需的能量。

农业需要依靠准确的历法作为指导，辽太宗耶律德光大败石晋军后，"自晋汴京收百司僚属伎术历象，迁于中京，辽始有历"。辽穆宗时，可汗州刺史贾俊进《大明历》，成为辽朝的官方历法。这部历法是在南朝刘宋祖冲之《大明历》基础上编修的，加入了很多创新，一直颁行到高丽。《辽史·历象志》中详细记载了《大明历》的各项技术，包括推朔术、求次月、求弦望、推闰术、推二十四节气、"月行度损益率盈缩积分差法"

等，表明辽朝的历法已经有了很高的水平，甚至领先于宋朝。

宋熙宁十年（1077 年），苏颂奉命出使辽国贺寿，按照辽朝历法，当时正值冬至，宋历的冬至却在第二天。契丹人问他，应该以哪一个为准，苏颂说："历家算术小异，迟速不同……各从其历可也。"回国之后，神宗问他到底哪个历法更准确些，苏颂回答："辽历是。"就因为这件事，负责天文历法的太史官全都被罚了俸禄。苏颂对这种现象曾给出过自己的解释："辽人不禁天文术数之学，往往皆精。"

历法与天文密不可分，所有历法的修订，都离不开对天文现象的观测。辽朝模仿唐制，设有"司天监"，并设置了太史令、灵台郎、挈壶正、司历、监候、挈壶等官员专门从事天文研究。契丹族也出现了很多精通天文的学者，如耶律屋质、耶律纯、耶律楚材等。不仅如此，辽朝与当时的西亚联系紧密，波斯、大食等国都曾多次派出使者出使辽朝，西方的天文历法也随之传播到了辽朝。

耶律纯的《星命总括》一书中，不仅出现了中国传统的二十八宿，还包含了西方的十二宫。1974 年，考古工作者在河北省宣化区下八里村发现了一座辽贵族墓葬，墓室的穹顶绘着一幅星象图，中心镶嵌着一枚铜镜，象征太阳，周围重瓣莲花层层绽放，用淡蓝色表示晴朗的天空。铜镜的东北方向画有北斗七星，四周绘有二十八宿，分为东苍龙、西白虎、南朱雀、北玄武4个方向，每个方向有七宿。星图的最外层绘有黄道十二宫，这与现代天文学中的黄道带星座相对应。在此之前，人们普遍认为黄道十二宫的概念是在明朝末年由欧洲传入中国的，这幅彩绘星图的发现，大大提前了这一概念在中国出现的时间。这幅星图不仅是艺术上的杰作，也是辽代科学成就的重要证据，表明当时的中国天文学家已经掌握了相当丰富的天文知识。

天文与历法离不开精准的算数。11世纪，意大利数学家斐波那契从阿拉伯习得算学，著成《计算之书》一书，对中世纪和文艺复兴时期欧洲的数学发展产生了深远影响，书中提到了"契丹算法"——"双设法"。这是一种用来解决特定类型的数学问题，特别是线性方程组的方法。在数学中，线性方程组是指包含两个或多个变量的方程组，其中每个方程的变量都是一次的（即变量的最高次数为1）。

举例来说，$x+y=10$，$2x+3y=20$，就是由两个方程组成的方程组。

在"双设法"中，我们首先假设第一个方程中的两个变量x、

y 为某些值。例如，假设 $x=2$，那么，y 就等于 8。之后，我们使用这两个假设的值来检查第二个方程是否成立。用这种方法，直到找到可以满足所有方程的 x、y 值。这在当时是一种十分先进的算数方法。

在下八里村的墓葬中，除了星图之外，还出土了大量瓷器。辽瓷继承了唐朝的陶瓷风格，又融入契丹民族特色，创造出了独特的辽三彩、鸡冠壶等风格鲜明的瓷器，建立起了"五京七窑"等著名瓷窑，生产规模很大。

在考古发掘中，考古工作者还在辽上京遗址发现了一种特别的瓷器——倒流壶。这种壶的外观很像葫芦，顶部有盖，却打不开，底部有一个圆孔。装酒时，要把壶倒置，从这个孔注酒。酒满后再将壶正置，里面的液体一滴也不会洒出来。这种奇妙的现象是通过物理学中的连通器原理实现的。倒流壶的内部设计有两根管子。第一根管子连接着底部的圆孔，第二根管子则从壶嘴延伸向下。当从底部的孔向壶内灌入液体时，液体会沿着这两根管子分布。在壶被正置后，这两根管子内的液体水平会保持一致，因为在连通器中，容器内的液面总是保持相平。这种巧妙的设计，不仅体现了辽匠人的高超工艺，更是其对物理原理应用的杰出例证。

除了瓷器之外，马具也是辽朝手工艺的代表。辽以武立国，战马与骑兵是主要的军事力量。契丹是马背上的民族，过着"转徙随时，车马为家"的生活，因此，契丹男子自幼就要练习骑射，这是他们赖以生存的必备技能。从唐末开始，凶悍的契丹军队就一直活跃在战场上，以强攻快马著称。契丹人重马、爱马，因此，对马具也十分重视，拥有高超的手工艺水平。

后汉时，许敬迁就曾在《请禁断契丹样装服》中说："天下鞍辔、器械，并取契丹样装饰以为美好。"到宋朝，契丹人还经常将马鞍作为贵重的礼物，《契丹国志》中记载，辽送给宋朝皇帝的礼物中，就包括"涂金银龙凤鞍勒"等不同类型的马鞍，宋朝太平老人在《袖中锦》中甚至将其称为"天下第一"。

1986年，在内蒙古自治区通辽市辽陈国公主与驸马合葬墓中出土了一具精美的马鞍，马鞍长56厘米，宽41.2厘米，前桥高26厘米，后桥高18.8厘米。马鞍主体用坚硬的柏木制成，由前桥、后桥及左右两个鞍板构成，通过榫卯接合的方式精密拼合，接缝处用铜条加固，确保了马鞍的牢固和耐用性。马鞍表面用银片与鎏金装饰，采用包金银技法，多层次錾刻工艺，呈现出多层次的浮雕装饰效果，是辽朝工艺美术的杰出代表。

契丹人信仰萨满教，相信万物有灵，形神不灭，因此他们对尸体的保存十分重视。南宋文惟简的《虏廷事实·丧葬》记载："北人丧葬之礼，盖各不同。汉儿则遗体然后瘞之。丧凶之礼，一如中原。女真则以木槽盛之，葬于山林，无有封树。惟契丹一种特有异焉，其富贵之家，人有亡者，以刃破腹，取其肠胃涤之，实以香药、盐矾、五彩缝之；又以尖苇筒刺其皮肤，沥其膏血且尽，用金银为面具，铜丝络其手足。耶律德光之死，盖用此法。时人目为'帝耙'，信有之也。"《资治通鉴·后汉纪一》和宋人刘跂《暇日记》都有类似记载。

干尸处理完成之后，契丹人还要给尸身穿上用银丝或铜丝分片编制而成的"网络"。组成"网络"的铜丝纵横交错，规则整齐，组成鱼鳞一样的结构，很像锁子甲。经测定，这些铜丝粗细均匀，直径在 0.5 ～ 0.8 毫米，大多是锌铜合金，也就是我们现代所说的"黄铜"，体现了辽朝先进的金属冶炼与制作工艺。

随着与宋朝的不断交流，契丹民族不断汉化，佛教在辽朝的影响力也不断扩大，辽太宗耶律德光更是将观世音菩萨奉为家神，组织僧侣刊刻《契丹藏》。之后在统治者的倡导下，佛教迅速在贵族与普通百姓中间传播开来，很多寺庙与佛塔在全国各地拔地而起，佛宫寺释迦塔（应县木塔）就是在这一时期建造的。

　　除了建筑之外，辽国工匠还打造了许多与佛教文化有关的艺术品，朝阳市北塔博物馆馆藏的辽朝七宝塔就是典型代表，被称为"国宝中的国宝"。这座宝塔高约 1 米，宽度约为 0.5 米，骨架由木材和银条制成，外部装饰有上万颗水晶串成的幕帘，展现了极高的工艺水平。塔的底部是一个扁矮的台座，上接方形塔身，塔的四面各设置有 13 层小型灵塔，每座灵塔都由台座、塔身、密檐与刹顶组成。另外，宝塔外部还镶嵌着用玉石、水晶等材料雕刻而成的各种动物造型，惟妙惟肖，展现了辽朝工匠的高超技艺。

　　辽不仅是一个由契丹游牧民族建立的强大帝国，更是一个文化和科技融汇的璀璨时代。从其广袤的领土到多元的行政制度，从繁荣的农业经济到对外贸易和文化交流的开放态度，辽朝展现了中国历史的一个独特而丰富的侧面。

第二节 宝剑铁甲

夏是由我国少数民族党项人建立的国家，因为在中原的西北方，因此被称为西夏。西夏历经十帝，国祚 189 年，国土大致包括今天中国的宁夏、甘肃北部、青海东部和内蒙古西部地区。与强大的宋王朝、辽帝国相比，西夏的国土面积仅有 70 多万平方千米，总人口也不过 300 多万，却能在长达 100 多年的时间中与辽、宋并立，形成三足鼎立的局面，这离不开其强大的军事实力，尤其是兵甲冶炼与锻造技术。

西夏剑是十分受宋人欢迎的宝物，《袖中锦》中赞其与"契丹鞍"并称"天下第一"。当时，苏轼得了一把西夏宝剑，十分喜欢，晁补之专门为此作了一首《赠戴嗣良歌时罢洪府监兵过广陵为东坡公出所》，用"螺旋铓锷波起脊，白蛟双挟三苍龙"

来形容"夏人剑"。当时，不仅宋朝的文人豪客喜欢收藏西夏剑，就连皇帝也不例外。《宋史》中说："汴京失守，钦宗御宣德门，都人喧呼不已，伦乘势径造御前曰：'臣能弹压之。'钦宗解所佩夏国宝剑以赐。"

西夏十分重视冶炼与制造业，设立"铁工院"专门进行管理，各类兵器都有专门的制作工匠与工艺标准，打造刀剑，必须做到"一斤耗减十一两"，若制作的兵器不符合标准，工匠还会受到十分严厉的惩罚。与之相比，宋朝官方铸造的武器品质就要差上许多。宋仁宗就曾在诏书中说："在京所造兵器，多不精利。"甚至到了"天下岁课弓弩、甲胄入充武库者以千万数，乃无一坚好精利实可为备者"（《宋史·兵志》）的程度。

从出土的文物来看，西夏时人们已经开始普遍采用"淬火"与"回火"工艺了。

淬火是一种金属热处理过程，目的是增加金属的硬度和强度。淬火的具体操作是首先将金属加热到比其临界温度（转变温度）更高的温度，再保持这个温度一段时间，使金属内部的组织发生变化，形成所谓的奥氏体。之后，将热金属迅速放入水、油或其他冷却介质中，迅速降温。这样做金属内部结构会急剧变化，形成更硬但也更脆的马氏体结构。淬火可以显著提高钢铁的硬度，但同时也会使材料变得更加脆弱。

回火是紧随淬火之后的热处理过程，主要用于减少淬火后金属的脆性，同时将其硬度和强度保持在较高水平。具体来说，就是将淬火后的金属重新加热，保持一段时间，让金属内部的应力得以释放，最后让金属自然冷却。通过回火处理，可以使金属的性能达到硬度与韧性的最佳平衡状态。在制造工具、武器和其他需要高耐磨性和韧性的金属制品时，淬火和回火工艺非常重要。

与宝剑相对应的，是西夏闻名天下的宝甲。《续资治通鉴长编》中说："今贼（西夏）甲皆冷锻而成，坚滑光莹，非劲弩可入。"《梦溪笔谈》中记载了一件趣事：当时宋朝镇戎军有一副铁甲，用木匣收藏，历届官员都把它当成宝贝。韩琦任泾原帅时，曾把这副铠甲取出来做实验，在五十步外用强弩射它，却怎么也射不穿。后来终于有一支箭射穿了，众人忙去查看，才发现只是正好射中了甲片之间的孔隙，箭头的铁都卷起来了。

这种铠甲的锻造法，沈括也在《梦溪笔谈》中记录了下来："凡锻甲之法，其始甚厚，不用火，冷锻之，比元厚三分减二乃成。"这里说的其实就是"冷锻法"，类似于现代所说的冷挤压，即在室温或相对较低的温度下对金属进行锤打、塑形和加工，在此过程中，金属晶粒将变得更细密，从而可以显著增强金属的强度和硬度，减少厚度，使士兵在作战中更加灵活。另外，冷锻过程不会使金属表面氧化或产生鳞状残留物，因此可以得到较光滑和整洁的表面，这也是西夏甲"坚滑光莹"的主要原因。与温锻和热锻相比，冷锻需要更加高超的技艺与精度。

这种用冷锻法制成的甲在甲片的末端都要留一个筷子头大小的铁片不进行锻打，看起来像个瘊子（皮肤上的疙瘩），因此得名"瘊子甲"。这样的设计类似于现在工程中的"工艺留样"，用以显示原材料的厚度和锻造前后的对比。

对于铠甲的制备，西夏政府用律法的形式进行了严格规定，如《天盛改旧新定律令》中就有："甲者，胸五，头宽八寸，长一尺四寸；背七，头宽一尺一寸半，长一尺九寸……口目下四，长八寸，口宽一尺三寸；腰带约长三尺七寸。"

西夏不仅战斗人员穿着铁甲，就连战马也不例外。西夏骑兵分为两种，一种是不带甲的轻骑兵，另一种是人马都披重甲的铁骑，宋人称为"铁鹞子"。《宋史·外国二》中记载，西夏军队作战时，"用兵多立虚砦，设伏兵包敌，以铁骑（铁鹞子）为前军，乘善马，重甲，刺斫不入，用钩索绞联，虽死马上不坠。遇战则先出铁骑突阵，阵乱则冲击之，步兵挟骑以进"。

铁骑冲破防线之后，"步兵挟骑以进"，对宋军造成极大杀伤，锐不可当。

除此之外，西夏还盛产良弓，拥有一支精锐的强弩兵。另外，西夏还有一种"旋风炮"，有"炮手二百人，号'泼喜'，陟立旋风炮于橐驼鞍，纵石如拳"。这里说的"旋风炮"，并不是火器，而是一种机械发射装置。

西夏国小民少，因此常年保持全民皆兵的状态，男子 15 岁之后就要开始服兵役，称为"丁"，每两个"丁"中就要选拔一人参加战争，称为"正军"，没有选中的也要跟随军队服徭役，正是因为这样近乎残酷的兵制，西夏才能在大国的夹缝中得以生存和发展。

军队作战需要强大的后勤配合，西夏国土大多处于干旱的西北地区，而农业又需要大量灌溉水源。因此，西夏的统治者对于水资源十分重视。《宋史》中说："（西夏）地饶五谷，尤宜稻麦。甘、凉之间，则以诸河为溉，兴、灵则有古渠曰唐来、曰汉源，皆支引黄。故灌溉之利，岁无旱涝之虞。"西夏的农业主要集中在灌溉条件便利的河套平原与河西走廊，作物主要包括水稻、小麦、荞麦、谷子等，耕作方式与宋朝西北地区大致相同，在发达的畜牧业加持下，牛耕和铁犁迅速推广，农业也得以迅速发展。

采盐业是西夏重要的手工业生产部门。《新唐书·食货志》中说："盐州五原有乌池、白池、瓦池、细项池；灵州有温泉池、两井池、长尾池、五泉池、红桃池、回乐池、弘静池。"这些盐池都在西夏境内。西夏制盐业产量很大，除了满足国内的需求之外，还大量销往宋朝，成为财政的重要来源。"数州之地，财用所出，并仰给青盐。"西夏建国初期，宋政府为了对其实施经济封锁，曾下令禁止西夏食盐销往国内。庆历四年（1044年）宋夏和议时，西夏要求宋政府每年购买食盐十万石（北宋1石约75斤），仍然遭到拒绝。然而，在民间，"土人及蕃部贩青白盐者益众，往往犯法抵死而莫肯止"。

除了制盐业之外，西夏国内的陶瓷业、酿酒业、纺织业、砖瓦业、印刷业也十分发达，均形成了很大的规模。

总的来说，西夏国作为中国历史上的一个独特王朝，不仅在军事技术上展现出了非凡的成就，更在经济和文化领域显示了其多元和繁荣的一面。西夏的历史不仅揭示了一个小国在周边强国夹缝中求生存的智慧和韧性，也展现了古代中国多民族融合的复杂画卷。

第三节 白山黑水

按辽朝传统，皇帝每年春天都会出游捕鱼，在达鲁河或鸭子河捕获第一条鱼后，还要举办盛大的宴会。1112 年，辽天祚帝在春州（今内蒙古自治区兴安盟突泉县）附近举办头鱼宴，召女真各部落酋长来朝。宴会上，天祚帝喝得酩酊大醉，让酋长们为他跳舞，只有完颜阿骨打端坐不动。天祚帝再三命令，阿骨打仍丝毫不为所动。

这次宴会之后，天祚帝仍然过着骄奢淫逸的生活，荒废政务，完颜阿骨打却下定决心，开始为起兵做准备。阿骨打反辽，并不仅仅是因为宴会上的羞辱，更多的是辽持续上百年的压迫。

女真人生活在白山黑水之间，也就是今天的东北地区，严酷的自然环境造就了他们骁勇善战的性格。女真人生产落后，基本以渔猎为生，只能锻造简单的铁器，社会组织也比较简单原始，仍然处在部落阶段，耕种基本以人力为主，十分落后，直到辽末依然如此。

作为辽朝的臣属，女真人不得不每年向辽皇进贡大量财物，其中最为主要的是北珠。北珠产于牡丹江、混同江等水系，价格昂贵，深受辽宋贵族追捧。每年八月十五，北珠大熟。起初，女真人只能入水采珠，不少人都因此冻死。后来，人们发现一种天鹅以蚌为食，吃完蚌之后，珍珠就会保存在鹅的嗉囊里。当地又有一种叫"海东青"的鸟专门猎杀天鹅，于是，女真人便开始利用"海东青"来获取北珠。一开始还能维持供需平衡，不过，天祚帝登基之后，贪得无厌，不断派出使者索取北珠，而"海东青"产于五国部境内，为此，女真人不得不入侵五国部，损失惨重。

在天祚帝的不断压迫下，1114 年，完颜阿骨打终于做完战前准备，起兵伐辽。次年，阿骨打就在"皇帝寨"（今黑龙江省哈尔滨市）称帝，建立金国。在之后的几年中，金军屡战屡胜。如同摧枯拉朽一般，不可一世的辽朝迅速土崩瓦解。在这样的形势下，宋朝政府在权衡利弊之后也做出决策，联金灭辽。1125 年，天祚帝被俘，辽朝灭亡。之后，金军又马不停蹄地南下中原，攻破北宋都城开封，宋室逃往南方建立南宋，与金划淮河而治。之后，宋金之间一直战争不断，维持着南北对峙的局面。

金朝的领土范围多次发生变动，全盛时期大致包括我国的东北地区（辽宁省、吉林省、黑龙江省以及部分内蒙古自治区地区）、华北地区（涵盖今天的河北省、山西省、山东省、河南省、北京市、天津市等地区）、黄河流域及其以北地区（包括今天的陕西省、甘肃省的部分地区）、中原地区。首都最初设在上京会宁府（今黑龙江省哈尔滨市阿城区），后迁至中都（今北京市）。

金朝初期，由于气候寒冷，生产技术与工具落后，农业水平十分低下，只能种植稗子。这里说的稗子并不是杂草，而是一种抗寒性较强、产量很低的作物。北宋灭亡之后，金人将大量农业人口迁徙到北方，为东北地区带去了大量先进的生产工具和有经验的劳动力，因此东北地区的农业发生了很大的变化。随着铁犁和牛耕的传入，东北地区出现了小麦、粟、黍等作物，蔬菜有了葱、蒜、韭、葵等，农具也多种多样，包括铲、垛叉、犁碗、锄、趟头、铧、镰、锹、铡刀、镐等，大多都是铁制，能够适应不同的农业作业需求。

金朝前中期，太宗、熙宗、世宗对农业发展都十分重视，兴修水利，劝课农桑，出台了很多轻徭薄赋的政策，迅速恢复经历战乱的北方地区。例如，对于开垦农田的人，金政府会根据垦田数量给予不同的奖励："以最下第五等减半定租，八年始征之。作己业者以第七等减半为税，七年始征之。"这个政策的实施，使百姓能够免除3～7年的赋税。在黄河治理方面，金朝兴建了25个堤坝，"六在河南，十九在河北"，并设立了专门的官员进行管理。到世宗时，"群臣守职，上下相安，家给人足，仓廪有余"，出现了治世。

随着经济的恢复，黄河流域成为金朝发展最为繁荣的地区，金朝的科学技术也进步了很多。农学方面，金朝出现了《务本新书》，可惜已经佚失。元朝的《农桑辑要》中引用过不少《务本新书》中的内容，如养蚕法、谷物种植法、草木、蔬菜、药草等内容。

历法方面，大定十一年(1171年)，金朝赵知微在宋《纪元历》的基础上，制定了《重修大明历》，一直沿用到元朝，总计使用了长达100年时间。这部历法首次使用几何方法对日食和月食进行了计算，得到了更为精确的天文常数。例如，历法中将一太阳年精确到365.243 594 45日，现代科学测算的太阳年平均长度约为 365.242 2 天；将一近点月精确到 29.554 609 29 日，现代科学的数据是 29.530 588 天，两者均已经十分接近。

数学方面，金末进士李冶著有《测圆海镜》，代表了当时数学的最高成就。李冶，字仁卿，真定府栾城县（今河北省栾城区）人，自幼好读书，手不释卷，考中进士之后，在钧州（今河南省禹州市）任知事。后来蒙古军队攻入河南，他不愿投降，于是出逃四处避难，从此告别功名利禄，一心治学，并将自己对数学的见解写成《测圆海镜》一书。他凭借在数学方面的成就，与杨辉、秦九韶、朱世杰并称"宋元数学四大家"。

《测圆海镜》共 14 卷，书中采用"天元术"这种类似于现代代数中设未知数并列方程的方法来解决勾股形问题，并且提出了一系列数学定理和公式，使用演绎推理进行数学研究。"勾股形"通常指的是直角三角形。这个术语来源于古代中国数学，与勾股定理相关，具体来说，就是在一个直角三角形中，最长边（斜边）的平方等于其他两边（勾和股）的平方和。在几何学和三角学中，勾股定理是基本的概念之一，用于计算直角三角形的边长。

在《测圆海镜》中，李冶借助圆心和圆周上构造出 15 种不同的直角三角形，并且这些三角形的边长计算结果均为整数，没有出现小数或分数。这意味着李治提出的方法不仅准确，而且具有高度的数学创造性。他的成果展现了古代中国数学在解决复杂几何问题上的精确度和先进性，反映了当时数学家对数学关系的深入理解和应用能力。《测圆海镜》的问世，代表着当时我国的数学已经从实用阶段向抽象阶段转化，在整个数学史上都有十分重要的意义。

医学方面，金朝出现了很多名医，如刘完素、张元素、张从正、李杲等，还出现了很多医学著作。清朝《四库全书》中共收录医学著作 97 部，其中 9 部都是在金朝著成的。

刘完素是当时最有影响力的医师之一。他自幼就喜欢读医术。后来母亲重病，他 3 次去请医生都没有请到，致使母亲没有及时得到救治，撒手人寰。从此，刘完素立志学医，学成后四处行医治病，将自己的实践经验总结成《黄帝素问宣明论方》《素问玄机原病式》《内经运气要旨论》等著作。后来，这些著作被整理为"河间六书"。在行医过程中，刘完素广收门徒，培养了很多名医，最终开创"河间学派"。刘完素最主要的贡献是"六气皆能化火"，即风、湿、燥、寒等多种病理变化能转化为火热，而火热也是这些病症的根源。因此，治热病，他认为应该"用凉剂，以降心火、益肾水为主"（《金史刘完素传》），这便他在当时名声大噪，就连皇帝都多次征辟。

建筑方面，金朝兴建了众多建筑，包括至今仍然横跨卢沟河的卢沟桥、山西大同的华严寺等。

金朝共传十帝，国祚 119 年，灭辽之后，金在政治与文化方面几乎全面完成汉化，在科学技术方面取得了不少成就。金朝隔淮河与南宋对峙，西北与西夏接壤，全盛时期国土面积达 360 多万平方千米，是当时世界上排名前列的大国。然而，统治后期，金政府不断腐化，契丹人与女真人的历史很快又再次重演。

第四节 大哉乾元

有星的天旋转着，众百姓反了。

不进自己的卧室，互相抢掠财物。

有草皮的地翻转着，全部百姓反了。

不卧自己被儿里，互相攻打。

　　这是《元朝秘史》中的一段歌谣，于11—12世纪流传在蒙古草原上，讲的是当时蒙古各部落之间互相征伐、互相残杀的往事。

　　蒙古人长期过着游牧生活，逐水草而居，分裂为许多大大小小的部落，生产十分落后。这些部落先后被辽、金统治，在贸易中获得大量铁器之后，厮杀更为严重。直到金朝开始衰落之后，蒙古人才获得喘息的机会。1204 年，铁木真通过战争统一蒙古各部，之后被推举为"成吉思汗"，建立大蒙古国，开启了一系列扩张战争。

从 1206 年开始，蒙古先后灭亡西辽、西夏、金朝，展现出了十分强悍的战斗力。1271 年，忽必烈改国号为大元，取《易经》中"大哉乾元"之意，次年定都大都（今北京），元朝正式建立。之后，元军继续南下灭南宋，重新统一天下，建立了大一统王朝。这是从唐朝分裂之后，中国首次统一。

元朝共传十一帝，国祚仅有 89 年。虽然如此，它的疆域超越了所有朝代，"东尽辽左西极流沙，北逾阴山南越海表，汉唐极盛之时不及也"，达 1300 多万平方千米。

与辽、金一样，元朝也在建立之后迅速汉化，在中央实行三省六部制，在地方开创行省制，设立了 10 个行省，省下设路、州（府）、县。行省制度经过明清的发展，最终影响了我国现代地方制度。

元朝击败了几乎所有的对抗政权，也没有外部势力威胁，领土空前广阔。因此，元朝的统治范围和重心与其他中原王朝不同，具有世界性和开放性，民族成分十分复杂，除了蒙古族、汉族、维吾尔族等国内各民族之外，还有很多外国人在这里生活，甚至加入了政府和军队。忽必烈后期，元政府将民族划分为4等：蒙古人、色目人、汉人、南人。蒙古人是元朝的"国族"，享有特权。色目人的意思是"各色各目"，指的是蒙古族和汉族以外的各族人，规模庞大，包括了中亚、西亚及其他远方地区的民族，如西夏人、吐蕃人、波斯人、阿拉伯人、俄罗斯人、欧洲人等。汉人特指生活在淮河以北原金朝境内的各民族人民，以及四川、云南两省的人，除汉族外，还有女真人和契丹人。南人指的是原南宋统治下的汉族人。这就是所谓的"四等人制"。

这里需要注意，元朝并没有明确提出"四等人制"，这只是一个笼统的原则，体现在各项制度和政治地位上。

在法律上，蒙古人和色目人享有很多特权，例如，蒙古人殴打汉人时，汉人不得还手，必须报告官府处理。（"诸蒙古人与汉人争，殴汉人，汉人勿还报，许诉于有司。"出自《元史·刑法志》）汉人打死蒙古人，必须偿命，而如果蒙古人打死汉人，只需要"断罚出征，并全征烧埋银"。

在任用官吏方面，汉人不得担任中央机构的最高官员，也不得掌管军机要务。这种不平等还体现在科举上。元朝明确规定，在参加贡士选拔时："蒙古生之法宜从宽，色目生宜稍加密，汉人生则全科场之制。"科举是汉人进入仕途，提升地位最主要的途径，但在这样的政策下，很多人不得不放弃科举。与宋朝相比，元朝文人的社会地位十分低下，不得不转而进行文化创作。另一方面，元朝建立之后，很多汉族知识分子消极抵抗，不愿意出仕，终生著书立说，反而促进了科技、文化的兴盛，出现了"元曲四大家""元诗四大家"，孕育出了《三国演义》《水浒传》等长篇章回体小说。

需要注意的是，元朝的等级划分只是针对普通百姓，本质上是"信任度"的问题。在征伐过程中，蒙古统治者对更早归顺者会给予更多的信任。如汉人董俊本来是金朝将领，在元太祖十年（1215 年）归顺元朝，率军南征北战，立下不少汗马功劳，最终在追击金哀宗时战死，封上柱国、寿国公。董俊死后，他的后人就被视为"国族"，享有特权。于"国家有大勋劳，非他汉人比，即赐以弓矢；仍命董氏之族，悉弛其禁。"（《金华黄先生文集》）与董俊类似的还有张弘范、范文虎等，都属于汉人中的权贵阶层。

由于民族的复杂性，元朝在思想和宗教方面也百花齐放，兼容并包。汉朝之后，儒家思想就在历代占据了统治地位。元初儒生郑所南在《心史》中说："鞑法：一官、二吏、三僧、四道、五医、六工、七猎、八民、九儒、十丐。"这段话被很多学者引用，用来证明元朝儒生地位低下，而实际情况并不是这样。

元世祖忽必烈即位后，详议官王恽上疏《立袭封衍圣公事状》说："伏见历代尊礼孔圣，世有袭封以奉祀事……我国家尊师重道，焜耀百代，三教九流，莫不崇奉。"请求加封孔子。于是，忽必烈"大召名儒，辟广庠序"，建立国子监，征召大儒为教授，修造孔庙，翻译学习儒家经典。元武宗时，为孔子加封"大成至圣文宣王"。孔子墓前有两块石碑，其中一块就刻着"大成至圣文宣王墓"。

对于道教，元朝时也十分尊崇。宋末元初，王重阳创立了全真道。后来，成吉思汗邀请王重阳弟子丘处机为自己讲道。当时，丘处机已经年逾古稀，依然跋涉千里面见成吉思汗，劝他减少杀戮，"内固精神，外修阴德"。丘处机东归后，成吉思汗让他主持长春宫，总理天下道教事务，道教也因此繁荣起来。其他如佛教等也在元朝获得了发展。

总的来说，元朝虽然施行民族特权政策，但在思想方面没有过多的约束和限制，为科技发展创造了宽松的环境，民族杂居也加快了各民族之间的融合，创造了一个大一统、多民族、开放发展、科技繁荣的时代。

第五节 世界上最早的火炮

南宋咸淳四年（1268 年），忽必烈命令手下大将刘整、阿术围困襄阳。襄阳处于长江与汉水的交汇处，是南北中国的交通要道，同时也是南宋的重要防御屏障，只要襄阳城一破，蒙古军队就能突破长江天险，长驱直入。因此可以说，这场攻防战决定着南宋命运走向。

然而，从 1268 年开始，元军整整围困襄阳 8 年，却一直无法攻破。无奈之下，忽必烈向伊利汗国（蒙古帝国的四大汗国之一）征召炮手，伊利汗国派出炮匠阿老瓦丁和亦思马因应召，造出"回回炮"，才最终攻破城池。这里说的"回回炮"并不是现代我们所说的大炮，而是一种重力抛石机，通过杠杆原理将炮弹投掷到城中。

其实，人力抛石机最早起源于中国。早在春秋时期，《范蠡兵法》中就记载了这种装置："飞石重十二斤，为机发，行三百步。"这种抛石机结构简单，主体用木架制成，木架上方横置一个可以转动的轴，固定在轴上的长杆叫作"梢"。使用时，一端放置石块，另一端用人力拉动绳索或杠杆，以积累弹射力。释放时，杠杆迅速摆动，借助于其末端的弹射臂将石块或其他投射物发射出去。设置一根长杆的抛石机叫作"单梢"，设置多根的叫作"多梢"。"梢"的数量越多，能够发射的石块就越重，威力也就越大。从春秋战国时期一直到宋朝，抛石机都是战场上十分常见的攻城利器，但一直需要人力发射，其发展没有发生质变。

约 6 世纪时，中国的抛石机传入欧洲拜占庭帝国，到 12 世纪时出现了使用配重技术的重力抛石机。这种设备一端装有重物，另一端装有石块，利用重物代替人力，这就是所谓的回回炮。在蒙古人征伐过程中，回回炮发挥了巨大的威力，"每战用之，皆有功"。宋人郑思肖在《心史》中说："'回回炮'甚猛于常炮，用之打入城，寺观楼阁，尽为之碎。"

火器在元朝也出现了重大进步。元朝管状金属射击火器统称为火铳，其击发原理是在火铳的炸药室内装填黑火药，在外部点燃。点燃的火药产生大量气体，气体迅速膨胀产生高压，将装在管口的子弹或石块等投射物强力推出。

现藏中国历史博物馆的元朝至顺三年(1332年)铸造的火炮，是目前有纪年可考的、世界上最早的火炮，也是现代枪炮的祖先。

这尊火炮长 35.3 厘米，口径 10.5 厘米，尾部口径 7.7 厘米，重 6.94 千克，上面刻有"至顺三年二月十四日 绥边讨寇军第三百号 马山"，展示了铸造时间、所属部队、武器编号与制造者等内容，是类似于现代火炮的射击武器。由于其威力巨大，这种火炮在元朝已经大规模装备部队，并出现了炮手万户府、炮手千户所等编制。元朝有位叫杨子江的炮匠，就因为善于铸造火炮而获封"便宜都元帅，护国进义武庄公"，他的儿子也各个都有封赏。

还有一种杀伤力巨大的火器叫作"震天雷"，类似于现代的炮弹，外面用金属包裹，里面放置炸药与铁砂，用回回炮发射，威力巨大。如明朝何孟春在《馀冬序录》中所写："铁罐盛药，以火点之，炮起火发，其声如雷，闻百里外，所爇围半亩以上，火点著铁甲皆透。"

在蒙古帝国的扩张过程中，这些新式武器在战场上起到了巨大的作用。

第六节 《王祯农书》

14 世纪初，伊利汗国拉施特奉命编纂了一部世界通史《史集》，其中最重要的一部就是《蒙古史》。《史集》中有个流传甚广的故事。有一次，成吉思汗问属下，男人最大的乐趣是什么？属下们回答，男人最大的乐趣就是骑骏马，架猛禽，射猎猛兽。成吉思汗听后摇头说，男人最大的乐趣，应该是镇压叛乱者，战胜敌人，夺取他们的财产、骏马……

成吉思汗是这样说的，也是这样做的。在四方征战的过程中，蒙古军队所到之处，财物被掠夺一空，带不走的宫殿、寺庙、农田和其他设施则会被付之一炬，尽数摧毁。对于敢于抵抗的人，动辄发动大规模杀戮，"锋镝所及，流血被野"（《元史》）。如成都城破后，"城中骸骨一百四十万，城外者不计"。这样的例子不胜枚举。

对于早期的蒙古军队来说，杀戮是一种恐惧战术，可以迅速压制抵抗并传播威慑力，以减少未来的反抗和战斗。另一方面，从经济角度来看，对于不依赖土地的游牧民族来说，杀戮与掠夺是获取财富和资源的直接手段。

在长达 50 多年的战争中，蒙古军队对经济和社会造成了极为严重的破坏。元朝建立之初，长期战争与疫病导致人口数量灾难性锐减，大量田地无人耕种，出现了"流移满野，颠踣系路，弥望数百里无炊烟"（吴泳《鹤林集》）的惨状。在攻灭南宋时，虽然忽必烈已经有意识地下令减少杀戮，南宋朝廷也很快投降，但境内的人口仍然锐减了上千万。

因此，对于元朝初期的统治者来说，恢复经济是头等大事。入主中原之后，蒙古统治者逐渐意识到了农业的重要性。忽必烈就曾对手下的官员说："夫争国家者，取其土地人民而已，虽得其地而无民，其谁与居？"

于是，从忽必烈开始，历代元帝都仿照中原王朝的制度劝课农桑，鼓励生产，屯田垦荒，兴修水利，还刊行了专业的农书。

至元六年（1340 年），元惠宗诏令"命中书省采农桑事，列为条目"，颁行天下。第二年，这些资料由司农司编成《农桑辑要》一书，刊行全国。司农司是元世祖设立的官署，主管农田水利。

《农桑辑要》是我国现存最早的官修农书，也是对我国元朝之前农业知识与技术系统性的总结，全书共 7 卷 6 万多字，包含耕垦、播种、蚕桑、园林种植、畜牧等各个方面，是一部农业生产方面的"百科全书"。

然而，这部书实际上是对历代农书的摘抄和引用，语言晦涩难懂，由于农民的识字率普遍不高，因此没有起到应有的效果。于是，元仁宗时期，农学家鲁明善又在《农桑辑要》的基础上，增加江南地区的农业资料，编写了《农桑衣食撮要》。

鲁明善，字明善，高昌（位于今新疆维吾自治区吐鲁番市东）人，父亲是翻译家、外交家，官至大司徒，地位显赫。因此，鲁明善从小就跟随父亲居住在中原地区，受到汉文化影响。长大之后，鲁明善在父亲的恩荫下在各地做官，深刻意识到农业对国家的重要性："农桑衣食之本。务农桑则衣食足，衣食足则民可教以礼义，民可教以礼义则家国天下可久安长治也。"（《农桑衣食撮要》自序）因此，每到一地，鲁明善都要讲学劝农，更知道农民需要什么，农民能够理解什么样的知识，这也使得《农桑衣食撮要》中记载的内容更加简单易懂。

《农桑衣食撮要》分为上下两卷，约 15 000 字，记载了 208 条农事内容，按照一月到十二月的顺序分别列举农事，语言简单易懂，读者能够一目了然。比如，在"收小麦"中，鲁明善写道："麦半黄时，趁天晴着紧收割，过熟则抛费。每日至晚，载上场堆积，农家忙并，无似蚕麦，若迟慢遇雨，多为灾伤；又秋天苗稼，亦误锄治。"简明扼要，循循善诱，如同一位精通农业知识的老农，劝说农民不要耽误农事，即使是没有古文基础的读者也能读懂。

对于农业生产中的各种细节，鲁明善都详细记录在书中。如"栽桑"部分中，他写道："（栽种桑树时）掘坑深阔约二小尺，却于坑畔取土粪和成泥浆，将桑根埋定，再用粪土培壅，微将桑栽，向上提起，则根舒畅，复用土壅与地平，次日筑实，切不可动摇，其桑加倍荣旺，胜如春栽。"如果不是亲自参与到了农事活动中，他不可能写出这样详细的描述。

除了农业生产知识外，《农桑衣食撮要》中还有很多日常生活中的小常识，如修理房屋、保存衣物、腌制咸鸭蛋、酿酒、酿醋等。在"虫不蛀皮货"中，鲁明善建议，"用莞花末掺之，不蛀。或以艾卷于皮货内，放于瓮中，泥封其瓮。或用花椒在内卷收亦得"。这样一来，虫子就不会蛀皮货了。莞花（香茅草）

含有柠檬草油，艾草含有艾叶油，强烈的气味可以驱赶昆虫。花椒则含有辣椒素等化学成分，对许多虫子具有较强的驱避效果。

鲁明善在自序中说："凡天时、地利之宜，种植、敛藏之法，纤悉无遗，具在是书。"从《农桑衣食撮要》的内容来看，他确实没有夸大，这本书确实堪称"农家生活百科全书"。

除了以上提到的两部著作之外，元朝还有一本影响十分深远，在我国农学史上占据重要地位的著作——《王祯农书》，该书与《氾胜之书》《齐民要术》《农政全书》并列"四大农书"。

王祯，字伯善，元朝东平（今山东省东平县）人，在安徽和江西等地担任地方官时，他经常亲自参与到农事活动中，"亲执耒耜，躬务农桑"，从播种到管理、收获亲自指导农民，政绩斐然。农闲之余，他还拿出自己的俸禄办学堂，号召当地士绅捐款捐物，一心为百姓着想。最终，他把自己积累的经验，加上搜集到的资料和研究成果，用 20 年时间撰成《王祯农书》。

《王祯农书》共 36 卷，总计 13 万多字，配有插图 306 幅，内容分为 3 个部分，卷一到卷六是《农桑通诀》，卷七到卷二十六是《农器图谱》，卷二十七到卷三十六是《谷谱》。

《农桑通诀》分为"授时篇""地利篇""灌溉篇"等，

从总体上对当时农业生产的各个方面进行论述，包含授时、地利、播种、牛耕、锄治、蚕桑、粪壤、收获等众多方面。为了方便指导农业生产，他还绘制出了一幅"授时指掌活法图"。

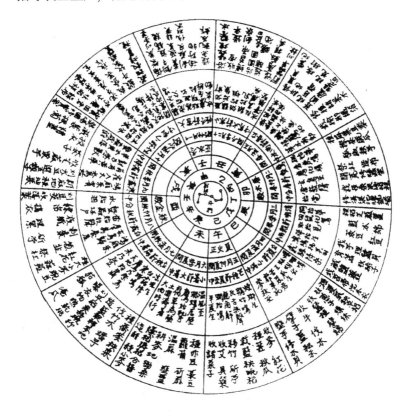

图 1-1 《王祯农书》中的"授时指掌活法图"

这张图按照月份、节气对应农事活动，农民能够一目了然地安排农业活动，具有很强的实用性。

另外，在《农桑通诀》中，王祯站在全国农业的高度上，对整个农业进行了系统性论述，对南北方的差异进行了分析，"自北至南，习俗不同，曰垦曰耕，作事亦异"，并绘制了一张"全国农业图"（已经佚失），希望统治者能够"悉知风土所别，种艺所宜，虽万里而遥，四海之广，举在目前，如指掌上"，使农业更好地发展。

《王祯农书》中还记载了当时江南与水争田的方式，进一步扩大耕地面积。

◇ 围田：在江淮地区，由于地形多为沼泽，容易受到水患影响，当地居民通过筑造土堤来围绕田地，创建围田。这种方式能有效保护田地免受水患破坏，提高农业生产的稳定性。

◇ 柜田：相较于围田，柜田规模较小，四周设有排水系统。在水旱灾害时，由于田制较小，坚固的筑造使得外水难以进入，内水易于排出，适合种植短周期作物，如黄穋稻。

◇ 架田：在深水区域，以木结构建造漂浮于水面的田地，或称为葑田。这种田地随水位的升降而上下浮动。

◇ 涂田：指由沿海或河边淤泥形成的农田，旨在利用潮水沉积的泥沙形成的土地进行耕作。这种田地适合种植水稗及其他耐盐碱的作物。

◇ 沙田：指沿江沙洲或沙滩上的农田，通过芦苇等植物保护堤岸，保持土地的湿润，适合种植稻秫、桑麻等作物，通常比较高产。

在丘陵地区，农夫们则与山争利，开辟了很多梯田。梯田是一种特殊的农田形式，主要在山区或地形陡峭的地方应用。这种田地通过沿山坡裁剪成梯状的平台来创造可耕种的土地。每层梯田像台阶一样排列，既利用了山坡的空间，又减少了土壤侵蚀和水流损失。梯田的上层通常接有水源，可以种植水稻等需水作物；如果只是陆地种植，则更适合种植粟、麦等作物。梯田使得土地利用最大化，特别适合应用于山区少地多人的地区。

《农器图谱》是《王祯农书》的第二部分，也是所占篇幅最大的内容，总共分为19个农具门类，包含绘制的300多幅插图，有耒耜门、钱镈门、铚艾门、杷朳门、蓑笠门、杵臼门、仓廪门、鼎釜门、舟车门、灌溉门、蚕缫门、蚕桑门等。

对于各类农具的形制和使用方法，王祯在书中都进行了十分详细的描述。如介绍"犁刀"时，他说：犁刀是用于开垦荒地的农具，形状类似短镰，但背部较厚。在耕犁之前，先用小犁配上犁刀裂地，然后再使用普通犁进行耕作。这种方法可以有效破解芦苇、蒿莱等荒地根株密集的问题，大大减轻劳动强度。还有一种做法是将犁刀直接安装在耕犁的前部，这样更为便捷高效。

"铁搭"是一种用于翻地的农具，在江南地区十分流行，王祯在书中说"铁搭四齿或六齿，其齿锐而微钩，似耙非耙"，"柄长四尺"。

"耧锄"与耧车类似，但去除了播种用的耧斗，改为使用"耰锄"。"耰锄"的特点是铁质的杏叶形刃片，固定在耧车的横桄上。在使用时，由一头驴拖动，初期可能需要一人牵引，但熟练后则只需一人轻轻扶持。耧锄能够深入土壤 2 ～ 3 寸（1 寸约 3.33 厘米），耕作的效率和深度均超过传统的锄头，每天能够处理的田地面积可达 20 亩（1 亩约 666.6 平方米）。

元朝还出现了一种叫"耘荡"的新农具，《王祯农书》中也有详细记载，说其"形如木屐，而实长尺余，阔曰三寸，底列短钉二十余枚"，通过绑上竹柄来操作，农人用它在田间推动，清除杂草和泥土，有助于田地的精耕细作。这种工具的效率高于传统的耙和锄，并且减轻了农民的劳动强度。王祯还在书中感叹这种农具没有得到广泛传播，希望能够通过自己的农书将其推广到其他地区。

除了农具之外，《农器图谱》中还记载了大量机械装置。灌溉方面，有高转筒车和水转高车。高转筒车高约 10 丈（1 丈约 3.3 米），利用两个直径约 4 尺（1 尺约 33.3 厘米）的水轮，上下各一个，下轮部分浸于水中。轮上装有装水的竹筒，通过转动水轮，竹筒绕轮循环移动，从低处提升水到高处。水轮转动时，筒内的水在达到顶部时倾倒，然后空筒返回水中重新装水。这种装置用于提升水到高地，适用于灌溉或提水。

水轮高车类似高转筒车，但在下轮轴端增加一个竖轮，通过水流驱动，实现自动提水。水轮的转动使筒索携水上升，然后按同样的原理循环工作。这种装置利用水力，效率更高，适合在有流水的地方使用。

另外，《王祯农书》中还记载了立轮式和卧轮式两种水排。水排是一种利用水力推动的机械装置，最早由东汉时期杜诗发明，可以在冶炼金属时起到鼓风的作用。书中记载的立轮式水排，通过安装在水轮上的拐木，间接驱动偃木上下运动。偃木通过秋千索悬挂，并与一根劲竹相连。当水轮转动拐木时，偃木随之动作，产生鼓风效果，随后由劲竹控制偃木的回归位置，从而实现周期性的鼓风。

　　书中记载的卧轮式水排是指，在湍流的水边架设木结构，安装两个水轮，当水流激活下方的水轮时，上方的水轮通过绳索连接到旋转的鼓上，使得连接的横木推动卧轴，进而驱动水轮及其连接的装置。这种装置利用水流的力量，效率远超人力，可以快速、连续地完成重复性的机械工作。

图 1-2 《王祯农书》中的卧轮式水排

　　值得一提的是，王祯还在旌德县令任上，用两年多时间雕刻出3万多个木活字，并发明了"活字板韵轮"。具体来说，就是先用木料把活字刻出来，再制作一个大转盘，将木活字按韵排列在转盘上，印刷时，排字工可以轻松地转动轮盘，"以字就人，按韵取字"，快速找到所需的活字，从而提高排版效率。

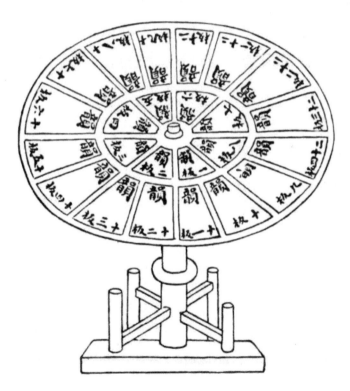

图1-3 王祯发明的"活字板韵轮"

发明木活字印刷术之后，王祯用这种方法"试印本县志书。得计六万余字。不一月而百部齐成。一如刊板"。为了将这种方法保存下来，流传后世，王祯将其写成《造活字印书法》，并绘制了一副"活字板韵轮图"，附在其所著《王祯农书》之后。因此，王祯也被认为是木活字的发明者。

此外，《王祯农书》中还记载了两种代表了元朝纺织机械最高成就的纺织机械：大纺车与水转大纺车。

第七节 黄道婆与棉纺织业

根据《王祯农书》中记载的资料，大纺车是一种大型纺织机械，长约2丈，宽约5尺，结构包括一个木制框架，四角立有高达5尺的柱子。在框架中心横穿一根木横桄，支撑上面的枋木。枋木两端设有用于固定长铁轴的山口形结构，铁轴上安装有用于织线的筒子。纺车还包括一个旋转系统，由人力或畜力驱动大轮，通过皮带传递动力，实现纺织。织线通过铁叉和转轮的配合，确保织线的紧密和均匀。通过精巧的机械设计，大纺车可以实现高效的纺织作业。如果用水力来驱动大轮，就是水转大纺车，这种纺车可以昼夜不息地进行纺织，效率远超人力。根据书中的记载，在元朝，这种装置"中原麻苎之乡，凡临流处多置之"，可见已经实现了规模化推广。水转纺车出现之前，一架纺车每天只能纺纱 1~3 斤，而大纺车一天可以纺纱上百斤，在生产效率上实现了巨大的飞跃。

图 1-4 水转大纺车示意图

水转大纺车是我国机械技术的集大成者，适合规模化生产，这在当时的世界是绝无仅有的，李约瑟在其著作中给出了"足以使任何经济史家叹为观止"的评价。

元朝是我国纺织业发展的重要时期，在技术和组织上都有显著发展。隋唐时期，除了官方设立的纺织机构之外，其他纺织品几乎都是农妇在家里利用空闲时间完成的。孟郊在《织妇辞》中写道："夫是田中郎，妾是田中女。当年嫁得君，为君秉机杼。筋力日已疲，不息窗下机。如何织纨素，自著蓝缕衣。"这就是当时男耕女织的基本形式。

进入宋元之后，纺织业逐渐从农业中分离出来，尤其是在富庶的江南地区，这种现象更加明显。官方设立的丝织机构开始与织工合作，"以匠役之"。

地方设立的各类织造机构可以与民间匠人合作生产丝织品，但纳失失例外。元朝服饰中大量使用黄金，远超历代。纳失失就是一种在丝线中夹杂金丝的华贵丝织品，在元朝专门用来制作天子的服饰与蒙古贵族的官服，形成"缕皮傅金"织纹，颜色和形式更是种类繁多，包含大红、桃红、蓝、绿、紫、黄、鸦青等，展现出极高的工艺水平与染色技术。

元朝纺织业中另一项重大进步，是棉纺织业的发展，这要从一位了不起的女性说起。

黄道婆，生于南宋末年，本是松江府乌泥泾（今属上海市）人，年少时流落崖州（今海南省三亚市），在当地学会了种棉织布。到元成宗时，黄道婆才得以返回家乡。当时，乌泥泾虽然已经开始种植棉花，但那里的人们只会用手工方法剥离棉籽，效率十分低下。于是，黄道婆便把"捍、弹、纺、织之具"，"错纱、配色、综线、挈花"的方法传授给当地人。从此之后，棉纺织业便成为当地的支柱产业，很多人也因此获益发家。黄道婆去世后，当地人感念她的恩情，为她建了一座祠堂。这件事记录在元朝陶宗仪的《南村辍耕录》中，元朝文人王逢也写过《黄道婆祠诗序》。这些记录，使黄道婆的故事可信度很高。因此，黄道婆应该是确有其人，一直到今天，我们仍然能够在上海看到纪念黄道婆的建筑。

由于年代久远，加上缺乏相关资料，现在已经无法得知黄道婆当时发明的技术与设备，不过，在《王祯农书》中，对当时的棉纺织工具有十分详细的记载。

◇ 弹弓：由竹制成，长约 4 尺，上部较长而弯曲，下部短而结实。通过弓弦弹出棉絮，使棉絮松散，便于纺织。

◇ 棉拨车：类似于麻苎蟠车，主要由竹制成，轻便，用来进一步处理棉絮，增加棉絮的松软度。

◇ 木棉搅车：由三人操作，一人喂棉絮，两人转动轴。棉絮在两个轴之间被搅拌，棉籽和棉絮分离，提高了分离效率。

◇ 卷筳：使用粗竹条或稻草轴制成，用来卷绕弹好的棉絮，形成筒状，便于牵拉成线。

◇ 棉线架：替代传统的纺线方法，使用线架可以大大加快纺线的速度，使得纺织过程更加高效。

这些设备涉及从棉花到棉絮，再到棉线，最后到棉布的整个生产流程，形成了完整的系统，已经十分完善。黄道婆将先进的技术带入松江之后，那里很快成为棉纺织业中心。到元朝末年，当地从事棉纺织业的有上千家，明朝时，松江已经成为"衣被天下"的纺织重镇。

与丝织品相比，棉布的价格更低。与麻布相比，棉布穿戴更加舒适。因此棉布很受市场的欢迎，需求量很大。

元朝之前，棉花只在琼州、雷州等地种植，南宋李光曾被贬到昌化军（今海南省儋州市），见到当地人"得中国绮綵，拆取色丝，和木棉挑织为军幕。又纯织木棉吉贝为布，与省民博易"。同时期也有其他文人类似的记载，证明当时海南人已经开始种植棉花，并掌握了相当成熟的纺织技术。

元朝时，随着棉纺织业的发展，棉花种植的范围也迅速扩大。到至元二十六年（1289 年），元朝政府已经在浙东、江东、江西、湖广、福建等地分别设立了木棉提举司，专门负责收取棉花。

另外一部分纺织业的机械，记录在元朝薛景石撰写的木制机具专著《梓人遗制》中。

　　"梓人"是唐朝之后对木工的称呼。薛景石，字叔矩，河中万泉（今山西省万荣县）人，祖父和父亲都是木匠，自幼学习木工，积累了大量实践经验，后来将这些知识撰写成《梓人遗制》一书，并绘制了110幅设计图，在图中注明零件的尺寸及安装方法。

　　《梓人遗制》是一部由木工撰写的专著，具有很强的实用性。文学家段成己亲自为这本书作序，在序中说："观景石之法，分布晓析，不啻面命提耳而诲之者，其用心焉何如，故予嘉其劳而乐为道之。"

　　这部书中，记载了立机子（立织机）、罗机子（织罗机）、布卧机子（丝织机）、华机子（提花机）4种与纺织业有关的机械，并分别记录了这些机械的精确尺寸及安装方法。下面以立机子为例。

　　立机子，机身长度5尺5寸至5尺8寸，宽2寸4分，厚2寸，横宽3尺2寸。机身上有多个零件，如马头、大五木、小五木、机胳膝、卷轴等，各有其特定尺寸和位置。例如，马头长度2尺2寸，宽6寸，厚1寸至1寸2分，从机身前引出1尺7寸。大五木、小五木等部件按照指定的长、宽、厚进行制作，确保各部件能够准确配合。整个机械设计精细，反映了当时高超的机械发展水平。

相比之下，棉花在西方的种植和使用普及相对较晚。欧洲开始大规模种植棉花是在 15 世纪末至 16 世纪初，而棉布的广泛使用则更晚一些。至于结构精密、复杂的织布机，要到 13 世纪中期才在欧洲出现。

第八节 蒸馏酒

元武宗孛儿只斤·海山是元朝的第三位皇帝，在位时期沉迷酒色，身体日渐憔悴。大臣阿沙不花劝谏道："陛下不思祖宗付托之重，天下仰望之切，而惟曲蘖是沉，姬嫔是好……陛下纵不自爱，如宗社何？"武宗听后大喜道："非卿孰为朕言（如果没有你，谁还敢跟我这样说话）"，立刻命宫人赐酒。阿沙不花本来是去劝谏他不要饮酒过度的，没想到反而领了一杯酒，当下叩头谢绝。左右人都恭贺武宗得到了一位直臣，武宗也升了阿沙不花的官，只是依然改不了嗜酒的毛病，《元史》中就说他"素嗜酒，日与大臣醑饮"。

其实，不只是武宗，元朝大多数皇帝都喜欢饮酒，比如元太宗孛儿只斤·窝阔台，也同样嗜酒如命，大臣们屡劝不听。于是，耶律楚材就拿着被酒腐蚀得坑坑洼洼的铁口对他说："铁都能被腐蚀成这样，何况是血肉之躯呢？"窝阔台听后仍然不改嗜酒的习惯，甚至变本加厉，彻夜饮酒，最终在一次深夜豪饮之后中风而死。

蒙古人嗜酒，这是血液中带来的。蒙古族兴起于苦寒之地，冬季漫长严寒，饮烈酒被视为一种抵御寒冷的手段，契丹人、女真人也都有这样的生活习惯。蒙古人不仅婚丧嫁娶、节庆、出征、胜利要饮酒，就连日常生活中也要饮酒，对于他们来说，酒早就成了民族文化的一部分。

蒙古族的酒一共有 3 种，第一种是马奶酒。"马之初乳，日则听其驹之食，夜则聚之以沸，贮以革器，渨洞数宿，微酸，始可饮，谓之马奶子。"（《黑鞑事略》）简单来说，就是把新鲜的马奶挤入皮囊中，然后用棒子搅拌，静置发酵之后，马奶酒就酿成了。这种酒略微带有酸味，度数比较低，除了日常饮用之外，还用于祭祀和疗伤。另外两种是黄酒和葡萄酒，当时葡萄酒数量比较少。

入主中原之后，元朝贵族的饮酒风气也带动了官员与豪绅、士大夫，甚至连道士、和尚也开始饮酒、酿酒。当时东禅寺就有一位僧人"惟酒是嗜"。

元朝饮酒的风气带动了酿酒产业的发展，蒸馏酒也在这一时期出现。明朝李时珍在《本草纲目》中说："烧酒非古法也，自元时始创其法，其法用浓酒和糟入甑，蒸令汽上，用器承取滴露，凡酸坏之酒，皆可蒸烧。"这段话是说，用浓酒和糟，也就是发酵后的残渣放在容器中进行蒸馏，使其中的酒精蒸发，然后收集蒸气冷凝后形成的液体，即为蒸馏酒。这种方法甚至可以用来处理酸败的酒，通过蒸馏将其转化为高度酒，这说明，元朝时我国已经掌握了蒸馏酒技术。

蒸馏酒技术出现之前，米酒、黄酒、果酒等都属于低度酒。低度酒和蒸馏酒的主要区别在于酒精含量和生产过程。低度酒通常用发酵的方式生产，在发酵过程中，酵母首先将糖分解成较小的分子（如葡萄糖），然后这些分子通过一系列生化反应被转化成乙醇（即酒精）和二氧化碳。在自然发酵过程中，酒精含量达到一定程度（通常在 15% 左右）时发酵就会停止，因为过高的酒精浓度会抑制酵母的活性，甚至导致酵母死亡。因此，未经蒸馏的传统发酵酒（如米酒、黄酒、果酒）的酒精含量相对较低，通常不会超过 15%。

蒸馏是一种基于不同物质沸点差异的分离过程。在蒸馏酒的生产中，首先进行发酵过程制造含酒精的液体。接着，将此液体加热至酒精的沸点（低于水的沸点），使酒精蒸发。蒸发后的酒精蒸气被冷却，凝结成液态，从而可收集得到高酒精含量的液体。这个过程可以多次重复，以进一步增加酒精浓度。通过蒸馏得到的高度酒，其酒精含量远高于仅通过自然发酵产生的低度酒。

还有一种观点认为，早在唐朝，我国就已经出现了蒸馏酒。白居易在诗中写道："荔枝新熟鸡冠色，烧酒初开琥珀香。"有学者认为，这里的"烧酒"可能就是蒸馏酒。另外，李肇在《唐国史补》中也说："酒则有……乌程之若下，剑南之烧春。"不过，由于缺乏实物证据的支撑，这种观点至今仍然存在争议。

另外，元朝葡萄酒产业也迅速发展起来。元政府在畏兀儿地区的火州（今新疆维吾尔自治区吐鲁番市）设置了总管府，当地的贡品就有葡萄酒。在文人的作品中，也经常能够看到葡萄酒。比如张可久在《山坡羊·春日》中写道："芙蓉春帐，葡萄新酿，一声金缕樽前唱。"在《湖上即席》中也写道："六桥，柳梢，青眼对春风笑，一川晴绿涨葡萄，梅影花颠倒。"

除了传统的红葡萄酒之外，元朝还出现了白葡萄酒。红葡萄酒和白葡萄酒的主要区别在于制作过程中使用的葡萄类型以及发酵过程。红葡萄酒通常使用黑皮葡萄，并在发酵过程中保留葡萄皮，酒呈现出红色或紫色。葡萄皮的保留也会影响酒的风味和口感，通常使红葡萄酒具有更丰富的单宁和较重的口感。而白葡萄酒则通常使用绿色或黄色葡萄，发酵过程中移除葡萄皮，因此其颜色较浅，口感也更轻盈。

耶律楚材的《戏作二首》其中之一写道："苍头太守领西阳，招引诗人入醉乡。屈朐轻衫裁鸭绿，葡萄新酒泛鹅黄。"这里说的泛着鹅黄色的葡萄酒，就是白葡萄酒。元朝诗人萨都剌在《蒲萄酒美鱼鲥鱼味肥赋蒲萄歌》中也有："扬州酒美天下无，小槽夜走蒲萄珠。金盘露滑碎白玉，银瓮水暖浮黄酥。"这里说的也是白葡萄酒，说明当时的扬州地区也有这类酒。

此外，元朝还出现了蒸馏葡萄酒，当时的人称之为"哈剌吉""阿剌吉"或"法酒""轧剌机"等，也就是现代所说的白兰地。

元朝诗人朱德润曾详细记载过蒸馏葡萄酒的制作过程：蒸馏酒器具包含两部分，一个是外部的环形结构，另一个是中间的凹形部分。把葡萄酒倒在器具中间部分加热，随后蒸汽在外环和中洼部分之间升起并冷凝。整个器具设计精妙，能够高效地完成蒸馏过程，从而制作出高酒精含量的酒精饮品。可以确定的是，元朝我国已经有了高度蒸馏酒，这是酿酒工业的巨大进步。

第九节 金元四大家

饮酒有害健康，这是人人都知道的常识，古人当然也知道。

"酒，味苦、甘、辛，大热，有毒"。"多饮伤神损寿，易人本性，其毒甚也。醉饮过度，丧生之源"。喝醉之后，也有很多禁忌，比如"醉不可当风卧，生风疾。醉不可向阳卧，令人发狂。醉不可令人扇，生偏枯。醉不可露卧，生冷痹"。这些内容都源自一本叫《饮膳正要》的营养学专著。

《饮膳正要》是元朝饮膳太医忽思慧的作品，是我国乃至世界上最早的饮食卫生与营养学专著。全书共3卷，卷一讲养生的各种避忌、妊娠时的食忌、乳母的食忌，以及94种珍奇美食的功能、组成和烹饪方法等；卷二讲食疗的各类方法，食物相克与食物中毒的处理方法等，共计56种浆汤及55种食疗方法；

卷三讲五谷杂粮，瓜果蔬菜，红白肉的性状、味道及食用方法与忌讳。

在《饮膳正要》的"妊娠食忌"中，忽思慧提出了"胎教"的概念，说"上古圣人，有胎教之法"，并指出："欲子多智，观看鲤鱼、孔雀；欲子美丽，观看珍珠、美玉；欲子雄壮，观看飞鹰、走犬。"这反映了古人对胎教的一些传统观念，凸显了视觉和心理刺激在怀孕期间的重要性。不过，这一部分也包括很多迷信的内容，如孕妇"食鸡肉、糯米，令子生寸白虫"，"食兔肉，令子无声缺唇"，从现代医学的角度看来，这些说法都是没有科学依据的。

在书中的养生部分，忽思慧提出养生的根本目的是减少或避免疾病："安乐之道，在乎保养，保养之道，莫若守中，守中，则无过与不及之病。"又说："食欲数而少，不欲顿而多。盖饱中饥，饥中饱。饱则伤肺，饥则伤气。若食饱，不得便卧，即生百病。"这是说人不应该吃得过多或过急，而是应该保持适度的饥饿感和饱足感。吃得太饱可能会伤害肺部，而饥饿则会损伤气力。此外，饭后立刻卧床可能会导致多种健康问题。以现代医学的角度，过量饮食，尤其是摄入高热量、高脂肪的食物，可能导致肥胖和相关健康问题，如心血管疾病和糖尿病。

同时，饥饿或过度节食可能导致营养不良、能量不足和免疫系统受损。饭后立即卧床可能增加胃食管反流的风险，这可能导致胸痛、胃灼热等不适。

在《饮膳正要》的"养生避忌"中，忽思慧还提到了日常卫生习惯的重要性。比如清晨要用热水洗眼睛，这样可以少生眼病；早上刷牙不如夜里刷牙，这样能让牙齿少生疾病；吃完饭后要用清水漱口，这样可以避免口臭；睡觉前用热水泡脚，可以避免手脚冰凉；晚上睡觉的时候不要开着灯，这样会影响睡眠质量等。

总的来说，《饮膳正要》是一本教人们讲究卫生，注意营养搭配，提高身体免疫力的营养学专著，是元朝保健医学发展的一个缩影，足以证明当时的医疗水平。

元朝医学继承了宋金的发展成就，出现了很多名医，中国医学史有"金元四大家"的说法，包括刘完素、张从正、李杲和朱震亨，其中李杲和朱震亨都生活在元朝。

李杲，字明之，真定（今河北省正定县）人。他出身名门望族，自幼好读书，沉稳敦厚。李杲20岁时，母亲重病卧床，家里请了很多医生，最终却因为众医杂治而死。从此，李杲下定决心学医，拜名医张元素为师，经过多年苦学，终于成为一代名医，名声甚至超越了老师，撰有《伤寒会要》《内外伤辨惑论》《脾胃论》《兰室秘藏》《用药法象》等著作。

李杲认为，"百病皆由脾胃衰而生"，人之所以生病，最主要是脾胃出了问题。在中医理论中，气是维持生命活动的基本物质之一。李杲认为，无论元气、谷气、荣气、清气、卫气等，都要通过食物摄入人体，经胃部转化上行，为人体提供能量和维持生理功能。另外，人体内"浊气"的排出也需要依靠脾胃，这两个系统无论是哪个出现问题，人都会生病。如果气机（人体内气的运行机制）下降过多而长时间无法上升，相当于失去了春夏季节生长的力量，沉陷于秋冬季节衰减的气息中，可能导致各种疾病的产生。同样，如果气机过度上升而无法下降，也会导致身体失衡，从而引发疾病。

脾胃在五行中属土，李杲在诊治过程中以补脾胃之气为主，因此被称为"补土派"。

朱震亨，字彦修，婺州义乌（今浙江省义乌市）人，世称"丹溪先生"。他"自幼好学，日记千言"，跟随乡里的先生学习四书五经，准备参加科举考试。长大之后，朱震亨却放弃学业，变得崇侠好义，见到有豪绅欺辱乡民，必然会出手相助。而立之年后，他听说大儒许谦在八华山讲学，前去求学的人络绎不绝，有上千人，其中有不少都是从"幽、冀、齐、鲁"远道而来的。于是前往许谦门下就学，苦读数年后，学业渐成。不过，朱震亨认为，自己出身低微，即使考中科举，能够做的事情也十分有限。另一方面，许谦教育学生时，并不鼓励他们追求功名利禄。有一次，许谦卧病在床时对朱震亨说："我卧病在床，只有精通医道的人才能治疗，你聪明过人，为什么不去学医呢？"其实，朱震亨也早有此意。早些年时，他的母亲就卧病在床，朱震亨就自己研究过医学典籍，有从医的想法，又听到老师这样说，当下便决定弃文从医。

这之后，朱震亨遍访天下名医，学习了刘完素、张从正、李杲等人的医学思想。更难得的是，对于这些权威，朱震亨并没有盲从，而是"以叁家之论，去其短而用其长"，又从《易经》中参悟"太极之理"，研读《素问》《难经》等古代医学经典，并将医学与儒学联系在一起，终于成为一代大家，开创了"养阴派"，著有《格致余论》《局方发挥》《伤寒辨疑》《本草衍义补遗》等专著。

在《格致余论》中，朱震亨认为，人体内常年处于"阳有余阴不足"的状态，具体在人体内的表现，就是"气常有余，血常不足"，导致人体内出现"君火"与"相火"。君火产生于心脏，相火藏在肾脏和肝脏中，相火妄动人就会生病。所以，在临床治疗时，朱震亨善用滋阴降火的方剂，注重从根源上治疗疾病，"病之有本，犹草之有根也。去叶不去根，草犹在也。治病犹去草。病在脏而治腑，病在表而攻里"，才能将疾病根治。

除了李杲、朱震亨之外，元朝还出现了倪维德、戴思恭、齐德之、滑寿、葛乾孙、危亦林、罗天益、严寿逸、王履等众多名医。这一方面是由于元政府曾长期封闭科举途径，导致很多文人无法进入仕途。后来科举制度开放之后，很多汉人即使中第，也无法得到重用，心灰意懒之下，选择弃儒从医。另一方面则是国家对医学的重视。

元朝继承了宋朝的医疗制度，并且有了新的发展。宋朝时，太医局不再从属于太常寺，成为独立的医疗管理与教育机构，地方州郡也设立了医官，建立了严格的教育与考核制度。医学分工方面，宋朝比隋唐时期更加细致，分为大方脉科、小方脉科、风科、眼科、产科、疮肿兼析伤科、口齿兼咽喉科、针兼灸科、金镞书禁科，世称"宋九科"。金朝时发展为十科，到元朝时则进一步发展为十三科：大方脉科、杂医科、小方脉科、风科、产科兼妇人杂病科、眼科、口齿科、咽喉科、正骨兼金镞科、疮肿科、针灸科、祝由科、禁科。

宋朝虽然已经建立了考核制度，但没有完善的考试体系。到元仁宗时，随着儒学科举的开设，医学考试也开始提上议事日程。设医学科举首先是出于保证太医质量的考虑。延佑元年（1314年），御史上奏章说，有些医生因为学识不足而误用药物，危及病人的生命。太医院和各地医疗机构中还有很多人靠托关系、行贿进入。因此，应该通过太医院的体系对医生进行测试和选拔，以确保医疗质量。

这些意见经过汇总与讨论，到延佑三年（1316年），中书省颁布文件，正式设立医学科举考试以选拔合格的医官，这在中国历史上属于首次。根据《元会典》的记载，元朝医学科举每3年举办1次，分为乡试、会试两级，参加考试的人员从医户（元朝按照职业划分的户籍）中选取，考取一甲的医师才有资格成为太医。

除了我国传统医学之外，元朝还引进了阿拉伯地区的医学，设立广惠司，下设"回回药物院"，"秩从五品，掌回回药事"。因此，回族医学也在这时达到鼎盛，出现了很多名医与《回回药方》等专著，我们之前文中提到的忽思慧就是回族人。陶宗仪在《辍耕录》中还记载过很多回族医生治病救人的事迹。如"邻家儿患头疼，不可忍。有回回医官，用刀割开额上，取一小蟹，坚硬如石，尚能活动，顷焉方死。疼亦遄止。"这里的"小蟹"可能是某种囊肿或恶疮。在波斯语中，"肿瘤"与"蟹"的发音一样。

此外，元朝医学在外科方面也取得了不少成就，出现了《外科精义》《世医得效方》等专门的外科著作。其中，齐德之的《外科精义》综合了当时 30 多家外科著作，是元朝中医外科成就的集大成者，包含医学理论 35 篇，140 多种方剂。危亦林的《世医得效方》中有关于全身麻醉的记载。书中在治疗脊柱骨折时，还采用了悬吊复位法，是世界医学史上的首例，比英国达维斯早 600 多年。在治疗骨折时，书中还采用了大桑树皮固定法，这与现代医学石膏固定法基本一致。

第十节 郭守敬

　　小行星，有时也被称为次级行星，是太阳系早期形成过程中留下的岩石质、无大气的残余物。这些古老的太空碎片大多数位于火星和木星之间的主小行星带，共同构成了璀璨星河的一部分。

　　小行星相对较小且在太空中移动，因此需要专业的望远镜和观测技术才能探测到。在其轨道被充分记录之前，每个新发现的小行星仅以"临时编号"标识，该编号由发现年份、两个字母和一个数字组成，这些字母和数字与发现的日期和顺序有关。1964 年 10 月 9 日，南京紫金山天文台在火星和木星之间发现了一颗小行星，国际永久编号为 2012。按照国际天文学惯例，发现者可以为小行星取一个名字，经过国际小行星中心审查之后，这颗"星球"就会拥有自己的名称。南京天文台发现的这颗，在 1977 年被命名为"郭守敬星"。无独有偶，月球上也有一座环形山是以郭守敬的名字命名的，以纪念他在天文学上的卓越贡献。不仅如此，中科院国家天文台也将 LAMOST 望远镜命名为"郭守敬望远镜"。

郭守敬到底是谁，为什么能有这样大的影响力呢？这要从元朝改历说起。

郭守敬，字思若，邢州邢台县（今河北省邢台市信都区）人，由祖父郭荣抚养成人。郭荣"通五经，精于算数、水利"，在祖父的影响下，郭守敬从小就"异操，不为嬉戏事"。后来，他师从刘秉忠学习天文术数，后来又跟随张文谦学习水利工程，"巧思绝人"。刘秉忠是忽必烈最重要的幕僚，元朝的国号就是他取的。张文谦也是忽必烈的重臣，又是紫金山学派的代表人物，两位重量级老师，为郭守敬的仕途铺平了道路。

中统三年 (1262 年)，郭守敬受忽必烈召见，"面陈水利六事"，讲得头头是道，忽必烈听完赞叹道："任事者如此，人不为素餐矣。"之后，郭守敬便开始在各地治水，政绩斐然，老百姓还为他立了生祠。

至元十六年（1279 年），郭守敬调任太史院，担任同知太史院事。元初采用的《重修大明历》，到元朝已经沿用了200多年，忽必烈决定制定新的历法，由郭守敬和王恂负责。郭守敬认为，"历之本在于测验，而测验之器莫先仪表"，强调历法的核心在于观测和测试，而在观测和测试过程中，最重要的工具是各种测量仪器。当时使用的浑天仪，还是北宋皇祐年间（1049—1054年）制作的，已经有上百年的历史，出现了磨损和倾斜。郭守敬通过观测发现，这台仪器测量得到的南北极星的位置与实际位置相比存在大约4度的误差，于是他自己设计了大量天文观测仪器，包括候极仪、简仪、浑天象、玲珑仪、仰仪、证理仪、景符、窥几、日月食仪、星晷定时仪等天文仪器，又制作了正方案、丸表、悬正仪、座正仪用于地表测量，还绘制了《仰规覆矩图》《异方浑盖图》《日出入永短图》等，与各种天文仪器相互参考。

这些天文仪器，很多在世界天文史上都是首创。例如，简仪就是世界上最早出现的赤道装置，能够观测除北极天之外的整个北半球天空，比西方早500多年，是当时世界上最先进的观测仪器。它由两个部分组成：赤道经纬仪和立运仪。

赤道经纬仪作为简仪的核心部分，主要功能是测量星体的位置。它的结构包括一个赤道环和一个围绕赤道环设置的装有望管的双环。这个双环结构位于赤道环的中心，能够围绕一根与赤道环垂直的轴转动。望管安装在这个双环结构上，观测者可以通过望管对准天体。整个装置设计为北高南低的倾斜状态，以确保赤道环平行于地球的赤道面。望管的设计非常先进，其两端安装了十字丝，这一设计是现代望远镜中十字丝的早期形式。通过这样的布局，赤道经纬仪能够精确地测量和定位天体。

立运仪是简仪中用于地平测量的部分，用来确定天体在地平面上的位置。这个装置由两个主要部分组成：固定在仪器的底座上的阴纬环和绕着铅垂线自由旋转的立运环。前者为整个装置提供一个稳定的参考平面，以确保测量的准确性，后者可以对准不同的天体，以测量它们在天空中的具体位置，通过界衡上的刻度读取测量结果。

在设计上，简仪还巧妙地利用了物理学原理来减少摩擦，如在某些环间安装小圆柱体，"使赤道环旋转无涩滞之患"，这与现代的滚动轴承原理相似。这种设计比欧洲达·芬奇设计的滚筒轴承要早 200 多年。

与传统的浑仪相比，简仪去除了一部分复杂功能，如白道环和黄道环，大大简化了天体观测过程，这是中国乃至世界天文史上的一大创举。

郭守敬带着自己设计制作的天文仪器觐见忽必烈，为皇帝讲解天文原理，忽必烈听得津津有味，一直到晚上都不知疲倦。

郭守敬认为，唐朝僧一行制定历法时，曾进行过大规模的天文观测，设置了13处观测点，而元朝的疆域比唐朝更大，这就带来了一个问题：在不同的地理位置，天文现象表现出显著的差异，如"日月交食分数时刻不同，昼夜长短不同，日月星辰去天高下不同"等。这些差异对编制准确的历法和理解天文现象非常重要。于是，在郭守敬的建议下，元政府组织了一次大规模天文观测，在全国设立27个观测点，修建观星台，东至高丽（今朝鲜半岛）、西至滇池（今云南省一带）、南至朱崖（今海南省海口市）、北至铁勒（西伯利亚地区），横跨东西6 000多里，南北11 000多里（1里等于500米），史称"四海测验"。

这次观测，郭守敬将重点放在7项数据上，包括冬至时间（通过日晷测量得到冬至的确切时刻，包括连续几年的冬至时间记录）、岁余（一年中超过365天的部分）、日躔（通过对日月食和其他天体的观测，精确计算日躔的赤道和黄道的度数）、月离（月球在其轨道上的位置）、入交【月球轨道与太阳轨道（黄道）的交】、二十八宿距度（星宿的精确位置）、日出入昼夜刻等。

根据观测结果，郭守敬将 1 个回归年精确为 365.242 5 日，与近代测量结果只差 25.92 秒。现代通用的公历制定于 1582 年，测得的回归年也是 365.242 5 日。也就是说，郭守敬的测量精度比西方要领先 300 多年。

在制定历法的过程中，郭守敬还创制了 5 种新方法。

◇ 太阳盈缩（太阳视运动的变化）：此方法利用"四正定气"（指立春、立夏、立秋、立冬）作为测量的基础，来确定太阳在天球上的视运动。通过测量每日太阳的运动，计算出"初末极差积度"，即太阳在不同时间段的位置变化。

◇ 月行迟疾（月球运动速度的变化）：此法将日常测量分为更细的单元，以每天 1/820 的速度为 1 个测量单位，共分为 336 个单元。这种细致的划分使得人们对月球在其轨道上速度变化的测量更加精确。

◇ 黄赤道差（黄道与赤道的角差）：此法使用算术和几何方法来精确计算黄道与赤道的角度差异。这种方法考虑了天球的复杂几何结构，因此人们能够更精确地计算出这两个重要天文参照面之间的夹角。

◇ 黄赤道内外度（黄道与赤道的交角）：根据多年的实际观测，确定了黄道与赤道的交角为 23 度 90 分。

◇ 白道交周（月球轨道与黄道的交点）：确定了月球轨道与黄道的交点角度为14度66分。

这次天文观测的精度之高、地域之广、参加人员之众，在整个中国天文史，乃至整个世界天文史上都是空前的。

第二年春天，在海量观测的基础上，新历法制定完成。元世祖忽必烈按照《史记》中"敬授民时"（让老百姓知道时令变化，不误农时）的古语，将其命名为《授时历》。

《授时历》从元朝一直沿用到明末，是我国历史上施行时间最长的历法，也是当时世界上最先进的历法。

《授时历》制成之后，郭守敬便埋头著书，先后撰写了《推步》7卷，《立成》2卷，《历议拟稿》3卷，《转神选择》2卷，《上中下三历注式》12卷，又有《时候笺注》2卷，《修历源流》1卷。其测验书，有《仪象法式》2卷，《二至晷景考》20卷，《五星细行考》50卷，《古今交食考》1卷，《新测二十八舍杂坐诸星入宿去极》1卷，《新测无名诸星》1卷，《月离考》1卷。这些著作中，既有关于天文历法的，也有关于河流治理、数学计算的。

除了天文学上的成就之外，郭守敬还主持开凿了通惠河，使京杭大运河最终全线通航，顺利连接南北，这也是元朝的一项重大工程。

第十一节 京杭大运河

元朝之前，隋唐定都长安，通过大运河连接中国的南方与北方。宋朝定都汴梁，汴河、蔡河、五丈河、金水河穿城而过，以通各地漕运，号称"四水贯都"，"派引脉分，咸会天邑，舳舻相接，赡给公私"，"半天下之财赋，并山泽之百货"全都通过这些水路汇集到汴梁。

到元朝时，都城改为大都（今北京市）。由于上百年持续不断的战乱，北方经济遭到了十分严重的破坏，根本无法满足政治中心对物资的巨大需求，因此必须依靠江南的漕粮。"元都于燕，去江南极远，而百司庶府之繁，卫士编民之众，无不仰给于江南。"（《元史·食货志》）

最初，江南的漕粮想要运到大都，需要从浙西（浙江省西部）

出发，然后进入淮河，再通过黄河逆流而上，到达中滦（今河南省封丘县西南黄河北岸）旱站，随后陆路运输180里到淇门（今河南省浚县西南），最后进入御河（今卫河），最终到达京城（今北京市）。这条路线需要多次进行水陆转运，耗时耗力，运送财物的役夫"日夜不绝于道，警卫输挽，日役数千夫"。

于是，元政府又开辟了一条新的漕运路线，在任城（今济宁市）附近开凿新河道，利用汶水（山东省境内黄河下游支流）的水源，通过清济的旧河道连接江淮（长江和淮河），经过东阿，从清河入海，再通过海运将漕粮运达直沽（今天津市），最后运到京城（今北京）。后来，由于入海口泥沙淤塞导致运输困难，所以改为从东阿陆路运输至临清，再通过御河北运至京城（北京），耗费一样巨大。

为了解决运输问题，至元二十六年（1289 年），元世祖根据韩仲晖和史边源的建议，从东平路须城县（今山东省东平县）到临清（今山东省临清市），开凿了一条长达250多里的新运河。至元二十八年（1291 年），元世祖又在郭守敬的建议下，引来大都西北方的多条泉水，从西水门入城，向南方汇集到积水潭，最后从南水门出来，汇入原有的运粮河。这条运河全长164 里，命名为"通惠河"，从此，漕船可以从通州沿运河直接到达积水潭。

大运河穿江过河，全长近 1800 千米，各河流由于降水量不同等原因，河段之间存在天然水位差。因此，船只想要顺利通航，就必须借助船闸的帮助。

我国是世界上最早发明和建造船闸的国家。早在隋朝时，我国就出现了闸门的雏形。宋雍熙元年（公元 984 年），我国建造了世界上最早的复式船闸。在西方，直到 14 世纪，荷兰才出现最早的复闸。也就是说，我国这项技术至少领先西方 400 年。

沈括在《梦溪笔谈》中记载了这种船闸的形式："天圣中，监真州排岸司右侍禁陶鉴始议为复闸节水，以省舟船过埭之劳……"这里说的就是"真州闸"。

复闸是一种专门用于河流和运河中处理大落差问题的水利工程设计。它通过在河道的特定段落安装两个闸门——一个位于上游，另一个位于下游——来有效地控制水位，使船只能够安全地在不同高度的水域之间移动，两个闸门之间的部分叫作闸室。

当船只需要从下游上行到上游时，船只只需要驶入闸室，关闭下游的闸门，随后上游的水被引入闸室，水位逐渐上升。这个过程中，船只随着水位的升高而浮起，直到与上游的水面齐平，此时上游的闸门会打开，允许船只平稳地继续前进。

相反地，对于下行的船只，首先关闭的是上游的闸门。当下游闸门打开后，闸室的水位会逐渐降低，使得船只随之缓缓下沉至下游水平。这样，船只就可以安全地继续沿着河流向下游行进。这种复闸的设计显著提高了古代水路运输，尤其是船只通过河流中存在较大高度差的区域的安全性和效率，在现代的内河航运中依然发挥着关键作用。

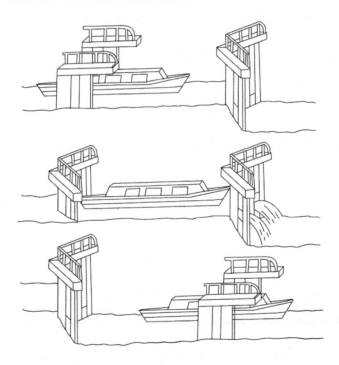

图 1-5 复闸原理示意图

　　元朝时，我国出现了更为先进的多级船闸。它由一系列相互连接的单个船闸组成，每个船闸控制一段特定高度的水位变化。这种设计允许船只逐步地在不同的水位之间上升或下降，从而安全地穿过高落差区域，解决船只的"翻山"问题。

　　在多级船闸中，船只不是一次性升降整个高度差，而是分多个阶段，每个阶段由一个独立的船闸控制。这样可以更安全、更平稳地管理船只的升降。这种船闸特别适用于高度差较大的河流或运河。通过分级处理，船只可以逐步适应每个新的水位，而不是经历一个大的高度变化。这是人类水利工程技术史上的一大进步，时至今日，多级船闸仍然是应对水路运输中大高度差挑战的有效方法，在全球许多大型运河和河流工程中得到广泛应用。

　　在通惠河上，郭守敬就设计了 7 座船闸，这就是对多级船闸原理的具体应用。从元朝开始，一直到明清两朝长达 700 多年的时间中，通惠河都起着至关重要的作用。北京城中所用的砖瓦木料大都是通过这条运河进入城中的，因此后世有"漂来的北京城"一说。

　　两条新运河的开凿，标志着南起杭州、北至北京的京杭大运河全线贯通，成为沟通南北的经济命脉，直到今天仍然发挥着重要作用。京杭大运河是世界上工程量最大、里程最长、横跨纬度约 10 度的人工运河。

第十二节 黄河溯源

元朝是我国地学大发展时期，这一方面是由于国家统一，版图扩展到前所未有的范围。这种统一和版图扩大为地理学的发展提供了广阔的研究地域和丰富的地理信息。同时，水路交通的便利性增加了人们对遥远地区探索和研究的可能性，促进了人们对本土及周边地区地理环境的更深入了解。另一方面，元朝始终保持着开放的态度，中外之间的贸易、科技、文化交流空前频繁，为地学带来了新的知识和观念，这促使很多中国人走出国门，与此同时，外国人也走进中国，留下了众多介绍中外风土人情的地学著作。

元朝建立后，中国出现了空前的大一统局面，但随之而来的是行政区划的重大变更，包括路、府、州、县等的名称和边界的改动。《秘书监志》中就说："至元二十二年（1285 年）六月二十五日，中书省先为兵部元掌郡邑图志，俱各不完。近年以来，随路京府州县多有更改，及各处行省所辖地面，在先未曾取会。"因此，为了更有效地管理国家，宣扬国威，元政府迫切需要一部"大集万方图志而一之，以表皇元疆地无外之大"。

于是，至元二十二年 (1285 年)7 月，元世祖忽必烈下令，由扎马鲁丁主持编纂新的地理志。9 年之后，《元一统志》终于初步编纂完成。之后 8 年，这本地理志中又补充了边远地区的地理内容，最终编成 600 册、1300 卷的皇皇巨著。

《元一统志》编成后，后世明、清都沿袭此书的体例，编纂了《大明一统志》《清一统志》。可惜的是，这部地学著作已经散传，只留下部分残本。

对黄河的溯源是元朝官方主持的另一项地学工程。元朝之前，我国最早记载黄河源头的文献是《禹贡》："（大禹）导河积石，至于龙门……"这句话是说，大禹治水时，是从积石山开始疏导水流的，一直通到龙门山。我国有两座积石山，一座位于甘肃省临夏州境内，是祁连山的延伸部分，另一座位于甘肃省与青海省的交界处，分别称为小积石山和大积石山。这里说的是后者。这说明，早在先秦时期，我国人民就已经知道黄河发源于青海省。

到唐朝时，我国的疆域进一步扩大，对黄河源头也有了更多的认识。长庆二年（公元 822 年），刘元鼎出使吐蕃时，经过实地考察后认为："河之上流，繇洪济梁西南行二千里……古所谓昆仑者也，虏曰闷摩黎山，东距长安五千里，河源其间。"（《新唐书·吐蕃传》）到这里，对河源的记载仍然是模糊的。

元朝建立之后，我国的疆域进一步扩大，黄河探源有了相应的条件。忽必烈认为，黄河自古以来就是中国最重要的河流，夏后氏曾经引导过黄河的水流。自汉朝和唐朝以来，尽管有对黄河的研究，但对其源头的了解并不完全。如今，黄河源头已经在掌控之中，忽必烈便打算"极其源之所出，营一城，俾番贾互市，规置航传。凡物贡水行达京师，古无有也，朕为之，以永后来无穷利益"。

于是，不久之后，忽必烈任命都实为招讨使，探寻黄河源头，实施自己在河源建城的计划。都实是女真人，精通多种语言。受命之后，他于当年 4 月抵达河州（今甘肃省临夏州），沿黄河一路上溯，最终探得"河源在吐蕃朵甘思西鄙"（即西部边境地区），那里有 100 多个泉眼，形成了广阔的湿地区域，大约覆盖七八十里。从高山上俯瞰这些泉眼，"灿若列星"，因此被称为"火敦脑儿"。"火敦"在当地语言中的意思是"星宿",因此,这个地方又被称为"星宿海",即今天的巴颜喀拉山附近。这些泉水汇聚成流,在约五七(或十)里的地方汇入两个巨大的湖泊,名为"阿剌脑儿"。随后水流向东,形成了一条连绵的河流,初称为"赤宾河"。赤宾河沿途不断融合其他水源,经过二三日的马行路程,与西南方向来的水流汇合,从此水量变大,开始被称作"黄河"。此时的黄河水质依然清澈,人们还能涉水而过。后来,翰林学士潘昂霄根据都实之弟阔阔出的口授,将这次探源的经历写成《河源志》。这次探源工程,虽然没有精准找到河源,但距离真正的黄河源头已经不远了。实际上,直到20世纪中叶中华人民共和国成立之后,黄河源头才被正式确立。

元朝地学的另一大成就来自朱思本。朱思本,字本初,江西临川(今江西省抚州市)人。朱思本生于南宋年间,祖父曾担任过淮阴县令,元朝建立后,家道中落。朱家人抱定终生不仕的态度,安排他到龙虎山学道。忽必烈登基之后,召见龙虎山天师张宗演,并对他礼遇有加,赐二品银印,命主领江南道教。从此之后,龙虎山历代天师都被封为真人。后来,朱思本也奉命离开龙虎山来到大都。不过,他对功名利禄没有什么兴趣,写诗说："人生有行役，岂必皆蝇营。"意思是自己不想一生为蝇营狗苟的事情奔走。在前往大都的路上，他"登会稽，泛洞庭，纵游荆、襄，流览淮、泗，历韩、魏、齐、鲁之郊"（《舆地图·自序》）。一路上，朱思本遍访名山大川，看到了百姓生活的艰苦，写下了"良田没巨浸，鱼鳖为鲜食；壮健多流亡，老赢转沟洫"等众多诗篇，也更加坚定了不入仕的想法。

后来，朱思本奉命祭祀嵩山，于是便借着这个机会，"南至桐柏，又南至于祝融，至于海。往往讯遗黎，寻故迹，考郡邑之因革，核山河之名实"。他又认真研读郦道元所注的《水经注》，唐朝的《通典》《元和郡县志》，宋朝的《元丰九域志》等地学著作，亲自测量各项数据，详细绘制地图。终于他以"平生之志，而十年之力"绘制成宽 7 尺，幅面 49 平方尺（1 平方尺约 0.111 平方米）的《舆地图》两卷。在绘图过程中，朱思本采用了"计里画方"的方法，即将地图划分成一个个规则的方格，每个方格的边长代表了一定的实际距离，类似于现代地图中的比例尺网格。通过这种方格系统，绘图者能够在地图上准确地表示出地理位置和地形特征，确保地图的比例和准确度。

由于《舆地图》尺幅过大，明朝罗洪先将其分绘成小幅，刊刻成书，命名为《广舆图》。可惜的是，朱思本绘制的《舆地图》已经佚失。17 世纪，意大利传教士卫匡国（Martino Martini）来到中国，游历多年。回国之后，他以《广舆图》等资料作为蓝本，结合自身经历，绘制出版了《中国新图志》，后被翻译成多种语言，受到欧洲各国的欢迎，成为欧洲制图业绘制中国地图的典范代表。

比起较"冷门"的卫匡国，元朝另一位外国人可谓家喻户晓，闻名中外，他就是意大利人马可·波罗。

马可·波罗出生于威尼斯一个贵族家庭，父亲尼科洛和叔叔马夫里奥都是十分有名的远东商人。一次出行时，两兄弟由于战争的影响，阴差阳错来到中国元大都，受到忽必烈的召见。回国之后，两兄弟又带着马可·波罗经过中东，穿越波斯，最终在 1275 年再次到达中国。之后，马可·波罗就暂居中国，开始了长达 17 年的游历。

直到 1295 年，马可·波罗一家人才回到欧洲，在威尼斯定居。后来，在一次战争中，马可·波罗战败被俘，在监狱中认识了作家鲁斯蒂谦诺，并为他讲述了自己在中国的见闻。出狱之后，鲁斯蒂谦诺据此写成《马可·波罗游记》。

《马可·波罗游记》共 4 卷 229 章，第一卷叙述了马可·波罗前往中国途中所经过的中东和东亚，第二卷讲述了忽必烈和他的宫廷，第三卷讲述了中国东南沿海地区，以及日本、东南亚等地，第四卷讲述了各国之间的战争。整本游记共出现地名 100 多个，除了山川地形、河流物产等地理信息之外，还记录了各地不同的风土人情、宗教信仰等内容，是一部综合性的地理著作，为欧洲全面介绍了中国的风貌。

尽管有关马可·波罗旅行真实性的争论一直存在，但他的游记无疑是中世纪最重要的地理文献之一，对东西方文化交流起到了桥梁作用。

第十三节 理学兴盛

元朝建立之后，大批儒生思念故国，采取不合作的态度，视元朝的建立为外族入侵和对中华传统文化的冲击，拒绝为元朝效力，不参与政府事务，甚至通过撰写诗文来表达他们的不满和抗议。

入主中原之后，忽必烈意识到，要想"行汉法"，就必须拉拢儒生，只有如此国家才能顺利运转。于是，他采取尊孔重儒的态度，在各地设置提举学校官，选派大儒管理各地学校，任命许衡重新设计了一整套学校制度。

许衡，字仲平，怀州河内（今河南省沁阳市）人，世称"鲁斋先生"。他早年师从大儒姚枢与窦默学习程朱理学，后来应召到元政府担任国子祭酒，主持全国教育工作。许衡认为，教育学生时应该以"义理"为中心，读书必须先从《孝经》《小学》《论语》《孟子》等儒家经典读起，又制订了一整套与学生相关的礼仪。

许衡之后，国子祭酒由他的弟子耶律有尚担任。他"立教以义理为本，而省察必真切；以恭敬为先，而践履必端悫"。不久之后，朱熹的代表作《四书章句集注》就成了全国学校的标准教科书，"上而公卿大夫，下而一邑一乡之士，例皆讲读"。程朱理学从此占据了统治地位。

忽必烈为什么支持程朱理学的发展呢？一方面，理学讲"存天理，去人欲"，在封建王朝，最大的"天理"就是"君臣大义"，这为王权的合法性提供了依据。随着程朱理学的发展，"君臣大义"逐渐取代"华夷之辨"，成为当时的主流价值观，这当然是统治者愿意看到的。另一方面，理学要求人们完善自身道德，要有所作为，"学而优则仕"，这也是一种积极的价值观。在各种政策的影响下，很多儒生都在元朝获得了身份认同，甚至在元朝灭亡之后，还有很多"元遗民"追随蒙古残部逃亡至草原，另有一部分理学名家抱定终身不仕的态度，要为元朝"守节"。

程朱理学在初期是科学的，一方面理学强调宇宙的本原是客观的，天理是人类和自然万物的根本法则，既限制官员与百姓，也限制皇帝；另一方面，理学也强调格物致知，客观看待自然事物。然而，当它成为统治者的工具之后，就变成了教条主义，儒生们全都埋头经典，失去了创新与活力，从而限制了科技的发展。从宋、元到明、清，程朱理学就是经历了这样的变化过程。

在程朱理学逐渐成为"教条"的同时，元朝也存在唯物主义科学思想，例如，许衡就发展了朱熹的"化气说"。他认为，宇宙万物的本原在于阴阳二气的相互作用。他提出，"万物皆本于阴阳"，强调了阴阳气在自然界和宇宙中的根本作用。在他看来，日月星辰都是由至精的气所构成，而太阳则是一个巨大的气团。在阴阳的相互作用下，自然界的变化和天地万物的生成都遵循一定的规律（"度数"）。

在历史发展上，许衡认为存在一种不以人意志为转移的"自然之数"，并强调圣人在历史进程中的作用仅限于顺应历史发展的趋势，不能改变其规律。

吴澄是元朝程朱理学的又一位代表人物，时人称"北有许衡，南有吴澄"。他认为，"道"（理）和"器"（气）是统一的，没有先后之分，这一点比南宋以来的其他理学家表述得更加明确。他遵循朱熹的太极说，并在此基础上进行了扩展，认为太极既是道又是理，是形而上之本体，同时也体现在形而下的具体事物中。

这句话怎么理解呢？在中国自然哲学中，太极是一个关键概念，通常指宇宙万物的最初原理或根本本体。太极包含阴阳二气的始源，是万物生成和变化的基础。吴澄将太极等同于"道"和"理"。在这里，"道"指的是宇宙的根本法则，而"理"指的是事物内在的规律和秩序。吴澄认为太极是这些法则和秩序的总汇，是形而上的本体，即超越具体物质存在的最根本原理。这里的"形而上"指的是超越具体物质、感官经验的抽象层面，而"形而下"则指的是具体的、物质的、可感知的事物。吴澄认为，太极不仅存在于抽象的理念层面（形而上），也体现在实际的物质世界（形而下）中。换句话说，宇宙中的一切事物都是太极原理的体现。

简而言之，吴澄的观点是，太极既是宇宙万物存在和变化的最深层原理（形而上的道和理），也实际存在于我们能观察和体验到的具体事物之中（形而下的现象），显示出一定的唯物主义倾向。

除了以上两位之外，还有一个自称"三教外人"的邓牧。他生活在宋末元初，南宋灭亡之后他开始游历名山大川，终身不仕、不娶妻、不生子，平时不穿布衣，而是穿用楮纸（楮树皮制作的纸张）做的衣服，每天只吃一餐，潜心读书，著有《洞霄宫志》《洞霄图志》《大涤洞天记》《游山志》《伯牙琴》等。在文章中，邓牧猛烈批判封建制度"以四海之广，足一夫之用"，"竭天下之财以自奉"，号召"废有司，去县令，听天下自为治乱安危"，表现出朴素的民主思想。

对于君权神授，邓牧也持全盘否定态度，表现出唯物主义倾向。他认为，君主和普通人没有什么区别，所有人都可以做皇帝，"彼所谓君者，非有四目两喙，鳞头而羽臂也；状貌咸与人同，则夫人固可为也"，并提出权力斗争是"败则盗贼，成则帝王"。

深入探讨了元朝哲学思想后，我们可以看到，这一时期的中国哲学不仅仅是思想的碰撞与融合，更是反映了文化与政治的变迁。元朝的理学家们，如许衡和吴澄，虽然继承了朱熹的理气论，却也在此基础上进行了自己的思考和创新。他们的理论扩展显示了元朝儒学的复杂性和深度。与此同时，邓牧等人的唯物主义思想，虽然未能形成主流，却为我们提供了一个不同的视角来理解和审视元朝的社会和文化。

第二章

明朝兴衰

第一节 资本主义萌芽

元朝末年，朝廷腐败，纵容贵族豪绅兼并土地，大批农民因为失去土地而沦为奴婢。与此同时，政府赋税沉重，横征暴敛，赋税竟比元朝初期整整超出 20 倍。统治者的种种暴行，导致民不聊生，流民遍地，出现"死者已满路，生者与鬼邻"的惨状。于是，各地纷纷爆发起义，天下云集响应，出现了各路起义军。在这些起义军中，以红巾军的实力最强，力量最大，持续时间最长。

红巾军是由明教、白莲教等民间宗教组织发动的，作战时头扎红巾，因此得名。起义中期，朱元璋成为红巾军领袖，他奉行"高筑墙，广积粮，缓称王"的战略，不断攻城略地，扩大自身实力，先后打败陈友谅、张士诚、方国珍等地方割据势力，接着喊出"驱逐胡虏，恢复中华，立纲陈纪，救济斯民"的口号挥师北上，并于洪武元年（1368 年）正月初四在南京登基，定国号为明。

洪武元年（1368 年）九月，各路大军进逼元大都，元顺帝带领后宫出逃，元朝在全国的统治正式结束。之后，朱元璋又 8 次派出大军深入漠北消灭北元残余势力，逐渐统一全国，建立了大一统王朝。

从明太祖朱元璋开始，明朝共传十六帝，国祚 276 年。明朝是我国较为强大的封建王朝，北方边疆包括今天的中国东北地区，一度扩展至外东北（如建州、女真地区）。在与蒙古的长期边境冲突中，明朝建造了长城作为北方边防的重要防线。东部沿海，明朝控制了整个中国东部沿海地区，从琉球到越南北部的海域。明朝南方的领土包括今天中国的广东、广西、福建、海南等省份，以及历史上的云南、贵州。在南明时期，南方一些地区成了抵抗清军的重要根据地。明朝西部边疆包括今天的西藏、新疆南部等地区。明朝对这些地区的控制相对较弱，往往通过设立卫所或者与当地的部落首领建立朝贡关系来维持影响力。

明朝疆域大体上囊括了今天中国的主要地区，但其控制力度在不同地区和时期有所差异。特别是在明朝后期，由于内部的政治腐败和民族冲突，对边疆地区的控制力度有所减弱。总的来说，明朝的版图是中国历史上较为稳定和广阔的领土之一。

明朝的君主专制空前加强，因此，在政治结构和思想方面，都以控制为主。政治方面，朱元璋时期借助"胡惟庸案"彻底废除宰相制度，罢免左右丞相，取消中书省，将宰相的权力分给六部，又设立内阁大学士作为皇帝的顾问。内阁大学士只有"票拟"权，没有决策权，权力远远低于宰相。封建时代，皇权与相权的关系是历代政治斗争和权力平衡的重要内容。皇权，即皇帝的权力，是封建王朝的最高权力。皇帝被视为国家的绝对统治者，具有最终的决策权和控制权。相权指的是宰相或首辅等高级官员的权力，这些官员一般负责协助皇帝处理国家日常事务，包括对政治、经济、文化、军事等方面的管理。

皇权与相权之间的关系经常是动态的。在某些时期，皇帝能够完全掌握国家的实权，而相权则较为弱小；但在其他时期，尤其是皇帝年幼、昏庸或者忙于享乐时，宰相或首辅等高级官员可能实际掌控国家大权，甚至影响到皇位的继承，这也是朱元璋废除宰相的主要原因。

为了进一步加强皇帝对国家和朝廷官员的控制，明朝又设立了厂卫机构，由宦官进行管理。厂指东厂、西厂、内行厂，卫指锦衣卫，负责抓捕、行刑等工作。厂卫本质上是直属皇帝的特务机构，可以越过司法部门直接进行监视，实施逮捕，执行刑罚，是笼罩在明朝上空的一层阴影，也为明朝中后期的宦官专政埋下了伏笔。

思想方面，明朝将程朱理学定为官方统治学说，加强思想控制。"一宗朱子之学。令学者非五经、孔孟之书不读，非濂洛关闽之学不讲。"洪武十四年（1381年），朱元璋将四书五经颁发至全国学校，并删除了书中的部分内容。《孟子》中有"君视臣如草芥，则臣视君如寇仇""民为贵，社稷次之，君为轻""君有大过则谏，反覆之而不听，则易位"等民贵君轻的内容，朱元璋读后大怒道："使此老在今日，宁得免耶！"于是下令删去85条内容，编成《孟子节文》，并规定删掉的内容"课士不以命题，科举不以取士"。到成化年间，科举的形式进一步变为八股取士。

八股取士是明清两朝科举考试中采用的一种特定的考试形式，即"八股文"。八股文包括破题、承题、起讲、入手、起股、中股、后股、束股等8个部分，因此得名"八股"。考试内容主要围绕着儒家经典，特别是四书五经的注释和解释设置。考生需要在严格的格式要求下展开论述。八股文的弊端在于过分强调形式和章法，忽视了学问的实质和创新。这导致学者过分沉溺于文字游戏和形式主义，限制了思想的自由发展和知识的创新。长期以来，八股文成为士人取得功名和官职的主要手段，因此深刻影响了中国的文化和社会结构。

八股取士的确立标志着科举制度的一个重要转变，即从注重学问广博、文章自由发挥的考试方式，转变为注重固定格式与固定内容的考试方式，对思想是一种巨大的钳制。对于读书人来说，要做官，就只能埋头读四书五经，研究朱子语录。这对皇帝来说是一件好事，能够选出"顺民"，但对科学技术的进步来说是一种限制，这也是明朝科技发展缓慢的一个重要原因。

与缓慢发展的科技形成鲜明对比的，是明朝空前繁荣的商品经济。明朝纺织业、制瓷业、制盐业、冶炼业等工业部门发展迅速，城市繁荣，市镇兴起，尤其是在南京和北京，出现了"万国梯航，鳞次毕集"的盛况。各方商人往来，店铺鳞次栉比，商品种类繁多，对外贸易发达，商人总数达上百万人，由此也带来了商业资本的活跃。明朝中后期，出现了很多资产雄厚的商人，各地富商以大商人为中心，组建商业组织，共同出资经商，徽商与晋商就是其中的典型代表。

繁荣的商品经济催生了资本主义的萌芽。

在封建生产关系中，生产资料主要是土地，通常由封建主拥有。农民（农奴或佃农）在封建主的土地上耕作，必须向封建主缴纳一部分产出作为地租。生产主要是为了满足封建主和农民自给自足的需要。生产动力较低，技术革新缓慢。农民与土地有直接关系，但他们的社会地位和经济条件受封建主控制，存在严重的依附性，市场交换有限。

而在资本主义生产关系中，生产资料（如工厂、机器、原材料等）通常属于资本家。工人出卖劳动力，接受工资作为报酬，并不拥有生产资料的所有权。生产是为了市场销售和利润最大化。生产动力强，技术创新和效率提升是持续的驱动力。工人与生产资料无直接关系，他们是自由劳动者，但必须出卖劳动力以换取生存的工资。市场经济占主导地位，商品和服务通过市场交换，价格机制调节供求关系。

所谓资本主义萌芽，就是在封建社会晚期逐渐出现的、指向资本主义生产方式的经济、社会和文化要素。这些萌芽是资本主义最早的、初级形态的表现，反映了从封建社会向资本主义社会过渡的初步迹象。如货币在经济交易中的作用日益增强，货币经济取代自给自足的封建经济成为主导；在商品交换和货币经济的基础上，商人和商业资本开始积累；随着经济的发展，开始出现自由的、可以出卖劳动力的劳动者，这是封建社会向资本主义社会过渡的一个重要特征。

明朝徐一夔《织工对》中说："余僦居钱塘之相安里，有饶于财者，率聚工以织……进工问之……工对曰：……吾业虽贱，日佣为钱二百缗，吾衣食于主人，而以日之所入，养吾父母妻子，虽食无甘美，而亦不甚饥寒……"这说明，明朝中叶已经出现了以雇佣形式为主的生产关系和大作坊。不过，这时的雇佣关系并不普遍。到明神宗时期，这种生产形式就十分普遍了。《明神宗实录》中说，当时的苏州地区，"生齿最繁，恒产绝少，家杼轴而户纂组，机户出资，机工出力，相依为命久矣"。

这样的雇佣关系，在很多手工业部门中都普遍存在。不过，在封建社会，由于统治者的打压等多种原因，资本主义萌芽是注定会被限制甚至扼杀的。如《明史·舆服志》中明确记载，朱元璋曾下令"农衣绸、纱、绢、布，商贾止衣绢、布。农家有一人为商贾者，亦不得衣绸、纱"。又如弘治年间，政府官员"以增课为能事，以严刻为风烈，筹算至骨，不遗锱铢，常法之外，又行巧立名色，肆意诛求"。万历年间，皇帝派出宦官四处征敛，导致"贫富尽倾，农商交困，流离转徙，卖子抛妻"。这些政策都是对商人和商业的摧残。

因此，整体来说，明朝是一个经济高度繁荣的时期，又是科技缓慢发展时期，这看似矛盾，实际上是封建统治下的必然结果。

第二节 高产作物的引进

明朝建立之后，由于长期战乱影响，百废待兴。洪武元年（1368 年），朱元璋下诏："天下始定，民财力俱困，要在休养安息，惟廉者能约己而利人，勉之。"定下了与民休息的基本国策。之后朱元璋又多次下令免除赋税，鼓励垦荒，移民屯田，组织各地兴修水利，推广作物，下令解放奴婢，使农业得以迅速恢复。对于破坏社会公平、影响生产的贪官污吏，朱元璋也绝不姑息。为了震慑贪腐，在斩首、凌迟、腰斩等传统刑罚之外，朱元璋还独创了"剥皮楦草"，即将贪官的人皮剥下，做成袋状，填充稻草之后悬挂示众。

此外，朱元璋还爱惜民力，提倡节俭，身体力行。车子、轿子按规制该用黄金的地方，他一律改为用铜，每天的早餐"只用蔬菜，外加一道豆腐"。一次，他还拿出一块床单给大臣们展示说："此制衣服所遗，用缉为被，犹胜遗弃也。"意思是这块床单是用做衣服的边角料缝制的。在朱元璋身体力行地推动之下，明朝上下官员都形成了节俭的风气。

朱元璋在位中后期，百姓生活稳定，商业发展，新王朝得以巩固，史称"洪武之治"。此后，明朝历任皇帝大多奉行重农政策，因此明朝成为我国农业的大发展时期，这一点集中体现在明朝人口规模上。根据葛剑雄在《中国人口发展史》中的估算，明朝人口"从洪武二十六年（1393年）的约7000万人口，以年平均增长率5‰计，到万历二十八年（1600年）应有1.97亿人。万历二十八年以后，总人口还可能有缓慢的增长，所以明朝的人口峰值已接近2亿了"。明朝人口爆发式增长，在很大程度上要归功于高产作物的引进，主要是甘薯和玉米。

根据清人陈世元所作《金薯传习录》的记载，甘薯是明万历年间的商人陈振龙引进的。甘薯就是我们通常所说的地瓜，在明朝被称为"白蓣""红蓣""红薯""番苕""白薯""番薯"等，原产于南美洲，大约在16世纪引入中国，具有适应性强、耐旱性好、成熟期短，能在较贫瘠的土地上生长等优点。甘薯的亩产量很高，"每亩可得数千斤，胜种五谷几倍"，还能作为粮食和饲料，为人和牲畜提供食物来源。此外，甘薯的地下块根可以储存较长时间，增强了粮食的储备能力。甘薯最初在福建种植，后来逐渐推广到上海、江苏等地，到嘉靖年间，已经在全国大面积种植。

玉米原产于中美洲，起初称为"御麦"，是皇帝食用的贡品，后来才逐渐开始推广到民间。与传统作物相比，玉米能够"种一收千，其利甚大"，对土壤的适应性强，生长周期较短，抗病虫害能力较强，能在多种气候条件下生长。到明末，玉米已经推广到山东、河北、福建、广东、浙江等十几个省份。

在农业经济中，作物产量直接决定了食物供应的多少。食物是人类生存的基本条件，因此作物产量的高低直接影响着人口的养活能力。作物产量高意味着食物充足，能够支撑更多人口的生存和发展；反之，则可能导致食物短缺，限制人口增长。

除了甘薯与玉米之外，马铃薯、花生、烟草、辣椒、番茄这些原产于美洲的作物，也在明朝时传入中国。

明朝农作物不仅种类丰富，而且生产效率也很高。《四友斋丛说摘抄》中说，当时的松江地区，"夫妻二人可种二十五亩，稍勤者可至三十亩，且土肥获多"。耕作效率和农产品产量的提高，离不开工具和生产方式的改进。

明朝中叶之后，金属农具大多采用"生铁淋口"的方式进行"擦生"处理。《天工开物》中说："凡治地生物，用锄、镈之属。熟铁锻成，熔化生铁淋口，入水淬健，即成刚劲。每锹、锄重一斤者，淋生铁三钱为率，少则不坚，多则过刚而折。"锄和镈是古代农业中常用的工具。锄主要用于松土、除草，而镈类似于今天的镰刀，用于割草和收割作物。所谓熟铁，通常指经过精炼处理的铁，质地较软，易于锻造。生铁则是直接从铁矿石中提炼出的铁，质地硬而脆。在制作农具时，通常将熟铁锻成工具的主体部分。"熔化生铁淋口，入水淬健"，即指将熔化的生铁涂抹在锄或镈的边缘，然后进行淬火处理，使工具的边缘部分变得更加坚硬。这种工艺反映了明朝农业工具制造水平的进步，以及工匠对工具性能的精细控制，是我国农业生产工具的又一次改革。

"代耕架"又称"耕架代牛""人力耕架"，最早出现于唐朝。据《旧唐书·王方翼传》记载，唐朝时，王方翼任夏州都督时，曾经"造人耕之法，施关键，使人推之，百姓赖焉"。到明成化年间，李衍总督陕西，时值当地旱灾频发，耕牛缺乏。于是，他便仿照牛耕农具，发明了"坐犁""推犁""抬犁""抗犁""肩犁"5种农具，统称"木牛"。这些农具，"其工省，其机巧，用力且均，易于举止，且不拘男妇，可更相代耕"。

　　这种"代耕架"的具体形式，明人屈大均在《广东新语》中有详细的记载："木牛者，代耕之器也。以两人字架施之，架各安辘轳一具，辘轳中系以长绳六丈，以一铁环安绳中，以贯犁之曳钩。用时一人扶犁，二人对坐架上，此转则犁来，彼转则犁去，一手而有两牛之力，耕具之最善者也。吾欲与乡农为之。"具体来说，木牛的主要结构包括两个人字形的木架，分别安置于耕架的两端。每个木架顶部装有一个轮轴（辘轳），在辘轳中间系有一根长绳，长度约为 6 丈（大约 11 米）。长绳中部安装有一个铁环，用于连接到犁上的曳钩（拖钩）。在使用木牛耕作时，一人负责扶持犁具，保持犁在正确的方向和深度，而另外两人分别坐在两个木架上，通过轮流转动各自的辘轳来拉动犁。这种操作方式使得犁在田间来回移动，完成耕作。

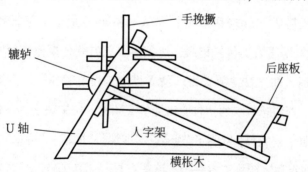

图 2-1 明代王徵所绘代耕架示意图

灌溉设备方面，明朝也有了新的发展。王徵发明了"虹吸"与"鹤饮"两种工具。虹吸是一种利用木材制成的有弧度的长筒，利用气压差来将水引到高处，原理类似于现代的虹吸现象。虹吸原理是指利用液体内部压力差和重力作用，使液体自一个容器经由一个倒"U"形管道自然流向较低处的另一个容器的物理现象。要启动虹吸作用，首先需要将虹吸管内充满液体。这可以通过吸吮管子的末端或用泵将液体抽入管中来实现。一旦虹吸作用启动，液体会继续从较高处的容器流向较低处的容器。虹吸作用会持续，直到上方容器的液体降至虹吸管入口以下或管道被空气进入打断。这也是为什么虹吸"引之既通不假人力，而昼夜自常运矣"。

鹤饮是一种用竹子或木材制成的水槽，可以将低处的水引向高处。相较于虹吸器，鹤饮器需要人力驱动，但相比传统的提水方式更为省力，效率更高。

除此之外，王徵还亲自制作并记录了轮硙、风硙、自行磨等多种新式农具。

随着农业技术的进步与作物种类的进一步扩展，明朝出现了一部总结清朝之前所有农业技术的农书——由徐光启创作的《农政全书》。

第三节 农业百科全书

徐光启，字子先，南直隶松江府上海县（今上海市）人，万历年间中进士，于崇祯朝官至礼部尚书兼文渊阁大学士。

徐光启是一位百科全书式的人物。他坚持实学，主张"经世致用"，强调学术研究和知识应当直接用于解决现实世界的问题，特别是国家治理和社会管理方面的问题。在《简平仪说·序》中，他提出"博求道艺之士，虚心扬榷，令彼三千年增修渐进之业，我岁月间拱受其成"，即将西方科学技术引进中国，并提出了"欲求超胜，必须会通；会通之前，先须翻译"的路线。

徐光启在儒学、数学、水利、农学、军事等众多方面都有建树，也是中国近代科学技术的先驱。他和利玛窦一起翻译了欧几里得的《几何原本》，编制了《崇祯历书》，创作了军事著作《徐氏庖言》。在实学思想的指导下，徐光启常年身体力行，亲自种植水稻、甘薯，进行农业实验，撰写《宜垦令》《农书草稿》《甘薯疏》《芜菁疏》《吉贝疏》《种棉花法》等各类带有实验报告性质的农学著作。天启年间，权宦魏忠贤专权，徐光启拒绝屈服，遭到罢免。回到家乡之后，他便潜心研究农业，将自己数十年积累的农业材料与实践经验编纂成书，"杂采众家，兼出独见"，这便是后来的《农政全书》。

《农政全书》共60卷12目，约60万字，堪称"农业百科全书"。徐光启生活在明朝晚期，历仕万历、天启、崇祯三朝，亲历过皇太极进逼京师，魏忠贤乱政，见证王朝由盛转衰，甚至亡国之祸，始终怀抱着救国的信念。因此，《农政全书》与其他农书不同，除了对农业技术的记载之外，还包括救国救民、救荒备荒的"农政"思想，使其超越了以往各个时代的农学著作。因此，本书的第一部分"农本"3卷，就是先从思想上确立农业对国家的重要性，之后再分论"田制""农事""水利""农器"，这些都是农业赖以发展的基础条件。再之后，是"树艺"、"桑蚕"、"桑蚕广类"(主要是棉、麻等)、"种植"(主要是竹、木、茶、药)、"牧养"、"制造"，这些都是农业生产的其他组成部分。最后是"荒政"，这个部分也是全书的重点之一，包含18卷内容，主要包括历代备荒、救荒的各种策略，并对各种措施的利弊进行分析，卷末还附有荒年时可供充饥的植物 400 多种。

徐光启听说闽越一带种植甘薯之后，就亲自从当地引来种子试种，并根据实践经验写下《甘薯疏》，系统介绍甘薯的种植和管理技术并进行推广，这部分内容也汇总到了《农政全书》的"树艺"中。书中提到，"海外人，亦禁（甘薯）不令出境；此人取薯藤，绞入汲水绳中，遂得渡海"。种植甘薯时，最好是在沙地，先"大粪壅之，至春分后下种"。书中还提及"藏根法"："造一木桶，栽藤种于中。至春，全桶携来过岭分种，必活。"

书中还提到了"剪茎分种法"：选取生长旺盛、枝条较长（3 尺以上，约 1 米）的甘薯植株，从植株上剪去枝条的嫩头部分（数寸，大约几厘米）。之后将剪下的枝条横向埋入土中，每个枝条的两端都要埋入土壤中 3～4 寸（7.5～10 厘米）的深度。埋植的深度要能够保证枝条稳定生长，不易被风吹动或者脱离土壤。站在现代农业的角度，这种甘薯的种植方法利用了甘薯枝条的生根能力，通过横向埋植的方式来进行无性繁殖，是一种简单而有效的繁殖技术，尤其适合在资源有限的条件下进行高效的甘薯栽培。通过这种方法，农民可以在较短的时间内大量繁殖甘薯植株，增加产量。

中国古代一直流行"唯风土论"，主张作物的生长完全或主要取决于当地的气候和土壤条件（即风土条件）。这一理论强调自然环境对农业的决定性作用，认为不同的气候和土壤条件适合种植不同的作物，而忽视或轻视人为因素如农艺技术和种植方法的影响。徐光启对这种观点也进行了反驳，并用实际行动论证了栽培技术对农业的重要性。

甘薯产自南方，当时有很多人问徐光启如何移植到北方。（或问："薯本南产，而子言可以移植，不知京师南北，以及诸边，皆可种之以助人食、无令军民枵腹否？"）在北方种植甘薯，最大的难点在于留种。对此，徐光启提出了窖藏的方法："掘土丈余，未受水湿，但入地窖，即免冰冻……故今京师窖藏菜果，三冬之月，不异春夏。"

在《农政全书》的编著过程中，徐光启还开创了中西方农学交流的先例，将他与意大利传教士熊三拔合译的《泰西水法》收录其中，系统介绍西方的水利知识和水利工具。在"水库"条目中，徐光启引用了当时西方最新考古成果："西国别有一物，似土非土，似石非石……体质甚轻，揉之成粉，舂以代砂，或代瓦屑，灰汁在其空中，委婉相入，坚凝之后，逾于钢铁。

近数十年前，有发故水道者，启土之后，锹镢不入，百计无所施，既而穴其下方，乃坏堕焉。视其鬃涂之灰，用是物也，厚半寸许耳。此道由来甚久，以历年计之，在汉武之世矣。"这里说的其实是古罗马时期的下水道，和汉朝处于同一时期。这种管道是由火山灰、石灰石和水混合而成的建筑材料，类似于现代的混凝土制成的。在书中，徐光启也对这种材料的来源进行了考证，认为它"生在干燥之处，土作硫磺气者，或产硫磺者，或近温泉者，火石者，火井者，或地中时出磷火者，即有之"。

另一方面，徐光启还吸收传统农书中的精华，但对传统农书中的糟粕，如用厌胜术防虫治病等违反科学常识的内容，徐光启一概不予采用。这正是"经世致用"思想的体现。

徐光启一生坚持科学工作法，"于物无所好，唯好经济，考古证今，广咨博讯。遇一人辄问，至一地辄问，闻则随闻随笔。一事一物，必讲究精研，不穷其极不已"。正是有了这样的科学态度，《农政全书》才得以成为我国"四大农书"之首，与宋应星的《天工开物》、李时珍的《本草纲目》、徐霞客的《徐霞客游记》并列明朝晚期科学文献四大巨著。

第四节 中国 17 世纪工艺百科全书

崇祯四年（1631 年），已经 45 岁的宋应星拖着疲惫的身躯回到江西老家奉新县，这已经是他第五次科举落第了。遥想当年，他与兄长宋应昇一同参加江西省乡试，全省 1 万多名考生，录取了 100 多人，而整个奉新县只有他们宋氏兄弟中举，被时人称为"奉新二宋"。当时他只有 29 岁，年少得志，意气风发，想着终有一日，自己也能够"春风得意马蹄疾，一日看遍长安花"，也能"朝为田舍郎，暮登天子堂"，运气再好一点，或许还能成为国之栋梁，名垂青史。可是，转眼 16 年，他已经两鬓斑白，垂垂老矣，当初的梦想成了幻想，只能坐在家中感叹"髀肉复生，日月若驰，老将至矣"，一事无成。

这次失败让他开始重新思考人生的意义。5 次赶考，行程万里，只为博一个功名，求一个出人头地的机会，这样的人生真的是自己想要的吗？"士子埋首四书五经，饱食终日，却不知粮米如何而来；身着丝衣，却不解蚕丝如何饲育织造"，这样的人对社会真的有益吗？

于是，在经历过长期挫折之后，宋应星终于"悟道"。他将自己的书房名改为"家食之问堂"，意思是从此关心和研究吃、穿与日常用具，安心在县里做起教谕（县学教师），埋头著书，将自己积累的对农业、手工业的知识汇集成册，著成《天工开物》。书成之后，由于家中贫穷无法出版，后来由友人涂绍煃赞助发行。

在《天工开物》的自序中，宋应星说，如果看书的是热心功名的儒生，请把它"弃掷案头"，自己写这本书"于功名进取毫不相关也"。他没想到，数百年后，正是这本毫无功利的著作使他名传千古，无心插柳柳成荫。

《天工开物》分为上、中、下3篇，共18卷，附有123幅插图，记录了130多项生产技术及生产工具的具体名称、形制、制作工艺，是对明朝及明朝之前我国手工业技术的一次汇总，构成了一个完整的科学体系，被称为"中国17世纪工艺百科全书"。

《天工开物》以"贵五谷而贱金玉"的方式进行排序，在上篇中首先探讨了粮食作物的栽培技术，涉及如何种植和收获主要的粮食作物。接着转向衣服原料的来源及其加工方法，详细描述了从原材料到成衣的整个制作过程。此外，书中还介绍了植物染料的染色技术、谷物的加工过程、多种食盐的生产方法，以及甘蔗种植、制糖和养蜂技术。

这一部分内容中，包含多种机械，如筒车、牛车、踏车、拔车、桔槔等，且都绘制了详细的说明图。如描述"拔车"："其浅池、小浍，不载长车者，则数尺之车，一人两手疾转，竟日之功，可灌二亩而已。"从这段记载可以看出，拔车是一种小型灌溉机械，适合在浅池或小河流中使用，需要人力驱动。书中还提到了另一种依靠风力驱动的拔车："扬郡以风帆数扇，俟风转车，风息则止。"不过，这种机械是用来把田里的水排出去的。

图 2-2 《天工开物》中的拔车图

在《天工开物·乃服》中，记载了一种利用不同品种蚕蛾杂交生出"嘉种"的方法："今寒家有将早雄配晚雌者，幻出嘉种。"这里提到的"将早雄配晚雌"指的是将发育成熟时间不同的雄性和雌性蚕进行人工配对。这是一种基本的杂交技术，旨在通过选择具有特定特征的个体进行交配，以产生具有期望特性的后代。所谓"幻出嘉种"意味着通过这种杂交方法产生了更优良的蚕种。这可能包括更高的产丝量、更强的抗病能力或其他改良的特性。虽然古人没有现代遗传学的知识，但他们通过观察和实践，已经开始利用杂交等技术来改善作物和家畜的品种，这是早期遗传学应用的实例，也是我国利用杂交技术改良蚕种的最早记录。

在《天工开物·乃服》中，还记载了当时世界上最先进的提花机。这种提花机整机的长度约为 5 米，主要部分包括一个高出的操作平台（花楼），中间是衢盘，下面垂吊着衢脚。衢脚由 1800 根经过水磨处理的竹棍制成，放在花楼下的深坑中，用来稳定整架机器。操作时，提花小厮半坐半立在花楼上，确保纱线正确排列，形成预定的图案，以及控制经线起落。

这种提花机还考虑到了不同的织造需求。例如，织制较轻的织物（如绫、绢）时，会调整部件以减轻力度，避免损伤细腻的材料。对于无复杂图案的织物，如素罗，可以通过简化设置，减少对操作人员的需要，提高生产效率。

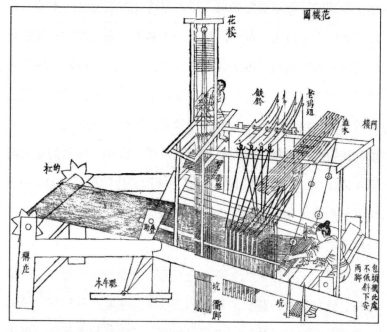

图 2-3 《天工开物》中的提花机

《天工开物》的中篇聚焦于更为复杂的制造技术，包括陶瓷制作、金属铸造、船舶和车辆的建造，以及铁器和铜器的锤锻方法。书中还详细描述了石灰和煤炭的烧制技术，以及从植物中提取油脂的多种方法。造纸技术作为此书中篇的重要部分，展示了从原料处理到纸张生成的整个生产流程。

在这一部分的内容中，书中多次出现活塞式风箱，这是当时世界上最先进的鼓风设备。活塞式风箱是古代的一种鼓风设备，可以产生连续稳定的气流，主要用于冶炼和铁匠工艺中。这种风箱的设计和原理与现代的活塞泵相似。活塞式风箱通常由一个或多个气室（风室）和一个活塞组成。风室是一个密封的容器，用于储存和压缩空气。活塞则在风室内往复运动，用于压缩和排出空气。当活塞被向后拉时（吸气阶段），风室内形成负压，外部空气通过一个或多个进气阀被吸入风室。当活塞被向前推时（压气阶段），空气被压缩，并通过出气阀被排出，产生稳定的气流。

活塞式风箱的应用非常广泛，除了冶炼之外，也用于烧火做饭，一直到现代，还有某些地区仍然在使用。

图 2-4 《天工开物》中出现的活塞式风箱

《天工开物》的下篇着眼于更为精细和复杂的技术领域，如金属的开采和冶炼技术，介绍了多种金属的处理方法。书中还详细阐述了各种武器的制造技术，包括传统的冷兵器和当时的火药武器。书中对墨水和颜料的制作，特别是对油烟、松烟和硫化汞的描述，为后人提供了丰富的技术细节参考。此外，书中还包括对珠宝玉石的来源和开采方法的介绍，如南海采珠和和阗采玉等。

在这部分内容中，书中首次提到了"倭铅"，也就是锌的提炼技术："凡倭铅，古书本无之，乃近世所立名色。其质用炉甘石熬炼而成。繁产山西太行山一带，而荆、衡为次之。""倭铅"之名字是说它的性质与铅相似，但又更为活泼（"性猛"）。文中提到的提炼原料炉甘石的主要成分为碳酸锌。提炼时将炉甘石放入泥罐中，封闭并烘干，以防止罐子在加热时破裂。然后，将泥罐置于煤炭火中加热。在加热过程中，炉甘石分解，熔化成团。这利用了炉甘石在高温下分解为氧化锌和二氧化碳的原理。氧化锌进一步被碳（在书中，碳的添加被遗漏了）还原为锌。为了使反应完全，必须保证反应温度超过锌的沸点（907°C）。完成提炼后，冷却并破坏罐子以取出产物。

用这种方法，每10份炉甘石大约能得到2份倭铅（锌）。

倭铅（锌）在高温下易挥发，与铜不同，因此无法直接用火炼制。这种提炼方法实际上是一种原始的蒸馏法。虽然它没有完全突破传统的炼锌方法，但已经展现了炼锌蒸馏法的初步形态。

图 2-5 《天工开物》中的提炼倭铅图

在《天工开物·燔石·煤炭》中，提到了采煤时用竹筒排空瓦斯的技术："初见煤端时，毒气灼人。有将巨竹凿去中节，尖锐其末，插入炭中，其毒烟从竹中透上。"这里是说，在初次挖到煤炭时，会遇到有害气体（即瓦斯）。为了处理这些毒气，工人们会使用巨竹，去除中间的节，使其一端尖锐，然后将竹子插入煤炭中，利用竹子的通道引导毒气上升，从而减少毒气对矿工的危害。这其实是利用了物理学中的气体运动和压力差原理。瓦斯气体通常比空气轻。在矿井中，这些气体会因为密度较低而自然上升。在矿井内部，由于地下的压力和温度条件，瓦斯气体可在一定压力下积聚。当有一个通道（如中空的巨竹）打开时，气体会从高压区向低压区移动，即从矿井内部通过竹筒向外释放。

图 2-6 《天工开物》中的竹筒排"毒气"法

除了以上提到的内容之外，《天工开物》中还记载了航海、造船、火器、酿酒、制糖、制盐、金属加工等众多方面的知识，填补了科技典籍的空白，很多发明、技术都处于当时世界的前列，篇幅所限，在此无法一一展开。

《天工开物》图文并茂地展现了 17 世纪中国的科学技术成就，以其全面性、系统性和创新性，成为中国乃至世界科学技术史上的重要里程碑。1771 年，日本大阪传马町书林菅生堂刊行《天工开物》，在江户时代广泛传播；1837 年，法国汉学家儒莲翻译《天工开物》中的桑蚕和造纸部分。此后，这本著作又被翻译成多种语言，在世界范围内广泛传播，甚至产生了多位专门研究《天工开物》的学者。

第五节 东方药物巨典

从汉朝起，中草药便被称为"本草"，大多数医学典籍也用"本草"命名。传说上古时期，轩辕氏向岐伯学习，又在伯高的指导下剖析经络的始末因由，于是有了《神农本草经》3卷，收录药物共365种，"法三百六十五度，一度应一日，以成一岁"。我们现在知道，实际上，这本著作是由汉朝多位医学家共同创作的。梁朝时，陶弘景又对《神农本草经》加以整理注释，编成《本草经集注》7卷，药物种类增加到700余种。唐朝时，唐高宗又下诏对其重新加以编写修正，编成《唐本草》，药物种类达到844种。至宋朝，本草著作更加丰富，先后有《开宝本草》《嘉祐本草》《图经本草》《证类本草》，药品的总数目增加到1558种，堪称完备。

然而，这些著作中本草种类繁多，药物名称复杂，相互间经常存在矛盾与纰漏。有的一种药物有好多种名称，有的两种不同的药物用同一个名称，这样的情况不胜枚举。在治病过程中，一旦用错药物，后果不堪设想。于是，到明朝时，一位医学家为了辨疑正误，开始"穷搜博采，芟烦补阙"，查阅相关书籍1518种（一说800种），新增药物374种，并将这些内容"分为一十六部，著成五十二卷"，历经30年，"稿三易而成书"，写成《本草纲目》。这位医学家就是我们熟知的李时珍。

李时珍，字东璧，湖广黄州府蕲州（今湖北省蕲春县）人。他出身医学世家，幼年身体羸弱，经常患病，因此"长耽典籍"，甘之若饴。十几岁时，李时珍跟随父亲应试，考中秀才，但他对仕途和功名毫无兴趣，一心只想学医。后来，在参加省试时，他连续3次不中，便下定决心弃儒学医，从此跟随父亲四处行医。嘉靖三十年（1551年），富顺王朱厚焜的儿子得了重病，遍寻医师都治不好，李时珍进"附子和气汤"，药到病除，从此便有了名声，被楚王朱英燧聘为"奉祠，掌良医所事"。一次，楚王世子"暴厥"（在医学上通常指的是突发性的昏迷或昏倒状态），李时珍"立活之"，被楚王推荐到太医院。不过，李时珍并不喜欢这样的工作，1年（一说3年）后便辞职回乡，开始撰写《本草纲目》。在之后的数十年时间中，李时珍的足迹遍布大江南北，四处搜集药物标本，拜访渔人、樵夫、药工、捕蛇人、农夫等劳动者，向他们请教学问，每有所得便记录下来，坚持实证主义精神。如生姜在中医里是很常见的药材，很多医书也都提及姜吃多了有害处，但没有具体指明。李时珍便每天吃姜，结果眼睛发热，于是便写下"食姜久，积热患目疾，珍屡试有准"。在这样的坚持下，李时珍"考古证今、穷究物理"，历经 30 个寒暑，终于完成了这本皇皇巨著。

《本草纲目》撰成于万历六年（1578 年），刊行于万历二十三年（1595 年），是古代中国乃至世界医药史上体量最大、内容最丰富的药物学巨著，被誉为"东方药物巨典"。全书共 52 卷，近 200 万字，记载的药物共计 1892 种，收集医方 11 096 个，绘制插图 1111 幅，方剂 11 096 首，其中大半都是李时珍自己收集和拟定的。

前文说过，李时珍撰写《本草纲目》，很大一部分原因是为了辨疑正误，因此，他在书中对每一种药物都详细介绍了其名称（释名）、产地（集解）、历史文献中的错误更正（正误）、炮制方法（修治）、性味、主治功效及相关的医方（发明和附方），力求准确。

以"当归"为例。书中的第一部分为"释名",介绍当归在各类典籍中的名称,包括"乾归(《本经》)、山蕲(《尔雅》)、白蕲(《尔雅》)、文无(《纲目》)"等。第二部分为"集解",介绍当归的产地、品种、性状、优劣、成熟月份、贮藏方式等,如"当归生陇西川谷,二月、八月采根,阴干",

图 2-7 《本草纲目》中的当归插画

"今出当州、宕州、翼州、松州，以宕州者最胜"，"今川蜀、陕西诸郡及江宁府、滁州皆有之，以蜀中者为胜"，还说当归"春生苗，绿叶有三瓣。七八月开花似莳萝，浅紫色。根黑黄色，以肉厚而不枯者为胜"。第三部分为"图例"，通过插画的形式让人们能够更好地认识当归。第四部分为"根"，介绍当归根的药效及用法，如"凡用去芦头，以酒浸一宿入药。止血破血，头尾效各不同。若要破血，即使头一节硬实处。若要止痛止血，即用尾。若一并用，服食无效，不如不使，惟单使妙也。"第五部分为"气味"。第六部分为"主治"。第七部分为"发明"，介绍当归的各类用法。第八部分为"附方"，即当归的各类方剂，包括"旧八，新一十九"。

通过这样的记录方式，《本草纲目》在系统化、精确性、适用性、整合性方面超越了历史上的其他医学著作，即使不懂医学理论，没有系统学习过医学知识的普通百姓，也能够通过这本著作了解各种药物的特性和应用，在缺医少药的古代完成"救急"，这也正是以"悬壶济世"为己任的李时珍希望看到的。

值得一提的是，《本草纲目》特别注重对植物药的分类，其中植物药共有 881 种，附录 61 种，再加上具名未用的植物 153 种，总计 1095 种。他将植物药分为草部、谷部、菜部、果部、本部 5 大类，并进一步细分为山草、芳草、湿草、毒草、蔓草、水草、石草、苔草、杂草等 9 种类型。这种系统的分类方法，比瑞典植物学家林奈的《自然系统》要早 100 多年。

除了药学知识外，《本草纲目》中还包含分析化学、实验药理学和实验医学等方面的内容，是一本综合性著作，直到 400 多年后的今天仍然在发挥着不可估量的作用。同时，从 17 世纪开始，《本草纲目》便传播到海外，先后被翻译成 10 多种语言文字，对世界医药学、植物学、矿物学都产生了巨大影响。达尔文在撰写《物种起源》时，就曾多次提到，他在"中国古代的百科全书"中找到了人工选择的依据。（原文："我曾在一部中国古代的百科全书里，发现有关选择原理的清楚记载。一些古罗马的著述家们，已经制定了明确的选择规则。""中国古代的百科全书中的喋喋不休的忠告，言及将动物从此地运往彼地时，必须非常谨慎。"——摘自苗德岁译本）这里达尔文所说的，正是《本草纲目》。可见，伟大科学家的影响是世界级的，是超越时间的。

明朝中国对世界医学的另一大贡献，是"人痘"接种法。天花，也称为天花病、麻疹或痘疮，是一种由天花病毒引起的传染病。天花患者的症状特点是发高烧，出现全身性的皮疹和疱疹。更可怕的是，在没有有效疫苗和医疗措施的时代，天花几乎没有有效的治疗方法，因此一旦暴发流行，死亡率极高。在人类历史上，天花至少造成数亿人死亡，是最致命的传染病之一。

在我国，天花最早被称为"虏疮"，是汉朝时由俘虏带入的，在医术和民间有"痘疹""天痘""痘疮""百岁疮""圣疮""豌豆疮""天行发斑疮""天疮"等众多别名。明朝之前，虽然很多医书中对天花都有记载，但基本处于无药可医的状态，直到明朝发明"人痘"接种法之后，这种疾病才有了行之有效的解决途径。

目前，世界对"人痘"接种法的起源仍然存在争议，我国最早有明确记载的文献是清朝俞茂鲲的《痘科金镜赋集解》："闻种痘法起于明隆庆年间宁国府太平县（今安徽省太平县），姓氏失考，得之异人丹徒之家，由此蔓延天下，至今种痘者，宁国人居多。"具体方法，清朝张璐的《张氏医通》、清朝吴谦等人编写的《医宗金鉴》中都有记载。总结起来，我国古代最初的"人痘"接种法包括痘衣法、痘浆法、旱苗法、水苗法等。

◇ 痘衣法：这种方法相对简单，其核心在于让未染痘的人穿上天花患者曾穿过的衣物。通过这种接触，接种者可能会感染天花病毒，以此产生免疫力。这种方法的风险相对较高。

◇ 痘浆法：用浸有天花患者疮浆的棉花塞入接种者的鼻孔。这样做是为了让天花病毒通过呼吸道传入接种者体内，从而引发轻微的天花症状。

◇ 旱苗法：使用干燥并研磨成粉末的天花痘痂，通过一根小管子，将粉末吹入接种者的鼻孔中。这种方法比痘衣法和痘浆法更精细，风险相对较低。

◇ 水苗法：这种方法类似于旱苗法，但不同之处在于，医者会先将痘痂粉末与水混合，形成糊状物，然后再用棉花蘸取这种混合物塞入接种者的鼻孔。这种方法也是通过呼吸道感染天花病毒。

这些接种方法虽有不同，但都基于同样的原理——通过人为方式感染天花病毒，引发轻微症状以产生免疫力。然而，这类方法整体风险较高，尤其对于儿童。

清朝时，我国又出现了更加安全的"苗顺"法，即使用毒性更小，以经过多次接种的痘痂作为疫苗，效果显著，"种痘者八九千人，其莫救者二三十耳"。（清张琰《种痘新书》）康熙年间，俄国派使者到中国学习种痘法，不过并没有推广开来，又传入奥斯曼帝国，随后在欧洲传播开来。

1796 年，英国医生爱德华·詹纳观察到从事挤奶工作的女性在感染过轻微的牛痘之后，似乎对更致命的天花免疫。基于这一观察，詹纳进行了实验，从一名感染牛痘的女性身上提取痘液，并将其接种到一个名叫詹姆斯·菲普斯的 8 岁男孩身上。接种后，詹纳观察到这名男孩对天花产生了免疫。于是他发明了更为安全的牛痘接种法，之后传入我国，取代了流传甚广的"人痘"接种法。

1979 年，世界卫生组织宣布彻底根除天花，这种曾经对人类造成致命威胁的病毒，居然成为第一个被人类完全根除的人类疾病。

中国古代的医学和公共卫生实践，尤其是《本草纲目》的编撰和古代痘苗接种法的发展，不仅证明了古代中国在科学和技术领域的先进性，也展示了中国文化对全人类的长远影响和贡献。从另一方面来看，在明朝，我国仍然处于世界科技水平前列，尤其在医学方面达到了很高的水平。

第六节 《徐霞客游记》

弘治十二年（1499 年），有"江南第一才子"之称的唐寅与友人徐经一起进京参加会试。因为当时唐寅"文誉籍甚"，京城中的达官显贵都来拜访，到了"公卿造请者阗咽街巷"的程度。于是，徐、唐二人就带了一班戏子到处拜访达官显贵，每到一处都要送上厚礼。这其中，就有当年的主考官礼部尚书李东阳、翰林院学士程敏政。

二月底，朝中有官员忽然上书弹劾李东阳、程敏政收受贿赂，将考题提前卖给唐、徐二人，要求暂缓放榜。明孝宗立即命李东阳复查，发现两人并没有被录取。但当时舆论哗然，为了安抚士子，明孝宗派锦衣卫严加审问。虽然最终也没有查出卖题的证据，但群情激奋之下，朝廷只好"各打五十大板"，诬告的官员降职，唐寅、徐经发配为吏，程敏政革职，不久后郁郁而终。这就是明朝十分著名的"会试泄题案"。

唐寅的这位友人徐经，正是徐霞客的高祖。徐经家族是江阴巨富，"膏腴连延，货泉流溢"，案发后作《贲感集》，郁郁寡欢，开始四处旅游，等待皇帝的赦免。但因为身体虚弱，他 35 岁便客死他乡。徐霞客的父亲是徐有勉，生来刚正不阿，正直清高，醉情山水。当时有位权贵想要见他，他便"深匿丛竹中，俄而扁舟入太湖"，躲着不肯见。

可以说，祖父和父亲给徐霞客上了两堂课，让他很早就认清了科举与权力，成了一个"怪"人。徐霞客喜欢读书，却不读四书五经，而是"博览古今史籍，及舆地志、山海图经，以及一切冲举高蹈之迹"，完全放弃科举入仕。徐霞客家里有财产，他却不事经营，不求"进取"，不追求财富的积累，成了外人眼里游手好闲的"败家子"，最终走上了一条完全不同的路。

在 34 年的时间中，徐霞客的足迹遍布今天的江苏、贵州、福建、山西、河南、广西、北京、江西、浙江、山东、云南、河北、湖南等 16 个省市，每到一处，他便以日记的形式记录当地的地貌、物产、植被、气候、风俗、水文及当地有关的历史传说、神话故事等内容，文字优美，考察翔实，有很高的文学、历史与科学价值。明崇祯十三年（1640 年），徐霞客在云南患病无法行走，由当地知府送回家乡，不久去世。临终前，徐霞客将自己的手稿托付给季梦良，由其和王忠纫整理成书，编成《徐霞客游记》。

《徐霞客游记》是我国系统考察地质地貌的开山之作，全书共 63 万字，是我国历史上体量最大的游记作品。此书以时间为顺序，记载了 100 多种地貌，包括岩洞、干谷、岩溶嶂谷、溶沟、岩溶槽谷、竖井、漏斗、溶蚀洼地、岩溶泉、天生桥、石芽、岩溶裂隙、溶帽山、落水洞、峰林、岩溶盆地、岩溶湖，对喀斯特地貌的记录尤为详细。

喀斯特地貌是一种特殊的地貌类型，主要由含有二氧化碳的水作用在易溶解的岩石（如石灰石、白云石、石膏）上，经溶蚀和淀积形成包括地下河流、洞穴、天然桥、地下湖、干谷、盲谷、石笋、石柱等在内的各种形态。喀斯特地貌在我国有十分广泛的分布，超过 100 万平方千米，其中又以西南地区最多。

《徐霞客游记》是世界上研究喀斯特地貌最早的著作。在长达 2 年多的时间中，徐霞客在贵州、广西、云南探访了 100 多个洞穴，对喀斯特地貌做出了详尽、生动地描写，忠实记录了洞穴形态、水文情况等内容。例如，在游漓江时，徐霞客写道：

"县之四围，攒作碧莲玉笋世界矣。"在游七星岩时，他写道："望崖巅有洞高悬穹，上下俱极峭削……"这些都是喀斯特地貌的典型特征。对于这种地貌的分布，徐霞客在游记中指出："（喀斯特地貌）西南始于此（云南省罗平县），东北尽于道州（今湖南省道县）。"与现代调查结果基本相同。

水文方面，《徐霞客游记》中记载了大小河流 500 多条，湖泊、沼泽等近 200 个，包括水量变化、泥沙情况、流速、水质、源头等内容，具有很高的科学价值，其中最有代表性的是《溯江纪源》。

徐霞客之前，《尚书·禹贡》中的"岷山导江"深入人心，人们普遍认为长江的源头在岷山。然而，徐霞客却对此提出了质疑，并决定亲自寻找江源。这时，他已经年逾半百，在当时已经算是老人了。然而，徐霞客却重新踏上考察之旅，从昆明出发，"穷金沙"探秘。一路上，他历经武定、元谋、大姚、宾川、鹤庆、丽江等地，穿山过河，行程数千里，最终确定"故推江源者，必当以金沙为首"，以一己之力推翻了传播上千年的错误信息，在晚年攀上了地理学巅峰。

除此之外，《徐霞客游记》中还记录了很多少数民族的信息，包括服装、饮食、节日、物产、习俗等内容。如在云南旅游时，徐霞客写当地"滇中花木皆奇，而山茶、山鹃为最"，又对这两种花和当地习俗进行了详尽地介绍。后来他又遇到少数民族集市，书中写道："其北为马场，千骑交集，数人骑而驰于中，更队以觇高下焉。时男女杂沓，交臂不辨，乃遍行场市。"集市上的货物，有"多药，多毡布及铜器木"，也有"吾乡所刻村塾中物及时文数种"。这些都是了解当时少数民族风土人情的宝贵资料。

徐霞客的一生几乎都是在旅途中度过的，即使在生命的末端也从未停下脚步。一次在路上遭遇强盗，朋友劝他不要再出游了，他却说："吾荷一锸来，何处不可埋吾骨耶？"可以说，徐霞客早已经将生死置之度外，也正是在这种精神的支撑下，他才能够完成这样伟大的作品，为我们留下宝贵的财富，成为中国地理学的标杆。

清朝学者钱谦益将《徐霞客游记》称为"真文字、大文字、奇文字"，推其为"古今游记之最"。2011 年，为纪念徐霞客，经中华人民共和国国务院批复同意，将《徐霞客游记》开篇日 5 月 19 日定为"中国旅游日"。

第七节 郑和下西洋

在徐霞客完成自己的旅行之前，明朝另一位世界闻名的航海家也完成了自己的远洋壮举。

明朝建立之后，朱元璋为了巩固统治，将自己的儿子分封在各个军事重镇镇守边关。他驾崩之后，没有将皇位传给儿子，反而传给了孙子朱允炆，这就是明朝的第二位皇帝——明惠帝。朱允炆登基之后，忌惮各地藩王拥兵自重，于是发起削藩，亲王们接连遭殃，轻者流放，重者殒命。燕王朱棣不想坐以待毙，起兵造反，最终攻破南京，皇宫起火，朱允炆下落不明，史称"靖难之役"。

朱棣称帝之后，迁都北京，是为明成祖。不过，朱允炆活不见人死不见尸，朱棣始终放心不下，便"命和及其侪王景弘等通使西洋"。这里的"和"指的就是郑和。《明史》中说，郑和下西洋有两个目的，除了寻找朱允炆之外（成祖疑惠帝亡海外，欲踪迹之），还有"欲耀兵异域，示中国富强"的考虑。

于是，从永乐三年（1405 年）六月到宣德八年（1433 年），在 28 年的时间中，郑和率领船队进行了 7 次远洋航行，访问了西太平洋与印度洋沿岸的 30 多个国家和地区，史称"郑和七下西洋"。

郑和，原姓马，小名三宝，又作三保，所以又被称为"三保太监"，云南昆阳县（今云南省昆明市晋宁区）人。明成祖赐姓郑，改名郑和。郑家本是元朝的官宦世家，家境优渥。明军攻打云南时，只有 10 岁的郑和被掠到南京，受宫刑后分配给朱棣。"靖难之役"中，郑和立下累累战功，深受朱棣信任，于是就把下西洋的重任交给了他。

第一次航行（1405—1407 年），郑和率领"士卒二万七千八百余人"，还带了大量金币，建造"修四十四丈、广十八丈"的大船 62 艘，从苏州出发，先到占城（今越南中南部地区），后来到达爪哇（今属印度尼西亚）。

第二次下西洋（1407—1409 年），郑和船队到达古里、满刺加、苏门答腊、阿鲁、加异勒、爪哇、暹罗、占城、柯枝、阿拔把丹、小葛兰、南巫里、甘巴里等国，赐给各地国王锦缎纱罗。

第三次远航（1409—1411 年），再造宝船 48 艘，到达占城、爪哇、旧港、满剌加、苏门答腊、锡兰、柯枝、古里、竹步、木骨都束等国。其中，竹步是伊斯兰城邦国，故地在今非洲东岸索马里南部朱巴河河口一带；木骨都束即今天的摩加迪沙，位置在非洲东部偏北的印度海岸。

第四次下西洋（1413—1415 年），郑和船队到达占城、爪哇、旧港、满剌加、苏门答腊、锡兰、柯枝、古里、溜山、忽鲁谋斯等地，并首次绕过阿拉伯半岛，到达东非的肯尼亚。

第五次下西洋（1417—1419 年），郑和船队护送古里、爪哇、满剌加、占城、锡兰山、木骨都束、溜山等 10 多个国家的使者到达非洲。

第六次下西洋（1421—1422 年），郑和船队到达榜葛腊、古里、祖法儿、阿丹、木骨都束、不剌哇等地。

第七次下西洋（1431—1433 年），这次航行，郑和由于劳累过度在印度西海岸古里去世，由王景弘率领船队返航。

唐宋时期，我国与非洲东海岸附近的国家就已经有了来往，但走的都是非洲之角与阿拉伯半岛、印度半岛之间的阿拉伯海。

郑和七下西洋，先后到达30多个国家，与这些国家建立了友好的外交关系，前来朝贡的使者络绎不绝。第四、五、六次远航，郑和船队都到达了非洲沿岸，开辟了横渡印度洋的航线，完成了人类航海史上的一次壮举，比哥伦布和达·伽马还要早半个多世纪。

想要完成远洋航行，首先要有经受得住风浪的大船。从明朝初期，倭寇开始骚扰我国东南沿海，一直没有停止。为了防止倭寇滋扰，明朝从洪武年间（1368—1399年）一直到隆庆年间（1567—1572年）实行了长达200多年的海禁。《大明律》甚至明文规定："擅造三桅以上违式大船，将带违禁货物下海，前往番国买卖，潜通海贼，同谋结聚，及为向导劫掠良民者，正犯比照已行律处斩，仍枭首示众，全家发边卫充军。"因此，郑和下西洋时，朝廷专门打造了用于远航的大船，史称"郑和宝船"。

《明史》记载，郑和宝船长"四十四丈、广十八丈"，明人顾起元在《客座赘语》中也记载过："今城之西北有宝船厂。永乐三年三月，命太监郑和等行赏赐古里、满剌诸国，通计官校、旗军、勇士、士民、买办、书手共二万七千八百七十余员名。宝船共六十三号，大船长四十四丈四尺，阔一十八丈；中船长三十七丈，阔一十五丈。"这个尺寸，换算成现代通用国际单位，长度约 150 米，宽约 60 米，根据这个尺寸估算，郑和宝船的排水量可以达到 2 万吨，无疑是当时世界上最大的木制帆船。

为了保证船只有足够的动力，郑和宝船配备了 12 张帆。与当时欧洲普遍采用的软帆不同，郑和宝船使用了硬帆，并且不设固定横桁，转角灵活。横桁是船帆上的一种横向的支撑结构，它横跨帆布，用来增强帆布的结构强度，帮助帆布保持形状，并为帆布提供支撑点以便能够捕捉和利用风力。郑和宝船的这种设计使得当风向改变时，船员能够迅速调整帆布的角度，以便从不同方向来的风中获得最大的推进力。这种灵活的帆布布局，让郑和的宝船可以更有效地在海上航行，尤其是在远洋航行中面对复杂多变的气象条件时，这种帆布结构的优势尤为明显。

远洋航行中，船型能够影响船只的稳定性与速度。郑和宝船底部细长，上部宽广，船头和船尾均高耸突出。上阔的船体设计能够增加水线面积，这有助于提高船舶的浮力和载重能力，使得宝船能够搭载更多的货物和人员。船的底部尖细可以减少水流对船体的阻力，提高船只的航行速度。同时，这种设计还有助于提高船舶的纵向稳定性，减少在高速航行或遇到大风大浪时的颠簸。船头与船尾突出使船只能更好地切割波浪，减小船只的阻力和震动，使得船舶在面对波涛时更为顺畅，能更好地适应不同海况，有效应对浅水域和海浪，且转向时更为灵活，增强了船舶的操控性能，特别是在狭窄的水域或需要精确停泊时。

船舵是船只用来控制航向的主要装置，通常位于船尾的水下部分。简单来说，船舵就像是船的方向盘，通过改变船舵的角度，驾驶员可以控制船只的行驶方向。在船舵设计上，郑和宝船采用了升降设计，在大风或复杂水域中，船舵可以降到船底以下，避免受到损害；而在浅水区或停泊时，船舵可以提升起来，防止触底。这在当时也是世界领先的技术。

要想远洋航行，只有宝船还不行，航海技术也是至关重要的。明朝时，罗盘已经开始普遍运用到航海中，且已经出现了水罗盘。这种罗盘一般用整木雕刻而成，上面配有盖。罗盘的中心设有一个直筒形的圆槽，用来盛水，其中放置一个水浮磁针。罗盘的盘面上刻有 24 个方位，这些方位分别对应着 8 个天干、12 个地支和 4 个卦象。其中，"子"代表正北方向，"午"则代表正南方向。这样的设计使得罗盘不仅能指示方向，还能提供更丰富的天文和地理信息。

元朝时，我国航海家已经发现了罗盘的针路。"针路"是一种古代航海术语，指的是船只在海上航行时依据罗盘所指示的方向进行的一系列转向。每一次船只根据罗盘改变航向的动作称为"针位"。在一段完整的航程中，船只可能需要根据海上的风向、流向或目的地的位置多次改变航向，这些连续的"针位"就构成了一条"针路"。这种利用罗盘来确定航向的方法，在古代航海中是一项重要的技术创新，极大提高了航海的准确性和安全性。简而言之，"针路"的原理就是利用罗盘确定航向，通过多次调整航向形成的一系列航海路径。此技术不仅提高了航海的安全性和便利性，也为后来制作更精确的航海图提供了重要依据。

元朝周达观出使真腊时，"自温州开洋，行丁未针……又自真蒲行坤申针……"（《真腊风土记》）这是关于针路最早的记载。郑和船队就配有专门放置罗盘的针房，还有专门掌管罗盘、航向的火长。

海上航行，时间与航程的计算也十分重要。我国古代一开始采用观察太阳与月亮的方位来计算时间，不过，这种方法误差较大，无法精准计时。于是，就产生了更香。具体来说，就是先将一天分为十更，"不分昼夜，夜五更，昼五更，合一十二辰为十更"。更香是一种带有刻度的计时工具，根据香燃烧的长短来判断时间，测量航行速度。不过，海上的情形瞬息万变，顺风与逆风的航速不同，航程自然也就有很大的差别，于是便出现了一种十分巧妙的方法：将一片木头从船头放入水中，然后观察这片木头随水流向船尾移动的速度。在木片到达船尾的同时，根据木片从船头到船尾所用的"更数"，结合船体的长度来估算船只的速度。

还有一种计时的方式也十分有趣。在椰子壳的顶部和中部各开一个孔，顶部的孔较大，用于让水缓慢流入壳内；中部的孔小，用于精确控制水的流入速度。将这个椰子壳放置在一个盛满水的桶中。水会从顶部小孔慢慢地注入椰子壳内。随着水逐渐注入椰子壳，椰子壳及其内部的水重力增大，直到达到一个临界点，椰子壳会突然下沉。每当椰子壳下沉时，就表示过去了一个设定的时间单位（比如 1 小时）。此时，工作人员会将一个新的椰子壳放回水桶中，以开始下一个计时周期。

郑和船队还配有一种用象牙雕刻而成的牵星板，通过测量特定星体相对于水平线的高度来确定船只在海上的纬度位置，原理与现代的六分仪相似。牵星板由 12 块大小不一的小正方体构成，最大的方块边长约 24 厘米，最小的则只有 2 厘米。每块木板的大小递减，便于根据观测需要选择合适的尺寸。

　　使用时，观测者会将一块木板垂直悬挂，一端通过绳子固定在手中，另一端悬于眼前。观测者通过调整木板的位置，使木板的下边缘与地平线对齐，上边缘则与目标星体对齐。这样，根据所用木板的尺寸，就可以计算出星体相对水平线的高度，从而得知船只所在地的地理纬度。这种方法叫作"牵星术"。

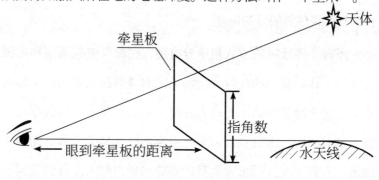

图 2-8 牵星术原理示意图

　　郑和的远洋航行不仅是明朝中国航海技术的巅峰展现，更是中国对外进行重要交流与合作的先驱。郑和航海以其庞大的规模、先进的技术和深远的影响，在世界航海史上占据了重要地位，它不仅是中国历史上的辉煌篇章，也是全人类共同的文化遗产。

第八节 《崇祯历书》

我们说过，古代统治者认为天象与国家的命运息息相关，封建社会长期禁止民间研究天文学，但并不禁止研究历法。到了明朝禁令进一步扩展到了历法，导致从明初到万历年间的200多年中，历法几乎没有什么进步，明人沈德符在《万历野获编》中说："国初学天文有历禁，习历者遣戍，造历者诛。"我们这里说的"民间"，指的是除钦天监之外的所有人。

在农业社会中，历法是天文学中最重要的部分，尤其是在指导生产、推测天象方面至关重要。到明朝时，《授时历》已经沿用100多年，在天象推测方面时常出现错误。如洪武十七年（1384年），漏刻博士元统认为"（《授时历》）积一百四年，年远数盈，渐差天度，合修改"。这项建议虽然得到了批准，但后来仍然沿用《授时历》，只是在原有的基础上加以修改。

"靖难之役"后，明成祖迁都北京，由于两京纬度差别较大，"北极出地度、太阳出入时刻与南京不同，冬夏昼长夜短亦异"，有官员建议修改历法，明成祖下令改用"顺天之数"。明景帝即位后，天文生马轼上奏说："昼夜时刻不宜改。"明景帝召集官员进行讨论，监正许惇认为马轼"言诞妄，不足听"，建议改历，明景帝却不以为然，并下令"此后造历，仍用洪、永旧制"（《明史·历志》）。这实在是很荒唐的一件事。

之后，历法出现的错误越来越多。"景泰元年（1450 年）正月辛卯，卯正三刻月食。监官误推辰初初刻"，并因此受到处罚。成化十五年（1479 年），"月食，监推又误"，之后两年，真定教论俞正己上书建议改历，再次遭到尚书周洪谟等人弹劾，说他"轻率狂妄，宜正其罪"（《明史·历志》）。最终，俞正己锒铛入狱。这样的事，对天文历法的发展是一种重大打击，有了俞正己等人的先例，再也没有人敢轻言改历了。这样的政策造成天文历法人才凋零，而这一切的根源，都在"祖宗法度不可改"。到明孝宗时，禁令解除，《万历野获编》中说："命征山林隐逸能通历学者以备其选，而卒无应者。"

改历这件事，一直到明末才出现转机。崇祯二年（1629 年），北京发生日食，钦天监再次推算错误，预测时间早了半个小时，崇祯帝大怒，下诏说"推算如再错误，重治不饶"。可是，钦天监的官员也冤枉，他们是按照历法推算的，历法有误，官员们能有什么办法？

于是，时任礼部左侍郎的徐光启上疏请求改历。就这样，在明末，距离《授时历》编制340多年后，明政府终于开始了改历。这次历法编纂，徐光启提出了一个原则："上推远古，下验将来，必期一一无爽。"还要做到"一目了然，百世之后，人人可以从事，遇有少差，因可随时随事，依法修改"。

制定历法要在天文观测的基础上进行，为此，徐光启专门制造了一批天文仪器，包括"象限大仪六，纪限大仪三，平悬浑仪三，交食仪一，列宿经纬天球一，万国经纬地球一，平面日晷三，转盘星晷三，候时钟三，望远镜三"（《明史》）。他用这些仪器观测到了大量天文数据，这也是中国历史上人们首次使用望远镜，这是科技史上的一件大事。

在编纂过程中，徐光启还聘请来了意大利人龙华民、葡萄牙人罗雅谷、瑞士人邓玉函、日耳曼人汤若望等人参与工作，翻译了大量欧洲天文学著作，将中西方历法知识结合在一起，"会通以求超胜"。当时，欧洲天文学已经出现很多重大进展，哥白尼提出"日心说"；伽利略改进望远镜并将其运用到天文观测中，首次观察到了木星的 4 颗主要卫星（伽利略卫星）、金星的相位变化，以及月球表面的山脉和陨石坑；第谷制作了当时世界上最为精确的星表，测定了一系列天文学常数，如回归年长度、黄赤交角等；开普勒提出行星运动三大定律，包括第一定律（椭圆轨道定律）、第二定律（面积定律）和第三定律（调和定律），确立了天文学的数学基础，对以后的天体力学和牛顿的万有引力定律的确立产生了深远影响。这些知识大多被徐光启翻译并汇编进了历书中。

崇祯七年（1634 年），新历书终于编纂完成，命名为《崇祯历书》。全丛书共 46 种，137 卷，附星图一折、恒星屏障一架。

历书的第一部分为天文学理论，共 40 卷内容，占据了全书的三分之一，其中包括 5 个重点内容，称为"基本五目"。

◇ 法原：介绍天文学的基本理论和原理。简单来说，就像是天文学的"入门教程"，解释了天体如何运动、天文现象的基础知识，以及宇宙的基本结构等。

◇ 法数：关于天文学的数据和表格。它提供了计算天体位置、运动轨迹等所需的数值和方法。可以理解为一系列的数据表，供天文学家参考和使用。

◇ 法算：涉及天文计算所需的数学知识，包括平面和球面三角学、几何学等。这些数学工具是进行天文观测和计算的基础。

◇ 法器：介绍各种天文仪器及其使用方法，比如望远镜、日晷等，以及如何使用这些工具进行天文观测和记录。

◇ 会通：提供中西度量单位之间的换算表。由于中国和西方在历史上使用不同的度量单位，这部分提供了一个桥梁，使得中国学者能够理解和使用西方的天文数据。

第二部分是根据理论得到的天文表，包括日躔、恒星、月离、日月交合、五纬星、五星凌犯共6项内容，称为"节次六目"。

◇ 日躔：提供了计算太阳在天空中位置的方法和数据，用于推测太阳在不同时间的具体位置，有助于确定日出和日落时刻，以及太阳在天空中的高度。

◇ 恒星：涵盖了主要恒星的位置数据。

◇ 月离：提供了月球在其轨道上运动的详细数据，有助于预测月相、月食等月球相关的天文现象。

◇ 日月交会：太阳和月球在天空中相遇的具体时刻和位置的计算方法，这对于理解和预测月食和日食现象至关重要。

◇ 五纬星：包含了五大行星（即水星、金星、火星、木星和土星）的运动轨迹和位置信息。

◇ 五星凌犯：指的是五大行星之间互相遮掩的现象。这在古代被视为"异象"，预示着将有灾祸发生。这部分内容涉及五大行星相互之间位置的变化，包括它们相互靠近或远离的时刻和位置信息。

《崇祯历书》是我国天文学近代化的开创之作，在很多方面都突破了我国天文学的原有框架，如引入了第谷的"地心说"：地球位于宇宙的中心，行星围绕太阳旋转，它们则共同围绕地球旋转。当然，我们现在知道，这种说法也是错误的。另外，徐光启在编纂历书的过程中，还引入了平面和球面三角学、黄道坐标系、蒙气差、经纬度等近代科学内容，并正式采用定气法，完成了我国历法史上第五次，也是最后一次改革。

《崇祯历书》之前，我国通行的历书基本采用平气法（也称恒气法），这种方法假设太阳在黄道上的运动是均匀的，将一年平均分为 24 个节气，每个节气的间隔固定为 15.22 天。实际上，这种方法忽略了太阳实际运动的不均匀性，因此计算出的节气日期与太阳的真实位置可能有所偏差。隋朝天文学家刘焯曾指出过平气法的不合理性，但没有在历书上被采纳。

与平气法不同，定气法基于太阳在黄道上的实际位置来确定节气。太阳在黄道上的运动是不均匀的，因此，按照定气法计算的节气日期会因太阳运动速度的快慢而有所不同。在计算时，定气法以春分点为起点，太阳在黄道上每运行 15 度定为一个节气。由于太阳运动的不均匀性，两个节气之间的天数会有所变化，例如冬至前后太阳运动较快，节气间隔可能只有 14 天，而夏至前后太阳运动较慢，节气间隔可达 16 天。

《崇祯历书》编成之后，政府立刻进行刊行，可惜的是，这部历书还没有正式施行，明朝便宣告灭亡了。清朝顺治年间，参与编纂《崇祯历书》的汤若望将其删减为 103 卷进献，顺治帝将其改名为《西洋新法历书》，并敕令在此基础上编纂了《时宪历》。

第九节 珠算

16 世纪，由于资本主义的蓬勃发展，西方数学发展迅速。现代代数学先驱弗兰索瓦·维埃特引入了字母表示未知数和系数的概念，这为代数的发展奠定了基础。吉罗拉莫·卡尔达诺在其作品《大术》中系统性介绍了复数解和三次方程解法。勒内·笛卡尔创立了解析几何学。牛顿与莱布尼茨创立了微积分，数学符号在这个时期也开始逐渐发展，比如加号（+）和减号（−）的使用开始普及，这极大地简化了数学表达和运算步骤。

与西方相比，明朝在数学上的发展显得较为落后，虽然研究数学的人很多，但他们大多停留在传统数学典籍上。与蓬勃发展的宋元时代的数学形成了鲜明对比，甚至很多宋元时期的重大数学理论，在明朝已经少有人能够理解了。

另一方面，明朝商业发达，贸易繁荣，商业数学得到了极大的发展，最为典型的就是珠算。

珠算是一种用"珠"表示数字，进行数学计算的方法，它的历史可以追溯到 3000 年前。1976 年，陕西省宝鸡市岐山县发现了一座周朝宗庙建筑，考古工作者在遗址中发现了几十粒陶丸，被考古专家与珠算史家共同鉴定为"算珠"。

春秋时期，我国开始用"筹"进行计算。"筹"是一种由竹子、木头、兽骨、象牙或金属制成，长度和粗细统一的棍状物，能通过独特的排列方式进行复杂的数学运算。它不仅可以作为计数工具，还被用于更加复杂的数学运算。

算筹的排列遵循十进位制，每个数位的值不仅取决于数字本身，还取决于其在数中的位置。算筹的摆放分为纵式和横式两种。

个位用纵式排列，十位用横式，百位再用纵式，千位再用横式，以此类推。如果某个数位上的数字是 0，那么在那个数位上不摆放任何算筹。摆放数字 6 ～ 9 时，需要在 5 根纵向摆放的算筹的基础上，再在这些算筹的上方或下方增加相应数量的算筹来表示。比如，数字 6 可以通过摆放 5 根纵向的算筹加上 1 根在其上方或下方的算筹来表示。同样地，数字 7 就是 5 根加两根，数字 8 是 5 根加 3 根，数字 9 是 5 根加 4 根。

比如，我们要表示 2431 这个数字，排列方式如下。

个位（1）：用 1 根纵向摆放的算筹来表示。

十位（3）：用 3 根横向摆放的算筹来表示。

百位（4）：用 4 根纵向摆放的算筹来表示。

千位（2）：用 2 根横向摆放的算筹来表示。

在进行乘法计算时，算筹的应用尤为精巧。计算者会将乘数和被乘数分别以不同的方式摆放，然后逐位相乘，并将得到的积适当排列在中间位置。这种方法不仅直观，而且高效。

算筹的发明不仅促进了计算方法的发展，还为后来的珠算等更高级的计算工具的发明提供了基础。此外，算筹的十进位制原理与现代数学的十进位制计数法高度一致，与其他古代文明的计数系统相比，如罗马数字或巴比伦的六十进位制，算筹因其简洁性和高效性而显得尤为突出。

宋朝时，《谢察微算经》中首次出现了"算盘"一词。《清明上河图》中"赵太丞家"的柜台上，就摆放着一个算盘，与现代的一模一样。到明朝，算盘的使用越来越广泛，运算方法也越来越成熟。

明朝永乐年间出版的《鲁班木经》中记载了当时算盘的样式："算盘式：一尺二寸长，四寸二分大。框六分厚，九分大，起碗底。线上二子，一寸一分；线下五子，三寸一分。长短大小，看子而做。"

与此同时，明朝出现了很多关于珠算的著作，程大位的《算法统宗》（又名《新编直指算法统宗》）是其中的集大成者。

程大位，字汝思，南直隶徽州府休宁县率口（今黄山市屯溪区）人，终身不仕。少年时好读书，兴趣广博，尤其对书法和数学最感兴趣。成年后，他便在各处游商，遇到"耆通数学者，辄造访问难，孜孜不倦"。与此同时，他还花重金搜寻数学典籍，刻苦钻研。40岁时，程大位回到家乡，开始专心钻研数学，最终写成巨著《算法统宗》。

《算法统宗》共17卷，前2卷讲的是基础知识，包括珠算的各类口诀；第3～12卷为各类应用题的解法；第13～16卷为"难题"，以方田、粟布、衰分、少广、分田截积、商功、均输、盈亏、方程进行排序，与《九章算术》相同；第17卷为"杂法"，附14张"纵横图"。《算法统宗》全书共计595道题，系统全面地归纳了珠算的规则，完善了口诀，并使用珠算开平方、开立方，确立了算盘的标准用法，完成了由算筹到珠算的彻底转变。该书刊刻出版后流传极广，后来又传入朝鲜、日本等国，在科技史上有很深远的影响。

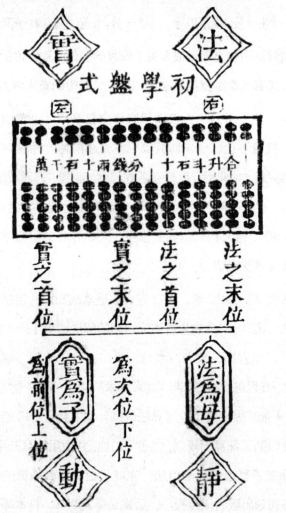

　　程大位除了是珠算大师之外，还是一位发明家，为了更加方便丈量田亩，他自己设计了一种丈量步车，并在《算法统宗》中绘制了详细的结构图，记录了其原理。

图 2-10 《算法统宗》中的丈量步车图

丈量步车的原理与现代用的卷尺相同。制作丈量步车先用木材做一个没有盖子的墨匣，里面装一个可旋转的十字架构成主要框架。之后用平直的嫩竹制成篾尺，刻上精确的尺寸刻度，接到十字架上，接头处用铜丝加固，以保证其强度和耐用性。再把篾尺缠在十字架上。丈量步车上还配有钻角，可以固定在地上，另外配有一个方便携带的环。使用时，测量人员只需将篾尺展开，然后将钻脚插入需要测量的地，通过刻度来读取距离，计算面积。丈量步车是世界上最早的卷尺，因此，程大位也被称为"卷尺之父"。

总而言之，明朝虽然在理论数学方面相比西方出现了一定的滞后，但在实用数学和技术创新上的成就不容小觑。珠算和算筹的发展不仅体现了中国古代数学的实用性和创新性，而且对后世数学和工程技术产生了深远影响。

第十节 启蒙思想

纵观整个明朝科技发展史，我们很容易得出一个结论：凡是在科技领域做出过卓越贡献的人，无论是宋应星、徐霞客，还是李时珍、程大位，大多都没有走上仕途，也没有埋头在四书五经中，就算是官至内阁次辅的徐光启，也超越了当时的程朱理学，将目光放在更远的西方甚至未来。我们在前文已经说过，"异化"后的程朱理学，对人们思想的禁锢和束缚是可怕的。

在理学占据统治地位的同时，明朝还兴起了另一股新的思想风潮：由王守仁创立的阳明心学。

在本质上，程朱理学与阳明心学存在着巨大的差异。理学建立在"性恶论"的基础上，其核心理念是完善道德，而这种道德是来自于外部的，也就是封建社会的"君君臣臣父父子子"。

因为人性本恶，所以需要这些外部的条条框框来进行约束。

心学则建立在"性善论"的基础上，认为每个人的内心都有良知，源自孟子的"万物皆备于我"，认为我就是宇宙的中心，因为"我"的内心有良知，只要按照良知去行事，就能够成为"完人"甚至"圣人"，这就是王守仁所说的"人皆可为尧舜"。

王守仁年少时就想成为圣人，于是便按照朱熹的说法去"格物"，想要通过了解事物的本源成为圣贤。当时，他正跟随父亲住在北京，正好院子里有很多竹子，便对着竹子苦思冥想七天七夜，最后不仅没有发现至理，反而感染了风寒。这件事让他得出一个结论，想要成为圣贤，必须有天分才行。

后来，他在龙场"悟道"，创立了阳明心学，对格物致知也有了新的解释："所谓致知格物者，致吾心之良知于事事物物也。吾心之良知，即所谓天理也。致吾心良知之天理于事事物物，则事事物物皆得其理矣。"这里的"良知"或"天理"是指人的内在道德感和对道德真理的自然认知。王守仁认为每个人生来就具有辨别是非、善恶的能力，这种能力是天赋的道德理性。因此，"致吾心之良知于事事物物"意味着将这种内在的道德理性应用于对所有事物的认识和处理中，这样就能使每件事物都达到其应有的道德状态。

简而言之，这句话强调的是通过运用内在的道德理性来理解和处理世间的一切事物，以实现事物的道德和理性状态，强调了道德理性在认识世界和处理事物中的重要性。

从这里可以看出，心学讲的是以"我的良知"为中心去认识世界，改造世界，"心外无物，心即理"，无疑是一种主观唯心主义。然而，站在思想进步的角度，阳明心学鼓励人们脱离理学的枷锁，去重新认识世界。因此，从明朝中期开始，阳明心学就有了很多拥趸。后来，心学以"反传统"的姿态传入日本，迅速掀起社会风潮，造就了一批思想家，揭开了日本革新的大幕，以至于梁启超后来评价："日本维新之治，心学之为用也。"

我国在明朝中后期，也掀起了一场启蒙运动，王廷相是这场运动的发起者。

王廷相，字子衡，开封府仪封县（今河南省兰考县仪封乡）人，官至兵部尚书，为官清廉，学识渊博，政绩突出。在哲学观上，他既反对理学"理在气先"的观点，也反对心学的唯心主义。

王廷相的主要观点都集中在其作品《雅述》中。王廷相在其著作中对程朱理学的核心观点进行了深刻的批判。他反对程朱理学中的观点，如"天理是万物的本原"和"一物之理即万物之理"，认为这些观点忽略了气的重要性。王廷相强调，万物之生源于气，理由气而生，理与气密不可分。他指出，理不能脱离气独立存在，万物的生成和变化都是气的动态表现。此外，他还批评了程朱理学将理视为永恒不变的观点，他认为理会随时间和环境的变化而变化。从另一个方面来说，既然理是会变化的，那么，也就不存在什么不能改变的"祖宗成法"。因此，王廷相的一生都在锐意进取，在政治、军事和经济制度上提出了一系列改革措施，这就是思想影响行为的具体体现。

同时，王廷相对心学也提出了反对意见。他认为，静态是事物的本原状态，而动态则是由外部因素引起的变化。他强调，动态是对外部刺激的反应，而非从静态自发产生的。因此，他认为心学中将动态视为源自内在静态的观点是不正确的。王守仁主张"心外无物"，王廷相则说："人心有物，则以所物为主。"意思是外在世界的事物确实存在，并且对人的内心有影响。简而言之，王守仁认为对外在世界的认识和外在世界的价值完全取决于个人内心，而王廷相则强调外在事物的实际存在和对人心的作用。

另外，王廷相还主张无神论。对于"天人感应"，他说，世上根本没有什么神仙，国家之所以动乱，都是因为"政之不修，民之失所，上之失职"，世上这么多人，有谁见过天帝？

王廷相还对梦的本质进行了讨论，区分了两种感受：魄识之感和思念之感。他认为，魄识之感源自五脏百骸的知觉，这种感受与身体的生理状态相关，如因听到雷声而在梦中听见鼓声，或是饥饿、温度变化等身体感受影响梦境。而思念之感则与日常生活的思考和体验有关，比如日间的经历和思考在梦中重现，或者是对未曾经历事物的幻想。

除此之外，王廷相还驳斥了占卜、五行，将生存竞争看作自然法则，认为人的命运不在于天，而在于自己，这些思想在当时都是极为进步的。

王夫之是明末清初的又一位进步思想家，与黄宗羲、顾炎武、唐甄并称"四大启蒙思想家"。

王夫之，字而农，湖南衡阳人，对天文、历法、地理、生物、物理都有研究。他于明末考中举人，参加过"反清复明"运动。清朝建立后，参加过起义军，失败后隐姓埋名，一心著书。

王夫之是我国朴素唯物主义的集大成者。朴素唯物主义是一种哲学观点，认为物质是构成世界的基本实体，物质及其运动规律是一切现象的根源。与成熟的哲学唯物主义相比，朴素唯物主义更为初级和直观，它缺乏对物质与意识关系的深入分析，通常不包含系统的哲学方法论。朴素唯物主义倾向于直接从物质现象出发，解释自然和社会现象，但不涉及更深层次的理论构建。在历史上，它是哲学唯物主义发展的一个早期阶段。

举个简单的例子来说，一个人相信土地、水和阳光是植物生长的直接原因。他可能不会探究更深层次的生物化学过程，而只是基于对自然界直接观察的经验，认为植物的生长完全依赖于这些物质条件。这种观点将物质现象（如土地、水和阳光）看作造成结果（植物生长）的直接原因，而不涉及更复杂的科学理论或抽象概念。从这一方面来说，即使是朴素唯物主义，也比迷信进步得多。

王夫之首先对理学的"存天理，灭人欲"提出了批判，认为人欲是自然且正当的，天理就存在于人欲之中，强调天理与人欲的和谐共存。在认识论上，他主张气一元论，认为气是宇宙万物的基本实体，反对"心外无物"，并进一步提出知识来源于后天经验，反对"生而知之"的先验论，强调经验和实践的重要性。在政治理念上，他强调民本，认为"一姓之兴亡，私也；而生民之生死，公也"，作为皇帝，应该"严者，治吏之经也；宽者，养民之纬也"，即严格管理官员，宽容对待百姓。而相比王夫之，黄宗羲又进了一步。

黄宗羲，字太冲，浙江余姚人，在天文学、史学和数学方面都有很深的造诣。清军入关后，黄宗羲招募乡里子弟数百人，组成"世忠营"举兵抗清，失败后便隐退故乡，著书立说，康熙皇帝几次征召，黄宗羲都坚辞不受。

黄宗羲深受阳明心学影响，反对理学"理在气先"的观点，继承和发展了心学思想，将王阳明的"致良知"解释为"行良知"，强调实践的重要性，并认为心无固定本体，通过实践（工夫）而显现其本质。他提出"心无本体，工夫所至，即其本体"和"必以力行为工夫"，强调行动和实践在认识和道德修养中的核心作用。此外，他的"一本万殊"与"会众合一"理论提供了一种辩证统一的认识方法，旨在纠正当时的空虚学风，倡导社会变革。在政治思想上，黄宗羲提出了"为天下之大害者，君而已矣"，这在当时无异于石破天惊。他认为，天下应该是百姓的，而不是君主的，君主应该是服务者，而不是主宰者，并主张通过地方自治来限制君权，这其中已经有了"民主"和"民权"的意味。

顾炎武，本名继绅，字忠清，清军入关后改名炎武，字宁人。27岁时他放弃科举，转而开始研究地方志、水利、矿产、交通等内容。明朝灭亡后，顾炎武加入抗清活动，失败后开始周游各地，考察地理。康熙时曾被举荐修《明史》，但他坚辞不就。

明末清初，虚学盛行，儒生们空谈心性与道德修养，对于国计民生则毫不关注，顾炎武对这种风气提出了鲜明的批判。他认为，读书的目的就是为经世致用，要通过实践和考察来"明道救世"，并提出"保天下者，匹夫之贱，与有责焉耳矣"，这就是"天下兴亡，匹夫有责"的出处。在政治方面，他主张限制君权，认为"人君之于天下，不能以独治也。独治之而刑繁矣，众治之而刑措矣"。这句话强调的是单一统治者（独治）管理天下会导致刑罚的增加，而多人共治（众治）则能减少刑罚的需求。这反映了他对集体治理和共同参与决策的重视，认为通过多元的参与和集体的智慧可以更有效、更公正地管理国家，减少对严厉刑罚的依赖。这种观点在政治哲学中强调了合作、共治的重要性。

无论是王廷相、黄宗羲还是顾炎武，这些明末清初的启蒙思想家们，通过新观念、新思想挑战了以经典为中心的学术体系，为科学实证主义的兴起提供了思想基础，为科技领域的创新和发展提供了更为开放和进步的思维环境。

另一方面，思想家们反对专制，提倡民主，而民主与科学之间也存在着深刻的联系。科学推崇理性思考、证据基础和不断探索的精神，这些都是民主理念的重要组成部分。民主制度鼓励多样性和自由的思想交流，为科学研究提供了肥沃的土壤。举个我们已经十分熟悉的例子，明朝禁止民间研究天文历法，这一项科技发展就出现了停滞。政府使用"八股文"取士，整个明朝的科技发展都进入了迟滞状态。

我们之所以用大篇幅去介绍明末清初的"启蒙运动"，最重要的就是想让大家透过科技发展的表面现象，认识到更为深层的思想、制度、文化、社会方面的原因，而不仅仅是对科技成果的简单罗列，这样才能做到"知其然"，更"知其所以然"，这也是读科学史的意义所在。

第三章

晚清激荡

第一节 明亡清兴

金朝灭亡后，女真人的命运各异：一部分随着金朝的残余势力向北迁移，逐渐融入蒙古帝国或其他当地民族中；另一部分则留在了原本的居住地，即如今的东北地区，仍然过着渔猎生活。

明朝建立之后，通过收纳女真族的首领，设立卫所制度，将他们纳入中央政府的管理体系中。对于归附的女真人，明朝采取"众建之而分其力"的策略，设立建州卫、建州左卫、建州右卫 3 个地方行政机构，委任各部首领进行管理，统称"建州三卫"。除了女真族之外，建州三卫统治下还有赫哲族、鄂伦春族、锡伯族等，这些人共同形成了满族的主体。

正统十四年（1449 年），明英宗率大军北伐，在土木堡大败于瓦剌，几乎全军覆没，连英宗本人都沦为俘虏。之后，瓦剌军队一路南下，进逼北京，史称"土木之变"。这场战争成为明朝由盛转衰的转折点，在此之后，明政府对女真的控制减弱，原本的卫所制度也逐渐瓦解，女真人也开始公然挑衅，劫掠明边境。

为了加强对女真的控制，明政府采取"分其枝，离其势，互合争长仇杀，以贻中国之安"的策略，分化女真各部，有意识地让他们彼此牵制，相互残杀，防止任何一支力量坐大，以控制局势。

万历十一年（1583 年），明辽东总兵李成梁在率部追剿女真叛将阿台时，误杀努尔哈赤的祖父、父亲。努尔哈赤姓爱新觉罗，祖父觉昌安是建州左卫都指挥，父亲塔克世也与明朝关系密切，因为这件事，明政府"敕书三十道，马三十匹，复给都督敕书"，封努尔哈赤为指挥使。

努尔哈赤想要起兵复仇，无奈实力弱小，于是打出"为父报仇"的旗号，将这件事的责任归咎于女真另一个首领——尼堪外兰身上，率领士卒对其发起进攻，并最终取得胜利，这次战斗拉开了努尔哈赤统一女真的序幕。

之后 30 多年，努尔哈赤带领部落南征北战，一方面统一女真各部，另一方面对明朝政府表现出臣服的态度，避免发生冲突。

在势力逐渐强大之后，万历四十四年（1616 年），努尔哈赤建国称帝，国号金，史称后金，正式叛明。在此前一年，蓟辽总督还向明政府奏报，称努尔哈赤绝对不会造反。在后金不断壮大的同时，明朝却不断衰弱，农民起义不断，内外交困。崇祯十七年（1644 年），起义军领袖李自成攻入北京，崇祯皇帝自缢，明朝灭亡。

与此同时，努尔哈赤之后，皇太极登基称帝，改国号为大清，率领大军南下，山海关守将吴三桂不战而降。在之后的 20 年中，清军逐一击败各路起义军，于康熙时期收复台湾，完成了中国的统一。

清朝是我国历史上最后一个封建王朝，共传十二帝，国祚 296 年。全盛时期，领土范围涵盖了今天中国的绝大部分地区，包括东北、内蒙古、新疆、西藏、台湾等地，奠定了我国领土的基本范围。另外，清朝领土还延伸到现今的缅甸北部和尼泊尔部分地区，总面积达 1300 多万平方千米。

清朝 200 多年的统治可以分为 3 个阶段。

第一阶段从努尔哈赤、皇太极、顺治帝至康熙统治前期，这是清王朝的初创期，基本都在战争与动荡中度过。

第二阶段从康熙晚期至乾隆时期，这是清王朝的全盛期。清朝初期，民生凋敝，康熙皇帝登基之后，发起了很多战争，包括平定三藩之乱，收复台湾，挫败沙俄阴谋，三征噶尔丹，保证了政权的稳定，为社会经济发展创造了稳定的外部条件。为了笼络汉人，消除国内民族矛盾，康熙提出"满汉一家，中外一体"的口号，尊崇孔子，亲自参拜孔庙，赐"万世师表"匾额。同时开博学鸿儒科，重视科举，兴礼教，编纂图书，汉人能够通过科举取士进入仕途。对于百姓，康熙采取与民休息的方针，一方面救荒赈灾，另一方面奖励耕织，多次免除地方赋税，兴修水利，严禁贵族圈占耕地。康熙之后的雍正，继续采取相同的政策，进一步废除贱籍制度，实行摊丁入亩，减轻农民负担，同时整顿吏治，惩治贪官污吏，解决了康熙晚年国库亏空的问题。雍正传位乾隆。乾隆与前朝皇帝一样，重视农业发展，继续鼓励开荒，奖励耕织，扩大种植面积，使清王朝经济繁荣，人口暴增，达到了全盛时期。历史上将这段时期称为"康乾盛世"。康熙在位61年，雍正在位13年，乾隆在位60年，共计134年，几乎占据了清王朝统治时间的一半。

乾隆之后，清朝统治进入第三阶段。乾隆统治后期，逐渐骄奢淫逸，好大喜功，六下江南，大肆兴建园林，挥霍无度，重用和珅、国泰等贪官污吏，官场败坏，清政府已经有了衰败的迹象。嘉庆继位之后，虽然诛杀了和珅，处理了一批贪官，想要重振朝纲，但未能从根本上扭转局面。这一时期，内有天理教起义，部分教徒甚至冲入皇宫。外有英国侵略者骚扰，同时鸦片也开始流入中国。1840 年，鸦片战争爆发。清政府战败之后，被迫与英国侵略者签订《南京条约》，这是中国历史上第一个不平等条约，也标志着中国近代史的开端。之后，各帝国主义国家不断发动侵略战争，清王朝在风雨飘摇中被不断蚕食。清朝晚期，以曾国藩、李鸿章、左宗棠、张之洞等人为代表的洋务派发起了以"自强"为口号的洋务运动，将西方科学技术引入中国，但最终也未能拯救清王朝。1912 年 2 月 12 日，袁世凯迫使宣统帝溥仪颁诏退位，清朝正式灭亡。

无论在政治还是思想方面，清王朝的专制都达到了历代王朝之最。清初沿袭了明朝的内阁制，保留部分明朝官员，与满官一体办事，使政治迅速稳定下来。康熙时期，又设立了南书房，将权力进一步集中到更小的范围。到雍正时期又设立军机处，后一度改称"办理军机处"，乾隆时期复设。军机处总揽军政大权，成为国家最高行政机关。军机处的办事人员称为军机大臣，所有事情都需要向皇帝汇报，听取皇帝指示，这样一来，整个国家的军国大事就全都在军机处由皇帝一人决定了。

在长达 2000 多年的封建社会中，君臣关系一直非常微妙。一般来说，对于有能力、有学识的大臣，君主都会给予尊重。很多情况下，大臣甚至能够反过来通过各种方式限制君主权力，君臣本质上是一种合作关系。如唐朝的李世民与魏征，明朝的万历皇帝与张居正等。然而，到了清朝，尤其是军机处成立之后，大臣彻底沦为皇帝的附庸，帝王甚至将他们视为奴才，这在中国历史上是绝无仅有的。

思想方面，清朝承袭了明朝的程朱理学，并进一步加以曲解，将君主地位拔高到了至尊无二的地步。关于这一点，《热河日记》中记录了当时一位叫朴趾源的朝鲜使者的分析，大意是清朝为了巩固统治，选择了当时广受士大夫欢迎的朱子学说作为官方学术，将朱熹升为"孔庙十哲"之一，宣称朱子之道是清朝的家学。"其所以动遵朱子者，非他也，骑天下士大夫之项，扼其咽而抚其背。天下之士大夫率被其愚胁……"实际上，这种尊崇朱熹的举动，就是在对士大夫进行思想控制。

我们知道，在宋朝时，程朱理学讲的"存天理，灭人欲"不仅仅是限制官员，也限制皇权，而清朝将限制皇权的部分统统淡化，只强调"人伦纲常"，将君臣关系定为人伦之首，要求所有人绝对服从。

清朝入主中原之后，各地汉人纷纷发起反抗浪潮，直到康熙年间南明覆灭之后，这种浪潮才逐渐消退。然而，一部分知识分子将反清思想融入文字当中，继续表达不满，这令清朝统治者坐立难安。雍正帝在《大义觉迷录》中说："从来异姓先后继统，前朝之宗姓臣服于后代者甚多……从未有如本朝奸民，假称朱姓，摇惑人心，若此之众者。"为了打击这种活动，从清朝建立开始，统治者就一直在镇压这种反抗行动，从字里行间寻找问题，接连不断地发动清洗，掀起血腥的文字狱。如康熙时期的庄廷鑨《明史》案，只因书中有指斥清朝的言论，清政府便一次诛杀70多人，甚至连校书、刻书、卖书的人都没有放过。这样的例子比比皆是。文字狱对于思想的禁锢是可怕的，文人们再也不敢批评时政，人人畏之如虎，只敢在四书五经中做八股文章，科学技术的发展受到严重阻碍。到清中期，我国的学术研究逐渐走上了考据古典文献的道路，再难进步。

对外交流方面，清朝始终奉行闭关锁国政策，严禁私自出海。实行这项政策，初期是为了防止在我国台湾省的南明政府与大陆百姓交通，之后是为了防范洋人。康熙就曾下诏："凡出洋久留者，该督行文国外，将留下之人，令其解回立斩。"当然，闭关锁国并不是完全不开展对外贸易，而是设立广州十三行，只允许通过广州粤海关进行外贸，垄断外贸特权。这种锁国的政策，对商品经济与对外交流也是一种巨大的阻碍。

在对待科学技术方面，清政府采取轻视的态度，将其视为奇技淫巧，对待科技著作也同样如此。如宋应星的《天工开物》，只因为书中出现了"北虏""夷狄"等词语，便被清政府禁毁。遭遇同样命运的，还有《经济考》《经济录》《军器图说》等。乾隆年间编纂《四库全书》时，乾隆皇帝采取"寓禁于征"的策略，从中央到地方刊行禁书书目，一旦发现立即销毁。据清人王芑孙回忆："自朝廷开四库全书馆，天下秘书稍稍出见，而书禁亦严，告讦频起，士民葸慎，凡天文、地理、言兵、言数之书，有一于家，惟恐召祸，无问禁与不禁，往往拉杂摧烧之。"（《洴澼百金方》序）

中国第一历史档案馆所编的《纂修四库全书档案》中有一段资料：

"军机大臣奏节年各省解到销毁书板难以铲用俱作烧柴片乾隆四十六年十月十六日臣等遵旨将节年各省解到应行销毁书板，分别铲改应用及作为烧柴两项，共有若干数目，并节省银两若干之处，交查武英殿。兹据覆称：乾隆三十八年十二月起至四十五年十月，共收到应销板片五万二千四百八十块，俱系双面刊刻，仅厚四、五分不等，难以铲用。节经奏明交造办处玻璃厂作为硬木烧柴，共三万六千五百三十斤，每千斤价银二两七钱，计共节省银九十八两六钱零。又四十五年十一月起至四十六年九月，共收到板片一万五千七百五十九块。现在逐加拣选，如有堪用者，留用；余统俟年底汇总，仍交玻璃厂作为烧柴。等语。谨奏。"

　　这还只是被销毁的一部分，其余民间由于畏惧而自行销毁，以及各级政府销毁的图书更是数不胜数，其中就有很多科技文献。这些被当作木柴付之一炬的书板，都是汇聚了成百上千年思想、文化与文明的珍贵作品，对于中华文明来说，这无疑是一场巨大的浩劫。

　　当清政府忙于巩固统治，实行文化高压政策时，欧洲却掀起了一场轰轰烈烈的思想与科技的狂飙突进。

第二节 明清时期的西方世界

我们知道，在明朝时，我国已经出现资本主义萌芽，商品经济高度发达，远比当时世界上的其他地方繁华。与此同时，在意大利的佛罗伦萨，文艺复兴运动悄然兴起。佛罗伦萨位于意大利中部，靠近当时最为重要的贸易路线，繁华的商业催生了一批资产阶级，他们向往自由的生活，不再满足于传统的禁欲主义，而是追求个人的快乐和成就，用自己的金钱和地位，大力保护当时的艺术家们。

新兴资产阶级认为，中世纪欧洲奉行的"禁欲主义"，相对于古希腊和罗马来说，实际上是一种严重的倒退和对人性的禁锢，因此，他们力图复兴古代文化。这种复兴，实际上是对人的精神与意识的一种解放。

于是，在商人和银行家们的资助下，文艺复兴运动开始了。这一时期艺术家们重新审视古典文化，特别是古希腊和罗马时期的艺术和哲学。在绘画、雕塑、建筑等领域出现了显著的风格变化，诞生了达·芬奇、米开朗琪罗、拉斐尔、彼得拉克等众多艺术家与文学家。他们通过作品传达追求自由平等、维护人类尊严的人文主义精神，帮助人们从"黑暗的中世纪"中逐渐解放出来，脱离禁欲主义的束缚，将眼光看向自然科学和世俗事务，进而引发了一场科学革命，完成了欧洲历史上第一次思想解放运动。

文艺复兴后欧洲科学的发展涉及多个领域。天文学方面，哥白尼提出日心说，开普勒发现行星运动定律，伽利略通过自制的望远镜进行了大量天文观测，支持了哥白尼的日心说。物理学上，牛顿提出了运动三定律和万有引力定律。化学方面，波义耳提出了现代化学的基本原理，拉瓦锡奠定了现代化学的基础。生物学上，维萨里乌斯和哈维在人体解剖学和血液循环方面取得重大发现。此外，欧洲在数学、地理学和其他自然科学领域也取得了显著的进展。这些成就共同推动了科学革命的发展，为后来的工业革命奠定了基础。

与此同时，在西班牙、葡萄牙等国的支持下，西方航海家们开启了"大航海时代"。葡萄牙探险家巴尔托洛梅乌·迪亚士首次绕过了好望角，开辟了通往印度的海上新航线。另一位葡萄牙探险家瓦斯科·达·伽马成功航行至印度，确立了欧洲和亚洲之间的直接贸易路线。意大利探险家哥伦布发现了美洲大陆，虽然他本人认为到达的是亚洲。费迪南德·麦哲伦的航海队成功完成了世界首次环球航行，证明了地球是圆的，并进一步开阔了欧洲对外界的认知。伴随着欧洲舰队同时到达世界各地的，还有殖民、瘟疫、战争与掠夺。然而，也正是通过这种方式，西方国家完成了资本的原始积累，迅速走上了资本主义道路。

西方科学家取得这些成就时，我国正处于明末清初。其实，这一时期，我国的很多思想家也意识到了封建制度的问题所在，如我们说过的顾炎武、王夫之等人，他们也提出了"实学"、限制君权等主张，但并没有形成思潮，也未能影响到社会制度。

现在让我们将时间的指针继续拨转，进入"康乾盛世"，也就是17世纪末到18世纪末。这一时期，欧洲的资本主义经济进一步发展，在英国，随着"珍妮纺纱机"与蒸汽机的发明，一场轰轰烈烈的工业革命正在席卷欧洲。

工业革命是 18 世纪末至 19 世纪在英国开始的一场深刻的生产方式和社会结构的变革。其特点是机器的广泛应用，特别是蒸汽机的发明和应用，标志着人类从手工劳动向机器生产的转变。工业革命首先在纺织业取得突破，随后影响到采矿业、冶金业、军事和交通运输等领域。这场革命不仅极大提高了生产效率，还促进了城市化和社会结构的变化，为现代资本主义经济体系的形成奠定了基础。

工业化国家与自给自足的农业国家有本质上的区别。工业化国家的经济以机械化生产为主导，重视科技创新，产业多元化，强调市场经济和国际贸易。而自给自足的农业国家则依赖传统农耕，经济活动以满足本地需求为主，科技和工业发展相对滞后，经济多以农业为基础，国际交往较少。这两种国家模式在经济结构、生产方式、社会发展水平等方面有明显差异。

西方国家在完成工业化之后，确实迫切需要寻找新的原料产地、廉价劳动力和产品倾销地。原料产地为工业化国家提供了必要的自然资源，如矿产、棉花、橡胶等，以支持其不断增长的工业生产需求。同时，廉价劳动力是维持低生产成本的关键因素，有利于保持产品的竞争力。此外，随着本国市场的饱和，这些国家需要新的市场来吸纳其过剩的工业产品，因此殖民地和非工业化国家成了他们主要的产品倾销地。这种需求促使他们通过殖民和其他手段来扩展自己的经济影响力。因此，以英国、法国为代表的西方国家迅速走上殖民扩张的道路，凭借坚船利炮的优势占领大片殖民地，掠夺资源，倾销商品。

与此同时，随着资本主义经济的不断发展，货币，尤其是贵重金属代替土地成为财富的象征，"重商主义"开始在欧洲大行其道。这种理论强调国家财富的积累，尤其是金银等贵金属的储备。重商主义认为，贸易余额是国家财富的关键，倡导通过出口获取贵金属。为此，国家会施行各种政策，如严格管制对外贸易、殖民扩张、发展国内工业，以及实施高关税和出口补贴等，以增强国家的经济实力和国际竞争力。

与之相比，我国在清朝长期实行"抑商"政策，通过闭关锁国、垄断外贸、专卖制度等种种手段抑制商业发展。这背后的根本逻辑是：既要保证商业的繁荣，使其能够为封建王朝服务，又要防止商人阶层过度强大，因为商品经济过度发展，会影响到封建统治。

我们讨论了以上种种问题，都是为了说明我国在明清时期开始落后于西方的原因和内在逻辑。总的来说，欧洲从文艺复兴向工业革命蜕变，科技、经济、文化取得了巨大进步。而中国虽在明朝有资本主义萌芽，却因封建制度的束缚而渐显落后。因此，我们接下来的内容，重点讨论西方技术在我国的传播，以及我国科学工作者在西方技术的基础上做出的努力。

第三节 火器

明朝是我国火器发展的巅峰时期，有样式多、规模大、成制式装备等特点。

元末明初，在与陈友谅的"鄱阳湖水战"中，朱元璋的部队就装备了大量火器。当时，陈友谅号称有大军 60 万，"联巨舟为阵，楼橹高十余丈，绵亘数十里，旌旗戈盾，望之如山"（《明史》）。其实力远超朱元璋部。朱元璋派徐达为前锋，"以火炮焚其舟数十"，之后又命令"敢死士操七舟，实火药芦苇中，纵火焚友谅舟，风烈火炽，烟焰涨天，湖水尽赤"，陈友谅军阵脚大乱，"焚溺死者无算"。这场战役与三国时期的赤壁之战很像，都是我国历史上以少胜多的典型。"鄱阳湖水战"中，朱元璋部队使用的火炮，是世界上最早的舰载炮，也就是我们说过的元朝铜火铳。另外，在与张士诚的作战中，朱元璋部队也大量使用了火铳。

帝制时代，一个国家的科技发展，很大程度上取决于皇帝的个人意志。朱元璋在明末战争中认识到了火器强大的威力，因此对火铳的制造和改进十分重视。

明朝建立之后，火炮的制作工艺有了进一步发展。河北省赤城县曾发现过一把洪武年间生产的手铳，铳身长 44 厘米，口内径 2 厘米，外径 2 厘米。该铳上刻有"骁骑右卫，胜字肆佰壹号长铳，筒重贰斤拾贰两。洪武五年八月吉日，宝源局造"。这些铭文表明，当时的手铳制造制度已经相当完备。该手铳出土时，药室装有火药，铳膛中装有铁砂，这表明，当时的手铳还无法进行精确射击。

洪武年间还有一种"碗口铳"，尺寸更大。中国人民革命军事博物馆中就藏有一门洪武年间生产的"碗口铳"，全长 36 厘米，口径 11 厘米，重 15.7 千克，铳身刻有"水军左卫，进字四十二号，大碗口筒，重二十六斤，洪武五年十二月吉日，宝源局造"。这种火铳的铳管更粗，药室很大。

以上两种火铳一般都放在木架上或安装在城头、舰船上，发射石弹或铁制散弹，山东、内蒙古、河北等地均出土过数量不等的同类洪武年间生产的火铳。从铳身上的铭文来看，军器局、宝源局、兵仗局和各地卫所都铸造过火铳，且配发到了部队中。《明太祖实录》中记载，洪武十三年（1380 年），朱元璋下诏令"凡军一百户，铳十、刀牌二十、弓箭三十、枪四十"。

永乐皇帝登基之后，对于火器更加重视，甚至组建了专门的火器部队——神机营，作为禁卫军中的三大营之一，开启了世界火器部队的先河，比欧洲最早的火枪兵部队，还要早 100 多年。

神机营装备的手铳口径较小，铳身细长，具有突出的药室。药室的壁上有点火孔，用于点燃装填在铳口的火药。铳尾部中空，可安装木柄，方便单兵手持使用。由于制造工艺的限制，手铳的射击准确性较低，尤其在远距离射击时。另外，其装填火药和弹丸的过程烦琐复杂，需要耗费大量时间，而且存在炸膛的风险。

火铳就是火炮的原型，手铳就是火枪的原型。不过，这两种武器的进一步发展，都是在引进国外技术的基础上完成的。

《明史》记载："嘉靖八年，始从右都御史汪鋐言，造佛郎机炮，谓之大将军，发诸边镇。"这里说的"佛郎机"是指葡萄牙。正德年间，葡萄牙人乘船来到广东沿海，白沙巡检何儒在船上见到了佛朗机炮，并发现其威力巨大。之后，明军在海战中俘获了两艘葡萄牙舰船，缴获两门新式大炮，开始大量仿制。

据《明史》记载，佛朗机炮"长五六尺，大者重千余斤，小者百五十斤，巨腹长颈，腹有修孔。以子铳五枚，贮药置腹中，发及百余丈"，与之前的火铳相比，判若云泥。

佛郎机炮是一种铁制后装滑膛加农炮，由炮管、炮腹、子炮三部分组成。其创新之处在于"子母炮"的设计，使用时将火药和弹丸预装在子炮中，发射后可快速更换子炮，大幅提高了射速。另外，佛郎机炮炮腹粗大，炮尾设有舵杆，炮管上有准星和照门，进一步提高了射击准度。不过，由于当时技术条件的限制，子炮与炮腹间缝隙较大，容易导致火药气体泄漏，造成炸膛事故。

万历年间，威力更强、精度更高、射程更远的红夷大炮传入中国。所谓"红夷"，就是头发为红色的荷兰人，明朝称其为"红毛夷"。（《明史》："和兰，又名红毛番……其人深目长鼻，发眉须皆赤，足长尺二寸，顾伟倍常。"）

明人沈德符在《万历野获编》中说，明水军曾与荷兰商船在海上遭遇，明军"以平日所持火器遥攻之"，没想到，对方船上"第见青烟一缕，此即应手糜烂，无声迹可寻，徐徐扬帆去，不折一镞，而官军死者已无算"。第二年，荷兰商船再次出现在粤东，迫近省会，明政府"诱之登岸，焚其舟"，并仿照他们大炮的样式制造了"红夷大炮"，虽"未能尽传其精奥，已足凭为长城矣"。

崇祯时，徐光启"请令西洋人制造，发各镇"。之后，在与后金的"宁远之战"中，红夷大炮发挥了巨大威力。

明天启六年（1626 年），后金大军兵临宁远城下，当时城中虽然只有两万孤军防守，却装备了 11 门红夷大炮。后金军队发起进攻时，守将袁崇焕"架西洋大炮十一门，从城上击，周而不停。每炮所中，糜烂可数里，而诸火器无不尽发，发亦必伤"，大量杀伤敌方士兵，打破了后金军队的不败神话。

之后，后金军队也仿制了红夷大炮，改名为"红衣大炮"装备军队，在松锦战役中连破塔山、杏山二城，顺治二年（1645 年）又用大炮轰破扬州城。之后，火炮就成为清朝的制式武器。

除此之外，根据《明史》记载，明军当时还制造了"流星炮、虎尾炮、石榴炮、龙虎炮、毒火飞炮、连珠佛郎机炮、信炮、神炮、炮里炮、十眼铜炮、三出连珠炮、百出先锋炮、铁捧雷飞炮、火兽布地雷炮"等五花八门的火炮，另外还有"手把铜铁铳""鸟嘴铳"等手持火器，种类达数十种。

"鸟嘴铳"是明朝对新式火绳枪的称呼，其原理是利用点燃的火绳引燃装填在枪膛中的火药，从而推动弹丸发射，在射击准确度上相比原始手铳有了很大的提升，甚至能够打中飞鸟。

在装填时，首先要从枪口加入推进用的火药，接着塞入用纸或布包裹的弹丸，防止弹丸滑出，最后使用细棒将弹丸推紧。枪机中的火皿需加入导火用火药，并用火盖覆盖以防误发。射击时，打开火盖，瞄准后扣动扳机，点燃的火绳触碰火皿，点燃导火药，进而引爆推进火药，发射弹丸。

在西方火绳枪的基础上，明朝还出现了很多创新。当时，火器专家赵士祯经过多年研究，发明了多种类型的火铳，并将其记录在《神器谱》中。

赵士祯，字常吉，温州乐清人，祖父官至大理寺右丞寺副。赵士祯自幼受家学熏陶，在书法上颇有造诣，早年游历京师，郁郁不得志，后来因为扇子上的书法作品被明神宗赏识得以入朝为官。赵士祯自幼生活在倭患严重的海边，他意识到"倭之长技在铳，锋刀未交，心胆已怯"，于是"一意讲求神器"，开始四处搜寻火器的实物、资料和图纸进行研究，还结识了一大批抗倭将领，创制和改进多种火器，并将自己的研究成果写入《神器谱》中。

《神器谱》成书于万历二十六年（1598 年），分为 5 卷，约 6 万字。卷一为"恭进神器疏"，讲火器与富国强兵之间的关系，阐述各类火器的性能、制造流程与威力。他认为，火器"用药发弹，命中方寸，从远杀人"，能够做到"以寡制众，以弱攻强"，是提高军队战斗力的有效途径。

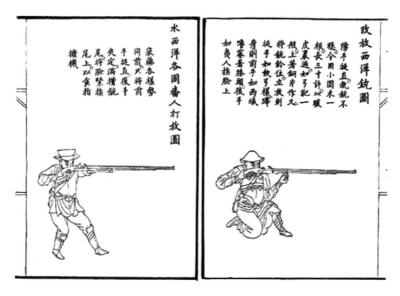

图 3-1 《神器谱》中绘制的射击姿势图

卷二为"原铳"，讲解火绳枪的构造原理、制造方法、使用方式，并配有射击姿势图。这部分内容记载了噜密铳、迅雷铳、鹰扬铳、掣电铳、三长铳、震叠铳等多种改良手铳，附带构造图、部件图等内容，代表了明朝火器制造最高水平。

噜密铳是一种源自土耳其的火绳枪，赵士桢仿制后进献给朝廷，重 3～4.5 千克，长 180～210 厘米，铳尾装有刀刃，可以用于近战。噜密铳的扳机和机轨由铜和钢制成，具有良好的回弹性。铳管由钢片卷成，两管紧密套合，内外层无间隙。制作时，精密钻孔，铳尾制成螺旋壁，装备准星和照门，射击准度高，威力大，轻便耐用，很快成为明军的制式装备。

迅雷铳是一种由赵士桢创制的五管火绳枪，铳身组合 5 个鸟铳式铳管，总重 5 千克，每管长约 70 厘米，管后部弧形，固定在共同的圆盘上，形成五棱形。铳管配备准星、照门，每管设有独立的火门和隔离的火药线。木质柄中空，藏有火球，头部装铁枪头。机匣内设发火装置，供五管共用。前端配有牌套，能够起到铳盾的作用，保护射手。

掣电铳是一种火绳枪与佛朗机炮结合的火器，全长超过 6 尺，重约 6 斤，装备有母铳铳管和可替换的子铳，每铳配备 5 个子铳。铳管设有准星和照门，子铳长度 6 寸，重 373 克，能装填火药和 1 枚弹丸，可通过更换子铳实现连续射击。

《神器谱》卷三为"车图"，介绍鹰扬车的构造和作用等。

鹰扬车为装备多管火炮的战车，车身下安装两个能够旋转的轮子，车体长9尺、宽2尺5寸，配有高6尺5寸的牌盾。车上配有多名操作人员，包括车正、车副、辅车人员、放铳手、装铳手和司火人员，人数根据需要调整。车上装备多达36门火炮，若使用噜密铳，则放铳手和装铳手人数会增加。一个营的兵力约为3000人，配备120辆鹰扬车，在作战中"守则布为营垒，战则藉以前拒，遇江河凭为舟梁，逢山林分负翼卫，治力治气，进止自如"。

卷四为"神器杂说"，介绍火药的配制、鸟铳的使用技术和作战方法等。书中特别提到，制作完成的鸟铳，必须经过严格的射击实验，合格之后才能装配部队。

卷五为"神器谱或问"，通过问答的形式介绍关于火器的各类问题。

总而言之，《神器谱》是我国关于火器制造与火器使用理论的结晶，也是科学理论与实践相结合的著作，将明朝的火器发展推向巅峰。

进入清朝之后，火器的发展与创新几乎陷入停滞。

清初，康熙皇帝十分重视火器的发展，三藩之乱时，他曾命令传教士南怀仁设计铸造"神威将军""武成永固大将军炮"

数百门。在征伐噶尔丹的过程中，火器也发挥了巨大的威力。

根据《清通典·皇朝礼器图式·火器》《钦定大清会典图·武备》等文献的统计，清朝 200 年间所打造的火炮，虽然有近百种名称，但都没有突破红衣大炮、佛朗机炮的旧有形式。而清政府却以"天朝上国"自居，看不到中西方之间的差距，轻视科技。

直到鸦片战争爆发时，清军仍然装备着十分落后的"土炮"，战斗力与"西夷"不可同日而语。关天培在《查勘虎门扼要筹议增改章程咨稿》中曾说："夷船本极坚厚，船之两旁又支挂樯被。各台炮位纵能接联施放，平时并未演准，何能炮炮中船？且一炮之后，赶装二炮，船已闯过，是外势虽属雄壮，而终难阻截。"

反观这一时期的西洋，无论在火炮还是火枪的发明和制造上，都出现了划时代级别的创新。如英国研发的阿姆斯特朗炮，采用了螺纹炮管和封闭式炮膛，显著提高了射击的准确性和射程。又如德国研发的克虏伯大炮，重量达 40 吨，有效射程近两万米。火枪方面，欧洲军队已经全面配备燧石枪，这种火枪通过燧石和钢铁撞击产生的火花来点燃火药，从而发射子弹。这种机制使得燧石枪在不同气候和环境下都能可靠地使用，相较于之前的火绳枪更加方便和安全，且装填弹药和射击的速度更快。

1856 年 10 月，英法联军发动侵华战争，并于 1860 年攻入北京，咸丰帝逃往热河，英法军队闯入圆明园疯狂抢掠，之后将这座皇家园林付之一炬，烧得只剩残垣断壁。

第四节 北京城

从元朝开始，北京就是中国的首都，而城中的建筑，尤其是皇宫，也成为我国建筑成就的最高代表。

元大都始建于 1264 年，忽必烈（元世祖）下令，由刘秉忠担任总负责人，参与者还包括郭守敬等。大都的设计遵循《周礼》中的规则，如"九纵九横"的规划，宫殿前置、市场后置，以及祭祖在左、祭神在右的布局。城市规模宏大，规划严密，设施完备。

元大都总体上分为外城、萧墙和宫城三部分。外城呈长方形，周长约 28.6 千米。城墙上设有多个城门，城外有护城河。宫城则位于城市中心，周长约 3.5 千米（实际为 28 600 米），有 6 个城门，每个城门均建有角楼。东西宽 6700 米，南北长 7600 米。

城址位于今天的北京城内，北至元大都城垣遗址公园，南至长安街一线，东西至北京二环路一线。

萧墙在元大都的城市布局中指的是一种围绕宫城和某些重要建筑的长方形防御性围墙，主要作用是增加宫城的安全性和保护宫内隐私，同时萧墙也是宫殿群的分界线。宫城、御苑和太液池等区域均被其环绕。据实测，元大都宫城南北长约1000米，东西宽约740米，有6扇门。

萧墙之内为宫城，也就是"大内"。通过正南方的崇天门进入，里面是大明门，左右还有日精门和月华门，穿过大明门，就可以看到大明殿，这是元朝的主要宫殿，皇帝登基、朝会等重大活动都在这座大殿进行。大明殿殿基高达10尺，前面设有三级台阶。殿前装饰有龙凤白石栏杆，栏杆下（或外）每柱都装饰有鳌头。东西长200尺，深120尺。后面有通向寝殿的南北走向柱廊，与寝殿形成"工"字形结构。寝殿两侧和后部设有小殿，四周围绕着长方形的廊庑。东西廊庑中间设有钟楼和鼓楼，高达75尺。大明殿后还有其他宫殿。

元大都内的街、坊规划与唐朝的长安城类似，都呈现出棋盘状，每座城门都通向一条笔直大街，全城共有9条纵横交错的街道，将城市整齐划分为50多个坊。元朝商业繁荣，市场的数量很多，除了城东的角市和东市，城西的西市和羊角市之外，主要市场还有车市、木市、猪市、鱼市、果市、草市等。

明军攻克元大都之后，将其改名为北平。为了巩固城防，将城市整体缩小了一圈，"乃减其东西迤北之半，创包砖甓，周围四十里"（《洪武北平图经志书》）；同时加固城防，"创包砖甓"，新建城墙，开凿护城河，将原本的 11 座城门减少为 9 座。改造之后，原来的 50 多个坊缩减为 33 个。

"靖难之役"后，永乐皇帝迁都北平，将其改名为北京，开始兴建都城，先后建成紫禁城宫殿、太庙、万岁山、十王府、皇太孙府、五府六部衙门、钟鼓楼等建筑群。明英宗时期，又对北京城进行扩建，加固城防，建造了城楼、瓮城等防御性建筑。清朝沿袭了明朝的基本格局。

在明清两代，紫禁城是北京最重要的建筑。

紫禁城，现称故宫，位于中国北京市中心，是中国明、清两代的皇宫，也是世界上现存规模最大、保存最完整的木结构古建筑群。故宫始建于明朝永乐年间（1406 年），由明成祖朱棣下令建造，经过 14 年的建设，于 1420 年竣工，此后成为明、清两朝 24 位皇帝的皇宫，直至 1912 年清朝灭亡。故宫不仅是中国古代帝王的居所，也是政治、文化中心，对中国乃至东亚地区的历史和文化产生了深远影响。

故宫的总体布局呈矩形，南北长 961 米，东西宽 753 米，总占地面积约为 72 万平方米。城内建筑以及园林布局采用对称的轴线布局，体现了中国古代宫殿建筑的典型特点。故宫周围有高 10 米的城墙和 52 米宽的护城河环绕，城墙上设有 4 座城门，分别是午门、神武门、东华门和西华门，其中午门是重要的城门。

进入故宫，可以看到其内部分为外朝和内廷两部分。外朝主要是处理国家政务的地方，包括太和殿、中和殿、保和殿等，这些建筑气势宏大，装饰华丽，反映了皇权的至高无上。太和殿是故宫的核心建筑，也是中国古代最大的木结构殿堂，是皇帝举行大典和接见外使的地方。中和殿和保和殿分别用于皇帝举行宗教仪式和处理日常政务。

太和殿是中国古代宫廷建筑的典范，同时也是世界上现存最大的木结构建筑之一，体现了中国古代建筑艺术的高超水平。太和殿的建筑面积约为 2377 平方米，高约 35 米，规模宏大，结构复杂而精致。在修建过程中，太和殿使用了大量的梁、柱、榫卯结构。斗拱精美，多层叠加，具有强烈的立体感和装饰效果，不仅起到支撑屋顶的作用，还能够分散并传递屋顶的重量，增强抗震性能。

内廷是皇帝及其家族的居住区域，包括乾清宫、交泰殿、坤宁宫等。这些建筑相对私密，装饰也更加精细。乾清宫是皇帝的主要寝宫，坤宁宫是皇后的住所。除此之外，还有许多侍女、太监及其他仆人居住的配套建筑。据统计，整个故宫中的房屋总数量多达 8707 间。

故宫的建筑风格体现了中国传统的审美理念和建筑技术，采用黄色琉璃瓦和红色墙体，象征皇家的尊贵。

琉璃瓦是中国传统建筑中常见的一种建筑材料，以其艳丽的色彩和独特的光泽而闻名，被广泛用于皇宫、庙宇、园林等建筑的屋顶，是中国传统建筑材料科技与美学的象征。

琉璃瓦的主要原料是高质量的瓷土，另有石英、长石等成分，混合后又经过精细的磨粉、筛选，以确保纯净无杂质。之后，通过手工或机械压制成型，根据需要制作成不同形状和大小的瓦片，如平瓦、筒瓦、翘角瓦等。

成型后的瓦片需进行初次烧制，这一过程也称为素烧。烧制的温度通常在 1000℃ 左右，目的是使瓦片固化成型，但此时的瓦片还是白色的。初烧完成后，琉璃瓦表面要施以釉料。釉料的成分和颜色多种多样，可以根据需要来选择，以制作出蓝色、黄色或绿色等颜色的琉璃瓦。对于需要图案或花纹的瓦片，会在施釉之前进行手绘或印花。施完釉料后，需要进行第二次烧制，也称为釉烧。这一过程的温度通常高于初次烧制，在 1100～1200 摄氏度之间，以使釉料熔化、固化，形成光滑、坚硬且具有光泽的表面，经过最后的烧制，琉璃瓦才能用于建筑。

防水系统是故宫中又一项令人瞩目的建筑技术成果，能以最快的速度将积水迅速排出。这里需要说明的是，坊间流传的"紫禁城 600 年从未内涝"的说法属于过分夸大。

故宫的排水系统充分考虑了北京地区频繁的降雨和地形特点，巧妙利用了从神武门至午门北高南低的地势，构建了明暗两套排水系统，将积水引导入金水河中。金水河分为内金水河和外金水河两部分。内金水河流经故宫内部，起于西北角楼，沿西侧流经武英殿前，穿过太和门前的金水桥，再流经文渊阁前，最终从东华门流出故宫。外金水河则围绕着故宫的外围，起于北门（神武门），绕过午门，最终汇入护城河。金水河不仅起到了重要的防御作用，将故宫围绕在一道水域的保护中，还在城内的排水系统中扮演了重要角色。金水河上还设有水闸，能够调节水位高低。

故宫内的明排水系统包括地面上的各种排水口、台基排水孔、明沟（地面排水沟）、吐水嘴等，能够将雨水直接排放到内金水河中。暗排水系统则隐藏在地面之下，贯穿整个故宫，用于收集和引导雨水，包括涵洞、流水沟眼、暗渠等。经过巧妙的设计，整个排水系统将故宫的所有院落全部连接起来，将雨水迅速汇总，通过金水河排出宫外。

故宫排水系统不仅具有高效的功能性，还与宫中的景观融为一体，成为宫殿美景的一部分。故宫三大殿台基上的 1142 个龙头形排水孔，瞬间就能将台面上的积水排尽，形成"千龙吐水"的壮丽景观。这种将实用与美观相结合的设计思想，展现了古代中国建筑的独特魅力和深厚文化底蕴。

1987 年，故宫被联合国教科文组织列为世界文化遗产。

清朝帝王除了兴建皇宫之外，还建造了许多皇家园林，其中规模最大的当属圆明园。

圆明园位于今天的北京市海淀区，最初是康熙帝为其四子胤禛（雍正帝）所建的庄园。雍正、乾隆年间，园林规模大幅扩展，乾隆帝更是投入巨资，引入西方建筑元素，使圆明园成为中西合璧的园林典范。乾隆至咸丰年间，圆明园达到鼎盛，园内兼具山水之美，建筑众多，有宫殿、楼阁、亭台、石舫、长廊等，被誉为"万园之园"。

圆明园是中国古典园林艺术和西洋建筑风格的融合，其中既有中国式园林元素，如亭台楼阁、寺庙道观等，也有欧式建筑风格，如设有喷泉、迷宫、罗马柱等。在设计上，圆明园遵循"借景造园"原则，园内景色变换融合，充分利用自然地形，营造出"园中有园"的效果，园中各景观环环相套，层层递进，呈现出自然和谐的美感，体现了中国造园艺术的高超水平。

圆明园不仅是皇家园林，也是中外文化交流的重要场所。园内藏有大量艺术品，包括绘画、书法、古籍、工艺品等，如《四库全书》《古今图书集成》等大部头，也藏在圆明园中，堪称"人类艺术文化宝库"。

1860 年第二次鸦片战争期间，圆明园中数以百万计的财物被英法联军洗劫一空。1865 年，英国伦敦水晶宫展出了英军从圆明园掠夺的中国艺术品，其中就包含大量精美瓷器。

第五节 瓷器的巅峰时期

　　明清是我国瓷器技术的巅峰时期，以精湛的工艺、丰富的品种和独特的风格闻名于世。

　　明洪武二年（1369 年），饶州府景德镇官窑设立，"供尚方之用"，这在中国瓷器史上是一件划时代的大事，在此之后的 300 多年间，江西景德镇就成了中国制瓷业的中心，仅官窑的数量就多达 300 多座。

　　《大明会典》记载："洪武二十六年定，凡烧造供用器皿等物，须要定夺样制，计算人工物料……"这样一来，御用瓷器便成为身份与皇权的象征，官窑在烧制瓷器时，往往不计成本、不计代价，极力追求品质，一般瓷器需百里挑一，而花瓶类的瓷器，往往也只能留存不到百分之五，烧坏的瓷器，必须就地掩埋，防止流入民间。在这样的投入下，瓷器制造工艺不断进步，出现了很多新技术。

永乐年间，青花瓷成为官窑烧制的主要瓷器。"诸料悉精，青花最贵"。青花瓷又称白地青花瓷，胚体以细腻的白色为主色调，用含有氧化钴的钴矿作为原料在胎体上进行装饰，再罩以透明釉，在 1300 摄氏度高温下烧制成型，因而呈现出一种明净素雅的蓝色花纹，"色如翠浪，润如绿莹，洁如凝脂"。

在青花瓷的烧制过程中，氧化钴（CoO）起到了关键的作用。当青花瓷在高温下烧制时，氧化钴分子受热后会发生解离，生成钴离子。这些离子与釉料中的硅酸盐反应，形成一种蓝色的钴硅酸盐复合物。在这个复合物中，钴离子处于晶格结构中的特定位置，使得材料吸收特定波长的光，仅反射和散射蓝光，因此我们看到的瓷器是蓝色的。这种蓝色的特点是深而鲜艳，且在高温下十分稳定，这也使得青花瓷具有烧成率高、呈现稳定的特点。

在明朝景德镇官窑中，青花瓷虽是生产的主流，但同时也发展出了其他色釉瓷器，其中最为著名的便是永乐、宣德时期的高温铜红釉瓷器。明人王世懋在《窥天外乘》中说："永乐、宣德年间烧造，迄今为贵。其时以鬃眼甜白为常，以苏麻离青为饰，以鲜红为宝。"当时的红釉瓷也被称为"宝石红"。

红釉瓷器的独特色彩，是通过一系列精细的化学反应实现的。红釉瓷器的釉料中含有 0.3% ～ 0.5% 的铜成分，在 1200 摄氏度下烧造，氧化铜 (CuO) 被还原成金属铜 (Cu)，然后与釉料中的其他成分（如硅酸盐）反应形成铜红釉，在瓷器上呈现出鲜艳、深邃而明亮的红色，接近宝石红色。

由于氧化铜在高温下容易挥发，且对窑内气压和温度极为敏感，使得铜红釉瓷器的烧造过程非常困难，成功率不高。这也是明朝永乐、宣德时期的铜红釉瓷器如此珍贵，备受世人追捧的原因。

在我国陶瓷历史上，白瓷一直是最为著名的品类之一。明朝永乐年间，白瓷工艺进一步发展，出现了脱胎瓷。明人王士禛在《居易录》中记载："万历间浮梁人昊十九者，自号壶隐，隐于陶，能诗书，似赵承旨。所制磁器妙极人巧，尝作卵幕杯，莹白可爱，一杯重才半铢。"明朝的 1 铢约等于 1.55 克，也就是说，这位昊十九烧制的"卵幕杯"，只有不到 1 克的重量。

所谓脱胎，从字面意思来理解，就是"脱去胎体"，只剩釉层。事实上，脱胎瓷的工艺大体上也是这样。从选料、配料，到拉坯、利坯（修坯），脱胎瓷的成型要经过数十道十分精细复杂的工序，尤其是利坯，更是其中最为关键与艰难的步骤。利坯需要经过粗修、细修、精修等多个阶段，反复修琢百余次，将原始的二三毫米厚的粗坯逐渐修至大约0.5毫米的超薄厚度，对匠人的技艺、耐心要求极高。

明人王彦泓有一首专门描写脱胎瓷的诗，其中有"只恐风飘去，还愁日炙销"的诗句，足见脱胎瓷"薄如纸"的特性。可惜的是，到清朝乾隆年间，这种技术失传了。

明宪宗朱见深是明朝的第八位皇帝，这位皇帝在位时，后宫对精美瓷器的需求达到了空前的程度，"烧造御用瓷器，最多且久"。因此，官窑在烧制瓷器时，也竭尽全力追求精美，创烧出了釉下青花与釉上彩绘相结合的成化斗彩。

我国彩瓷分为釉上彩与釉下彩两种，釉下彩是指在陶瓷的胎体上绘制图案，然后覆盖一层透明或半透明的釉料，最后进行高温烧制的工艺。釉下彩经高温烧制后，稳定且不易褪色，图案与釉层融为一体，手感光滑，无凹凸感。由于此法需高温烧制，色彩选择有限，主要以釉下蓝色（青花）、铁红为主。青花瓷就是釉下彩的典型代表。

釉上彩指的是在已经烧成的釉面上绘制图案，然后在较低温度下进行第二次烧制的工艺。釉上彩瓷器可以使用多种色彩进行绘制。图案在釉层之上，触感凹凸不平。色彩相对釉下彩更为明亮鲜艳。但由于在低温下烧制，色彩稳定性稍差，容易褪色或磨损。

成化斗彩以小件器物为主，釉色丰富，价值连城。《神宗实录》中就有记载："御前有成化彩鸡缸杯一双，值钱十万。"2014 年，在香港苏富比拍卖行，一件明成化斗彩鸡缸杯拍出了 2.8 亿港元的天价，刷新了中国瓷器世界拍卖纪录。

到清朝，瓷器工艺进一步发展，出现了很多制瓷方面的专著，其中以唐英编排的《陶冶图说》最为著名。

唐英，字俊公，奉天（今辽宁省沈阳市）人，曾长期担任督造景德镇窑事，"萃精会神，苦心戮力，与匠同食息"，对陶瓷工艺有极深的研究，同时擅长书法绘画，仿制的明朝青花、脱胎瓷、成化斗彩等瓷器，能够达到以假乱真的效果。在陶瓷烧制工艺上，他也进行了大量实践与创新，并将自己的实践经验全都汇编成书，写成《陶务叙略》《陶冶图说》《陶成纪事》《瓷务事宜谕稿》等多部著作，其中以图文并茂的《陶冶图说》影响最大，成为我国陶瓷史上的不朽作品。

《陶冶图说》，又名《陶冶图编次》，书中包含 20 幅图，每幅图都配有说明文字，详细介绍了陶瓷的制作步骤，包括采石制泥、淘练泥土、炼灰配釉、制造匣钵、园器修模、园器拉坯、琢器做坯、采取青料、拣选青料、印坯乳料、园器青花、制画琢器、蘸釉吹釉、旋坯挖足、成坯入窑、烧坯开窑、园琢洋采、明炉暗炉、束草装桶、祀神酬愿等，是中国陶瓷史上第一次对制瓷工艺进行系统、科学性地总结。

《陶冶图说》记载了很多瓷器产业的新技术。比如，在制坯原料选取上，除了"高岭、玉红、箭滩数种"等黏土之外，还加入了白石，也就是瓷石。瓷石中含有较高比例的矿物质，如长石等，这些成分在高温下烧制时能与黏土发生反应，形成更加坚硬和致密的陶瓷胎体，从而增强成品的强度和耐用性。瓷石的加入使得瓷器的烧制温度可以提高，这对形成坚硬、细腻的瓷质至关重要。高温烧成能够使胎体内部结构更加致密，提升瓷器的物理性质。这种磁石加黏土的二元配比，能够显著提升胎体的白度和强度，使之已经达到现代硬质瓷器的水平。在配置原料时，"要做细瓷，则将高岭和白不子等量相配；要做中等瓷，则白岭和白不子的配比为四比六"。

按《天工开物》的记载，宋朝时，制作瓷器之前，要用浮沉法淘练分离和提纯泥土原料，具体来说，就是将两种不同类型的土料等量混合放入臼中，将混合的土料舂碎，然后放入缸中，加入水进行搅拌，使土料与水充分混合。待土料在水中沉淀后，水面上会浮起较轻、较细的土料。这些浮起的细料被倾倒到另一个缸中，而沉底的则是较重、较粗的土料。在新缸中的细料需再次进行类似的处理。在这一轮处理中，再次浮起的更细的料被倾倒为最细料，沉底的则被视为中等粒度的料。

到清朝，在此方法的基础上，增加了马尾细箩、双层绢袋等工具，改进了工艺流程，使得泥料更加纯净。具体来说，就是先将泥土放入大水缸中浸泡，接着使用木制的工具（木钯）来搅拌泥土，使泥土与水充分混合。待泥土沉淀后，小心取出上层的水和浮在水面上的细泥，这样也就去除了较重的杂质。之后使用马尾制成的细箩（筛子）对泥土进行筛选，分离出更细的泥料后，将细泥通过双层的绢质袋子进行过滤，进一步清除杂质。接下来，还要将处理过的泥料倒入无底的木匣中，底部铺设新砖以便吸收多余的水分。在木匣中，泥料中的水分逐渐被砖块吸收，泥土逐渐凝结后，使用铁锹对泥土进行翻动和压实，使泥料达到适合制陶的状态。这种方法淘练出来的泥土，石英颗粒更加细小，而且分布更加均匀，做出来的胎体几乎没有杂质。

在《陶冶图说》"烧成工艺"部分中，介绍了当时景德镇特有的"瓮窑"。这种窑的内部形状就像一个倒立放置的瓮，"高宽皆丈许，深长倍之"，上面罩一个大瓦屋，称为"窑棚"。窑炉配备有烟突，烟突围绕着窑炉的圆形设计，高出地面大约两丈（约6.6米）。烟突位于窑棚的外侧，用于排放烧制过程中产生的烟气。这种窑炉的设计体现了古代中国陶瓷工匠在材料选择、结构设计和火势控制等方面的深厚技艺。长圆形的窑炉有助于热量在窑内均匀分布，确保瓷器烧制的均匀性和质量。窑棚的设计则有利于保持恒定的温度，同时保护窑炉免受恶劣天气的影响。烧制时，只需要在一处投柴口投掷柴火，就能烧制一窑的瓷器，大大简化了烧制过程。这种方式代表了我国瓷器工业的一大进步。

瓷器工艺和技术的进步，也为清朝的瓷器业发展注入了新的活力。康熙之前，青花瓷主要分为深、浅两个层次，到康熙时，青花瓷出现了"头浓、正浓、二浓、正淡、影淡"5种颜色，有的瓷器上甚至能够呈现10多种颜色差异。通过这种浓淡变化，工匠能够渲染出景色的阴阳背向，远近疏密，使得青花瓷更具立体感，如同水墨画一般,这种瓷器装饰技法被称为"青花五彩"。

珐琅彩是康熙时期的又一代表性瓷器，它结合了中国传统的陶瓷技术和西方的珐琅彩绘工艺，形成了独特的艺术风格。

珐琅画是一种结合了金属工艺和细致彩绘的艺术形式，其先在金属板（通常是铜或银）上施加珐琅，然后通过高温烧制使其熔化，形成光滑且具有装饰效果的表面。珐琅画的主要原料是珐琅，一种由硅酸盐、铅酸盐和硼酸盐等组成的低熔点玻璃粉末。

所谓"珐琅彩"，就是按照珐琅画的工艺，在景德镇烧好瓷胎后，运送到北京，由珐琅画师在胎体上精心绘制，再经过低温烧制制成的瓷器。

总的来说，在明清时期，我国瓷器行业的发展达到了巅峰，产生了一系列新工艺、新技术，为科技发展注入一抹亮色。这些瓷器不仅见证了中国古代瓷器制作技术的辉煌，也展示了中华文明在工艺美术领域的卓越成就。它们跨越时空的美，至今仍然吸引着世界各地的人们，成为连接过去与现在、东方与西方的文化使者。

第六节 世界屋脊上的明珠

在清帝营造圆明园的同时，青藏高原上，一座巍峨恢宏的宫殿也在不断建造完善，成为高原上的一颗璀璨明珠，它就是矗立在玛布日山上的布达拉宫。

藏族是我国民族大家庭中的一员。唐朝时，松赞干布统一青藏高原上的各个政权，建立了统一的吐蕃王朝。贞观十五年（641 年），唐太宗将文成公主嫁给松赞干布，从此西藏与中原建立了密切联系。之后，唐朝又将金城公主嫁入吐蕃，在这两次联姻的基础上，唐朝与吐蕃开始了更为密切的经济、文化交往。

元朝时，元世祖忽必烈通过设立宣慰使司管理藏族地区，从此，西藏正式纳入中央政府的管辖之下。之后，明朝又在西藏地区设立了一套僧官封授制度，设立卫指挥使司与俄力思军民元帅府等机构管理西藏地区。到清朝，随着"金瓶掣签"制度的建立和完善与驻藏大臣的设立，西藏地区彻底成为我国不可分割的一部分。

布达拉宫始建于公元 7 世纪，一说松赞干布为迎娶文成公主所建，是一座典型的宫堡式建筑，也是曾经的西藏行政与宗教中心。所谓宫堡建筑，就是依山而建，兼具宫殿与城堡性质，能够起到天然防御作用的一种建筑类型，欧洲中世纪大部分城堡都属于该类型。

据《嘛呢全集》记载，当时的布达拉宫"红山内外三层围城，宫室九百九十九间，加顶端佛堂（观音堂）共一千间"。可惜的是，吐蕃王朝灭亡之后，松赞干布建造的宫殿大部分毁于战火及自然灾害，只留下法王洞与帕巴拉康。

清朝，五世达赖接受顺治皇帝册封之后，决定在原布达拉宫的旧址上建造一座新的宫殿，经过设计与规划，1645 年，布达拉宫正式开始修建，建成了山顶宫殿区、山前宫城区和山后湖区 3 个部分。这部分建筑以一座 6 层高的白宫大楼为主体，四面各建有一座堡垒，由于施工时在后山取土，那里便成了一处洼地，引水之后，就成了我们今天所说的"黑龙潭"。

五世达赖圆寂之后，他的总管桑结嘉措又依据普陀山的宫殿形式，绘制了一张施工图，建成红宫。红宫位于布达拉宫建筑群的中央，外墙全部刷为红色，周围另有 7 座佛殿和 12 座其他殿宇。红宫建成之后，与白宫连成一片，共同构成了布达拉宫的主体。在之后的上百年时间中，历代达赖又进行了扩建，直到 1936 年，才最终形成了我们现在看到的布达拉宫。

布达拉宫依山而建，海拔 3700 多米，占地 36 万多平方米，建筑难度极高，尤其需要解决的是地基问题。

在平面上建造房屋时，地基的挖掘通常根据建筑的整体设计方案进行。这意味着，四周墙体下面的地基通常挖掘到相同的深度，以确保建筑的重量均衡分布。这种地基设计的核心原则是确保建筑的重量在其底部均匀分布，这有助于防止未来的地面沉降或倾斜，从而保持建筑结构的稳定性和安全性。

然而，在高山上，这种方式显然是行不通的。布达拉宫建在山坡上，地形复杂，高低不平。为了在这样的地形上建造稳固的宫殿，藏族工匠采用了地垄作为地基的重要组成部分。地垄是在承重墙的正下方挖掘的一系列深坑，这些深坑在形状和深度上根据地面建筑的需要而有所不同。一些地垄可能深达 17 米，而有些则仅有 1 米左右。这些深坑的目的是在不均匀的地形上分散和平衡上方建筑的重量，从而保持整体结构的稳定。

地垄的深度与地势的坡度密切相关。在较平坦的区域，地垄较浅，而在较陡峭的地方，则需要挖得更深以确保足够的支撑力。这些深坑内部砌有墙体，其材料与其他部分的墙体相同，主要由沙石构成。但与其他墙体不同的是，地垄中使用了特殊的椽子木作为承重的主要材料。这些椽子木在地垄中铺设，上面覆盖以卵石和泥土夯实，形成了坚固的地面。这样的结构设计使得地垄能够承受起主殿和其他建筑结构的重量，即使这些建筑物高达十几层。

地垄的设计不仅要考虑承重的问题，还需要考虑到通风和保养。由于长年不见阳光，地垄内部通常设有通风的小窗，但这样的通风对狭小的地垄空间而言是远远不够的。因此，维护和保养成了维持地垄长期稳定的关键。

布达拉宫的外观虽然庞大壮丽，但实际使用的空间却并不像外表看上去那么广阔。例如，红宫虽然看似有 13 层，但实际上地面上使用的只有 5 层，其余 8 层深藏于地下，并将西院也包括其中。

布达拉宫的地垄结构是古代藏族建筑师们对自然地势的深刻理解与适应的典范，它展示了古代建筑技术在解决复杂地形挑战时的非凡创造力。

拉萨位于地中海—南亚地震带的中端，地震频繁，且烈度很大。在布达拉宫开始建造至今的 300 多年间，当地至少发生过 8 次影响较大的地震，然而，布达拉宫依然耸立不倒，这与其巧妙的抗震设计有很大的关系。

仰望布达拉宫，我们能够看到这座宫殿越往上变得越窄，这并不是视觉上的误差，而是因为在建造过程中，布达拉宫大量使用了收分技术。

收分是古代建筑的一种设计和构造方法，其核心在于随着建筑高度的增加，每一层的外廓相对于下一层都会略微向内收缩，从而形成一种逐渐变窄的视觉效果。这种设计不仅在视觉上产生了独特的美感，而且在工程学上也有其重要意义。

收分技术的主要优势之一是增强了建筑物的结构稳定性。通过使上层结构相对于下层结构稍微内缩，可以有效减少顶部重量对下层的压力，尤其是在发生地震时，这种设计能够更好地分散震动力，减轻对整体结构的冲击。这在高山地区尤为重要。

此外，收分技术还有助于水流的引导和排放。在布达拉宫这样的高山地区，雨水和融雪的排放尤为关键。收分设计使得建筑的每一层都能有效地收集和引导水流，避免水分渗透和积聚，从而保护建筑的内部和外部结构。

与一般建筑相比，布达拉宫的外墙更厚，能够有 2~5 米，墙身用花岗岩建成，高达数十米。为了加固墙体并提高其抗震能力，每隔一定距离，工匠们会在墙体中间灌注铁汁。这种方法相当于在石墙之间加入了金属"黏合剂"，有效增强了整体结构的稳定性和承重能力。铁汁在花岗岩之间的填充，不仅提高了墙体的抗压和抗弯能力，也增强了墙体对外力冲击的吸收和分散能力，在地震频发的山区环境中，这种结构设计显得尤为重要。

在建筑结构上，布达拉宫也充分考虑了抗震因素，使用柱、斗拱、雀替、梁、橡木等构成柱网结构，确保了建筑的稳固性和耐久性。

藏式传统建筑由于自然和历史条件的限制，常用的木梁长度较短。为了克服这一限制，建筑师们采用了独特的"斗栱"（又写作"斗拱"）设计，在两个木梁的接口下面设置一个斗拱，其上再由柱子支撑，从而有效地分散和承载重量。这些斗拱常常雕刻有精美的图案和装饰，不仅起到了结构上的支撑作用，同时也具有很高的装饰价值。

布达拉宫中，这种柱网结构被广泛运用于多个区域，通过连续使用多个柱梁构架，形成了一种稳固而灵活的网状结构。这种设计有效地扩大了建筑空间，特别是在大型殿堂和广阔的内院中，柱网结构提供了足够的支撑力，使得建筑物即使在巨大的尺度下也能保持稳定。

在建造过程中，布达拉宫采用了许多西藏地区特有的材料，如阿嘎土、边玛草等。

阿嘎土是西藏传统建筑中一种特有的建材，主要成分包含氧化硅、氧化铝和氧化铁等矿物质，阿嘎土在夯实后可形成坚固且光滑的表面，对于平顶建筑而言，这是一种非常合适的材料。不过，阿嘎土也存在一些局限性，特别是在抗水性方面。其内部的黏性成分容易被雨水冲刷，长期暴露于户外的阿嘎土屋面或地面在经受日晒雨淋后会逐渐粗糙，从而导致屋面渗水。这种渗水问题不仅会影响屋面的美观和功能，还可能引起屋顶变重，进而导致建筑结构变形。

尽管如此，只要严格遵循施工程序，合理配比材料，并定期进行维护和保养，阿嘎土依然是一种坚固耐用的建筑材料。重要的是要搭建良好的排水系统，以避免水分积聚和侵蚀。通过这些措施，阿嘎土依然能够保持其作为藏式古建筑屋顶和地面材料的优越性能和美学价值。

边玛草，又称白玛草，是西藏地区独特的建筑装饰材料，一般用来装饰寺庙、宫殿或庄园的女儿墙和屋檐等。白玛草是一种生长在西藏高寒地区深山中的柽柳枝，生长周期长，质地坚硬，枝干不易分叉，特别适合用于建筑装饰。柽柳枝经过采集、去掉枝梢、剥除树皮后晾干，便成为用于建筑装饰的白玛草。

白玛草墙的制作工艺复杂且耗时，需要先将白玛草用湿牛皮绳捆绑成小束，然后上下用木钉固定，再砌置于女儿墙的外侧。最后，将其涂成赤紫色。这种工艺不仅能够增加建筑物的美观，还能减轻局部墙体的重量。

白玛草由于稀缺性和制作过程复杂，导致成本高昂，通常只在寺庙、宫殿官邸或贵族庄园等高规格建筑中使用。因此，它也成为旧时代藏区社会等级的一个标志。

除了极富特色的白玛草墙之外，金顶也是布达拉宫的标志之一。所谓金顶，就是一种用铜铸造外镀纯金的建筑装饰材料，一般用于寺庙、宫殿的屋顶。金顶在阳光的照射下会熠熠生辉，在过去是彰显身份、区别贵贱的重要标准。铺设金顶的建筑材料，叫作镏金铜瓦，制作流程十分复杂。工匠们要在铜板上根据设计要求精心绘制图案，通过精密的敲打，使铜板成型，形成预定的图案和形状。接下来，将纯金锤打成极其薄的金箔。这些金箔被剪成小片，随后放入熔炉中，与水银按照特定比例（通常是金三水银七）混合，制成金泥。在处理铜瓦表面时，工匠们要使用一种名为"德布"的野生酸果，煮成糊状。然后，将其与水银和马粪混合，用于处理铜瓦的表面。这种特殊的混合物能够帮助金泥更好地附着在铜瓦上。处理后的铜瓦表面被刷上金泥，并仔细抛光至光滑。最后一步是用木炭加热已经涂上金泥的铜瓦。高温加热会使水银蒸发，留下纯金层附着在铜瓦上。加热后的铜瓦需要迅速淬火，这一操作能够固定金层，增强其与铜瓦的结合力。通过这些繁复而精细的步骤，西藏的金顶铜瓦不仅呈现出金光灿烂的效果，而且经久耐用，即便经历了数百年风吹日晒，也能保持其光泽和色彩。

布达拉宫除了是清朝西藏地区的政治与宗教中心之外，也是印刷中心。清朝时，五世达赖在布达拉宫下建造了一座新的印经院（称为"雪巴尔康"，意思是"雪境福利宝库洲"），开始印刷佛教经典。

藏族雕版印刷技艺，也称作波罗古泽刻版制作技艺，是我国非物质文化遗产的重要组成部分。在制作雕版时，首先由著名的藏文书法家书写经文，在严格校对之后，使用特制的液体将文字印刷到木板上进行雕刻，之后还要进行多次校对，最后还要使用一种特制的、能防虫蛀的植物水煮过并清洗干净后，才能交付使用。

在布达拉宫右侧，有一座药王山，藏名"夹波日"，山上供有药王菩萨。17 世纪，为发展藏医，第巴桑杰嘉措在药王山上设立了医学院，藏语称为"门巴扎仓"。

我国的西藏医学形成于 7 世纪左右，除了藏族传统医学知识外，还融合了中原汉地、古印度、古波斯与古阿拉伯等地的医学知识。

公元 753 年，西藏著名医学家宇妥·元丹贡布编著《四部医典》，确立了藏医的理论基础。

隆、赤巴、培根三因素是藏医理论的核心。

◇ 隆（风）：在藏医学中，"隆"代表的是一种动力或能量，负责维持身体活动，如呼吸、肢体运动、血液循环及排泄等功能。这种动力被视为身体功能正常运作的必要条件，类似于中医中的"气"，但更强调其作为动力的作用。

◇ 赤巴（火）：在藏医学中，"赤巴"类似于中医的"火"，但它涉及的范围更广。赤巴与人体的温度、消化功能（类似于烹饪过程中的火）、胆量、智力（思考时大脑的活动）等有关。在藏医学中，这一要素是维持身体温度和正常生理功能的关键。

◇ 培根(水和土)：在藏医学中，培根与中医的"水"和"土"相似。它涵盖了人体中的液体元素，如磨碎食物的唾液、胃液、精液、痰等，负责维持身体的液态平衡和滋润功能。

藏医认为，人之所以生病，是环境、气候、生活习惯等问题造成的三要素失调。在治疗方式上，藏医主要有药物治疗、放血治疗、灸法、药浴等，常用药的数量达上千种。

藏医认为，人类身体有 360 块骨骼，16 条筋肉，21 000 根头发，700 万个毛孔，在清朝的唐卡中，甚至出现了人体解剖图。

唐卡是藏族特有的一种绘画艺术形式。在藏语中，"唐"指"平坦、广阔的空间"，"卡"指的是"在空白处涂色"，唐卡实际上是一种绘制在布或纸上的、可以卷起来的卷轴画，主要用于藏传佛教的修行和宗教仪式。其起源可以追溯到公元 7 世纪的吐蕃时期，随着佛教的传入和发展，唐卡逐渐成为一种独特的宗教艺术形式。

唐卡的内容主要围绕佛教教义，包括佛像、菩萨、佛教故事、历史人物、神话传说、宗教象征、宇宙图等。每幅唐卡都蕴含着丰富的宗教含义，反映了藏传佛教的教义和宇宙观。

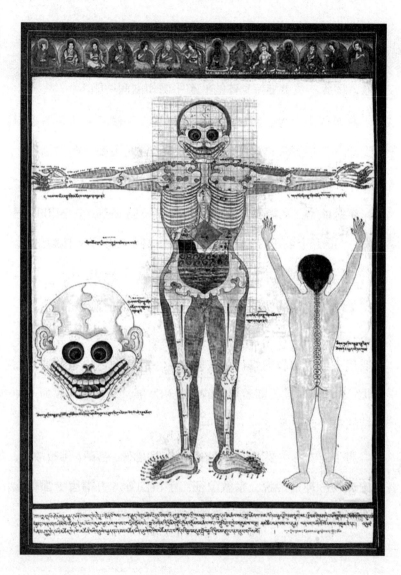

图 3-2 清朝唐卡中的人体解剖图

　　唐卡的制作是一个精细而复杂的过程。首先是绘图设计，然后是在特制的布上绘制图像，接着是进行上色。颜料通常采用自然矿物和植物制成，金箔也常被用于装饰。唐卡的制作技艺非常讲究，每一笔每一线都需精确无误，以确保其宗教和艺术价值。布达拉宫中就藏有数量众多的唐卡，它们都是极富研究价值的艺术珍品。

　　当我们回顾布达拉宫的辉煌历史和建筑奇迹时，不仅赞叹其建筑技术和艺术价值，更是领略了一段跨越千年的文化传承和精神内涵。这座坐落在青藏高原上的宫殿，不仅是西藏的象征，更是中国乃至世界文化遗产的瑰宝。

　　从松赞干布时期的初建，到清朝达赖喇嘛的扩建，布达拉宫见证了西藏历史的沧桑变迁和文化的融合发展。它的每一砖每一瓦，每一道斗拱和梁柱，都承载着深厚的宗教意义和工艺美学价值。

　　布达拉宫的壮观不仅体现在其外观的宏伟，更体现在其内在的丰富多彩。藏族雕版印刷艺术、藏医学的深邃智慧以及唐卡的神秘色彩，都在这里交汇，共同构筑了一个多元而独特的文化宝库。

正是这些历经岁月沉淀的文化元素，使布达拉宫不仅是一座建筑物，更是一部生动的历史教科书，向世人展示了藏族文化的深度和广度。它不仅是西藏的骄傲，也是中华民族的骄傲。

第七节 传教士在中国的活动

接下来，让我们从西藏出发，穿过白雪皑皑的阿拉山山口，跨过万里黄沙的中亚，看一看 16 世纪欧洲发生的一次巨震。

欧洲的中世纪，罗马教会是最有权势的机构之一，掌握着巨大的土地和财富，甚至连很多国家君主的任免都要经过教会同意。然而，随着时间的推移，教会上层逐渐腐败不堪，引起了人们的不满。另一方面，资本主义经济的发展，使得资产阶级和新兴市民阶层强烈想要脱离教会的控制。就这样，欧洲掀起了一场反对神权的运动，随后发展成为一场更广泛的对教会权威和教义的质疑，史称"宗教改革"。

这场运动也引发了一系列宗教战争和冲突，尤其在德国和法国。这些冲突不仅造成了巨大的社会动荡和人员伤亡，也改变了欧洲的政治格局。宗教改革最终以 1648 年《威斯特伐利亚和约》的签署而告一段落，这份和约不仅结束了长达 30 年的战争，结束了欧洲的宗教统一时代，也奠定了现代国际关系和国家主权的基础。

宗教改革直接引发了基督教教派的分裂，产生了多个新教派别，这些新教实际上是对传统基督教的改革，使其为资产阶级服务。在新教不断开疆拓土的同时，旧教也进行了一定程度的革新，诞生了众多宗教团体，其中最为著名的便是耶稣会。

耶稣会，全称为"耶稣圣名会"，是一支罗马天主教的修会，由西班牙的依纳爵·罗耀拉于 1534 年在巴黎成立，并于 1540 年获得教宗保禄三世的正式批准。耶稣会成立的初衷是为了加强天主教在宗教改革时期的信仰，并对抗新教的扩散。

耶稣会士以其高度的教育和学术水准、严格的组织纪律，以及对教宗的绝对服从著称，成为罗马教廷的中坚力量。在新教的冲击下，罗马教皇决定派出布道团到亚洲、美洲、非洲等地区活动，其中最为活跃的就是耶稣会。

16 世纪末，耶稣会士来到中国，试图通过科学技术作为"敲门砖"，打开这个古老东方国家的大门。明清时期，影响最大的传教士有利玛窦、汤若望、南怀仁、艾儒略、穆尼阁、邓玉函等人。

利玛窦，意大利耶稣会士，1552 年出生于意大利马切拉塔的商人家庭，在罗马接受了良好的教育，并于 1571 年加入耶稣会。利玛窦拥有深厚的人文主义背景，精通数学、天文学和哲学。

1582 年，利玛窦被派往东亚传教，并于 1583 年抵达中国广东。他发现，要在中国传播天主教，必须适应中国的文化背景，于是很快开始学习汉语，并深入研究中国的文化和传统。他穿着中国的传统服饰，学习中国礼仪，删去了基督教教义中的很多内容，使其与儒家学说结合起来，一方面用汉语传播天主教，另一方面用自然科学知识与明朝很多官员建立了良好的关系，这其中最为重要的就是徐光启、李之藻和杨廷筠，这 3 位都是当时的朝中要员。这样做其实是利玛窦自上而下的传教思路的具体体现。

1602 年，在李之藻的帮助下，利玛窦利用他的西方知识背景以及在中国的经验，结合中国和欧洲的地图制作技术，绘制了具有划时代意义的《坤舆万国全图》，这是中国历史上最早的彩绘世界地图。这幅地图以椭圆投影法绘制，真实展现了世界的全貌，标注了大洲、大洋、大河以及五带划分等众多地理信息。据统计，这幅地图上一共标注了 1113 个地名，其中不少地区由利玛窦翻译的中文名一直保留至今，如亚细亚、欧罗巴、罗马、加拿大等。

另外，《坤舆万国全图》还附有"九重天图""天地仪图""赤道北地半球之图""日月食图""赤道南地半球图"和"中气图"，使中国人第一次看到了完整的世界，并意识到中国并不在世界的中心。

在《坤舆万国全图》上地球表现为一个小圆球，这与中国的"天圆地方"传统观念完全不同。然而，这幅有悖常理的地图却深受万历皇帝喜爱，并召集宫廷画师进行大量临摹。

对于我国地理学的发展来说，《坤舆万国全图》极大地拓展了当时中国人的世界观，为中国引入了更准确的全球地理知识，对中国产生了十分深远的影响。清朝郑观应就曾说过："及西人跨海东来，地球图出，夫然后五大洲之土地，数十国之名号，灿然而纷呈。以中国十八省较之，直四方之一隅耳。"可见其影响力之大。

利玛窦的另一项贡献是与徐光启翻译的 6 卷《几何原本》，这是中国数学史上的一件大事。

《几何原本》原为古希腊数学家欧几里得的作品，是西方数学史上极为重要的一部著作。该书共有 13 卷，系统地论述了当时已知的几何学知识。书中从定义、公理、命题出发，用严密的逻辑推理建立起整个几何体系，涵盖了平面几何、立体几何、数论等多个领域，提供了一套完整的几何理论，成为后世几何学研究的基石。

总的来说，《几何原本》不仅仅是一本关于几何学的著作，它的意义在于其逻辑推理的方法和深刻的几何理论，这些对整个数学领域产生了深远影响。它的出现，标志着数学从经验的观测走向逻辑的推理，成为数学发展历程中的一个重要里程碑。

1610 年，利玛窦在北京逝世，享年 58 岁。

汤若望，字道未，德国科隆人，是继利玛窦之后影响力最大的耶稣会士。

关于他的贡献，我们已经在介绍徐光启时进行了详细说明，因此不再展开。值得一提的是，他在火器方面也有贡献，写成《火攻挈要》一书，将西方火器知识介绍到中国。另外，他还翻译了《矿冶全书》，介绍了德国的采矿与冶炼技术。

明朝灭亡后，汤若望将《崇祯历书》删减后进献顺治，清廷将其定名为《时宪历》颁行天下，汤若望也因此被任命为钦天监监正，成为中国历史上第一个洋监正。不过，顺治帝驾崩之后，汤若望的命运便急转直下。

康熙三年（1664 年）七月二十六日，杨光先呈《请诛邪教状》弹劾汤若望叛国，他给出的理由大致有三点：第一，"大国无奉小国正朔之理……事关国体，义难缄默"，意思是汤若望想要用历法窃取中国正朔；第二，新历法中的谬误很多；第三，汤若望妖言惑众。杨光先还在《不得已书》中说："宁可使中国无好历法，不可使中国有西洋人。"这代表了当时很大一部分士大夫的态度，获得了鳌拜的支持，不久，汤若望被判死刑。当时康熙帝年幼，朝中大事全由鳌拜与孝庄太后做主，在孝庄的极力周旋下，汤若望被赦免，但其余传教士或被杀，或遭圈禁，史称"历法之争"。不久，汤若望郁郁而终。

杨光先对待汤若望和西学的态度，在当时的士大夫中占有很大的比例。这一部分人对所有西方的科技持全盘否定的态度，认为自己是"天朝上国"，不需要外来的技术，也不屑于向小国学习。

几年后，康熙帝亲政，亲自为汤若望平反，这是对待传教士和外来技术的另一种态度。

康熙是个很好学的皇帝，从 5 岁开始读书到 69 岁去世，几乎手不释卷，这在各类书籍中有很多记载。如清朝文人余金在

《熙朝新语》中说："康熙初，孙芭瞻在丰为侍讲学士时尝言：圣祖勤学，前古所无。坐处环列皆书籍，尤好性理五经四书。所坐室中，颜曰'敬天'，左曰'以爱己之心爱人'，右曰'以责人之心责己'。皆御笔自书。"他不仅钻研四书五经，对自然科学、天文历法也有很深的研究。《清朝文献通考》中有一段记载，康熙四十三年(1704年)，钦天监预测将会发生日食，康熙得报后亲自观测，得到的日食时间与钦天监的预报不符，因此免去了该官员的职务。

对于西学，康熙也十分感兴趣，还曾经委派传教士闵明我到欧洲招募人才，跟随传教士学习数学、哲学、机械、地理等各方面的知识并亲自实践。

康熙二十八年（1689年），在经过两次雅克萨之战后，中国与沙俄签订了《尼布楚条约》，划定两国边界，从法律上确立黑龙江和乌苏里江流域包括库页岛在内的广大地区属于中国。通过这次谈判，康熙认识到了地图的重要性。于是，在此之后，康熙决定绘制一幅精准的中国地图。为此，他组织了一批精通地理测绘知识的传教士，让他们来培养中国学生，另一方面派传教士采购专业仪器，招聘人才。经过长达十几年的准备之后，康熙四十七年（1708年），康熙皇帝下诏"谕传教士分赴内蒙古各部、中国各省，遍览山水城廓，用西学量法，绘画地图"，并命令各级地方官员提供测绘所需的一切条件。

这次全国性的地理大测绘一共持续了近 10 年，测绘人员的足迹从东经 143°到东经 76°以西，南北跨度北纬 18°～61°，几乎遍布全国，直到康熙五十六年（1717 年）才告完成。这次大规模测绘，不仅在中国历史，甚至在整个世界历史上也是绝无仅有的创举。完成测绘之后，清朝测绘家何国栋、明安图和法国传教士杜德美等根据测量数据，共同编绘了《皇舆全览图》，该地图也成为我国历史上第一次经过大规模实测，用现代科学方法绘制的地图，实现了很多技术上的突破。

在测绘方面，《皇舆全览图》使用了三角测量法。这种方法通过测量大地表面上的三角形已知的一个角和它的两条边，计算出其他角和边的大小，这对确定各地点之间的相对位置非常有效。在经纬度测量方面，这次测绘共确定了 630 个经纬点。为了统一测量数据，康熙规定，200 里合地球经线 1 度，又规定每里为 1800 尺。我们来简单解释一下这个规定的具体含义：经线也称"子午线"，是地球表面连接南、北两极，并且垂直于赤道的弧线。地球是一个球体，因此，经线就有 360 度，每度代表地球周长的 1/360，而康熙将这个距离定义为 200 里。

接着，康熙帝进一步定义，1里等于1800尺，也就是说，200里就是360 000尺。我们知道，地球经线的1度被进一步细分为60分钟，每分钟60秒。因此，1度含有3600秒。康熙帝规定的200里等于1度，也就是3600秒。这样一来，1尺相当于3600秒的1/360 000，即经线的1/100。简单来说，这种方法把一个抽象的概念（经线的1度）转化为了一个具体的长度单位（尺）。这样一来，就为当时的测量和地图绘制提供了一个更准确和科学的基础。通过这种方法，康熙帝不仅为当时的科学测量做出了贡献，也预示了以后国际单位制（如米制）的发展方向。

在这次绘制的过程中，测量人员还发现，地球上经线的长度会随着纬度的高低而有所不同，这其实证明了牛顿提出的地球为椭圆形的理论，而这一理论直到18世纪中叶才被证实，这在世界科学史上也是一件大事。

康熙帝的这种用地球经线的一部分来定义尺的长度的测量方法，是世界上最早使用地球实际测量数据来定义长度单位的方法之一，西方直到18世纪末才有类似的方法出现。

《皇舆全览图》制成之后，被很多传教士带到了西方，随之一起被带去的，还有被翻译成各国文字的中国典籍，在当时的西方掀起了一轮汉学热，欧洲陆续出版了许多介绍中国的书籍和其他作品，如法国神父杜赫德撰写的《中华帝国全志》等。

康熙统治前中期，对西方的科学技术是持欢迎态度的，并亲自将这些技术引入实践当中。不过，康熙晚年，朝中发生了一件大事——"礼仪之争"。

西方传教士来华之初，采用了适应中国国情的传教方针，允许教徒保留传统，祭祀孔子，还借助中国典籍中已经存在的"天"与"主"，将"天主"作为基督教至高神的称呼。此外，传教士还指出，"上帝"在中国古代典籍中也同样存在，努力使基督教与中国的传统文化结合起来，避免引发反感与排斥。这样的传教方式被称为"利玛窦规矩"。

不过，随着时间的推移，耶稣会的传教士对这种行为逐渐开始不满起来，他们认为，利玛窦曲解了教义，主张废除"天""上帝""天主"等称号，禁止中国的教徒祭拜孔子，严禁中国的教徒行中国礼仪，教廷派出传教士传达旨意，这引起了康熙的极度反感，于是下令将遵从教廷旨意者全部驱逐出境。

事后，耶稣会士想要挽回局面，但为时已晚。雍正皇帝继位后，对传教士的态度更加恶劣，甚至降旨说："中国有中国之教，西洋有西洋之教；彼西洋之教，不必行于中国，亦如中国之教，岂能行于西洋？！"到乾隆时期，教廷谕旨解散耶稣会。在此后 100 多年的时间中，传教士在中国的活动逐渐告一段落。

乾隆五十七年（1792 年），英国政府派遣马格尔尼以贺乾隆帝 80 大寿为名出使中国，随行 80 多人中，有天文学家、数学家、艺术家、医生等，携带的贡品中，也包含大量科技著作。他们这次出行的主要目的，是想让清政府打开通商口岸，使英国的商品能够自由地输入中国。

次年，使者团抵达北京，受到乾隆皇帝的接见。乾隆要求英国使团行三跪九叩大礼，然而，马格尔尼等人只肯行英式一膝一跪之礼，乾隆大为不悦，让他们早日离去。这次使者团中有一位少年，在几十年后成了英国议员。鸦片战争前夕，他明确地表示：中国已经垂垂老矣，不堪一击！可惜的是，事后发生的战争印证了他的观点。

传教士在中国的活动轨迹，正是西学东渐的一个缩影。当清政府把自己封闭起来，沉溺于"天朝上国"的美梦中，拒绝更加先进的科学技术时，欧洲正在发生着翻天覆地的变化。之后，两个文明再次碰撞时，就是另一番光景了。

第八节 开眼看世界

鸦片战争中，西方列强用坚船利炮轰开了中国的国门，也让人们深刻意识到中国与西方存在巨大差距的事实。由此，出现了一批主张通过向西方学习来达到富国强兵、解决民族危机的目的的人物，林则徐、魏源是其中的代表。

林则徐，字少穆，福建侯官县人，清朝著名思想家、文学家、政治家，也是主持"虎门销烟"、妇孺皆知的民族英雄。林则徐父亲屡试不第，连乡试都没有通过，靠教书为生，家中十分贫困，有时候甚至连三餐都没有着落。这样的童年经历使林则徐对百姓的疾苦有深刻的认知，因此在考中进士，入朝为官后，他始终将目光放在国计民生上，兴修水利，赈灾救荒，办了很多实事，深受百姓爱戴。如在江苏巡抚任上，"吴中洊饥，奏免通赋，筹抚恤。前在藩司任，议定赈务章程，行之有效，至是仍其法，宿弊一清”。在湖广总督任上，“荆、襄岁罹水灾，大修堤工，其患遂弭”。

当时，中国在与英国的贸易中常年处于出超地位，每年都能赚取数百万两白银。英国为解决与中国的贸易逆差问题，开始大量从其印度殖民地进口鸦片输入中国，通过鸦片贸易获得大量银两，平衡了因购买中国茶叶、瓷器和丝绸等商品而产生的贸易逆差。在英国商人的带动下，俄罗斯、美国等各国毒贩也纷至沓来，争相将鸦片输入中国，赚取暴利。

鸦片流毒，一方面使得中国的白银大量外流，影响到了清王朝的货币体系，造成国库亏空，经济面临崩溃；另一方面，鸦片极大摧残了国人的身心健康，酿成无数妻离子散、家破人亡的惨剧。这样的情况，如果任其发展，后果不堪设想。

在江苏巡抚及湖广总督任上，林则徐就曾经禁止过鸦片，并取得了很好的效果，于是上书道光皇帝说：“此祸不除，十年之后，不惟无可筹之饷，且无可用之兵。”请求禁烟。道光深以为然，“召对十九次，授钦差大臣，赴广东查办”。

林则徐到任之后，迅速收缴鸦片“二万余箱，亲莅虎门验收，焚于海滨，四十余日始尽”。需要注意的是，这里说的“焚”

并不是烧，而是"海水浸化法"，具体来说，就是将鸦片与石灰和海水混合。石灰在化学上是强碱性物质，能够与鸦片中的生物碱发生化学反应，破坏鸦片的成分，使其失去药效。

"虎门销烟"后不久，英国便以此为借口发动了第一次鸦片战争，而当时的大部分国人，包括士大夫群体，甚至不知道英国在哪里："或询英夷国都与俄罗斯国都相去远近，或询英夷何路可通回部，甚至廓夷效顺，请攻印度而拒之，佛兰西、弥利坚愿助战舰，愿代请款而疑之。以通市二百年之国，竟莫知其方向，莫悉其离合，尚可谓留心边事者乎？"士大夫尚且这样，何况一般国人呢？认识一个人，先要知道他的姓名、年龄、籍贯，这是对人、事、物最基本的认知。因此，就当时的情况来看，林则徐认为，首先应该做的，就是让国人认识外部世界。

于是，林则徐开始招募人才，翻译国外著作，利用一切和洋人接触的机会，获取国外的各种信息。他先后组织人翻译了《国际法》《滑达尔各国律例》《华事夷言》及大量英文报纸，并将英国地理学家慕瑞的《世界地理大全》进行摘译，汇编成《四洲志》。

《四洲志》是一本综合性的地理著作，也是近代第一部国人主译的史地译著，为开风气之先的创举，林则徐也被称为"开眼看世界的第一人"。该书以国名为宗，介绍了亚洲、非洲、欧洲和美洲的 30 多个国家的历史沿革、山川河流、地理分布、宗教信仰、政治制度等方面的内容，共计 87 000 多字。值得一提的是，这本书不是简单的资料汇编，其中还包含了很多林则徐的个人观点和评论，比如"育奈士迭国"（美国）中，林则徐写道："故虽不立国王，仅设总领，而国政操之舆论，所言必施行，有害必上闻，事简政速，令行禁止，与贤辟所治无异。此又变封建、郡县官家之局，而自成世界者。"这里讲的实际上是美国的联邦制度与民主法治，与中国的封建制度完全不同。林则徐还意识到了美国制度能够"事简政速，令行禁止"，是另一种更为先进的政治体制。

魏源是林则徐的好友，名远达，字默深、墨生、汉士，湖南省邵阳市隆回县司门前（原邵阳县金潭）人。他生活在清晚期，目睹江华起义，亲眼见证了清政府的腐朽，对当时的社会状况十分担忧。鸦片战争爆发后，魏源进入两江总督裕谦府担任幕僚，亲自参与了抗英战争。

道光二十一年（1841 年），林则徐因为广东战败被革职，将被流放伊犁。临走前，他与魏源彻夜长谈，将自己的所有书稿全都托付给魏源，嘱托他编撰《海国图志》，以唤醒国人，开放眼界，拯救民族危亡。魏源后来在诗文中记录了这些长谈："聚散凭今夕，欢愁并一身。与君宵对榻，三度雨翻萍。去国桃千树，忧时突再薪。不辞京口月，肝胆醉轮囷。"

之后，魏源在《四洲志》的基础上，又大量搜集资料，写成 50 卷的初版，后来又陆续增加内容，增加到 100 卷。

《海国图志》内容十分丰富，全书约 88 万字，配有地图 75 幅，西洋船、武器图 42 幅，是一部具有划时代意义的作品。

关于写这本书的目的，魏源在《海国图志》的序中说："是书何以作？曰：为以夷攻夷而作，为以夷款夷而作，为师夷长技以制夷而作。"这就是"师夷长技以制夷"的出处。魏源还指出，过去的地理书籍，都是"中土人谭（谈）西洋"，站在"天朝上国"的立场上，将"夷人"当作朝贡国来看待，强调中国的"宗主国"地位，而这本书则是"以西洋人谭（谈）西洋"，改变了士大夫以自我为中心的视角，在观念上更有开创性。另外，他还提出要处理好对西方的态度，既不能全盘否定，也不能无条件接受，应该是理性吸收和利用。中国应该利用实际的成就来应对外来威胁，重视人才的培养和利用。应该说，相比林则徐，魏源的思想又进了一步。

《海国图志》的内容大体上可以分为 6 个部分，第一部分是卷一和卷二的"筹海篇"，主要介绍魏源对海上防御的理解和策略，集中体现了他的海防思想，包括议守、论战、议款3部分内容。魏源亲历过鸦片战争，对海防有着十分深刻的理解。他认为，清朝应该优先加强沿海地区的防御能力，尤其是重要的海口和内河地区。他指出，与其在外洋与敌对英军正面交锋，不如诱敌深入，利用内河地形的复杂性来削弱敌人的优势。在军事筹备方面，魏源提出应该合理利用当地资源，如通过改革盐政等手段来增加军费收入。他还主张节约开支，指出募兵比调兵更经济高效。魏源的海防思想并非只是军事层面的讨论，他还从政治和经济角度出发，提出了一系列具有远见卓识的建议。例如，他主张开发东南沿海的资源，以支持军费开支，同时提出改革内政，以强化国家整体实力。

站在我国数千年战争史的角度来看，这部分内容之所以重要，是因为我国从三代开始，中央政权面临的最大威胁都来自周边的游牧民族，所发展的军事理论、武器装备、防御设施也都是针对游牧民族的。即使有水战，也是在江河湖泊中展开的。因此，《海国图志》中对海防的详细论述，标志着中国军事战略思想的一次重大转变，反映了中国军事从传统的陆地防御向海上防御的战略转移，这在中国的军事历史上具有开创性的意义。

第二部分是地图册，通过 78 幅地图介绍了世界的概念。

第三部分是对各国地理、历史、物产、风俗、宗教政治制度等方面的介绍，其中以美国、英国、俄罗斯等列强的介绍最为细致。如"外大西洋墨利加洲总叙"中，魏源写道："弥利坚国非有雄材枭杰之王也。涣散二十七部落，涣散数十万黔首，愤于无道之虎狼——英吉利。同仇一倡，不约成城，坚壁清野，绝其饷道，遂走强敌，尽复故疆，可不谓武乎。"这里讲的是美国的独立战争。之后，他又对美国的民主制度进行了说明和肯定："二十七部，酋分东西二路，而公举一大酋总摄之……可不谓公乎！议事听讼，选官举贤，皆自下始。""即在下预议之人，亦先由公举，可不谓周乎。"此外，书中还介绍了英国的君主立宪体制。中国封建专制制度延续了 2000 多年，士大夫和百姓的思维早已形成惯性，根本不知道世上还有其他体制。魏源对于民主制度的介绍，无异于为中国打开了一扇了解政治体制的新大门，可以看作对清政府专制制度冲击的开端。另外，这部分内容还单列了"天主教考"等，表明魏源对西方宗教与国家之间的关系有着深刻的认识和了解。

第四部分是"南洋西洋各国教门表""中西历法同异表"和"中

西纪年通表"，系统性地介绍西方历法、纪年和宗教信仰。

第五部分是各类武器与轮船等新式装备的介绍，包括铸造方法、使用技巧、结构图、火药配比等内容，十分细致。如"西人铸炮用炮法"中说："西人铸炮，其铁皆经百炼熔净。先用蜡制成一炮，丝毫无异，次用泥封密阴干。铸时用火烘模开孔，泄出蜡油，然后将铁灌入，四五日后，始开模取出置于荒野人迹不到处。将炮实满火药，用长心引火绳一点，各人尽远避藏迹，一经炮响腾越空中，跌落不坏以不炸裂为度，使无后患。其铸法合度，多以引门上长方形为表，或安头上或尾后，或头尾皆安，亦合度数。"这种方法实际上是当时英国已经开始采用的泥模整体模铸法、失蜡法与车床切削铸造法结合的产物。从这段记载可以看出，魏源对当时西方的军事技术有着十分全面细致的了解。

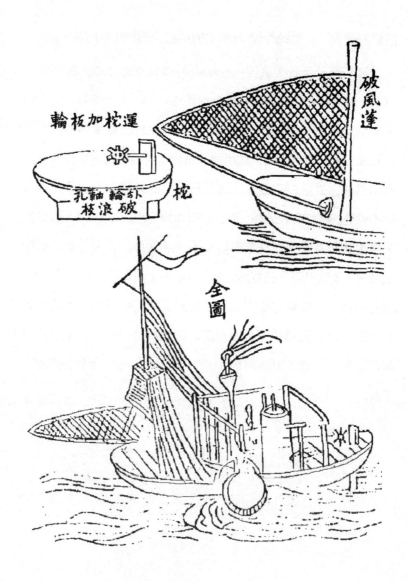

轮板加柁运

破风蓬

孔轴轮外
板浪破

柁

全图

图 2-3 《海国图志》中的火轮船图

第六部分是西方科技的汇编，包括天体运行规律、地球循环、经纬度等自然科学内容。

综合以上内容来看，《海国图志》实际上是一本关于西方的百科全书型著作，字里行间都能看出魏源迫切的救国救民思想，对清晚期的洋务运动、维新变法运动和日本的明治维新都带来了十分深刻的影响。

洋务运动是中国清朝中晚期（1861—1894 年）发生的一场重大改革运动，核心目的是在保留中国传统制度的基础上吸收西方的先进技术和管理方法，以增强国家的军事和经济实力，解决外部威胁以及太平天国运动带来的严重内部危机。

洋务运动的主要内容包括建立现代工业（如机器制造、武器生产、船舶建造）、发展通信和交通（如电报、铁路）、改革教育系统（引入西方科学和技术教育）、增强海军实力等。在此期间，清政府成立了多个洋务派工厂，如江南制造局、福州船政局等，这些都是早期的现代化工厂，生产军用装备和民用工业产品。同时，清政府开始修建铁路、铺设电报线路，引入西方科学和数学课程，建立新式学堂，派遣留学生到欧美学习先进技术和管理方法，建立现代化的军队，引入西方的武器和军事训练方法。

曾国藩、李鸿章、左宗棠、张之洞是洋务运动的主要推动者，都深受魏源的影响。曾国藩曾说："经济之学，吾从事者二书焉，曰《会典》，曰《皇朝经世文编》。"《皇朝经世文编》也是魏源的作品。左宗棠曾在为重刻《海国图志》作序时写道："然同、光间福建设局造轮船，陇中用华匠制枪炮……此魏子所谓师其长技以制之也。"

如果说洋务运动的思路是在不改变封建专制的条件下富国强兵，"治标不治本"的头痛医头、脚痛医脚，那么，维新运动就是一场试图"标本兼治"、从根本上改变政治体制的"大手术"。

在中国历史上，日本长期以来都是以朝贡国的形象出现的。因此，在甲午中日战争中遭遇惨败之后，清政府的腐朽与落后暴露无遗。于是，在康有为、梁启超等人的推动下，光绪皇帝决定变更根本体制，在中国实行君主立宪制。然而，这场运动不久便被保守派势力镇压，遭遇失败。"戊戌六君子"被杀，康有为、梁启超等人被迫流亡海外。

康有为曾反复阅读《海国图志》，并在魏源的影响下开始大量学习西方知识。"乃复阅《海国图志》《瀛寰志略》等书，购地球图，渐收西学之书，为讲西学之基矣。"（康有为《康南海自编年谱》）梁启超则认为近代"治域外地理者，源实为先驱者"。

19 世纪中叶，《海国图志》传入日本。当时的日本与中国的情况十分相似。幕府统治者一样实行闭关锁国政策，一样被列强用坚船利炮轰开国门，一样签订了不平等条约。

《海国图志》作为一部介绍西方国家及其政治、经济、军事和科技的著作，为日本知识分子提供了丰富的外部世界信息，在日本大量流传，几年间居然出现了 20 多个翻刻版本。这本书的传入，帮助日本人更全面地了解了西方世界，特别是西方的科技和军事实力。

书中对西方列强的详细描述和分析，使得日本的思想家和政策制定者开始重新审视自己的国家政策，特别是对外开放和现代化的必要性。这促使日本开始考虑进行自身的政治和社会改革，加速了"明治维新"的到来。

"明治维新"之后，日本迅速走上资本主义道路，开始全方面引进西方近现代工业技术，设立银行，大兴教育，在短短几十年时间中便完成了全面改革，从被入侵的角色转变为侵略者，加入了列强的行列，与中国走上了完全不同的道路。

梁启超在《论中国学术思想变迁之大势》一文中曾意味深

长地写道："魏氏又好言经世之术，为《海国图志》，奖励国民对外之观念。其书在今日，不过束阁覆瓿之价值，然日本之平象山、吉田松阴、西乡隆盛辈，皆为其书所激刺，间接以演尊攘维新之活剧。"因此可以说，《海国图志》对整个东亚的格局都产生了十分深刻的影响。而清政府与日本对待西学的态度也时刻提醒我们，面对外来挑战和机遇，只有不断学习、适应和创新，才能走向更好的未来。也由衷地希望魏源的作品和精神，能够如同他的名字一样，"源"远流长。

参考文献

[1] 白寿彝 . 中国交通史 [M]. 北京：团结出版社，2007.

[2] 蔡铁权，陈丽华 . 渐摄与融构：中西文化交流中的中国近现代科学教育之滥觞与演进 [M]. 杭州：浙江大学出版社，2010.

[3] 陈寿 . 三国志 [M]. 北京：中华书局出版社，2000.

[4] 陈勇，刘铭 . 陈勇农书校释 [M]. 北京：中国农业出版社，2015.

[5] 冯友兰 . 中国哲学简史 [M]. 北京：北京大学出版社，1997.

[6] 何一民，等 . 世界屋脊上的城市：西藏城市发展与社会变迁研究（17 世纪中叶至 20 世纪中叶）[M]. 北京：社会科学文献出版社，2014.

[7] 弗里德里希·恩格斯 . 家庭、私有制和国家的起源 [M].

北京：人民出版社，2018.

[8] 关晓云 . 珠算与点钞实训教程 [M]. 北京：电子工业出版社，2013.

[9] 江晓原 . 科学史十五讲 [M]. 北京：北京大学出版社，2006.

[10] 江晓原 . 中国科技通史 [M]. 北京：北京大学出版社，2006.

[11] 贾思勰 . 齐民要术 [M]. 北京：中华书局出版社，2015.

[12] 乔幼梅 . 宋辽夏金经济史研究 [M]. 上海：上海古籍出版社，2015.

[13] 元司农司 . 农桑辑要校注 [M]. 北京：中华书局出版社，2014.

[14] 赵少峰 . 西史东渐与中国史学演进 (1840—1927)[M]. 北京：商务印书馆，2018.

[15] 梁启超 . 论中国学术思想变迁之大势 [M]. 上海：上海古籍出版社，2019.

[16] 李诫 . 营造法式 [M]. 北京：团结出版社，2021.

[17] 李时珍，赵尚华，赵怀舟 . 本草纲目（全本插图版）[M].

北京：中华书局出版社，2019.

[18] 李世愉，胡平 . 中国科举制度通史 [M]. 上海：上海人民出版社，2015.

[19] 刘泽华 . 中国政治思想史 [M]. 杭州：浙江人民出版社，2020.

[20] 沈括 . 梦溪笔谈 [M]. 北京：中华书局出版社，2016.

[21] 沈德符 . 万历野获编 [M]. 北京：中华书局，1989.

[22] 沈括 . 梦溪笔谈 [M]. 北京：中华书局出版社，2016.

[23] 宋应星，杨维增 . 天工开物 [M]. 北京：中华书局出版社，2020.

[24] 宋慈，高随捷，祝林森 . 洗冤集录译注 [M]. 上海：上海古籍出版社，2016.

[25] 宋濂，赵埙，王祎 . 元史 [M]. 北京：中华书局出版社，1976.

[26] 徐光启，陈焕良，罗文华 . 农政全书 [M]. 长沙：岳麓书社，2002.

[27] 徐晓华 . 中国古建筑构造技术 [M]. 北京：化学工业出版社，2013.

[28] 薛景石. 梓人遗制 [M]. 南京: 江苏凤凰科学技术出版社, 2016.

[29] 张鹤泉. 魏晋南北朝史 [M]. 北京: 中信出版社, 2017.

[30] 张廷玉, 等. 明史 [M]. 北京: 中华书局出版社, 1974.

[31] 班固. 汉书 [M]. 北京: 中华书局出版社, 2012.

[32] 白寿彝. 中国交通史 [M]. 北京: 团结出版社, 2007.

[33] 叶喆民. 中国陶瓷史 [M]. 上海: 中国社会科学出版社, 2006.

[34] 管仲. 管子 [M]. 上海: 上海古籍出版社, 2015.

[35] 杨宽. 西周史 [M]. 上海: 上海人民出版社, 2003.

[36] 杨宽. 战国史 [M]. 上海: 上海人民出版社, 2003.

[37] 杨宽. 中国上古导论 [M]. 上海: 上海人民出版社, 2016.

[38] 杨宽. 中国古代都城制度史研究 [M]. 上海: 上海人民出版社, 2016.

[39] 杨宽. 中国古代冶铁技术发展史（外三种）[M]. 上海: 上海人民出版社, 2019.

[40] 老子. 道德经 [M]. 上海: 上海译文出版社, 2019.

[41] 毛泽东 . 论持久战 [M]. 北京：人民出版社，2009.

[42] 蒋晓原 . 中国科技通史 [M]. 北京：北京大学出版社，2006.

[43] 玄奘，辩机 . 大唐西域记 [M]. 北京：中华书局出版社，2014.

[44] 王祯 . 王祯农书 [M]. 北京：科学出版社，2020.

[45] 陆羽，朱刚，陈明星 . 茶经 [M]. 北京：北京时代华文书局，2019.

[46] 李文静 . 中华精神家园·物宝天华：天然大漆 漆器文化与艺术特色 [M]. 北京：现代出版社，2014.

[47] 佚名 . 考工记 [M]. 南京：江苏凤凰科学技术出版社，2016.

[48] 墨翟 . 墨子 [M]. 南京：江苏凤凰科学技术出版社，2018.

[49] 赵尔巽，等 . 清史稿 [M]. 北京：中华书局出版社，1998.